普通高等教育一流本科专业建设系列教材

数据结构——C++实现

（第三版）

沈　俊　李晓强　朱能军　张景峤　郑　宇　编著

科学出版社

北　京

内 容 简 介

数据结构是计算机专业教学计划中的一门核心课程，也是信息管理、通信电子、自动控制等与计算机技术关系密切的专业的一门基础课程。从事与计算机科学与技术相关的工作，尤其是计算机应用领域的开发和研制工作，必须具备坚实的数据结构基础。本书对 C++语言进行简单介绍，然后介绍线性表、栈、队列、数组、广义表、树、图等数据结构，并介绍查找和排序的方法。全书用 C++语言描述并实现所有数据结构的类和程序，并附有习题，便于教学。

本书是高等院校数据结构课程的教材，可供计算机专业本科生使用，也可供从事计算机开发和应用的工程技术人员阅读、参考。

图书在版编目（CIP）数据

数据结构：C++实现/沈俊等编著. —3 版. —北京：科学出版社，2023.12
ISBN 978-7-03-077312-8

Ⅰ. ①数… Ⅱ. ①沈… Ⅲ. ①数据结构-高等学校-教材②C 语言-程序设计-高等学校-教材 Ⅳ. ①TP311.12②TP312.8

中国国家版本馆 CIP 数据核字（2023）第 255241 号

责任编辑：孙露露 王会明 / 责任校对：王万红
责任印制：吕春珉 / 封面设计：东方人华平面设计部

科学出版社 出版
北京东黄城根北街 16 号
邮政编码：100717
http://www.sciencep.com

三河市骏杰印刷有限公司印刷
科学出版社发行 各地新华书店经销
*
2002 年 8 月第一版 2023 年 12 月第十九次印刷
2014 年 6 月第二版 开本：787×1092 1/16
2023 年 12 月第三版 印张：20 1/2
字数：486 000

定价：63.00 元

（如有印装质量问题，我社负责调换）
销售部电话 010-62136230 编辑部电话 010-62138978-2010

前　言

数据结构是计算机专业教学计划中的一门核心课程。面向对象技术是软件工程领域中的重要技术，为了适应软件开发方法与技术的发展以及应用领域的要求，用面向对象的观点来描述数据结构就成为一种顺理成章的选择。

本书第三版秉承“发展经典、关注前沿，问题先导、内容溯源，章节灵活、难度适合”的原则，在第二版的基础上广泛收集素材、整合优质资源编写而成。

在内容上，坚持思政元素的原创性，积极贯彻落实《习近平新时代中国特色社会主义思想进课程教材指南》要求；坚持知识体系的系统性，构建专业课程体系的知识图谱和问题图谱。全书在体现爱国精神、科学精神和创新精神的同时，推进教学理念、教学内容和教学方法的有效提升。

本书具体特色体现在以下几个方面。

1）融合学科前沿技术，确保内容先进性。本书在前两版的基础上进一步精选了学科内容，以学科大概念为核心，使课程内容结构化，有助于读者在理解核心概念的基础上来构建数据结构完整的知识体系。

2）强调核心素养，注重培养实践能力。本书不仅关注知识与技能的传授，更重视核心素养的培养，包括抽象思维的能力、运用知识的能力、动手实践的能力以及解决实际问题的能力。在介绍每一种数据结构时，均给出丰富的应用实例；从企业实际项目中提炼出丰富的例题和实验题目，有助于培养和提高读者分析问题和解决问题的能力。

3）拓展与进阶学习，兼顾基础不同、目标各异的多样化读者群体。本书的配套习题与实验指导书设置了拓展延伸环节，有助于引导读者了解更多高级的数据结构，也有助于培养读者的探索精神和创新能力。全书的实验题目分为验证性、设计性和综合性三个难度不同的层次，可以满足不同基础的读者需要。

4）丰富教学资源，探索教学方法创新。本书除配套教案、课件、相应算法的演示环境外，还配套微课视频，读者可扫描二维码观看。与本书配套的“数据结构”网络课程在“泛雅”平台开设，丰富的课程教学资源为开展混合式教学提供了条件。

本书由上海大学的沈俊、李晓强、朱能军、张景峤和郑宇共同编写，特别感谢缪淮扣教授在本书编写和校对过程中给予的大力指导，感谢许庆国提供教学资源，感谢高焕景、任玉强、陆羿勋、梁陈美锦、王路怡、屠淳旭、李伽扬、刘崧涵、李舒怀、冀昱昊等的帮助。

由于作者水平有限，书中难免有不妥之处，敬请广大读者批评指正。

前言

目　　录

第1章　绪　　论

1.1　程序的定义

绪论

计算机既可以进行高速运算，也可以证明“四色定理”、规划路径、推荐治疗方案，这些功能大多来源于人们编写的“程序”。随着任务的复杂化，程序也越发庞大，因而解决问题的过程不仅仅是编程，而是一个包含需求分析、软件设计、实现和测试等一系列步骤在内的软件工程，其目的是产生能让计算机有效工作的程序。因此，程序是软件的核心。

程序是什么？计算机科学家、图灵奖获得者尼古拉斯·沃斯（Niklaus Wirth）给过一个著名的公式：算法+数据结构=程序。这个公式展示了数据结构和算法是构成程序的两个同等重要的组成部分，它对软件工程的发展产生了深远影响。不过，这个公式没能体现出数据结构与算法的整体性。

对于面向过程的语言，如 C、FORTRAN 和 PASCAL，数据结构是其问题解的核心。软件系统围绕一个或多个关键数据结构而构成。“算法+数据结构=程序”完全体现了这种思想。但随着软件系统规模的增大、复杂性的增长，人们不得不对“关键数据结构”重新评价。在这种系统中，许多过程和函数（子程序）的实现严格依赖于关键数据结构，如果这些数据结构发生改变，可能会导致整个软件系统的崩溃，使开发人员不得不重构相关的过程和函数。

20 世纪 90 年代，面向对象的方法受到了很大重视，并得到比较广泛的推广和应用。在面向对象程序设计中，密切相关的数据与过程被定义为一个整体（即对象），无须了解其内部的实现细节就可以使用它，从而提高了软件开发的效率。

封装和数据隐藏是面向对象程序设计的基本要素。它可以简化软件维护：一旦数据（类型）结构发生了改变，只需要对实现模型的局部代码做适当修改，软件系统的其余部分则不受影响。

因此，有人主张将沃斯的公式“算法+数据结构=程序”修改为“（算法+数据结构）=程序”，以体现面向对象的理念。

本书以面向对象的观点来介绍各种数据结构以及与这些数据结构有关的算法的知识。

本章将介绍数据结构以及算法的基本概念，并介绍用来描述数据结构和算法的 C++程序设计语言。

1.2　数据结构的基本概念

人们是用程序来处理信息的。信息的表示和组织方式直接影响程序的效率。许多软件系统程序规模庞大、结构复杂，因此必须对程序设计方法进行系统的研究。这既包括对程序结构和算法的研究，也包括对程序加工对象的研究。

用计算机解决问题首先要从该问题中抽象出一个适当的数学模型，然后再设计算法和编写程序。构建数学模型的过程就是分析和概要设计的过程，要从问题中提取操作对象，并找出对象之间的关系，然后用数学语言加以描述。例如，许多工程中的数值计算问题可以采用线性方程或微分方程等进行描述。不过，这些简单的数学模型难以直接用于非数值计算问题的描述。

1.2.1 数据结构实例

为了获得对数据结构的感性认识，首先看两个简单的例子。

例 1-1 人事登记表。在任何一个单位，人事登记表都是人事部门记录职工信息的必不可少的表格。例如，当单位职工有几千名时，如果要查找当年退休的人员，或要查找基本工资在 800 元以下的人员，那么由人工来查找显然是很费时的。但如果在计算机中，有一个记录职工信息的登记表，通过检索来查找，就很方便。表 1-1 就是一张简单的人事登记表。

表 1-1 人事登记表

编号	姓名	性别	出生日期	婚否	基本工资
0001	王军	男	1990/5/30	已	2500
0002	李平	女	1993/6/2	已	2000
0003	周丽娟	女	1995/7/8	已	1800
0004	赵忠良	男	1990/12/2	已	1800
0005	张国庆	男	2000/10/1	未	1500
⋮	⋮	⋮	⋮	⋮	⋮

在表 1-1 中，每个职工的信息放在一行中，称为一个数据元素（又称记录），所有职工的信息按照某种顺序依次存放在表中。一般称由数据元素组成的这种线性表为文件。

类似这样的表格在不同的计算机软件系统中有很多，如学校的学生信息管理系统中的学生学籍登记表、图书馆管理系统中的图书目录表等。这类表格有一个共同的特性，就是各数据元素之间的关系是线性关系，即一个元素的前面只有一个元素，后面也只有一个元素，第一个数据元素前面和最后一个数据元素后面没有元素。这样的一类表格就是一种数据结构，称为线性数据结构。

例 1-2 一个典型的学校行政机构的“树形结构”如图 1-1 所示。顶层结点“学校”代表整个系统，它的下一层结点代表这个系统的各个子系统，即部处与学院。再下一层结点代表更小的机构，如教务科、电子工程系等，直到最底层一个小组或一个教研室等。在该图中，每一个结点代表一个数据元素，每一个结点的下面可能有多个结点。这种结构称为层次型数据结构。

在各种应用程序中会涉及各种各样的数据，为了组织它们，存储它们，并且能对它们进行操作，就要考虑它们的归类以及它们之间的关系，从而建立相应的数据结构，并依此实现所要求的功能。

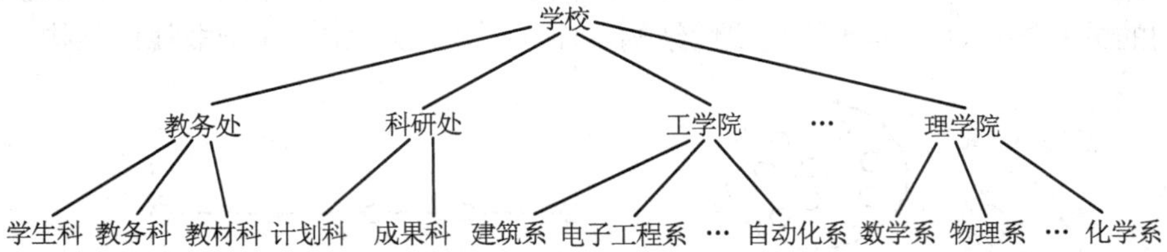

图 1-1　学校行政机构的“树形结构”

1.2.2　数据结构的定义

一个水平很高的厨师，即使他可以把烹调某个菜肴的过程掌握得很好，但如果不给他原料，他也做不出色香味俱全的菜。这也就是人们常说的“巧妇难为无米之炊”。对一个程序来讲，数据就是“原料”。一个程序所要进行的计算或处理总是以某些数据为对象的。

大千世界中有各种各样的信息，如马路上的交通灯，进出地铁站的交通卡，股市投资者与证券商之间的交易，人们用语言交流的思想等。这些信息必须转换成数据才能在计算机中进行处理。下面先来了解数据的定义以及与之相关的概念，然后再来回答“什么是数据结构”这个问题。

数据是信息的载体，是描述客观事物的数、字符、图形、图像、声音以及所有能输入计算机中并被计算机程序识别和处理的符号的集合。

例如，一个解代数方程的程序处理的对象只是整数和实数，一个 C++编译程序处理的对象是由 ASCII 码（American Standard Code for Information Interchange，美国信息交换标准代码）字符组成的字符串等。

数据的基本单位是数据元素。一个数据元素可由若干个数据项组成，数据项是数据的最小单位。

为了解题的需要，具有相同特性的数据元素经常归类被称为数据对象的集合。数据对象是数据的子集。例如，所有的“数”构成了“数据”集合，而自然数集合={0,1,2,⋯}是“数”的数据对象；所有的字符是数据，字母集合 AS={A,B,⋯,Z，a,b,⋯,z}是该数据的数据对象。

在大多数情况下，一个数据元素不只是含有一个数据项，而是由多个数据项组成的。如对人事登记表的例子，一个职工的记录就是一个数据元素，它包括编号、姓名、性别、出生日期、婚否、基本工资六个数据项。

数据结构的概念与数据的概念不同。若想描述一个数据结构，不仅要描述数据，而且还要描述数据元素之间的相互关系。

从以上两个例子可以看到，在实际应用中的各种数据元素都不是孤立存在的，它们之间存在着某种关系。这种数据元素之间的关系就是结构。根据数据元素之间关系的不同，数据结构分为两大类：线性结构和非线性结构。线性结构中各个数据元素依次排列成一个线性序列；而非线性结构中各个数据元素不再保持成为一个线性序列，每个数据元素可能与其他多个数据元素存在关系。这两类结构通常又可分为下列四类基本结构：①集合，结构中的数据元素之间就是“同属于一个集合”，此外，没有其他关系；②线性结构，结构中的数据元素之间存在的是一种线性关系，即一对一的关系，例 1-1 给出的就是线性结构；③树形结构，结构中的数据元素之间存在着一对多的关系，例 1-2 给出的就是树形结构；

④图形结构或网状结构，结构中的数据元素之间存在着多对多的关系。图 1-2 描述了这四种不同结构的关系图：（b）描述的是线性结构，而（a）、（c）、（d）属于非线性结构。

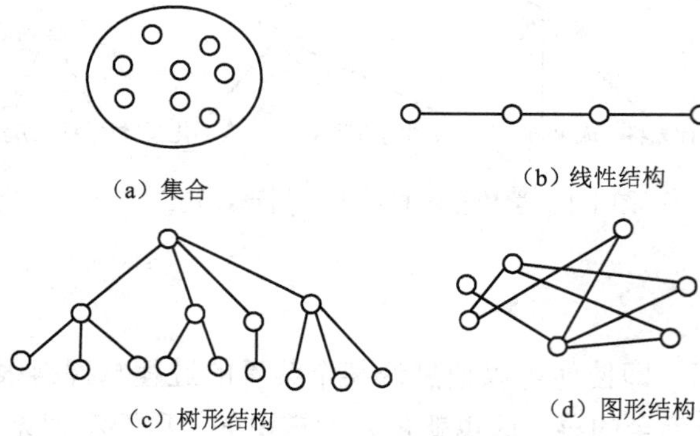

图 1-2　四种基本结构的关系图

对于数据结构，又可按照其视点的不同分为数据的逻辑结构和物理结构。

数据的逻辑结构属于用户视图，是用户所看到的数据结构，是面向问题的。它描述的是数据元素之间的逻辑关系。数据的物理结构，又称存储结构，是数据的逻辑结构在计算机中的物理存储方式，它属于具体实现的视图，是面向计算机的。数据的逻辑结构和物理结构是密切相关的两个方面。一般来说，算法设计是基于数据的逻辑结构，而算法实现则基于数据的物理结构。

本书在讨论各种数据结构时，既讨论其逻辑结构，又讨论其物理结构，还要定义其基本运算。

1.3 算法性能与复杂度

公元约 825 年，一位名叫阿尔 •花拉子米（Al-Khowarizmi）的波斯数学家写了一本书，书中概括了进行数字四则算术运算的法则，所有的数字都是用十进制形式来表示的（按个、十、百位等排列，并有表示小数部位的小数点）。现代名词“算法”（algorithm）就来源于这位数学家的名字。美国韦伯字典（Webster's Dictionary）中将算法定义为：解某种问题的任何专门的方法。在计算机科学中，算法这个词有一个专门的解释：算法——用计算机解题的精确描述。

本书在讨论各类数据结构的同时，介绍了对数据结构进行操作的算法，因此要对算法的概念做比较充分的讨论。

1.3.1 算法的定义

1. 算法的特性

通常，人们将算法定义为一个用于实现某个特定任务的有穷指令集，这些指令规定了一个运算序列。一个算法应当具有以下特性。

1）输入性：一个算法必须具有零个或多个输入量。

2）输出性：一个算法应有一个或多个输出量，输出量是算法计算的结果。

3）确定性：算法中的每一条指令应含义明确，无歧义，即对每一种情况，需要执行的动作都应有严格、清晰的规定。

4）有穷性：算法中的指令执行序列是有穷的，即算法无论在什么情况下都应在执行有穷步后终止。

5）可行性：每条指令必须是足够基本的，即它们在原则上都能精确到可以用笔和纸来模拟实现其指令过程。对于每一步操作，仅有确定性是不够的，还必须是可行的。

需要指出的是，一个程序与一个算法在有穷性上是有重大区别的。一个程序可以不满足特性4)。例如，以用户名和口令来进行登录的系统就是一个处于“输入用户名、输入口令，检查是否已在系统中注册过并且匹配，如不满足，则重新输入”的循环之中，直至输入的用户名和口令匹配，这样的一个程序可能会不终止。但本书中所给出的程序均是可终止的，因此本书中对“算法”和“程序”这两个术语不做严格的区分。

2. 算法的描述方式

算法设计者在构思并设计了一个算法之后，必须准确清楚地将所设计的解题步骤记录下来，或提供交流，或编写成程序供计算机执行。

记录算法中的解题步骤又叫描述算法。常用的描述算法的方式有自然语言、流程图和程序设计语言等。

1)使用自然语言来描述算法，最大的优点是使用者不必对描述工具本身花精力去学习，对写出来的算法的理解是直接的。但其也有如下缺点：容易出现二义性；语句一般太长，会使所建立的算法也显得冗长；算法中的分支及循环等结构表示不能清晰地显示出来。

2）使用规定式样的图形、指向线和文字说明组合起来的流程图来描述算法，其优点是直观、清晰、易懂，便于检查、修改和交流；其缺点是严密性不如程序设计语言，灵活性不及自然语言，对于复杂的算法描述有困难。

3）使用计算机程序设计语言描述算法显得清晰、明了，写出的算法一步到位，能由计算机处理。事实上，用程序设计语言来描述算法，就是对算法的实现，其缺点是抽象性差一些，可能会使写算法的人拘泥于计算步骤描述的细节，而忽略算法的实质。此外，必须熟练掌握程序设计语言及其编程技巧。

考虑到本书的使用者已经熟悉了像C这样的程序设计语言，并且掌握了程序设计的基本方法和技术，并因本书的内容是通过面向对象的方法来讨论数据结构，因而采用C++来描述算法。它的优点是类型丰富、语句精练，具有面向过程和面向对象的双重特点。此外，C++也支持抽象数据类型。为了使写出的算法可读性和可理解性更强，本书有时还采用C++语句与自然语言结合的方式来描述算法，有时对算法加以合适的注释。

1.3.2 算法的性能标准

在面向对象的程序中，通过类来实现数据结构，并且还要实现类中各个服务的算法。一旦确定了类的数据结构，就必须描述这些算法的设计和实现。

算法的设计主要有以下几个标准。

1）正确性：算法应正确地满足所要求解的问题的需求，这是最重要也是最基本的标准。

2）可用性：算法应能很方便地使用。为了便于用户使用，要求算法具有良好的界面和完备的用户文档。

3）可读性：算法应当是可读的，即易于理解的。一个算法不仅要被设计者自己读，而且也可能被他人读，不仅是编程、调试和测试时被读，而且在维护时也被读，因此，可读性是很重要的标准。

4）效率：算法的效率主要是指算法执行时存储单元的开销和运行时间的耗费，前者称为算法的空间代价，后者称为算法的时间代价。

5）健壮性：当输入非法数据时，算法应能做出适当的处理，而不应当产生不可预料的结果。这就要求算法具有对输入参数、打开文件、读文件记录及子程序调用状态等操作的检错、报错和纠错功能。

在设计一个算法时，上述的几条标准有时会有矛盾，如可用性强、可读性强会降低算法的效率。对于效率这个标准，算法的低时间代价和低空间代价也会产生矛盾。例如，有些问题若采用较大大的内存空间可使时间代价降低；若采用较小的内存空间，则使时间代价升高。在计算机硬件价格快速下降的趋势下，算法的时间效率应首先予以考虑。

1.3.3 算法复杂度

算法效率的度量一般采用事前估计和后期测试两种方法。例如，对于程序运行的时间耗费，后期测试主要通过在算法的某些部位插装计时函数来测定算法完成某一规定功能所需的时间。但这种方法与算法的运行环境有关，同样的算法在速度不同的计算机上运行，执行速度相差非常大。此外，一个算法用不同的编译系统编译出的目标代码的长度不一样，质量也不一样，完成同样的功能所需的时间也不同。另外，对于一个存储空间需求很大的算法，如果可用的存储空间不够，在运行时不得不频繁地进行内外存交换，需要的运行时间就会很多。如果可用的存储空间足够大，运行时间就可以大大减少。因此，算法的实际运行时间依赖于所用的计算机系统。在不同的机型、不同的编译系统版本、不同的硬软件配置情况下，想通过后期测试的方法来测定算法的复杂度是比较困难的。因此，人们常常采用事前估计（即对算法进行分析）的方法来测定算法的复杂度。因为算法的复杂度与具体的运行环境和编译系统无关，所以可以通过复杂度的分析来对算法进行比较和评估。

1. 算法的时间复杂度

算法的时间复杂度与具体的机器以及运行环境无关，它与所求解问题的规模有关，可以说，它是问题规模的函数。

一般来说，问题的规模可以从问题的描述中找到。例如，在一个具有 n 个教职工记录的文件中查找某个名叫李华的教师，则该问题的规模为 n。又如，对一个具有 n 个整数的数组进行排序，则问题的规模也是 n。

一个算法是由控制结构（顺序、分支、循环）和基本操作构成的，则算法的时间复杂度与这两者有关。为了能比较解同一问题的不同算法，通常的做法是，从算法中选取一种对于所研究的问题来说是基本运算的操作，即基本操作，以该基本操作重复执行的次数作为算法的时间量度。有时也需要同时考虑几种基本操作，甚至可以对不同的操作赋予不同的权值，以反映执行不同操作所需的相对时间，这种做法便于综合比较解决同一问题的那些完全不同的算法。

算法的时间效率分析通常采用 $O(f(n))$ 表示法。其定义可叙述为 $T(n)=O(f(n))$ 当且仅当存在正常数 c 和 n_0，使对所有的 n，当 $n \geqslant n_0$ 时，都满足 $T(n) \leqslant cf(n)$。也就是说，$O(f(n))$ 给出了函数 $T(n)$ 的上界。

$T(n)=O(f(n))$ 表示：随着问题规模 n 的增大，算法执行时间的增长率和 $f(n)$ 的增长率相同，称为算法的渐近时间复杂度（asymptotic time complexity），简称时间复杂度。或者说两者具有相同的数量级。

例 1-3 设 a 和 b 是两个已经赋值的数组，求如下两个求解 $N \times N$ 矩阵相乘的算法的时间复杂度。

```
for (i=0; i<n; i++)
   for (j=0; j<n; j++)
   { C[i][j]=0;                                        //基本操作语句 1
        for (k=0; k<n; k++)
              C[i][j]=C[i][j]+a[i][k]*b[k][j];        //基本操作语句 2
   }
```

解：设基本操作语句的总执行次数为 $T(n)$，由于基本操作语句“C[i][j]=0”的执行次数为 n^2，“C[i][j]=C[i][j]+a[i][k]*b[k][j]”的执行次数为 n^3，因此 $T(n)=n^2+n^3$。因为 $T(n)=n^2+n^3 \leqslant cn^3$，选择 $c \geqslant 2$，则 $T(n) \leqslant cn^3=O(n^3)$。所以，该算法的时间复杂度为 $O(n^3)$。

当算法的时间复杂度 $T(n)$ 和问题的规模 n 无关时，$T(n) \leqslant c \times 1$，此时算法的时间复杂度 $T(n)=O(1)$，称为常量级；当算法的时间复杂度 $T(n)$ 与问题规模 n 为线性关系时，$T(n) \leqslant cn$，此时算法的时间复杂度 $T(n)=O(n)$，称为线性级；当算法的时间复杂度 $T(n)$ 和问题的规模 n 为平方关系时，$T(n) \leqslant cn^2$，此时算法的时间复杂度 $T(n)=O(n^2)$，称为平方级。

例 1-4 求下面三个程序段的时间复杂度。

```
① x=x+1
② for (i=1; i<=n; i++)
      x=x+1
③ for (i=1; i<=n; i++)
      for (j=1; i<=n; j++)
         x=x+1
```

解：这三个程序段中均含基本语句“x=x+1”，各自所含的次数为 1、n 和 n^2，所以这三个程序段所表示的算法的时间复杂度分别 $O(1)$、$O(n)$ 和 $O(n^2)$。

依次类推，还有 $O(\log_2 n)$、$O(2^n)$ 等时间复杂度。

例 1-5 设 n 为如下算法处理的数据个数，求其时间复杂度。

```
for (i=1; i<=n; i=2*i)
   printf("i=%d \n", i)                        //基本语句
```

解：设基本语句的执行次数为 $T(n)$，有 $2^{T(n)} \leqslant n$，即有 $T(n) \leqslant \log_2 n$，因为 $T(n) \leqslant \log_2 n \leqslant c\log_2 n=O(\log_2 n)$，其中 c 为常数，所以该算法的时间复杂度为 $O(\log_2 n)$。

由于算法的时间复杂度考虑的只是对问题规模的增长率，因此在难以精确计算基本操作语句执行次数的情况下，只需求出它关于 n 的增长率或数量级即可。

在许多情况下，算法的时间复杂度会随着算法中数据元素取值情况的不同而不同。对这类算法的分析，一种解决的办法是计算它的平均值，即考虑它对所有可能的输入数据集的期望值，此时相应的时间复杂度为算法的平均时间复杂度。然而，在许多情况下，各种

输入数据集出现的概率难以确定，算法的平均时间复杂度也就难以确定。因此，另一种更可行也更常用的办法是讨论算法在最坏情况下的时间复杂度，即在最坏情况下，估算出算法执行时间的一个上界。

算法的时间复杂度是衡量一个算法优劣的重要指标。一般来说，具有多项式时间复杂度的算法是可接受、可实际使用的算法。具有指数时间复杂度的算法，只有当 n 足够小时才是可使用的算法。表 1-2 给出了多项式增长和指数增长的比较。从表中可看出，当 n=50 时，多项式函数 n^3=125000，而指数函数 $2^n=1.0\times10^{15}$，$n!=3.0\times10^{64}$，$n^n=8.9\times10^{84}$。因此，在解题时，应尽可能选用多项式级 $O(n^k)$的算法，而不选用指数级的算法。

表 1-2 多项式增长和指数增长的比较

大小	多项式			指数		
n	n	n^2	n^3	2^n	$n!$	n^n
1	1	1	1	2	1	1
2	2	4	8	4	2	4
3	3	9	27	8	6	27
4	4	16	64	16	24	256
5	5	25	125	32	120	3125
6	6	36	216	64	720	46656
7	7	49	343	128	5 040	823543
8	8	64	512	256	40320	16777216
9	9	81	729	512	362800	3.9E8
10	10	100	1000	1024	3628800	1.0E10
⋮	⋮	⋮	⋮	⋮	⋮	⋮
20	20	400	8000	1048376	2.4E18	1.0E25
30	30	900	27000	1.0E9	2.7E32	2.1E44
40	40	1600	64000	1.0E12	8.2E47	1.2E64
50	50	2500	125000	1.0E15	3.0E64	8.9E84
⋮	⋮	⋮	⋮	⋮	⋮	⋮
100	100	10000	1.0E6	1.3E30	9.3E157	1.0E200

2. 算法的空间复杂度

类似于算法的时间复杂度，可以用空间复杂度（space complexity）作为算法所需存储空间的量度，记作

$$S(n)=O(f(n))$$

它表示随着问题规模 n 的增大，算法执行时所需存储空间的增长率和 $f(n)$的增长率相同，称为算法的渐进空间复杂度（asymptotic space complexity），简称空间复杂度。

这里所说的存储空间不是指程序本身、常数、指针所需要的存储空间，也不是指输入数据所占用的存储空间，而是指解题过程所需要的辅助空间。例如，在排序算法中，为移动数据元素所需的临时工作单元、在递归算法中所需的递归工作栈等。若辅助空间相对输

入数据量来说是常数，则称此算法为原地工作。通常，只有完成同一功能的几个算法之间才具有可比性。例如，同样是排序算法，待排序的数据元素是 n 个，作为输入和存放这些数据的数组或链表结点同样是 n 个，则这些输入数据所占用的存储空间是不必进行比较的，可比较的就是各个算法所需要的辅助空间。

习　题　1

一、选择题

1. 数据结构是指（　　）。

A. 数据元素的组织形式　　B. 数据类型

C. 数据存储结构　　D. 数据定义

2. 数据在计算机存储器内表示时，物理地址与逻辑地址没有联系的，称为（　　）。

A. 存储结构　　B. 逻辑结构　　C. 链式存储结构　　D. 顺序存储结构

3. 树形结构是数据元素之间存在一种（　　）。

A. 一对一关系　　B. 多对多关系　　C. 多对一关系　　D. 一对多关系

4. 设语句“x++”的时间是单位时间，则以下语句的时间复杂度为（　　）。

```
for (i=1; i<=n; i++)
    for (j=i; j<=n; j++)
        x++;
```

A. $O(n)$　　B. $O(n^2)$　　C. $O(\log_2 n)$　　D. $O(n^3)$

5. 算法分析的目的是分析算法的效率以求改进，算法分析的两个主要方面是（　　）。

A. 空间复杂度和时间复杂度　　B. 正确性和简明性

C. 可读性和文档性　　D. 数据复杂性和程序复杂性

6. 计算机算法指的是解决问题的有限运算序列，它具备输入性、输出性、（　　）等五个特性。

A. 可行性、可移植性和可扩充性　　B. 可行性、确定性和有穷性

C. 确定性、有穷性和有效性　　D. 易读性、稳定性和安全性

7. 数据在计算机内有链式和顺序两种存储方式。在存储空间使用的灵活性上，链式存储比顺序存储要（　　）。

A. 低　　B. 高　　C. 相同　　D. 不好说

8. 从逻辑上可以把数据结构分为（　　）两大类。

A. 动态结构、静态结构　　B. 顺序结构、链式结构

C. 线性结构、非线性结构　　D. 初等结构、构造型结构

二、判断题

1. 数据元素是数据的最小单位。（　　）

2. 记录是数据处理的最小单位。（　　）

3. 数据的逻辑结构是指数据的各数据项之间的逻辑关系。（　　）

4. 算法的优劣与算法描述语言无关，但与所用计算机有关。（ ）

5. 健壮的算法不会因非法的输入数据而出现莫名其妙的状态。（ ）

6. 程序一定是算法。（ ）

7. 数据的物理结构是指数据在计算机内的实际存储形式。（ ）

8. 在顺序存储结构中，有时也存储数据结构中元素之间的关系。（ ）

9. 顺序存储方式的优点是存储密度大，且插入、删除运算效率高。（ ）

10. 数据的逻辑结构说明数据元素之间的顺序关系，它依赖于计算机的存储结构。（ ）

三、填空题

1. 数据的逻辑结构是指________。

2. 数据的逻辑结构有四种基本形态，分别是________、________、________和________。

3. 线性结构反映元素之间的逻辑关系是________的，非线性结构反映元素之间的逻辑关系是________的。

4. 一个数据结构在计算机中________称为存储结构。

5. 一个算法的效率可分为________效率和________效率。

6. ________是描述客观事物的数、字符以及所有能输入计算机且被计算机程序加工处理的符号集合。

7. 线性结构中元素之间存在________关系；树形结构中元素之间存在________关系；图形结构中元素之间存在________关系。

8. 数据结构主要研讨数据的逻辑结构和物理结构，并对这种结构定义相应的________。

四、应用题

1. 什么是数据的逻辑结构？什么是数据的物理结构？

2. 数据结构与数据类型有什么区别？

3. 回答问题：

1）在数据结构课程中，数据的逻辑结构、数据的存储结构及数据的运算之间存在着怎样的关系？

2）若逻辑结构相同但存储结构不同，则为不同的数据结构。这样的说法对吗？举例说明。

3）在给定的逻辑结构及其存储表示上可以定义不同的运算集合，从而得到不同的数据结构。这种说法对吗？举例说明。

4）评价不同数据结构的标准是什么？

4. 若有 100 个学生，每个学生有学号、姓名、平均成绩，采用什么样的数据结构最方便？请写出这些结构。

5. 在编制管理通讯录的程序时，什么样的数据结构合适？为什么？

6. 试举例说明：对相同的逻辑结构，同一种运算在不同的存储方式下实现，其运算效率不同。

7. 设计一个数据结构，用来表示某一银行储户的基本信息：账号、姓名、开户年月日、储蓄类型、存入累加数、利息、账面总数。

8. 设 n 是偶数，试计算运行下列程序段后 m 的值，并给出该程序段的时间复杂度。

```
m:=0;
for  i:=1  to  n  do
   for  j:=2*i  to  n  do
      m:=m+1;
```

9. 什么是算法？算法的五个特性是什么？请解释算法与程序的区别。

10. 设 n 为正整数，分析下列各程序段中加下划线的语句的执行次数。

1）

```
for (int i=1; i<=n; i++)
for (int j=1; j<=n; j++) {
  c[i][j]=0.0;
  for (int k=1; k<=n; k++)
     c[i][j]=c[i][j]+a[i][k]*b[k][j];
}
```

2）

```
x=0;  y=1;
for (int i=1; i<=n; i++)
for (int j=1; j<=i; j++)
    for (int k=1; k<=j; k++)
      x=x+y;
```

3）

```
int i=1, j=1;
while (i<=n&&j<=n) {
  i=i+1;  j=j+i;
}
```

第 2 章　C++程序设计语言简介

C++中类的定义体现了抽象数据类型的思想。C++中对于面向对象程序设计的支持，核心部分就是类的定义。

本章对数据结构及其算法实现所采用的 C++程序设计语言做简单介绍。

2.1　C++程序设计语言基础

本书以面向对象的观点来介绍数据结构，因此所涉及的程序设计的方法自然是面向对象的程序设计方法。用面向对象的观点来描述数据结构所采用的语言应该是面向对象的程序设计语言。现有的面向对象的程序设计语言有 Smalltalk、Eiffel、C++、Java 等。本书从实用和易学的角度出发，选择了目前比较流行的 C++来描述各种数据结构以及相应的算法。

C++与 C 具有许多相同的功能，除了数据抽象和继承以外，C++对 C 有很多扩充的功能。本节先对 C++语言做简单的介绍，面向对象的程序设计的一些概念在 2.2 节介绍。

2.1.1　程序结构

一个 C++程序由若干个文件组成。C++文件分为头文件和源文件两类。

头文件以“.h”为后缀，用于存放函数声明，它给出了函数的参数类型、个数以及函数的返回类型，称为原型。有一些头文件是系统定义的，如<iostream.h>，另一些头文件是用户定义的；而源文件则用来存放 C++的源代码。源文件的后缀为“.cpp”。可通过预处理指令# include，将头文件包含在适当的文件中。

现在通过一个典型的 C++程序来介绍 C++的程序结构。该程序输出字符串“Hello, Shanghai”，它由如下三个文件组成。

```
/* 头文件 hello.h */
#ifndef  FILENAME_H
#define  FILENAME_H
char  *hello(char *);
#endif

/* 源文件 hello.cpp */
#include <stdio.h >        //含有 sprint()的原型
#include <string.h>            //含有求字符串长度函数 strlen()的原型
#include <hello.h>         //含有 hello()的原型
char  * hello(char* world){
char  *result=new char[9+strlen(world)];
/* 返回字符串"Hello, world". */
```

```
    sprintf(result, "Hello, %s.", world);
    return result;
    }

    /* 源代码文件 main.cpp */
    #include <iostream.h >
    #include "hello.h"
    main(){
      cout << hello("Shanghai");
    }
```

在本例中，头文件 hello.h 是 hello 函数的原型。源文件 hello.cpp 定义了 hello 函数，该函数有一个形式参数（简称形参），其类型为 string，返回函数的类型为 string。main.cpp 是打印“Hello, Shanghai”的主程序，它构造并打印一个欢迎词字符串。程序中的 sprintf()是系统内定义的打印函数。main.cpp 中调用的 hello 函数，其参数类型、个数及函数的返回类型必须与预处理指令 include 所定向的头文件 hello.h 所给出的原型中的函数的参数类型、个数及函数的返回类型相匹配。

将函数和数据定义在互相独立的源文件中，可以支持模块化的程序设计。在各个源文件使用后缀为“.h”的头文件，定义了对其他各模块的调用接口。

在上面的三个文件中，每个文件的开头是注释行，hello.cpp 文件的三个 include 指令的后面给出的也是注释行。

C++中有以下两种注释方法。

1）多行注释：包含在定界符“/*”和“*/”之间的所有文本内容都是注释，这与 C 中的注释格式相同。例如：

```
    /* This book is designed to present the fundamentals
      of data structures from an object-oriented perspective. */
```

2）单行注释：在符号“//”之后至本行末的所有文本内容均为注释。例如，C 注释

```
    /* This is a C++ program.*/
```

可写为 C++的单行注释

```
    //This is a C++ program.
```

因为 C++是 C 的超集，所以上述两种注释方法都可用在 C++程序中。

2.1.2　数据声明和作用域

数据声明的作用是将数据类型与数据名联系在一起。C++的基本数据类型与 C 一样，有 char、int、float 和 double。这些数据类型中的某些又可以用 short、long、signed 和 unsigned 进行修饰。修饰词 short 和 long 用于说明分配给它们修饰的基本类型的存储位数。修饰词 signed 和 unsigned 说明了一个整型数的二进制表示法中的最高有效位是否为符号位。

在数据声明时，主要形式如下。

1）常数值：内容不变的文字，如 57、3.1416、Good morning 等。

2）变量：数据类型的实例，其内容在程序中可被修改。

3）常量：在其生命期中不可被赋值的变量，其内容在声明时给定，一旦给定，则在声

明它的程序运行时不可被修改。声明时，在变量类型名前加上 const，如“const int pi=3.1415926”。

4）枚举：声明一个整型常数序列的方式。它是用关键字 enum 声明的，可以用来建立新的数据类型。

例如，声明

```
enum month={Jan=1, Feb, Mar, Apr, May, Jun, July, Aug, Sep, Oct, Nov, Dec}
```

将一年中的月份定义为一个枚举类型 month。该整数序列可从任一值开始，只需将该值赋给第一个元素，后面的每一个值依次加 1。本例中，Jan 的值为 1，月份对应的顺序为 1～12。枚举值在默认情况下是从 0 开始的。

5）引用：这是 C++的一个新功能。引用类型用于为一个对象提供一个可替换的名字。对于某一个类型的对象的引用，所采用的声明方式就是在该类型的后面添加一个符号&。例如：

```
int  x=9;
int  &y=x;
x=13;
printf("x=%d, y=%d", x, y);
```

此时，y 是引用类型变量，它代表 x 的一个替换名。当 x 的值改变时，y 的值也随之被改变。本例中，打印出的 x 和 y 的值都是 13。

还有几个类型，会在后面的合适地方介绍。

在 C 中，程序块的所有声明都必须出现在所有可执行的语句之前。在 C++中，声明可放在使用所声明的内容之前的任何地方。变量也可以在 for 结构的初始化部分予以声明，其作用域仍然是在定义 for 结构的程序块内。例如：

```
for (int i=0; i<=5; i++)
    printf("i=%d", i)
```

在 for 结构中把变量 i 声明为一个整数并把它初始化为 0。

在 C++中，每一个变量都有一个作用域，函数中声明的变量只能在函数内部使用；在类中定义的变量，只能在该类内部使用。这些变量都称为局部变量。

C++中局部变量的作用域从声明开始直到结束程序块的右花括号终止。因此，变量声明之前的语句即使在同一个程序块内也不能引用该变量。变量声明不能放在 while、do…while、for 和 if 结构的条件中。

把变量声明放在靠近首次引用的位置，即用到时再在声明后写上使用，可提高程序的可读性。

在整个程序中都能引用的变量叫全局变量。如果一个全局变量在文件 1 中声明，而在文件 2 中使用，则在文件 2 中必须使用关键字 extern 对该变量进行声明。

在构成一个程序的两个文件中，如果分别声明了具有相同名字的一个全局变量，它们分别代表不同的实体，此时就要在两个文件中分别使用关键字 static 对变量进行声明，以保证不发生混淆。

如果一个程序块中某个局部变量与某个全局变量同名，但又要在该程序块中引用该全局变量，则可以使用域运算符“::”来引用全局变量。

2.1.3　输入/输出

在 C++中要执行输入/输出操作，必须用# include 预处理指令包括一个<iostream.h>头文件。

关键字 cin 用于 C++中的输入，运算符> >用于分开输入的变量，空白（即 Tab 键、回车键或空格键）用于在标准输入设备上将不同变量的值分开。

关键字 cout 用于输出到一个标准输出设备。cout 和将被输出的每一内容之间用运算符< <分开。要输出的内容从左向右被输出到标准输出设备上。

此外，定向到错误文件的命令由 cerr 定义。

例 2-1　程序：C++中的输入/输出。

```
#include <iostream.h>
void main() {
   int x, y;
   cin >> x >> y;
   cout<< “x=” << x << endl;
   cout<< “y=” << y << endl;
}
```

在输出语句的最后出现的 endl 也是 C++的输入/输出运算符，其作用是输出一个换行符并清空流。与此类似的运算符还有 ends（输出空）、flush（清空流）和 WS（跳过前导空白）等。

执行上述程序时，按照输入格式：

```
5    10      <回车>
```

或

```
5   <回车>
10  <回车>
```

均使变量 x 和 y 分别得到输入值 5 和 10，并输出如下结果：

```
x=5
y=10
```

C++中的输入/输出，在功能上的一个优点是“自由格式”。程序员不必使用格式化符号来指明输入/输出项的类型和顺序。此外，与 C++中其他的运算符一样，输入/输出运算符能够被重载。

在 C++的程序中如有对文件的输入/输出，则必须在程序中包含头文件 fstream.h，它定义了类 ifstream、ofstream 和 fstream。关于类，将在 2.2 节详细讨论。要创建一个输入流，必须声明它为类 ifstream。要创建一个输出流，必须声明它为类 ofstream。要执行输入/输出的流，必须声明为类 fstream。

例 2-2　含有文件输入/输出的程序。

```
#include <iostream.h>
#include <fstream.h>
void main(){
   ofstream outFile("my.out", ios::out);
   if (!outFile){
     cerr<< "cannot open my.out"<< endl;
           //standard error device return;
```

```
    }
    int n=70; float  f=30.2;
    outFile<< "n:"<< n << endl;
    outFile<< "f:"<< f << endl;
}
```

在本例中，定义了一个输出文件流变量 outFile，它由两个参数来初始化，第一个参数是字符串（此处为 my.out），它代表文件名；第二个参数用于指明该文件被使用的模式，此处 ios::out 表明该文件用作输出。如果文件未被打开，则 outFile=0。如果文件被成功打开，则它将替代 cout，用于将输出引导到文件 my.out 中。

2.1.4 函数

C++中有两种函数：常规函数和成员函数。成员函数用于类方法的定义，2.4～2.6 节将做详细讨论。常规函数用于完成一个特定的功能。无论是常规函数还是成员函数，其定义都包括四个部分：函数名、形参表、返回类型和函数体。函数的使用者通过函数名来调用函数，调用过程把实际参数（简称实参）传送给相应的形参作为数据的输入；然后通过执行函数体中的语句实现该函数的功能；最终得到的返回值由函数名带回给函数的调用者。

函数如果有返回值，则该值的类型就是该函数的返回类型。函数的返回值是通过函数体中的 return 语句返回的。return 语句的作用是返回一个类型与返回类型相同的值，并终止函数的执行。

例 2-3 一个函数。

```
int min(int a, int b){
   if (a<b) return a;
   else return b;
}
```

在本例中，min 是函数名，int a 和 int b 是形参表，函数名 min 前面的 int 是返回类型，由花括号括起来的部分是函数体。

对于不返回值的函数，其返回类型要声明为 void。

在 C++中，指定空参数列表的方法是在圆括号中写入 void，或什么也不写。例如，声明语句：

```
void emp();
```

指定函数不接收任何参数，也没有返回值。

2.1.5 参数传递

函数调用时传送给形参表的实参与形参在类型、个数及顺序上必须保持一致。C++中函数的参数传递有四种方式：值参数传递、引用参数传递、常值参数传递和常值引用参数传递。常值参数传递方式一般不用。

值参数传递是默认的参数传递方式。若采用值参数传递方式，程序在运行时，对应的实参的值传送给形参所对应的局部工作区中的单元，当函数的执行终止时，函数修改的是形参所对应的工作单元的值，而该值不传回给实参，因此值参数传递方式不会改变对应形参的实参的值。

使用引用参数传递方式时，需要在函数的形参表中将形参声明为引用类型，即在参数名前加上一个&。当一个实参与一个引用类型形参结合时，被传递的不是实参的值，而是实参的地址，函数通过地址存取被引用的实参。当函数执行时，任何对形参的改变也就是对实参的改变。

当要求一个函数调用返回多于一个参数时，也应采用参数传递方式。此时，将其中一个参数用 return 语句返回，而其他参数由引用返回。

常值引用参数传递方式的格式为“const T & a”，其中 T 是参数的类型。在函数体中，不能修改常值参数，否则将导致编译出错。

例 2-4　参数传递的方式。

```
#include <iostream.h>
int ExampleByValue(int a, int b, int c) {
  int x, y, z;
  x=a; y=b; z=c;
  a=3*a; b=3*b; c=3*c;
  return(x+y+z)/3;
}
int ExampleByRefer(int &a, int &b, int &c) {
  /*代码同上*/
}
int ExampleByConsRefer(const int &a, const int &b, const int &c) {
  return(a+b+c)/3;
}
main(){
  int s=0, p=2, q=3, r=4; s=ExampleByValue(p, q, r);
  cout<<"p, q, r, and s:"<<p<<q<<r<<s<<"\n";
  s=ExampleByRefer(p, q, r);
  cout<<"p, q, r and S:"<<p<<q<<r<<s<<"\n";
  s=ExampleByConsRefer(p, q, r);
  cout<<"p, q, r, and s:"<<p<<q<<r<<s<<"\n";
}
```

输出结果：

```
p, q, r and s:   2  3  4   3
p, q, r and S:   6  9  12  3
p, q, r and s:   6  9  12  9
```

因为函数 ExampleByValue 以值参数传递方式调用的，在函数体的执行中，实参的值不修改，所以第一次输出的 p、q、r 的值为 2、3、4。ExampleByRefer 是以引用参数传递方式调用的，p、q、r 的值在函数体的执行中，修改为 6、9、12，所以输出的结果 p、q、r、s 为 6、9、12、3。调用 ExampleByConsRefer 时，实参 p、g、r 不会改变，保留字 const 保证只能对其值初始化一次，因而输出结果为 6、9、12、9。

2.1.6　函数名重载

在 C 中，不允许在同一个程序中声明两个同名的函数；而在 C++中，允许在同一个程序中用同一个名字定义多个函数，但它们的形参表不同。这种能力称为函数名重载。在调用一个重载的函数时，编译程序通过检查参数的个数、类型和顺序，自动选择一个合适的函数。

例 2-5　用重载函数 sum 来计算两个 int 类型值之和及三个 float 类型值之和。

```
#include <stdio.h>
int sum(int a, int b) {
    return a+b;
}
float sum(float a, float b, float c){
    return a+b+c;
}
void main() {
    printf("sum(2, 3)=%d", sum(2, 3));
    printf("sum(1.1, 2.2, 3.3)=%f", sum(1.1, 2.2, 3.3));
}
```

在例 2-5 中，两个 sum 函数的返回类型不同，参数个数也不同。

函数重载通常用来建立在不同数据类型的基础上完成类似任务的多个同名函数，这可使程序易于阅读和理解。

2.1.7 动态内存分配

在 ANSI C（由美国国家标准研究所和国际标准化组织推出的关于 C 语言的标准）中，动态内存分配通常是用标准库函数 malloc()和 free()实现的。C++兼容了 C 语言中的这两个函数，并提供了两个新的运算符 new 和 delete，使程序实现动态内存分配。考虑如下的声明语句：

```
ptrtype *ptr
```

语句中的 ptrtype 可以是任何数据类型（如 int、char、float 等），则语句：

```
ptr=new ptrtype
```

从程序的空闲内存区中为 ptrtype 类型的对象分配内存。new 运算符以类型为参数，自动建立一个具有合适大小的对象，并返回指向该类型对象的指针。此处类型为 ptrtype，返回的指针为 ptr。如果分配内存不成功，则返回一个空指针。在 C++中，以 0（而不是 null）来表示空指针。

在 C++中，用如下语句来释放该对象所占用的空间：

```
delete ptr;
```

运算符 delete 只能释放用运算符 new 分配的内存。把 delete 用于空指针对程序执行没有任何影响，但把 delete 用于已经释放的指针是不允许的。

C++允许初始化新分配的对象。例如，语句：

```
int  *thisptr=new int(57);
```

建立了一个指向 int 类型对象的指针 thisptr，把新分配的 int 类型的对象初始化为 57。该语句把指针 thisptr 的声明与动态内存分配以及初始化放在一条语句中了。

虽然 new 和 delete 所完成的功能与 C 语言中的 malloc()和 free()类似，但其使用更方便。首先 new 按指定类型自动分配足够的空间，不要求调用者提供所需存储空间的数量并使用 sizeof 运算符进行计算；其次，new 自动返回指定类型的指针，不必像 malloc()那样在分配时需要显式地使用强制类型；此外，new 和 delete 可以重载。

2.1.8 结构与联合

到目前为止，所见到的数据类型都只包含一种类型信息，即使是由多个数据元素组成的数组，亦是如此。如果想要把多个不同数据类型的数据项组合成一个数据元素，可以使用结构这样的数据类型。

1. 结构

C++用数组存储许多相同类型的相关信息，但是有些数据信息是由若干不同数据类型的数据所组成。例如，一个职工工资记录包括姓名、工号和工资等，这些数据信息的类型是不一样的，用数组不能直接把它们组织起来，而用结构变量就可以有组织地把这些不同数据类型的数据信息存放在一起。

结构是用户自定义数据类型，它可与 int、float 等基本数据类型一样被使用。声明结构类型时，先指定关键字 struct 和结构名，然后用一对花括号将若干个结构成员及其数据类型的说明括起来。

通常，结构声明在所有函数之外，位于 main()函数之前。这就使所声明的数据类型在程序的任何地方都可以被使用。声明一个结构并不分配内存，内存分配发生在定义这个新数据类型的变量时。

结构中包含的数据变量称为该结构的成员，如例 2-6 中的 id、salary 是结构 person 的成员。

一旦通过定义相应结构变量，分配了空间，就可以使用圆点运算符“·”（或称结构成员运算符）来访问结构中的成员。左操作数为结构类型变量，右操作数为结构中的成员。

在数组中，称数组分量为元素；在结构中，称结构分量为成员。数组的“[]”运算符与结构的点运算符具有相同的运算优先级，它们是所有运算符中优先级最高的。

因为用结构来实现的目的，就是要区分一个数据集中的每个分量的类型和意义。每个分量数据类型可以相异。更重要的是，为了区分数据内容的意义，结构的成员有自己单独的名字。结构可以被赋值。

例 2-6　声明一个关于职工工资记录的结构，并使用它。

```
// Person-salary. cpp
#include <iostream.h>
struct person
{
   char name [20];            //姓名
   unsigned long id;          //工号
   int salary;                //工资
};
void main()
{
   person pr1={"Frank Voltaire", 12345678, 2456};
   person pr2;
   pr2=pr1;
   cout << pr2.name <<"   "
        << pr2.id <<"  "
        << pr2.salary <<endl;
}
```

输出结果：

```
Frank Voltaire    12345678    2456
```

程序中定义了一个全局 person 结构变量 pr1，它使用与初始化数组相似的方法进行初始化。在 main()函数中，定义了一个结构变量 pr2，然后使用赋值运算符“=”将 pr1 的内容赋值给 pr2。在结构 person 中，成员 name 是一个字符数组，通过结构变量的赋值，该数组作为成员也被赋值了。

两个不同结构名的变量不允许相互赋值，即使两者包含同样的成员。

根据结构类型可以定义一个变量，是变量就有地址。结构不像数组，结构变量不是指针。通过取地址“&”操作，可以得到结构变量的地址，这个地址就是结构中第一个成员的地址。

可以将结构变量的地址赋给结构指针，结构指针通过箭头运算符“→”（也是一种结构成员运算符）来访问结构成员。

例 2-7 定义结构指针，通过结构指针来访问结构成员。

```
// Structure-pointer.cpp
#include <iostream.h>
#include <string.h>
struct person
{
   char name [20];
   unsigned long id;
   int salary;
};
void main()
{
   person pr1;
   person *prPtr;
   prPtr=&pr1;  //定义了一个结构类型的指针
   strcpy(prPtr->name, "David Marat");
   prPtr-> id=987654321;
   prPtr-> salary=2567;
   cout << prPtr-> name << "    "
        << prPtr -> id << "    "
        << prPtr-> salary << endl;
}
```

输出结果：

```
Davit   Marat   987654321  2567
```

箭头运算符是对结构成员的操作。但必须清楚，当用圆点运算符时，它的左边应是一个结构变量；当用箭头运算符时，它的左边应是一个结构指针。

例 2-7 把 pr1 的地址赋给 person 结构指针 prPtr，然后通过这个指向 pr1 的指针对 pr1 进行赋初值和输出。这一步很重要，如果不把 pr1 的地址赋给 prPtr，那么 prPtr 就是一个随机地址，在这个地址上赋值是很危险的。

指针是有类型的，引用一个整型指针得到一个整数，引用一个结构指针得到一个结构。即*prPtr 的值就是结构 person 的变量 pr1 的值，而不会是其他类型的值。

结构是一个数据类型，所以也可以拥有结构数组。要定义结构数组，必须先声明一个结构，然后定义这个结构类型的数组。

例 2-8　定义一个 100 个元素组成的 person 结构类型的数组。

```
struct person
{
  char  name [20];
  unsigned long id;
  int salary;
};
person allone [100];    //定义一个person结构类型的数组
```

结构数组中的每个元素都是结构变量，访问结构数组元素中的成员，方法与前类似。

2. 联合

联合（union）是一种变量，它可以在不同时间内维持不同类型和不同长度的对象。它提供了在单个存储区域中操作不同类型数据的方法，而无须在程序中存放与机器有关的信息。联合的语法是以结构为基础的。

例 2-9　定义一个联合。

```
union utag {
  int ival;
  float fval;
  char *pval;
} uval;
```

联合元素的引用，语法上也类似于结构成分的引用：

```
union-name.member
```

或

```
union-pointer->member
```

如果变量 utype 是用来记录存储在 uval 中的最近的存储类型的，那么可使用下列程序段存取联合中的元素。

```
if (utype==INT)
  printf("%d\n", uval.ival);
else if (utype==FLOAT)
  printf("%d\n", uval.fval);
else if (utype==STRING)
  printf("%d\n", uval.pval);
else
  printf("bad type %d in utype\n", utype);
```

联合可以和结构、数组组合使用。存取结构中的联合或联合中的结构的记号与存取嵌套结构是一样的。

例 2-10　结构、数组和联合的组合。

```
struct {
    char *name;
    int flags;
    int utype;
    union {
```

```
        int ival;
        float fval;
        char *pval;
        } uval;
    } symtab[NSYM];
```

例 2-10 中 symtab 的定义是一个结构数组，可以用 symtab[i].uval.ival 来引用结构数组中第 i 个结构的成分——联合中的元素（最近存储的是整数类型），如果联合中最近存储的是字符串，则可用 symtab[i].uval.pval 来引用 pval 中的第一个字符。

事实上，联合是一种形式特殊的结构变量。和结构一样，对联合施加的操作只能是存取成员和取其地址。不能把联合作为参数传递给函数，也不能由函数返回联合。

联合只是一种变量，为了弄清联合中存储的是哪一种类型的变量，通常是在联合外设置一个变量以作表征。正如在 symtab 中，每一个结构，都含有整型变量 utype 以指出在该结构的联合 uval 中存储的是什么类型的变量。结构中往往含有几个不同类型的变量，如 symtab 中就有四个变量。

2.2 类与对象的基本概念

2.2.1 类与对象

人类是一个类（class），张三是人，李四是人，都是人类的实例（instance），或称对象（object）。一个类描述一类事物以及该类事物所应具有的属性，如人有身高、体重、文化程度、性别、年龄等。

一个对象是类的一个实例，它具有确定的属性值，如张三身高 1.80 米，体重 70 公斤，大学本科，男，21 岁。人类只有一个，人类的实例可以有无数个。对象是具体的，对象可以被创建和销毁。类是抽象的，类是无所不在的。例如，桌子是一个类，人们不断打造各种尺寸和各种风格（属性）的桌子（桌子的实例），在打造桌子的同时又不断毁坏桌子，年复一年，旧的去了，新的又来，但桌子的概念没变。这里的桌子是一个抽象的概念，应该称它为桌子类，以区别于打造的具体桌子。

在计算机领域中，对象是指在应用问题中出现的各种实体、事件、规格说明等。它是由一组属性值和在这组值上的一组服务（或称操作）构成的。其中，属性值确定了对象的状态。例如，一个显示在计算机屏幕上的圆，作为一个几何对象，它是由圆心坐标、半径长度、边线颜色和内部颜色等属性值来确定位置、大小、颜色等状态的。那么，可以通过对象的服务来改变该对象的属性值。例如，圆形可以有服务 move(x, y)，使用这个服务，可将圆移动到由实数 x、y 所指定圆心的新位置上。圆形还可以有服务 setRadius(r)、setEdgeColor(c)，用以改变圆形的半径、圆形的边的颜色和其内部颜色。

在面向对象的方法中，类是具有相同操作（服务）与相同数据格式（属性）的对象的集合，而把类中的每一个对象称为该类的一个实例。可以通过一个简单例子来理解对象和类之间的关系以及相关的概念。

有一个计算机电子邮件系统，其主要功能包括发信人写信、收信人看信，以及电子邮件系统中信的收、发、存储等。如果你在计算机上写一封信给同事 John，那么这封信本身是一个对象，它具有一般信所有的共性，如有信的内容和允许你处理的一些方法或动作（读信、写信、发送信等）。信的内容在计算机中称为数据，而需要处理的一些方法和动作，在计算机中统称为“操作”。将这些信的共性汇集起来就有了对象这一概念，用计算机软件的术语可以描述为“对象=数据+动作”。所有的信的集合就构成了类，类中的“信”都具有相同的服务：发信，信中的内容是不同的（即对象的属性值不同）。

设想处理英文信和处理日文信除了有相同的发送方式以外，还有一些各自独有的方式。那么，建立两套平行的信件处理机制，显然是不经济的。可以由“信”这个类来定义两个类：“英文信”和“日文信”，它们保留了“信”类的服务，并添加上各自独立的服务。这种“保留”称为“继承”。“信”类称为基类，基类又可称为父类、超类或泛化类，它具有一般信件的公共操作：读、写、发送等。“英文信”“日文信”称为派生类，又可称为子类或特化类。它们继承了其基类“信”的读、写、发送等操作，但同时又加上它们自己的“英文”和“日文”特定操作。对于本例，基类、派生类和对象实例的关系如图 2-1 所示。

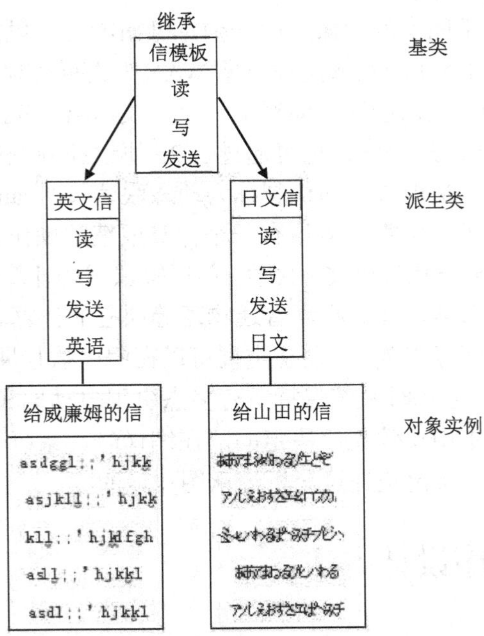

图 2-1　基类、派生类和对象实例的关系

继承和重用是相辅相成的两个概念。要制造新的电冰箱，可以有两种选择：一种是从草图开始，另一种是对现有的电冰箱型号加以改进。也许现有的型号已经令人比较满意，但如果再增加两个功能，会更加完美。电冰箱工程师肯定不想从头开始，而是希望制造另一种新型电冰箱，它是在原有型号的基础上增加两组电路做成的。新的电冰箱很快就制造出来了，并被赋予一种新的型号。这就是继承和重用的例子。

继承是一种联结类的层次模型，并且允许和鼓励类的重用。层次结构的上层（或父类）最具有通用性，而下层（或子类）具有特殊性。类可以从它的父类那里继承方法和实例变量（即对象中可访问的数据），也可以修改或增加新的方法使之更符合特殊的需要。

2.2.2 消息与合作

一个对象内具有过程和数据。外部的用户或对象对该对象提出的请求，可以称为对该对象发送消息。在电子邮件系统的例子中，对象“信”具有读信、写信或发送信等操作，是由系统设计者开发并由对象“信”提供给用户的，用户可以发送一个消息（或称为请求）来请求所需要的服务。

在面向对象的方法中，另一个经常用的概念就是“合作”。合作是指两个对象之间共同承担职责来达到某一目标。当你告诉对象“信”，你想把它发送给 John 时，你此时的作用就是一个客户。对象“信”在这里相当于一个服务器，它提供给你一个服务。你还可以要求别的服务，如读信、写信等。很多人用客户/服务器模型来描述面向对象模型。在这个模型中，各个对象具有完成不同任务的职责，客户对象可以通过服务器对象来完成一些任务。通常把两个对象共同承担职责称为“合作”。

2.2.3 多态性

多态性机制是指允许不同类的对象对同一消息做出响应。以前面提到的电子邮件系统为例，现有局域网类对象 LAN 和宽域网类对象 WAN，这两类对象均可对来自对象“信”的同一消息“发送给 John”做出响应。即对同一个“发送给 John”操作，可以有不同的实现方法。可以通过 TCP/IP 找到 John，也可通过 X.25 协议找到 John，这是在系统运行时由系统决定的。这种动态决定实现方法的机制称为动态联编（dynamic binding）。

再看一个多态性的例子。学生类应该有一个计算成绩的操作。大学生继承了中学生。对于中学生，计算成绩的操作是对语文、数学、英语等课程的计算；而对于后继的大学生，计算成绩的操作是对高等数学、计算机、普通物理等课程的计算。

多态性引用动态类型和静态类型。动态类型可以在程序执行期间在实例之间进行变化。在强类型面向对象环境中，运行时系统保持所有多态引用自动地和它们的动态类型相联结。静态类型是在程序上下文中由实体说明决定的。在编译时，系统知道并且决定对象在运行时可接受的有效类型。这一决定是通过分析继承图实现的。

2.3 面向对象的程序设计方法

大型软件系统复杂度的不断增加，对软件系统设计方法也提出了新的要求。传统的程序设计技术采用的是算法分解。算法分解就是功能分解，该方法将软件看成一个处理过程，将该过程分解成具有若干个步骤的模块。这些模块由编程语言中的子程序单元来实现，如 PASCAL 中的过程、FORTRAN 中的子程序和 C 语言中的函数。实现一个程序所需的数据结构被放到了次要地位，一般都是在项目被分解成功能模块后，再来考虑数据结构。

面向对象的程序设计技术建立在对象分解的基础上，以类设计为核心，面向对象分解将软件看成有良好定义的对象组成的集合。这些对象是应用领域中实体的模型化体现。这些对象以及对象之间的相互作用构成了一个软件系统。当系统被分解为若干个对象之后，再去考虑功能的分解。

面向对象分解最主要的优点在于它增进了软件的可重用性。面向对象分解同面向算法分解相比较更直观，因为对象以自然的方式模型化了应用领域中的实体。

程序设计阶段应给出所有对象的描述，这是构成程序的主要部分。同时，设计阶段也描述对象之间相互作用的控制。

对象设计阶段明确所有在程序中将要用到的对象，并给出每个类的定义，再设计出一些程序模块对类进行测试。类可以独立于系统之外测试，这是面向对象程序设计的一大特色。

处理控制设计阶段完成程序的框架设计，它使用自顶向下的方法创建主程序和子程序来控制对象之间的相互作用。

2.4　C++类与对象

C++对于面向对象程序设计的支持，核心就是类的定义。类由多个存放数据值的成员和加工数据的运算组成。这些运算称为成员函数，又称为方法。成员函数用来响应发送给对象的消息。消息就是对成员函数的调用。定义一个类后，就可以用该类的名称来声明该类的对象。类可以分为公共和私有两个部分。其中，公共部分描述用户使用类的界面。对于在公共（public）域中声明的数据成员和成员函数，程序中其他类的对象或操作都能请求该类的对象调用它们，该界面使用户在使用对象时不必了解对象的内部细节。私有部分由帮助实现数据抽象的数据和内部操作组成。私有部分包括私有（private）域和受保护（protected）域，这两个域中声明的数据成员和成员函数只能由该类的对象和成员函数以及声明为友元（friend）的函数或类的对象访问。

下面以一个定义类、使用类的例子来介绍。

例 2-11　结构、数组和联合的组合。

```
//TIME1.H
//类 Time 的声明
//成员函数在 TIME1.cpp 中定义
#ifndef  TIME1_H
#define  TIME1_H
//类 Time 的定义
class Time {
public:
   Time();                               //默认构造函数
   void setTime(int, int, int);          //设置时、分、秒
   void printStandardTime();             //打印标准格式的时间
private:
   int hour;                             //0-23
   int minute;                           //0-59
   int second;                           //0-59
};
#endif

//TIME1.cpp
//类 Time 的成员函数的定义
```

```
#include <iostream.h>
#include "TIME1.H"
    /*类 Time 的构造函数把每一个数据成员初始化为 0，从而保证所有的类 Time 的对象
    具有稳定的初始状态*/
Time::Time(){hour=minute=second=0;}
/*设定一个新的时间值，检查数据值的合法性，将非法值设置为 0*/
void Time::setTime(int h, int m, int s) {
     Hour=(h>=0&&h<24)? h:0 ;
     Minute=(m>=0&&m<60)? m:0 ;
     Second=(s>=0&&s<60)? s:0 ;
}
//按标准格式输出时间
void time::printStandardTime() {
cout <<((hour==0||hour==12)? 12: hour%12)
    <<":"<<(minute<10? "0":" ")<<minute
    <<":"<<(second<10? "0":" ")<<second
    <<(hour<12? "AM":"PM");
}

//使用类 Time 的程序
//注：与文件 TIME.cpp 一起编译
#include <iostream.h>
#include "TIME1.h
//测试类 Time 的程序
main() {
   Time t;                        //类 Time 的实例对象 t
   cout<<"The initial standard time is";
   t.printStandardTime();
   t.setTime(14, 25, 9);
   cout<<"\n standard time after setTime is";
   t.printStandardTime();
   t.setTime(70, 70, 70);     //试图设定非法值
   cout<<"\n After attempting invalid settings standard time is ";
   t.printStandardTime();
   cout<<endl;
   return 0;
}
```

2.5 构造函数和析构函数

例 2-11 中，含有一个构造函数 Time()。构造函数是与类同名的成员函数，其作用是初始化对象的成员。构造函数是在创建类的对象时自动调用的。类的数据成员不能在定义类时初始化，必须在类的构造函数中初始化，或者在建立类的对象后再设置它们的值。构造函数不能自动返回值类型和返回值。可以重载构造函数，以便使用各种方法初始化类的对象。构造函数可以使用默认参数。

在 TIME1.cpp 中，构造函数把 hour、minute 和 second 初始化为 0。现在可以使用默认参数重新定义类 Time 的构造函数。新的构造函数具有每个变量值为 0 的默认参数。给构造函数提供默认参数的好处是：即使在调用构造函数时没有提供参数值，也会确保按照默认的参数值对对象进行初始化。当一个构造函数的所有参数都是默认参数时，该构造函数是默认的构造函数，也就是说，在调用这样的构造函数时可以不提供任何参数。例 2-12 中的程序初始化了类 Time 的五个对象：在调用构造函数时，一个对象全部用默认参数，一个对象给出了一个参数，一个对象给出了两个参数，一个对象给出了三个参数，还有一个对象给出了三个非法的参数。在建立和初始化这些对象后，程序打印出了每一个对象的数据成员的值。

例 2-12　初始化类 Time 的对象。

```
//TIME2.H
//类 Time 的声明
//成员函数在 TIME2.cpp 中定义
#ifndef TIME2_H
#define TIME2_H
class Time {
public:
   Time(int=0, int=0, int=0);      //默认构造函数
   void SetTime(int, int, int);
   void printStandardTime();
private:
   int hour;
   int minute;
   int second;
};
#endif

//TIME2.cpp
//类 Time 的成员函数的定义
#include <iostream.h>
//初始化私有数据成员的构造函数
//默认值是 0
Time::Time(int hr, int min, int sec) {
       hour=(hr>=0&&hr<24)? hr:0 ;
       minute=(min>=0&&min<60)? min:0 ;
       second=(sec>=0&&sec<60)? sec:0 ;
}
void Time::SetTime(int h, int m, int s){
     hour=(h>=0&&h<24)? h:0 ;
     minute=(m>=0&&m<60)? m:0 ;
     second=(s>=0&&s<60)? s:0 ;
}
void Time::printStandardTime() {
cout <<((hour==0||hour==12)? 12:hour % 12)
   <<":"<<(minute<10? "0":"")<<minute
   <<":"<<(second<10? "0":"")<<second
```

```
        <<(hour<12? "AM":"PM");
    }
    #include <iostream.h>
    #include "TIME2.H"
    main() {
      Time t1, t2(2), t3(15, 30), t4(12, 20, 40), t5(28, 70, 99);
      cout<<"Constructed with all arguments defaulted:\n";
      t1.printStandardTime();
      cout<<"\n hour specified; minute and second defaulted:\n";
      t2.printStandardTime();
      cout<<"\n hour and minute specified; minute defaulted:\n";
      t3.printStandardTime();
      cout<<"\n hour, minute and second specified:\n";
      t4.printStandardTime();
      cout<<"\n all invalid values specified:\n";
      t5.printStandardTime();
      cout<<endl;
      return 0;
    }
```

输出结果如下：

```
Constructed with all arguments defaulted
12:00:00 AM
hour specified; minute and second defaulted:
2:00:00 AM
hour and minute specified; minute defaulted:
3:30:00 PM
hour, minute and second specified:
12:20:40 PM
all invalid values specified:
12:00:00 AM
```

如果没有为类定义构造函数，那么编译器就会为该类添加一个默认构造函数。默认构造函数并不做任何初始化工作，所以在建立该类的对象时不能保证有一个确定的初始状态。

析构函数是类的一个特殊的成员函数，其标志是在类的名称前面加上字符“~”。析构函数是构造函数的反向操作。当撤销一个类的对象时，该类的析构函数就自动被调用，在系统回收对象所占用的内存空间之前先做一些清理工作。析构函数没有参数和返回值。一个类只能有一个析构函数，重载析构函数是不允许的。当类的对象包含动态分配的内存时，为类提供析构函数是合适的。析构函数和构造函数通常是被自动调用的，其调用顺序取决于建立和撤销对象的顺序。一般来说，调用析构函数的顺序与调用构造函数的顺序相反。但是，对象的作用域会改变调用析构函数的顺序。

对声明为全局变量的对象来说，其构造函数在声明该对象时被调用，相应的析构函数在程序退出该对象的作用域时被调用。

静态局部对象的构造函数只在声明该对象时调用一次，相应的析构函数在程序终止时被调用。

2.6 工具函数

并不是所有的成员函数都要设定成公有的，也就是说，并不是所有的成员函数都要成为接口的一部分。一些成员函数可以是私有的，它们用作其他成员函数的工具函数。

成员函数可以分为多种，包括读取和返回私有数据成员值的函数，设定私有数据成员值的函数，实现类的特点的函数，以及完成类的各种基本操作的函数（如初始化类的对象、给类的对象赋值、实现类与内部类型或与其他类之间的转换，处理类的对象所占用的内存等）。

访问函数可以读取和显示数据。访问函数还经常用来测试条件的真假，这类函数通常叫作判断函数。例如，函数 IsEmpty()就是一个判断函数，它用于链表、堆栈或队列等的包容器类。一个程序在试图读取包容器对象中下一个数据项之前应该测试一下 IsEmpty()函数。IsFull()判断函数也用于测试包容器对象中是否还有剩余的空间。

例 2-13 的程序演示了工具函数的使用。工具函数不是类的接口，而是类的私有成员，用于支持类的公有成员函数的操作。类的客户不能直接使用工具函数。

类 SalesPerson 有一个记录 12 个月售货额的数组，该数组被构造函数初始化为零，函数 setSales()可为数组设置用户提供的值。公有成员函数 printAnnualSales()用来打印 12 个月的总售货额。工具函数 totalAnnualSales()为 printAnnualSales()函数提供 12 个月的总售货额。公有成员函数 printAnnualSales()将售货额转换成美元格式输出。这里涉及 C++的格式化功能。下面对程序作简要的解释。函数调用

```
setprecision(2)
```

表明要输出的结果保留两个小数位（如 23.47 美元）。这种调用称为“带参数的流操纵算子”。凡是使用这类调用的程序都必须包含下面的预处理指令：

```
#include <iomanip.h>
```

下面的一行语句：

```
setiosflags (ios::showpoint);
```

的作用是以定点格式（与科学记数法相反）输出结果。showpoint 选项强制显示小数点和尾数。

例 2-13　演示工具函数的使用。

```
//SALESP.H
//类 SalesPerson 的定义
//成员函数在 SALESP.cpp 中定义
#ifndef SALESP_H
#define SALESP_H
class SalesPerson {
public:
   SalesPerson();                    //构造函数
   void setSales();                  //由用户提供售货额
   void printAnnualSales();
private:
   double sales[12];                 //12 个月的售货额
```

```
    double totalAnnualSales();      //工具函数
};
#endif

//SALESP.cpp
//类 SalesPerson 的成员函数
#include <iostream.h>
#include <iomanip.h>
#include "salesp.h"
//构造函数对数组的初始化
SalesPerson::SalesPerson(){
   for (int i=0; i<=12; i++)
     sales[i]=0.0;
}
//设置 12 个月售货额的函数
void SalesPerson::setSales() {
   int i;
   for (int i=1; i<=12; i++) {
      cout <<"Enter sales amount for month"
           <<i<<":";
      cin>>sales[i];
   }
}
//计算年度总售货额的私有工具函数
double SalesPerson::totalAnnualSales() {
   double total=0.0;
   for (int i=1; i<=12; i++)
   total+=sales[i];
   return total;
}
//打印年度总售货额
void SalesPerson::printAnnualSales() {
   cout <<setprecision(2)
        <<setiosflags(ios::fixed|ios::showpoint)
        <<"\n Total annual sales are: $"
        <<totalAnnualSales() <<endl;
}

//演示工具函数的使用
//与 SALESP.cpp 一起编译
#include "salesp.h"

main() {
  SalesPerson s;          //建立类 SalesPerson 的对象 s
  s.setSales();
  s.printAnnualSales();
  return 0;
}
```

2.7 继　承

继承是软件重用的一种形式。实现这种形式的方法就是从现有的类（基类）建立新的类（派生类）。派生类继承了基类的属性和行为，并且为了具有自己所需的功能，派生类还可以对这些属性和行为进行修饰。软件重用缩短了程序的开发时间，使开发人员可以重用已经测试和调试好的高质量的软件。

在建立一个派生类时，程序员可以让其继承基类的数据成员和成员函数，而不必重新编写新的数据成员和成员函数，派生类本身也可能成为未来派生类的基类。也可以用类似的方法处理基类对象和派生类对象。基类的属性和行为表述了基类对象和派生类对象的共性。从基类公有派生出来的所有对象都可以作为基类对象处理。

例 2-14　类 Point 的定义和派生类 Circle。

```
//POINT.H
//类 Point 的定义
#ifndef POINT_H
#define POINT_H
#include <iostream.h>
class Point {
  friend ostream & operator << (ostream &, const point&);
public:
  Point (float=0, float=0);        //默认的构造函数
  void setPoint (float, float);  //设置坐标值
  float getX() const {return x;}
  float getY() const {return y;}
protected://允许派生类访问
  float x, y;                      //点（类 Point 的对象）的 x 和 y 坐标
};
#endif

//POINT.cpp
//定义类 Point 的成员函数
#include <iostream.h>
#include "point.h"
//类 Point 的构造函数
Point::Point(float a, float b) {
  x=a;
  y=b;
}
//设置点的 x 和 y 坐标
void Point::setPoint(float a, float b){
  x=a;
  y=b;
}
//用重载的流插入运算符输出点的坐标
ostream &operator<< (ostream &output, const Point &p){
  output<<'['<<p.x<<", "<<p.y<<']';
  return output; //使得能够连续调用
```

```
}
//CIRCLE.H
//类 Circle 的定义
#ifndef CIRCLE_H
#define CIRCLE_H
#include <iostream.h>
#include <iomanimp.h>
#include "point.h"
class Circle:public Point{
   friend ostream & operator<<(ostream&, const Circle&);
public:
   //默认的构造函数
   Circle (float r=0.0, float x=0, float y=0);
   void setRadius (float);            //设置半径值
   float getRadius() const;           //返回半径值
   float area() const;                //计算圆的面积
protected:
   float radius;
};
#endif

//CIRCLE.cpp
//定义类 Circle 的成员函数
#include "circle.h"
//先用成员初始化值调用类 Point 的构造函数，然后再调用类 Circle 的构造函数初始化半径值
Circle::Circle(float r, float a, float b)
 :Point(a, b)  //调用基类的构造函数
{radius=r;}
//设置圆的半径值
float Circle::getRadius() const {return radius;}
//计算圆的面积
float Circle::area() const
{return 3.14159*radius*radius;}
//以 Center=[x, y]; Radius=#.## 形式输出一个圆
ostream &operator<< (ostream &output, const Circle &c) {
   output<<"Center=["<<c.x<<", "<<c.y
         <<"];Radius="<<setiosflags(ios::showpoint)
         <<setprecision(2)<< c.radius;
   return output; //使得能够连续调用
}
//CIRCLE-1.cpp
//把基类指针强制转换为派生类指针
#include <iostream.h>
#include <iomanip.h>
#include "point.h"
#include "circle.h"
int main() {
   Point *pointPtr, p(3.5, 5.3);
   Circle *circlePtr, c(2.7, 1.2, 8.9);
   cout<<"Point p:"<<p<<"\nCircle c:"<<c<<endl;
   //Circle 的对象还是作为 Circle 对象处理，但是用了一些类型转换
   pointPtr=&c; //把 Circle 对象的地址赋给 pointPtr
```

```
    circlePtr=(Circle*)pointPtr; //把基类指针转换为派生类指针
    cout<<"\nArea of c (via circlePtr):"
    <<circlePtr->area()<<endl;
    //危险：把 Point 的对象作为 Circle 对象处理
    pointPtr=&p; //把 Point 对象的地址赋给 pointPtr
    circlePtr=(Circle*)pointPtr; //把基类指针转换为派生类指针
    cout<<"/nRadius of object circlePtr points to:" <<circlePtr->
            getRadius()<<endl;
    return 0;
}
```

输出结果：

```
Point p:[3.5, 5.3]
Circle c:Center=[1.2, 8.9]; Radius=2.70
Area of c(via circlePtr):23
Radius of object circlePtr points to:9.5e-039
```

在类 Point 的定义中，公有接口包含成员函数 setPoint()、getX()和 getY()。数据成员 x 和 y 被声明为 protected，这样既防止了非 Point 对象的用户直接访问这些数据，又能够让派生类直接访问继承来的数据成员。如果将数据成员声明为 private，那么就要用 Point 的公有成员函数来访问这些数据。因为 x 和 y 是类 Point 的受保护的成员，所以在类 Point 中重载的流插入运算符函数能够直接引用这两个变量。因为重载的流插入运算符不是类 Point 的成员函数，而是该类的友元，所以需要通过对象来引用变量 x 和 y。

类 Circle 继承了类 Point，其第一行声明了这种继承是公有继承。

```
class Circle:public Point //类 Circle 继承了类 Point
```

其中，冒号（:）表示继承，关键字 public 指明了是公有继承。这样，类 Circle 的公有接口包括了 Point 公有成员函数及其自身的成员函数 area()、setRadius()和 getRadius()。

类 Circle 的构造函数必须调用类 Point 的构造函数来初始化 Circle 对象中的基类部分。

程序 main()先建立了一个指向 Point 对象的指针 pointPtr，并将 Point 对象实例化为 p，然后建立一个指向 Circle 对象的指针 circlePtr，并将 Circle 对象实例化为 c。程序用 Point 和 Circle 重载的流插入运算符输出这两个对象的信息。接下来，程序将派生类指针赋给基类指针 pointPtr，再将 pointPtr 强制转换回 Circle 类型，强制转换后的结果赋给指针 circlePtr，然后通过指针 circlePtr 输出该 Circle 对象 c 的面积。

随后，程序演示了将对象 p 的地址赋给基类指针 pointPtr，并将 pointPtr 强制转换为 Circle*类型，强制转换操作的结果赋给 circlePtr。然后通过 circlePtr 输出它所指向对象的半径。由于该指针一直指向 Point 对象，结果产生了一个非法值。

从一个基类派生一个类时，继承基类的方式除了公有继承以外，还有受保护继承和私有继承，后两种继承不常用。

派生类不继承基类的构造函数和赋值运算符，但是派生类的构造函数和赋值运算符能调用基类的构造函数和赋值运算符。派生类的构造函数总是先调用其基类的构造函数来初始化类中的基类成员。如果省略了派生类的构造函数，那么就由默认构造函数调用基类的构造函数。析构函数的调用顺序和构造函数的调用顺序相反，因此派生类的析构函数在基类的析构函数之前调用。

这里讨论的继承是单重继承，即一个类是从一个基类派生出来的。一个类也可以从多个基类派生出来，这种派生称为“多重继承”。多重继承意味着一个派生类可以继承多个基类的成员。限于篇幅，此处不再讨论。

2.8 this 指针的使用

在 C++中，每个对象都有一个指向自身的指针。该指针称为 this 指针。在引用对象内部的成员时，this 指针是一个隐含的参数，即不需要显式地写出它，就可直接访问对象内部的成员。当然，也可以明确地使用 this 指针。每一个对象都可以通过使用 this 指针来确定其自身的地址。这就是为什么当成员函数引用该类的一个特定对象的另一个成员时，C++能保证该函数正确地引用了该对象。下面给出一个使用 this 指针的例子，类 UsingThis 的成员函数 print()显式地使用了 this 指针来输出该类对象的私有数据 y。

例 2-15 用 this 指针引用对象的成员。

```
#include <iostream.h>
class  UsingThis  {
public:
   UsingThis(int=99);
   void print() const;
private:
   int y;
};
UsingThis::UsingThis(int a) {y=a;}  //构造函数
void UsingThis::print() const {
   cout <<"y="<<y
         <<"\n this->y="<<this->y
         <<"\n (*this).y="<<(*this).y<<'\n';
}

main(){
   UsingThis u(88);
   u.print();
   return 0;
}
```

输出结果如下：

```
   y=88
this->y=88
(*this).y=88
```

例 2-15 的程序中使用了两种形式的 this 指针：一种是箭头的形式；另一种是圆点与括号组合的形式。

2.9　虚函数、多态性以及动态联编

2.9.1　虚函数和多态性

虚函数（virtual function）和多态性（polymorphism）使设计和实现易于扩展的系统成为可能。在程序开发中，不论类是否已经建立，程序员都可以利用虚函数和多态性先编写处理这些类的对象的程序。如果有些类要从基类派生，那么程序可以提供操作基类对象的通用框架，然后由派生类对象对该框架进行加工。

例如，一个多边形（polygon）可以是矩形（rectangle）、正方形（square）、三角形（triangle）等，它们都可以成为多边形类的派生类。为了高效地绘制各自的形状，每一个类都需要有一个自己的 draw()函数，这些函数的程序代码是不同的。当需要绘制一个形状时，不管它是什么形状，都把它作为基类 polygon 的对象来处理。然后，只需要简单地调用基类 polygon 的函数 draw()，并让程序动态地确定使用哪一个派生类的 draw()函数。

为了使这种方法可行，要把基类中的函数声明为虚函数 draw()，然后在每个派生类中重新定义函数 draw()，使之能够绘制合适的形状。虚函数的声明方法是在基类的函数原型前加上关键字 virtual。

在类的继承层次中，如果某一个类的定义里声明了一个虚函数，那么该类之后的继承层次结构中都是虚函数。

没有定义虚函数的派生类就简单地继承其直接基类的虚函数；如果在派生类中重新定义了虚函数，那么重新定义的虚函数应当与其基类的虚函数有相同的返回类型、参数个数和参数类型。

如果在基类的虚函数原型中加上记号“=0”，该虚函数就成为纯虚函数。纯虚函数的实现代码应当由派生类提供。记号“=0”使基类成为一个抽象类，抽象类不能用来建立实例化的对象，其唯一的用途是为其他类提供合适的基类，其他类可以从它这里继承接口。例如，基类 polygon 有一个纯虚函数 virtual void draw()=0，因此基类 polygon 就成为抽象类，它没有实例化的对象，也不能用来建立实例化的对象，所有操作都没有实现代码。基类 polygon 作为抽象类，将使函数 draw()成为所有的派生类的接口。

C++支持多态性。所谓多态性，是指“一个接口，多个算法”，即允许把一个接口用于一类行为。不同的通过继承而相关的类，它们的对象能够对同一个函数调用做出不同的响应。例如，有一个程序定义了三种不同数据类型的顺序表：一个用于整型的值，一个用于浮点型的值，一个用于长整型的值。根据多态性，可以为 Insert()和 Remove()各创建三个函数，编译程序根据调用 Insert()和 Remove()时所带参数的数据类型选择适当的实现函数。多态性是通过虚函数实现的，当通过基类指针引用一个虚函数时，C++会在与对象相关联的派生类中正确地选择和使用重定义的函数。

使用虚函数和多态性能够在调用成员函数时根据接收该调用的对象的类型产生不同的动作。多态性给了程序员极大的灵活性。利用虚函数和多态性，程序员可以处理普遍性而让执行环境处理特殊性。即使在不知道一些对象的类型的情况下，程序员也可以命令各种各样的对象表现出适合这些对象的行为。

多态性提高了软件系统的可扩展性。软件可以用与接受消息的对象的类型无关的方式来编写。因此，不必修改已有的系统就能把可以响应现有消息的新对象添加到系统中。除了实例化新对象的客户代码需要重新编译外，程序无须重新编译。

尽管不能实例化抽象类的对象，但可以声明抽象（基）类的指针。当实例化了具体类的对象后，可以用这种指针使派生类对象具有多态操作的能力。

2.9.2 动态联编

动态联编是指在系统运行时确定对象的类型。动态联编提供了很大的便利性，有时也称为后期联编。

在面向对象方法中，动态联编和多态性及继承性紧密相关。因为，过程具有多态引用机制主要是依赖于引用的动态类型。

例 2-16 给出了使用前文所定义的类的测试程序。下面将通过此例来讲解静态联编和动态联编。程序首先将 ptr 声明为基类指针类型 Employee *。main()函数中的四小段代码是类似的，因此这里只讨论处理 Boss 对象的第一段代码。代码行

```
Boss b ("John", "Smith", 800.00)
```

实例化了类 Boss 的派生对象 b，并给构造函数提供了参数（即名、姓及固定的周薪）。代码行

```
ptr=&b; //指向派生类对象的基类指针
```

将派生类对象 b 的地址赋给了基类指针 ptr，这正是实现多态性所必须要做的。代码行

```
ptr->print(); //动态联编
```

调用 ptr 所指向对象的成员函数 print()。由于 print()函数在基类中被声明为虚函数，因此系统调用了派生类对象的 print()函数（仍然是多态性行为）。该函数调用属于动态联编，即用基类指针调用函数，以便在执行时再确定调用哪一个函数。代码行

```
cout<<"earned $"<<ptr->earnings(); //动态联编
```

调用 ptr 所指向对象的成员函数 earnings()。由于 earnings()在基类中被声明为虚函数，因此系统调用派生类对象的 earnings()函数，这也是动态联编的一个范例。代码行

```
b.print(); //静态联编
```

用圆点成员选择运算符来明确地调用类 Boss 中的成员函数 print()，因此在编译时即可知道被调用函数的对象类型，所以它是静态联编。使用该调用是为了和用动态联编调用函数 print()作比较。代码行

```
cout<<"earned $"<<b.earnings(); //静态联编
```

用圆点成员选择运算符来明确地调用类 Boss 中的成员函数 earnings()，这也是静态联编。使用该调用是为了和用动态联编调用函数 earnings()作比较。

例 2-16 根据员工类型计算工资的程序。

```
//类 Employee 层次结构的测试程序
#include <iostream.h>
#include <iomanip.h>
#include "employ2.h"
```

```
#include "boss.h"
#include "commis1.h"
#include "piece1.h"
#include "hourly1.h"

main() {
   //设置输出格式
   cout<< setiosflags(ios::showpoint)<<setprecision(2);
   Employee *ptr;                                //基类指针
   Boss b ("John", "Smith", 800.00);
   ptr=&b;                                       //指向派生类对象的基类指针
   ptr->print();                                 //动态联编
   cout<<"earned $"<<ptr->earnings();            //动态联编
   b.print();                                    //静态联编
   cout<<"earned $"<<b.earnings();               //静态联编
   CommissionWorker c("Sue", "Jones", 200.0, 3.0, 150);
   ptr=&c;                                       //指向派生类对象的基类指针
   ptr->print();                                 //动态联编
   cout<<"earned $"<<ptr->earnings();            //动态联编
   c.print();                                    //静态联编
   cout<<"earned $"<<c.earnings();               //静态联编
   PieceWorker p("Bob", "Lewis", 2.5, 200);
   ptr=&p;                                       //指向派生类对象的基类指针
   ptr->print();                                 //动态联编
   cout<<"earned $"<<ptr->earnings();            //动态联编
   p.print();                                    //静态联编
   cout<<"earned $"<<p.earnings();               //静态联编
   HourlyWorker h("Karen", "Price", 13.75, 40.0);
   ptr=&h;                                       //指向派生类对象的基类指针
   ptr->print();                                 //动态联编
   cout<<"earned $"<<ptr->earnings();            //动态联编
   h.print();                                    //静态联编
   cout<<"earned $"<<h.earnings();               //静态联编
   cout<<endl;
   return 0;
 }
```

2.10 类 模 板

软件开发和维护需要花费大量的人力和时间，如果能够重复利用先前已经开发完成的数据结构或算法模块，按照系统开发人员的需要，有选择地将它们组装在一起，就可以大大减少需要花费的人力和时间，这就是软件重用问题。模板就是实现这种软件重用的重要方法。

考虑一个最简单的问题：交换两个变量 x 和 y 的当前值。在不用模板的情况下，用程序来求解该问题，必须提供 x 和 y 的数据类型。因此要交换两个整型变量，就要编一个两个参数为整型的过程；要交换两个字符型，就要编一个两个参数为字符型的过程。其实，“交换两个变量的当前值”这一操作是独立于数据项的类型的，可以通过编写一个通用意义上带有“交换”过程的一对数据项类模板，然后建立这个类的实例类来实现。所建立的实例类虽然是通用类的拷贝，但是它具有指定的类型。

一个类模板需要一个或多个类型参数，因此类模板又叫带参数的类型。

例 2-17 交换两个变量 x 和 y 的当前值。

```
//建立 pair.h 文件
#ifndef PAIR_H
#define PAIR_H

template <class ElemType> class pair {
public:
   void swap(ElemType *, ElemType *);
   void printpair(ElemType, ElemType);
};
#endif
//建立 pair.cpp 文件
#include <iostream.h>
#include "pair.h"

template <class ElemType>
void pair<ElemType>::swap(ElemType *firstelem, ElemType *secondelem)
{
   ElemType temp;
   temp=*firstelem;
   *firstelem=*secondelem;
   *secondelem=temp;
   return;
}

template <class ElemType>
void pair<ElemType>::printpair(ElemType firstelem, ElemType secondelem)
{
   cout << "pair and swap for elemttyp\n";
   cout << "first ElemType is " << firstelem;
   cout << "\nsecond ElemType is " << secondelem << "\n";
   return;
}

int main()
{
   pair<int> intpair;
   int firi, seci;
   firi=99;
   seci=77;
   intpair.printpair(firi, seci);
   intpair.swap(&firi, &seci);
```

```
    intpair.printpair(firi, seci);
    pair<double> floatpair;
    double firf, secf;
    firf=23.45;
    secf=9.9;
    floatpair.printpair(firf, secf);
    floatpair.swap(&firf, &secf);
    floatpair.printpair(firf, secf);
    pair<char> charpair;
    char firc='w';
    char secc='m';
    charpair.printpair(firc, secc);
    charpair.swap(&firc, &secc);
    charpair.printpair(firc, secc);
    return 0;
}
```

头文件 pair.h 建立了类模板 pair，定义了抽象数据类型 ElemType 和两个抽象的函数 swap()和 printpair()。其中，swap()函数交换两个 ElemType 对象的值，printpair()函数打印这两个类型为 ElemType 的对象的值。pair.cpp 是类 pair 的两个函数的实现。主程序文件使用了所定义的类 pair，生成了 pair 的三个不同的实例 intpair、floatpair 和 charpair，分别对整型、浮点型和字符型的两个对象进行了交换和打印。

类模板是抽象数据类型和重用的直接体现。在定义类模板时，不需要预先指定数据的具体类型。实际上，不论交换操作涉及的数据类型是什么，都不会影响对交换两个对象值这一概念的理解。当用户需要交换两个特定类型的对象值时，只需指定具体的类型参数即可。

习　题　2

一、选择题

1. 下面选项中不属于面向对象程序设计特征的是（　　）。

A. 继承性　　B. 多态性　　C. 相似性　　D. 封装性

2. 假定一个二维数组的定义语句为“int a[3][4]={{3, 4}, {2, 8, 6}};”，则元素 a[2][1]的值为（　　）。

A. 0　　B. 4　　C. 8　　D. 6

3. 以下关键字中，可用于区分重载函数的是（　　）。

A. extern　　B. static　　C. const　　D. virtual

4. 下列有关继承和派生的叙述中，正确的是（　　）。

A. 派生类不能访问通过私有继承的基类的保护成员

B. 多继承的虚基类不能实例化

C. 如果基类没有默认构造函数，派生类就应当声明带形参的构造函数

D. 基类的析构函数和虚函数都不能被继承，需要在派生类中重新实现

5. 实现运行时多态的机制是（　　）。

A. 虚函数　　B. 重载函数　　C. 静态函数　　D. 模板函数

6. 在下列关于C++函数的叙述中，正确的是（　　）。

A. 每个函数至少要有一个参数　　B. 每个函数都必须返回一个值

C. 函数在被调用之前必须先声明　　D. 函数不能自己调用自己

7. 下列运算符中，不能重载的是（　　）。

A. &&　　B. !=　　C. .　　D. →

8. 类模板的模板参数（　　）。

A. 只可作为数据成员的类型　　B. 只可作为成员函数的返回类型

C. 只可作为成员函数的参数类型　　D. 以上三者皆可

二、判断题

1. 一个类定义中，只要有一个函数模板，则这个类是类模板。（　　）

2. 类模板的成员函数都是函数模板，类模板实例化后，成员函数也随之实例化。（　　）

3. 如果要把返回值为void的函数A声明为类B的友元函数，则应在类B的定义中加入语句“friend void A():”。（　　）

4. 如果类B继承了类A，则称类A为类B的基类，类B为类A的派生类。（　　）

5. 将 $x+y$ 中的+运算符用友元函数重载应写为operator+(x, y)。（　　）

6. 非成员函数应声明为类的友元函数才能访问这个类的私有成员。（　　）

7. 派生类中的成员不能直接访问基类中的私有成员。（　　）

8. 派生类中的成员一般分为两部分，一部分是从基类继承的成员，另一部分是自定义的新成员。（　　）

三、填空题

1. C++语句“const char * const p="hello"”，所定义的指针p和它所指的内容都不能被______。

2. C++的参数传递机制包括传值和传地址两种。如果调用函数时，需要改变实参或返回多个值，应该采取______方式。

3. 继承的方式有公有继承、私有继承和______三种。

4. 表达式operator+(x, y)还可以表示为______。

5. 使用new和delete两个运算符进行的分配为______存储分配。

6. 在C++中，访问一个对象的成员所用的运算符是______，访问一个指针所指向的对象的成员所用的运算符是______。

7. 利用继承能够实现______。这种实现缩短了程序的开发时间，促使开发人员重用已经测试和调试好的高质量软件。

8. 三种成员访问说明符分别是______、______和______。

9. 当公有继承从基类派生出一个类时，基类的公有成员称为派生类的______成员。

10. 当用受保护的继承从基类派生一个类时，基类的公有成员称为派生类的______成员。

四、应用题

1. 编写一个完整的 C++函数，用输入/输出流和内联函数 circleArea 提示用户输入圆的半径，然后计算并打印出圆的周长和面积。

2. 编写一个完整的 C++程序，分别用下面的三个函数，对在 main()中定义的变量 count 乘以 2，然后比较三种方法的优劣。这三个函数分别如下。

1）doubleCallByValue()函数通过传值调用传递 count 的拷贝，把 count 值的拷贝乘以 2 后返回新值。

2）doubleByPointer()函数用指针模拟传引用调用，用复引用运算符 * 对 main()中 count 的原始拷贝乘以 2。

3）doubleByReference()函数利用引用参数实现真正的引用调用，用 count 的别名（即引用参数）把其原始值的拷贝乘以 2。

3. 定义和实现复数的 C++类，要求：

1）复数的数据域包括实部和虚部，复数的实部和虚部定义为浮点数。

2）有三个构造函数：第一个构造函数没有参数；第二个构造函数有一个参数，即把一个浮点数赋给复数的实部，复数的虚部为 0；第三个构造函数有两个参数，即把两个浮点数分别赋给复数的实部和复数的虚部。

3）复数的成员函数包括获取和修改复数的实部和虚部。

4）复数的成员函数还包括运算符重载形式的复数的+、-、*、/运算。

5）定义友元形式的重载的流函数来输入一个复数和输出一个复数。

4. 为例 2-11 中的类 Time 增加成员函数 tick()，该函数把存储在类 Time 的对象中的时间增加 1 秒。以标准格式输出时间，要保证能够测试出如下结果：

1）能够进入下一分钟。

2）能够进入下一小时。

3）能够进入新的一天，即从 11:59:59PM 加一秒后变成 12:00:00AM。

5. 试写出所能想到的所有形状（包括二维的和三维的），并生成一个形状层次结构。生成的层次结构要以 Shape 作为基类，并由此派生出类 TwoDimensionalShape 和 ThreeDimensionalShape。开发出层次结构后，定义其中的每一个类。

6. 修改习题 5 所定义的层次结构，使 Shape 成为一个包含接口（供层次结构中的类使用）的抽象基类。从类 Shape 派生出二维形状类 TwoDimensionalShape 和三维形状类 ThreeDimensionalShape，它们也都是抽象类，然后用虚函数 print()输出每个类的类型和维数。为了计算类层次结构中每个具体类的对象，这两个类中还要包括虚函数 area()和 volume()。最后再编写一个程序测试类 Shape 的层次结构。

第3章 线 性 表

3.1 线性表的定义

线性表的基本概念和顺序表示

线性表（linear list）是最常用最简单的数据结构。一个线性表是 n（$n\geqslant 0$）个相同类型数据元素的有限序列。一般记为

$$L=(a_1,a_2,\cdots,a_n)$$

其中，L 是表名；a_1 是第一个数据元素（也称为首元素），它没有前驱元素；a_n 是最后一个数据元素（也称为末元素），它没有后继元素；其余的数据元素 a_i（i=2,3,⋯,n−1）都有且仅有一个前驱元素 a_{i-1}，有且仅有一个后继元素 a_{i+1}。这里的 i 称为数据元素的序号，n 是线性表中数据元素的个数，也称为线性表的长度，当 n=0 时称 L 为空表。

下面是线性表的两个例子。

某班级学生的数据库课程的成绩：(72,65,83,94,87,98,57)。

某车间职工的编号：("0108","0110","0122","0132","0718")。

在稍复杂的线性表中，一个数据元素可能是由若干个数据项组成的。在例 1-1 给出的“人事登记表”中，每一个职工的信息就是一个数据元素，它是由“编号”“姓名”“性别”“出生日期”“婚否”“基本工资”六个数据项组成的。

线性表的基本操作可以根据应用的需要来设定。在此，根据一般的应用需要，定义以下线性表基本操作。

1）初始化：线性表的初始化分两种情况。其一，设定一个空的线性表；其二，根据给定的数据元素进行初始化操作。

2）求长度：统计线性表中数据元素的数目。

3）取指定元素的值：取线性表中序号为 i 的数据元素，若 $1\leqslant i\leqslant n$，则取线性表中第 i 个数据元素，并返回成功状态；否则，返回不成功状态。

4）元素定位：给定元素值 e，若线性表中有数据元素的值等于 e，则返回其中最小的序号；否则，返回 0。

5）修改指定元素的值：根据给定的序号 i 和元素值 e 进行操作，若 $1\leqslant i\leqslant n$，则把第 i 个元素的值改为 e，并返回成功信息；否则，返回修改操作失败信息。

6）插入：在线性表中插入元素的方法很多，在此定义两种方法。其一，在指定的第 i 个数据元素的位置插入一个新元素 e（$1\leqslant i\leqslant n+1$），当 $i=n+1$ 时，在线性表的表尾插入新元素；其二，不给出序号，直接在表尾插入一个新元素 e。如果能顺利插入元素，则返回插入成功信息；否则，返回插入失败信息。

7）删除：删除线性表中第 i 个元素。当 $1 \leqslant i \leqslant n$ 时，取回被删元素的值，并返回删除成功信息；否则，返回删除失败信息。

8）判断是否是空表：如果线性表为空，则返回 true；否则，返回 false。

9）表清空：将线性表设置为空表，即设定线性表长度为 0。

当然，实际应用中对线性表的操作还有很多，如取当前元素的前驱元素、取当前元素的后继元素、排序等。读者可以根据实际应用的具体要求灵活设定。

线性表主要有两种存储结构：顺序存储和链式存储。在下面两节中将分别介绍这两种存储结构的定义和实现。

3.2　线性表的顺序存储

用顺序存储方式存储的线性表称为顺序表（sequential list）。顺序表是计算机中一种基本的存储结构。计算机系统用一块地址连续的有限空间来依次存放顺序表中的数据元素。这样，任意两个逻辑上相邻的数据元素在物理存储上也必然相邻。顺序表可以随机访问，即可以通过元素的位置来访问数据元素。

顺序表通常用数组存储，在 C++中数组有静态数组和动态数组两种。静态数组使用比较简单，其存储空间在程序运行之前就被确定了；而动态数组的存储空间是在程序运行过程中申请的，其大小可以根据实际需要确定。由于在线性表中经常进行插入和删除元素的操作，其存储空间大小需要根据实际的应用而定，因此本书中顺序表采用动态数组方式存储。

3.2.1　顺序表类模板的定义

在顺序表类模板中定义有三个数据成员，包括存储数据元素的数组 elems、顺序表的最大容量（数组所允许的最多元素的个数）maxLength 和顺序表的当前长度（数据元素的数目）length，它们被封装在类模板的保护域中。此外，还包括构造函数、析构函数、判断线性表是否为空、求线性表长度、元素定位、插入元素、删除元素等函数成员，这些函数成员在公共域中被声明，作为对外的接口。为了与“数据成员”的叫法一致，将定义数据结构的类中的成员函数称为“函数成员”。顺序表类模板的结构如图 3-1 所示，图顶部的灰色矩形代表公共的函数成员。具体定义在 SeqList.h 文件中，其定义如下：

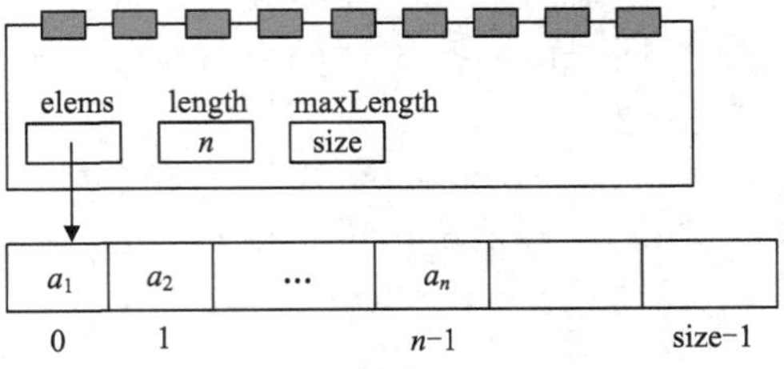

图 3-1　顺序表类模板的结构

```
template <class ElemType>
class SeqList
{
protected:
//顺序表的数据成员
    int length;                         //顺序表的当前长度
    int maxLength;                      //顺序表的最大容量
    ElemType *elems;                    //元素存储空间的首地址
```

```
public:
//顺序表的函数成员
    SeqList(int size=DEFAULT_SIZE);         //构造函数，构造一个空表
    SeqList(ElemType v[], int n, int size=DEFAULT_SIZE);
    //构造函数，根据数组 v 的内容构造顺序表
    virtual ~SeqList();                     //析构函数
    int GetLength() const;                  //取顺序表长度
    bool IsEmpty() const;                   //判断顺序表是否为空
    void Clear();                           //将顺序表清空
    void Traverse(void (*visit)(const ElemType &)) const;    //遍历顺序表
    int LocateElem(const ElemType &e);
    //元素定位，求指定元素在顺序表中的位置
    Status GetElem(int i, ElemType &e) const;
    //取顺序表中第 i 个元素的值
    Status SetElem(int i, const ElemType &e);
    //修改顺序表中第 i 个元素的值
    Status DeleteElem(int i, ElemType &e);          //删除顺序表中第 i 个元素
    Status InsertElem(int i, const ElemType &e);
    //在顺序表第 i 个位置插入元素
    Status InsertElem(const ElemType &e);           //在顺序表表尾插入元素
    SeqList(const SeqList<ElemType> &sa);           //复制构造函数
    SeqList<ElemType> &operator=(const SeqList<ElemType> &sa);
    //赋值语句重载
};
```

下面具体介绍部分函数成员的实现。

（1）构造空顺序表

利用 new 运算申请一个容量为 size 的数组，用于存储 ElemType 类型的数据元素。如果空间申请成功，则数据成员 elems 记录数组的首地址，顺序表的最大容量设置为 size，顺序表的当前长度定为 0；否则，终止程序运行。

```
template <class ElemType>
SeqList<ElemType>::SeqList(int size)
{
    elems=new ElemType[size];           //申请存储空间
    maxLength=size;                     //设置顺序表的最大容量
    length=0;                           //空线性表的长度为 0
}
```

（2）根据数组内容构造顺序表

利用 new 运算申请一个容量为 size 的数组，再依次把数组 v 中的元素放到数组中。如果动态数组申请成功，则数据成员 elems 记录数组的首地址，并用动态数组存储数组 v 中的元素值，且顺序表的最大容量设置为 size，顺序表的当前长度定为 n；否则，终止程序运行。

```
template <class ElemType>
SeqList<ElemType>::SeqList(ElemType v[], int n, int size)
{
    elems=new ElemType[size];           //申请存储空间
    maxLength=size;                     //设置顺序表的最大容量
```

```
    length=n;                        //顺序表的当前长度为 n
    for(int i=0; i<length; i++)      //将数组 v 中的元素依次存放到 elems 数组中
        elems[i]=v[i];
}
```

（3）析构函数

利用 delete 运算释放顺序表初始化时申请的存储空间。注意，数据成员 length 和 maxLength 的值不用改变，当相应对象消失时系统会自动回收这部分空间。该函数执行后顺序表的结构如图 3-2 所示。

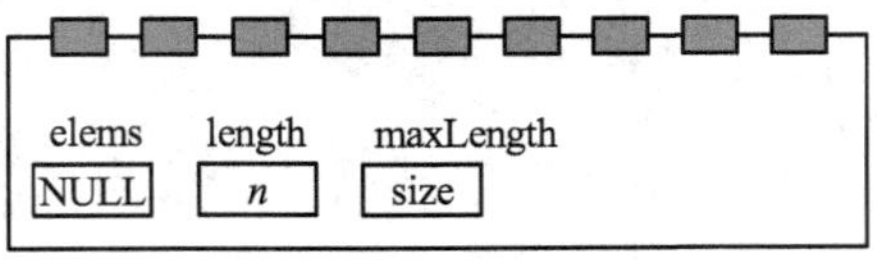

图 3-2　执行析构函数后顺序表的结构

```
template <class ElemType>
SeqList<ElemType>::~SeqList()
{
   delete []elems;                   //释放动态数组的存储空间
}
```

（4）清空顺序表

直接将顺序表的当前长度 length 改为 0。注意，elems 数组中的元素值不用改变。该函数执行后顺序表的结构如图 3-3 所示。

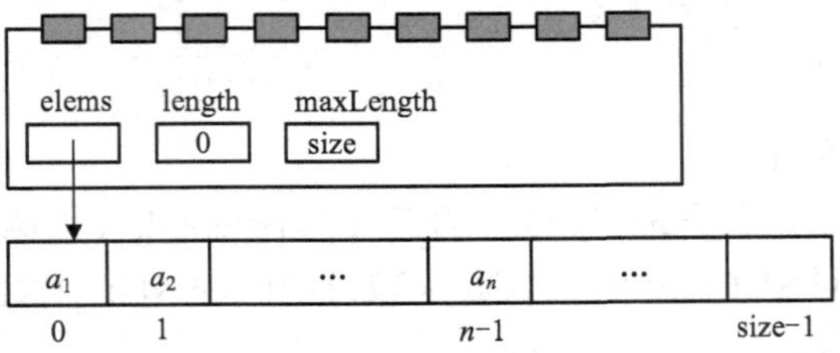

图 3-3　顺序表清空后的结构

```
template <class ElemType>
void SeqList<ElemType>::Clear()
{
   length=0;
}
```

（5）遍历顺序表

通过函数(*visit)依次访问顺序表中的每个元素。遍历函数不改变顺序表中的数据成员。

```
template <class ElemType>
void SeqList<ElemType>::Traverse(void (*visit)(const ElemType &)) const
{
   for (int i=0; i<length; i++)
       (*visit)(elems[i]);
}
```

（6）元素定位

从顺序表的第一个元素开始与给定值 *e* 进行比较。如果顺序表中有元素和 *e* 的值相等，则返回其中的最小的序号；否则，说明顺序表中不存在元素 *e*，则返回 0。定位函数不改变顺序表中的数据成员。

```
template <class ElemType>
int SeqList<ElemType>::LocateElem(const ElemType &e) const
{
   int i=0;
   while (i<length&&elems[i]!=e)
      i++;
   return i<length?i+1:0;
}
```

（7）取指定元素的值

如果指定的位置 *i* 合理（1≤*i*≤length），则用参数 *e* 取回其值，并且函数返回 ENTRY_FOUND；否则，函数返回 NOT_PRESENT。该函数不改变顺序表中的数据成员。

```
template <class ElemType>
Status SeqList<ElemType>::GetElem(int i, ElemType &e) const
{
   if (i<1||i>length)
      return NOT_PRESENT;
   else  {
      e=elems[i-1];
      return ENTRY_FOUND;
   }
}
```

（8）修改指定元素的值

先判断指定的位置 *i* 是否合理。如果 *i* 合理（1≤*i*≤length），则将顺序表的第 *i* 个元素的值改为 *e*，并且函数返回 SUCCESS；否则，函数返回 RANGE_ERROR。

```
template <class ElemType>
Status SeqList<ElemType>::SetElem(int i, const ElemType &e)
{
   if (i<1||i>length)
      return RANGE_ERROR;      //返回位置错
   else  {
      elems[i-1]=e;
      return SUCCESS;          //返回修改成功
   }
}
```

（9）删除指定元素

先判断指定的位置 *i* 是否合理。如果 *i* 合理（1≤*i*≤length），则将顺序表中第 *i* 个元素的值赋给参数 *e* 返回，再将第 *i*+1 个元素到表尾元素依次前移一个位置，最后将顺序表的长度减 1，并且函数返回 SUCCESS；否则，函数返回 RANGE_ERROR。图 3-4 所示为顺序表成功删除第 *i* 个元素后的结构。

```
template <class ElemType>
Status SeqList<ElemType>::DeleteElem(int i, ElemType &e)
{
  if (i<1||i>length)
    return RANGE_ERROR;                        //返回位置错
  else  {
    e=elems[i-1];                              //用 e 返回被删除元素的值
    for (int j=i; j<length; j++)               //被删除元素之后的元素依次前移一个位置
      elems[j-1]=elems[j];
    length--;                                  //删除后顺序表长度减 1
    return SUCCESS;                            //返回删除成功
  }
}
```

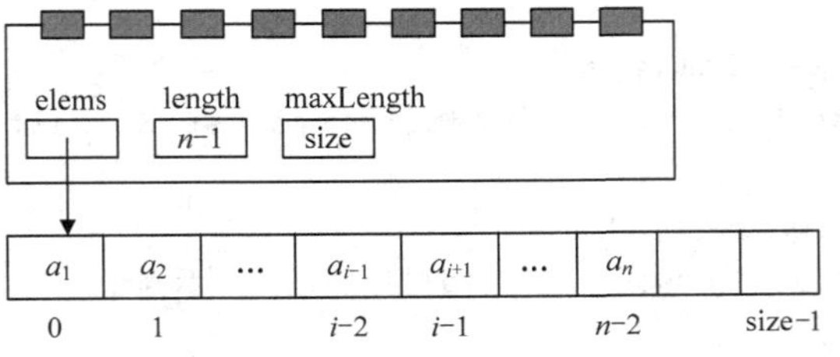

图 3-4　顺序表成功删除第 i 个元素后的结构

（10）在任意位置插入元素

先判断顺序表是否已放满，如果顺序表已满（length==maxLength），则返回 OVER_FLOW；否则，判断指定的位置 i 是否合理，如果 i 合理（$1\leqslant i\leqslant$length+1），则先将表尾元素到第 i 个元素依次后移一个位置，再把元素 e 插入第 i 个元素位置，最后将顺序表的长度加 1，并且函数返回 SUCCESS；否则，函数返回 RANGE_ERROR。当然，在顺序表已满时也可以另外申请一组更大的存储空间存放顺序表元素。读者可以自己完成这个算法的实现。图 3-5 所示为顺序表成功插入第 i 个元素后的结构。

```
template <class ElemType>
Status SeqList<ElemType>::InsertElem(int i, const ElemType &e)
{
  if (length==maxLength)
    return OVER_FLOW;                          //顺序表已满，返回 OVER_FLOW
  else if (i<1||i>length+1)
    return RANGE_ERROR;                        //插入位置 i 范围错，返回位置错
  else  {
    for (int j=length; j>=i; j--)              //插入位置之后的元素后移
      elems[j]=elems[j-1];
    elems[i-1]=e;                              //将 e 赋值到顺序表第 i 个位置
    length++;                                  //插入后顺序表长度加 1
    return SUCCESS;                            //返回插入成功
  }
}
```

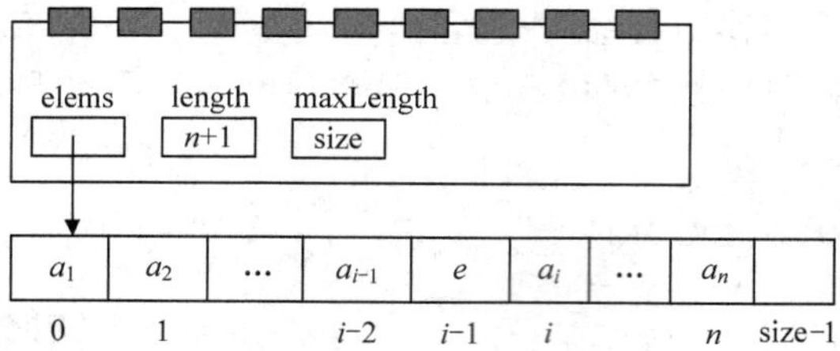

图 3-5　顺序表成功插入第 i 个元素后的结构

（11）在表尾插入元素

先判断顺序表是否已放满，如果顺序表已满（length==maxLength），则返回 OVER_FLOW；否则，先把元素 e 插入表尾元素之后的位置，再将顺序表的长度加 1，并且函数返回 SUCCESS。

```
template <class ElemType>
Status SeqList<ElemType>::InsertElem(const ElemType &e)
{
   if (length==maxLength)
      return OVER_FLOW;           //顺序表已满，返回溢出
   else {
      elems[length]=e;            //将元素 e 插入表尾
      length++;                   //插入后顺序表长度加 1
      return SUCCESS;             //返回插入成功
   }
}
```

由于篇幅限制，其他函数成员的实现读者可以查阅 SeqList.h 进行分析。

3.2.2　顺序表相关算法的复杂度分析

在顺序表中数据元素之间的逻辑关系是通过物理地址表示的。因此，在顺序表中插入和删除元素时一般需要移动元素以保持元素之间的逻辑顺序。当然，在表尾进行插入和删除元素时，不需要移动元素。下面对顺序表中插入和删除元素的时间复杂度进行分析。

在长度为 n 的顺序表中删除一个数据元素时，需要把删除位置后的所有元素依次向前移动一个位置，即删除第 i 个数据元素需要逐个移动 $n-i$ 个数据元素，如图 3-4 所示。如果在顺序表的任何位置上删除数据元素的概率相等，即删除任意一个数据元素的概率都为 $1/n$，则数据移动的次数平均为

$$E_{\rm dl}=\sum_{i=1}^{n}\frac{1}{n}(n-i)=\frac{n-1}{2}$$

在长度为 n 的顺序表的任意位置插入一个数据元素时，算法中的时间主要耗费在循环移动数据元素的操作上。如图 3-5 所示，插入前需要把从插入位置开始到表尾的元素依次向后移动一个位置，移动数据元素的次数和插入数据元素的序号有关。最好的情形是在序号 $n+1$ 处插入新元素（即追加），此时不需要移动元素；最坏的情形是在序号 1 处插入新元素，需要移动元素个数为 n；一般情形需移动 $n-i+1$ 个元素（插入位置为 i）。若在顺序表的任意位置插入数据元素的概率相等，即在每个位置的插入概率均为 $1/(n+1)$，则数据元素移动的平均次数为

$$E_{is}=\sum_{i=1}^{n+1}\frac{1}{n+1}(n-i+1)=\frac{1}{n+1}\sum_{i=1}^{n+1}(n-i+1)=\frac{n}{2}$$

因此，在长度为 n 的顺序表的任意位置插入和删除一个数据元素的时间复杂度为 $O(n)$。

在删除数据元素时，也可以把表中的最后一个数据元素移来覆盖被删除的元素，在这种情形下，只需要移动一个数据元素，所以其时间复杂度为 $O(1)$。

另外，定位、遍历、根据数组内容构造顺序表、复制构造函数以及重载赋值运算这五个函数的主要操作是其中的一个循环语句，该循环语句的循环次数与顺序表长度有关，因此它们的时间复杂度也为 $O(n)$。其余函数的时间复杂度均为 $O(1)$。

3.3　线性表的链式存储

线性表的链表表示

顺序表是利用数组来存储线性表中的数据元素的，因此存储数据元素的数组空间必须固定。这样就带来了三个问题：第一，顺序表中数据元素不断增加，当顺序表的长度等于数组空间的最大容量时，顺序表就不能再插入新的数据元素了；第二，在顺序存储方式中，任意两个逻辑上相邻的数据元素在物理上也必然相邻，若要保持各数据元素逻辑顺序，在插入和删除数据元素时一般都需要移动元素，其时间复杂度为 $O(n)$；第三，顺序表要求存储空间是物理上连续的，因此当系统中存储空间不连续时，存储单元总数虽然超过所需的空间数目，却因其不连续也无法使用。要克服这些缺陷，可以对线性表采用链式存储方式。在链式存储方式中，每当有新的数据元素插入线性表中时，用户先通过 new 运算符向系统动态申请所需要的存储空间，再把数据元素插入链表中合适的位置，而这些在不同时刻向系统动态申请的存储空间在内存中可以是不连续的。因此，任意两个在逻辑上相邻的数据元素在物理上不一定相邻，数据元素的逻辑关系是通过链表中的指针表示的。链表的表长是动态的、可扩充的，在链表中插入和删除时不需要移动元素。所以，链表适用于插入或删除频繁、存储空间需求不定的情形。

在线性表的链式存储中，每个数据元素用一个结点表示。每个结点有一个数据域用于存储数据元素，另外还有若干个指针域表示元素之间的逻辑关系。根据指针域的个数，链式存储方式主要有单链表和双向链表两种基本形式，这两种基本形式还可以分别组成循环链表（circular linked list）。另外，每一种链表又有带头结点和不带头结点两种结构。下面主要介绍单链表和双向循环链表。

3.3.1　单链表

1. 单链表的结构

采用链式存储方式存储的线性表称为线性链表（linked list），其中最常见的是单链表，简称为链表。在单链表中，每一个数据元素用一个结点表示，其结构如图 3-6 所示。一个结点由两个域组成，data 域用于存放数据元素，next 域用于存放指向下一个结点的指针。

data	next

图 3-6　单链表的结点结构

在单链表的表尾结点中，指针域为空，一般用“∧”表示。设线性表中某系 24 级学生的学号为(24101,24104,24110,24201,24208)，可用如图 3-7 所示的单链表表示。

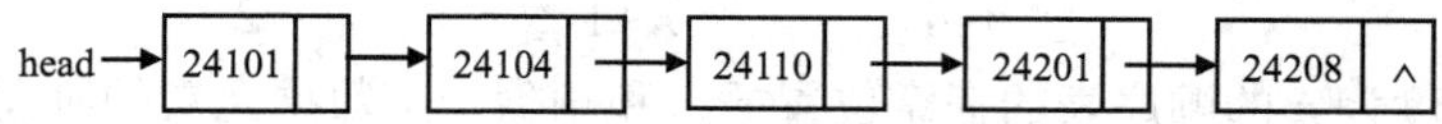

图 3-7　24 级学生学号的单链表

单链表有带头结点和不带头结点两种结构。如图 3-7 所示，链表中第一个结点就是数据元素结点，这种单链表结构称为不带头结点的单链表。图 3-8 所示是带头结点的单链表结构，链表的头结点中不存放数据元素信息，在此把头结点的数据域部分涂上阴影，便于和数据元素结点区别。在这种情况下，不管链表是否为空，其头指针总是指向头结点。

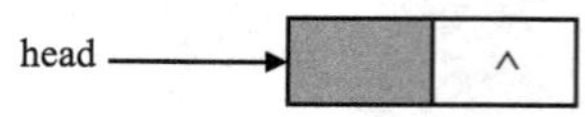

（a）空链表

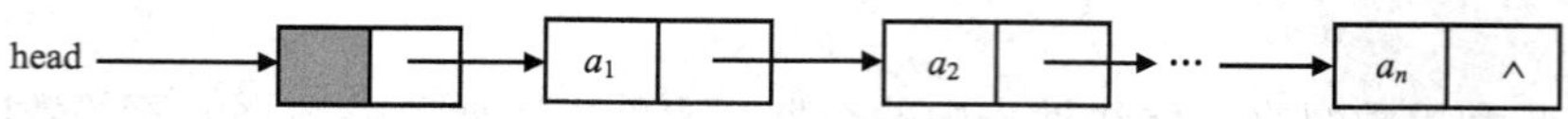

（b）非空链表

图 3-8　带头结点的单链表结构

2. 单链表的插入和删除

利用单链表来表示线性表，插入和删除变得更方便，只需要修改链表中结点指针的值，而无须移动链表中的元素结点就能高效地实现插入和删除操作。

在此先介绍不带头结点的单链表的插入与删除。对于不带头结点的单链表的插入，若想在单链表（$a_1,a_2,\cdots,a_n$）的第 i 个结点前插入一个新元素 x，可以分以下三种情况讨论。

1）若 i=1，即 a_i 是链表第一个结点中的数据，则新结点 newnode 应插在第一个结点之前。链表插入前、后的结构如图 3-9 所示。

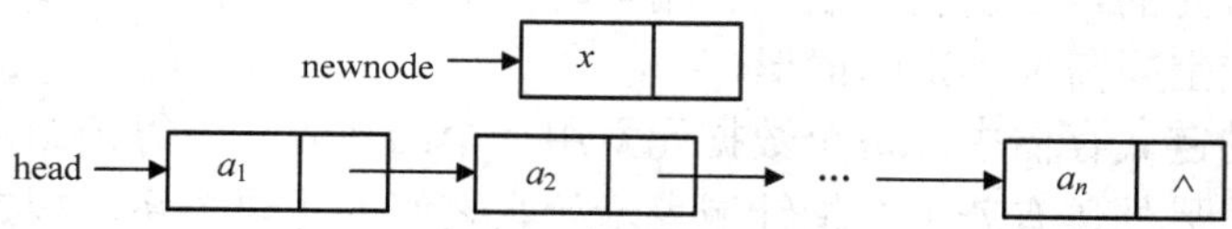

（a）插入前

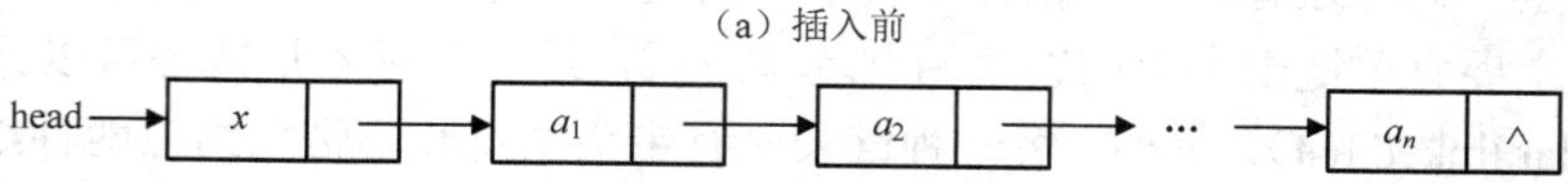

（b）插入后

图 3-9　不带头结点的单链表在第一个结点前插入结点的过程

2）若 $1<i\leqslant n$，即 a_i 不是链表第一个结点中的数据，则新结点 newnode 插在 a_{i-1} 与 a_i 之间。链表插入后的结构如图 3-10 所示。

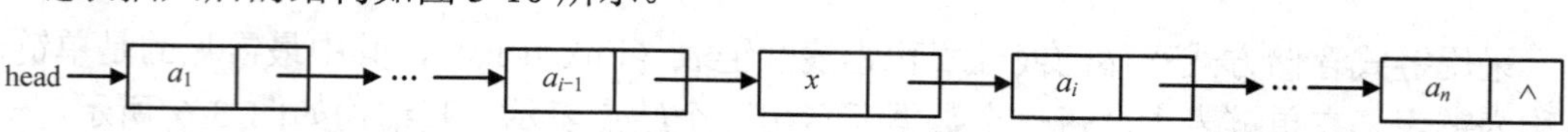

图 3-10　不带头结点的单链表在第 i（$1<i\leqslant n$）个结点前插入结点后的情形

3）若 $i=n+1$，即在线性表的表尾后插入新结点 newnode，相当于在表尾追加新结点 newnode。链表插入后的结构如图 3-11 所示。

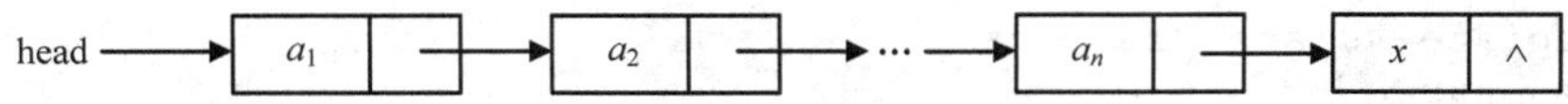

图 3-11　不带头结点的单链表在表尾插入新结点的情形

对于不带头结点的单链表的删除操作，如果希望删除链表中第 i 个结点，应当先让第 i−1 个结点的 next 域指针（有可能是头指针 head）指向第 i+1 个结点，把第 i 个结点从链表中分离出来，然后再删除它，如图 3-12 所示。

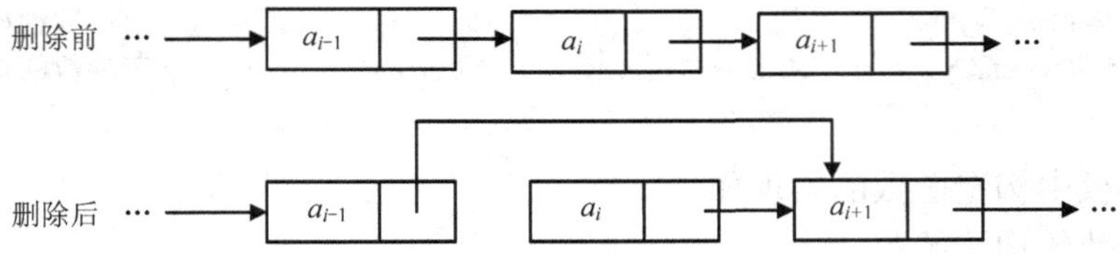

图 3-12　不带头结点单链表的删除

当然要注意，如果删除的结点是链表的第一个结点，则需要修改头指针，使删除结点后头指针指向原链表中的第二个结点。

再看带头结点的单链表的插入与删除。带头结点的单链表的插入可分为两种情况：一种是在空表中插入元素，如图 3-13 所示；另一种是在非空表中第 i 个结点前插入元素，如图 3-14 所示。带头结点的单链表的删除与不带头结点的单链表的删除操作类似，需要特别注意的是，两者在删除第一个结点时头指针的变化情况。

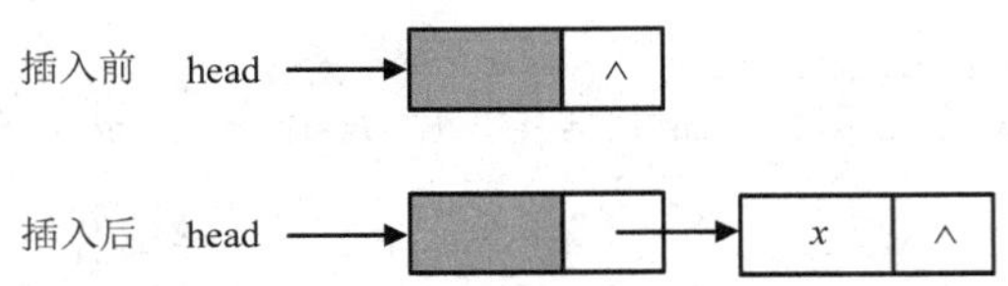

图 3-13　带头结点单链表（空表）的插入

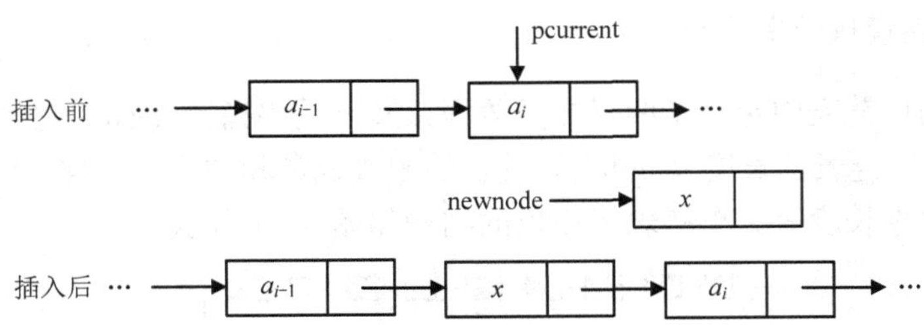

图 3-14　带头结点单链表（非空表）的插入

在实际应用中，带头结点的单链表和不带头结点的单链表都有使用，一般带头结点的单链表由于操作比较统一，降低了程序结构上的复杂性，因此应用相对多一点。下面就以带头结点的单链表为例介绍单链表的定义和实现。对于不带头结点的单链表，读者可以根据带头结点的单链表的实现进行改写。

3. 单链表结点类模板的定义和实现

在定义单链表的类模板之前，先定义其中的结点类模板。结点类模板的数据成员包括 data 域和 next 域；还有两个构造函数，分别用来构造表头结点和元素结点，其参数是不一样的。结点类模板的文件名为 Node.h，具体定义如下：

```
template <class ElemType>
struct Node
{
//数据成员
  ElemType data;                                    //数据域
  Node<ElemType> *next;                             //指针域

//构造函数
  Node();                                           //无参数的构造函数
  Node(ElemType e, Node<ElemType> *link=NULL);      //有参数的构造函数
};
```

结点类模板中构造函数的实现如下。

（1）无参数的构造函数

该构造函数比较简单，只要把结点的指针域设置为空即可。

```
template <class ElemType>
Node<ElemType>::Node()
{
  next=NULL;
}
```

（2）有参数的构造函数

该构造函数将根据给定的参数，初始化结点的数据域为e，指针域为link。

```
template <class ElemType>
Node<ElemType>::Node(ElemType e, Node<ElemType> *link)
{
  data=e;
  next=link;
}
```

4. 单链表类模板的定义和实现

带头结点的单链表中定义了两个成员数据：其一是头指针head，它始终指向单链表的头结点；其二是单链表的长度length。单链表的函数成员和顺序表一样，包括构造函数、析构函数、求线性表长度等。单链表类模板的结构如图3-15所示。

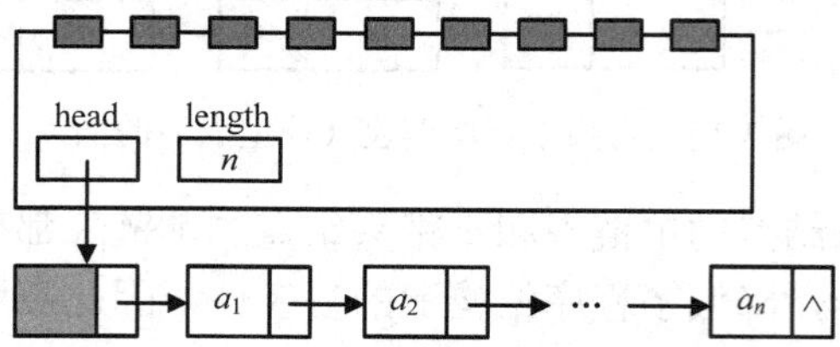

图3-15 单链表类模板的结构图

详细内容请查看LinkList.h文件，其具体定义如下：

```
#include "Node.h"                          //结点类
//单链表类
template <class ElemType>
class LinkList
{
```

```
protected:
//单链表类模板的数据成员
    Node<ElemType> *head;                            //头结点指针
    int length;                                      //元素个数
public:
//单链表类模板的函数成员
    LinkList();                                      //无参数的构造函数
    LinkList(ElemType v[], int n);                   //有参数的构造函数
    virtual ~LinkList();                             //析构函数
    int GetLength() const;                           //求线性表长度
    bool IsEmpty() const;                            //判断线性表是否为空
    void Clear();                                    //将线性表清空
    void Traverse(void (*visit)(const ElemType &)) const;    //遍历线性表
    int LocateElem(const ElemType &e);               //元素定位
    Status GetElem(int i, ElemType &e) const;        //求指定位置的元素
    Status SetElem(int i, const ElemType &e);        //修改指定位置的元素值
    Status DeleteElem(int i, ElemType &e);           //删除元素
    Status Insert(int i, const ElemType &e);         //在任意位置插入元素
    Status InsertElem(const ElemType &e);            //在表尾插入元素
    LinkList(const LinkList<ElemType> &la);          //复制构造函数
    LinkList<ElemType> &operator=(const LinkList<ElemType> &la);
                                                     //重载赋值运算
};
```

单链表中的结点是用 new 运算符动态申请的，释放单链表类对象时无法自动释放这些动态存储空间，因此需要利用析构函数释放这些结点的空间。单链表类模板中部分函数成员的实现如下。

（1）无参数的构造函数

构造一个空链表。利用 new 运算构造一个头结点，如果申请头结点成功，则数据成员 head 指向头结点，空链表的长度定为 0；否则，终止程序运行。空链表的结构如图 3-16 所示。

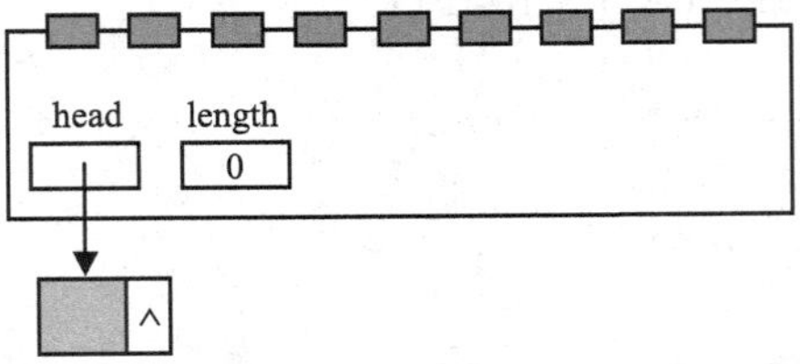

图 3-16　空链表的结构图

```
template <class ElemType>
linkList<ElemType>::linkList()
{
  head=new Node<ElemType>;                   //构造头结点
  length=0;                                  //空链表长度设为 0
}
```

（2）根据数组内容构造链表

先构造一个空链表，再依次把数组 v 中的 n 个元素插入链表的表尾。如果申请结点成功，则数据成员 head 指向单链表头结点，单链表的长度设为 n；否则，终止程序运行。

```
template <class ElemType>
linkList<ElemType>::linkList(ElemType v[], int n)
{
   Node<ElemType> *p;
   p=head=new Node<ElemType>;              //构造头结点
   for (int i=0; i<n; i++) {
      p->next=new Node<ElemType>(v[i], NULL);
      assert(p->next);                     //构造元素结点失败，终止程序运行
      p=p->next;
   }
   length=n;                               //初始化单链表长度为n
}
```

（3）析构函数

释放单链表中的所有结点，包括头结点。该函数执行后顺序表的结构如图 3-17 所示。

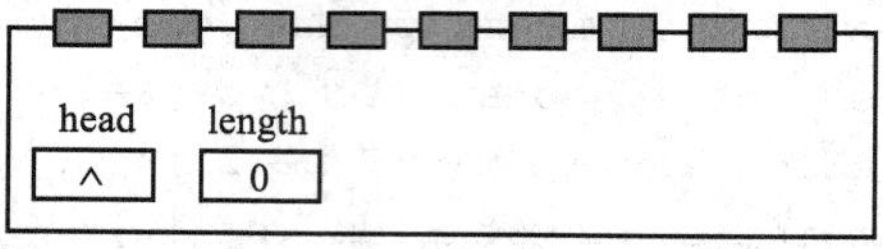

图 3-17　执行析构函数后单链表的结构图

```
template <class ElemType>
linkList<ElemType>::~linkList()
{
   Clear();               //清空单链表
   delete head;           //释放头结点所指向的空间
}
```

（4）清空单链表

依次删除单链表中的每一个元素结点，只保留一个头结点；并把单链表的当前长度改为 0。注意，头指针不改变，它总是指向头结点。该函数执行后单链表的结构如图 3-16 所示。

```
template <class ElemType>
void linkList<ElemType>::Clear()
{
    Node<ElemType> *p=head->next;
    while (p!=NULL) {
         head->next=p->next;
         delete p;
         p=head->next;
    }
    length=0;
}
```

（5）遍历链表

用函数（*visit）依次访问链表中的每个元素。遍历函数不改变链表中的数据成员。

```
template <class ElemType>
void LinkList<ElemType>::Traverse(void (*visit)(const ElemType &)) const
{
   Node<ElemType> *p=head->next;
   while (p!=NULL) {
```

```
            (*visit)(p->data);
            p=p->next;
        }
    }
```

（6）元素定位

从链表的第一个元素开始，逐个与给定值 *e* 进行比较。如果链表中有元素和 *e* 的值相等，则返回其中的最小的序号；否则，说明链表中不存在元素 *e*，则返回 0。定位函数不改变链表中的数据成员。

```
template <class ElemType>
int LinkList<ElemType>::LocateElem(const ElemType &e) const
{
   Node<ElemType> *p=head->next;
   int count=1;
   while (p!=NULL&&p->data!=e) {
      count++;
      p=p->next;
   }
   return (p!=NULL)?count:0;
}
```

（7）取指定元素的值

如果指定的位置 *i* 合理（1≤*i*≤length），则用参数 *e* 取回其值，并且函数返回 ENTRY_FOUND；否则，函数返回 NOT_PRESENT。该函数不改变链表中的数据成员。

```
template <class ElemType>
Status LinkList<ElemType>::GetElem(int i, ElemType &e) const
{
   if (i<1||i>length)
      return NOT_PRESENT;
   else  {
      Node<ElemType> *p=head->next;
      int count;
      for (count=1; count<i; count++)
         p=p->next;
      e=p->data;
      return ENTRY_FOUND;
   }
}
```

（8）修改指定元素的值

先判断指定的位置 *i* 是否合理。如果 *i* 合理（1≤*i*≤length），则将链表中第 *i* 个元素的值改为 *e*，并且函数返回 SUCCESS；否则，函数返回 RANGE_ERROR。

```
template <class ElemType>
Status LinkList<ElemType>::SetElem(int i, const ElemType &e)
{
   if (i<1||i>length)
      return RANGE_ERROR;
   else  {
      Node<ElemType> *p=head->next;
```

```
        int count;
        for (count=1; count<i; count++)
            p=p->next;
        p->data=e;
        return SUCCESS;
    }
}
```

（9）删除指定元素

先判断指定的位置 *i* 是否合理。如果 *i* 合理（1≤*i*≤length），则将链表中第 *i* 个元素的值赋给参数 *e* 返回，并删除第 *i* 个元素结点，将链表的长度减 1，并且函数返回 SUCCESS；否则，函数返回 RANGE_ERROR。

```
template <class ElemType>
Status LinkList<ElemType>::DeleteElem(int i, ElemType &e)
{
    if (i<1||i>length)
        return RANGE_ERROR;
    else {
        Node<ElemType> *p=head, *q;
        int count;
        for (count=1; count<i; count++)
            p=p->next;
        q=p->next;
        p->next=q->next;
        e=q->data;
        length--;
        delete q;
        return SUCCESS;
    }
}
```

（10）在任意位置插入元素

先判断指定的位置 *i* 是否合理，如果 *i* 合理（1≤*i*≤length+1），则把元素 *e* 插入第 *i* 个元素位置，再将链表的长度加 1，并且函数返回 SUCCESS；否则，函数返回 RANGE_ERROR。

```
template <class ElemType>
Status LinkList<ElemType>::InsertElem(int i, const ElemType &e)
{
    if (i<1||i>length+1)
        return RANGE_ERROR;
    else  {
        Node<ElemType> *p=head, *q;
        int count;
        for (count=1; count<i; count++)
        p=p->next;
        q=new Node<ElemType>(e, p->next);
        p->next=q;
        length++;
        return SUCCESS;
    }
}
```

(11) 在表尾插入元素

把元素 e 插入链表表尾元素之后的位置，再将链表的长度加 1，并且函数返回 SUCCESS。

```
template <class ElemType>
Status LinkList<ElemType>::InsertElem(const ElemType &e)
{
  Node<ElemType> *p, *q;
  q=new Node<ElemType>(e, NULL);
  for (p=head; p->next!=NULL; p=p->next);
    p->next=q;
  length++;
  return SUCCESS;
}
```

在有些应用中还会涉及单循环链表（简称循环链表），它是线性表的另一种链式表示。单循环链表的结点结构与单链表相同，由一个数据域和一个指针域组成。与单链表不同的是，单循环链表中表尾结点的 next 域中不是 NULL，而是存放了头结点的地址。所以，在单循环链表中判断某结点是否是表尾的条件是它的 next 域的值是否等于 head。单循环链表也有不带头结点和带头结点两种结构，图 3-18 所示是不带头结点的单循环链表，图 3-19 所示是带头结点的单循环链表。

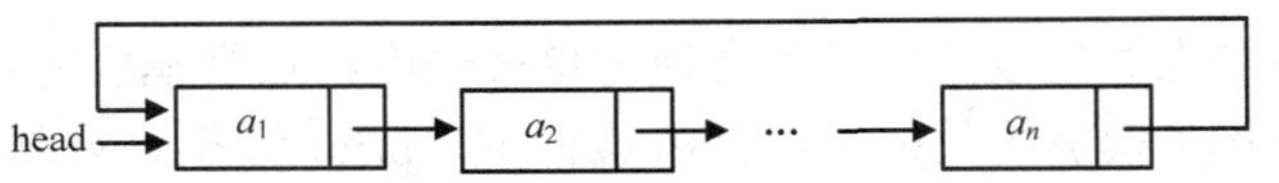

图 3-18　不带头结点的单循环链表

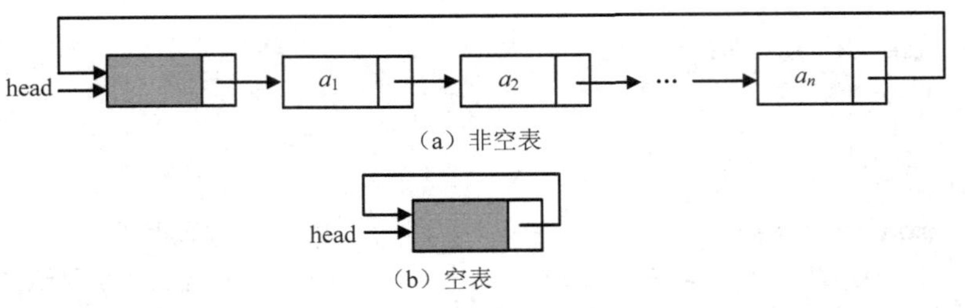

图 3-19　带头结点的单循环链表

对于单循环链表，只要知道表中任一结点的地址，就能遍历表中其他任何结点。单循环链表各种运算的实现与单链表基本类似，读者可以仿照单链表的定义和实现自己完成，在此不再赘述。需要注意的是，单循环链表对链头与链尾结点的处理有所不同。

3.3.2　双向循环链表

在单链表（包括单循环链表）中可以很方便地通过结点的指针访问后面的结点，但要查找结点（假设是 p 结点）的前驱结点，就需要从表头结点开始往后查找，直到找到某一结点的后继结点为 p 结点时为止。如果在一个应用问题中，经常需要在前后两个方向上查找元素，那么就有必要采用双向链表。

双向链表的每个结点中至少有两个指针域，其中一个指针为前驱指针 prior，指向它的前驱结点，另一个指针为后继指针 next，指向它的后继结点，其结构如图 3-20 所示。

双向链表也有带头结点和不带头结点之分，还可以分为双向循环链表和双向非循环链

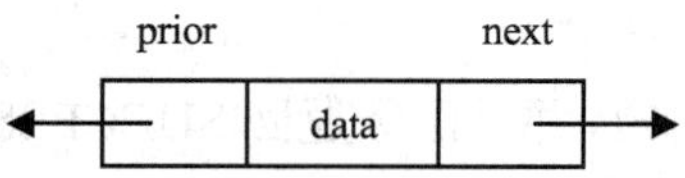

图 3-20 双向链表结点结构

表。本节讲解的是带头结点的双向循环链表，简称双向链表。图 3-21 所示的就是带头结点的双向循环链表的两种情况。在双向链表中，首元素结点的 prior 指针和尾元素结点的 next 指针都指向头结点。

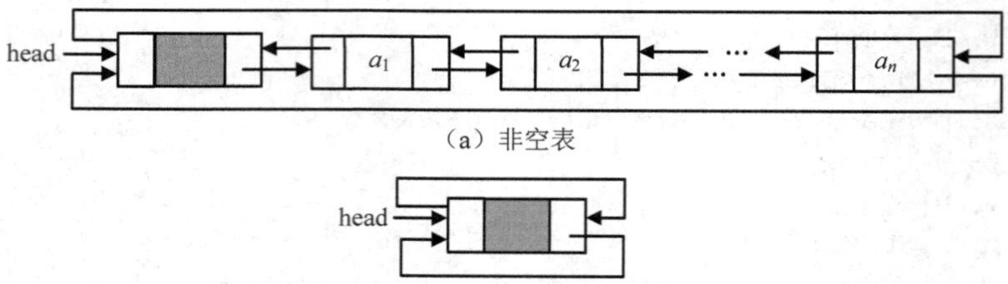

（a）非空表

（b）空表

图 3-21 带头结点的双向循环链表

假设指针 p 指向双向链表的某一结点，那么 p→prior 指向 p 的前驱结点，p→prior→next 指向 p 的前驱结点的后继结点，即结点 p 本身（p→prior→next＝p）；同样，p→next 指向 p 的后继结点，p→next→prior 指向 p 的后继结点的前驱结点，即 p 本身（p→next→prior＝p）。

1. 双向循环链表结点类模板的定义与实现

双向循环链表结点类模板的定义和实现与单链表中结点类模板的定义和实现非常相似。双向循环链表的结点类模板的数据成员包括 data 域、prior 域和 next 域；构造函数有两个，分别用来构造表头结点和元素结点，其参数是不一样的。下面是双向循环链表的结点类模板的定义。

```
template <class ElemType>
struct DblNode
{
//数据成员
   ElemType data;                                    //数据域
   DblNode<ElemType> *prior;                         //指向前驱结点的指针域
   DblNode<ElemType> *next;                          //指向后继结点的指针域
//构造函数
   DblNode();                                        //无参数的构造函数
   DblNode(ElemType e,
      DblNode<ElemType> *priorlink=NULL,
      DblNode<ElemType> *nextlink=NULL);             //有参数的构造函数
};
```

这两个构造函数的具体实现如下。

（1）无参数的构造函数

无参数的构造函数用于构造指针域为空的结点。

```
template <class ElemType>
DblNode<ElemType>::DblNode()
{
   prior=NULL;
```

```
    next=NULL;
}
```

（2）有参数的构造函数

根据给定的参数，构造一个数据域为 e、prior 指针域为 priorlink、next 指针域为 nextlink 的结点。

```
template <class ElemType>
DblNode<ElemType>::DblNode(ElemType e,
   DblNode<ElemType> *priorlink,
   DblNode<ElemType> *nextlink)
{
   data=e;
   prior=priorlink;
   next=nextlink;
}
```

2. 双向循环链表的定义与实现

带头结点的双向循环链表中定义了两个成员数据，其一是头指针 head，它始终指向头结点，其二是线性表的长度（数据元素的数目）length；其函数成员和单链表一样，包括构造函数、析构函数、求线性表长度等。定义双向循环链表的文件名为 DblLinkList.h，具体定义如下：

```
#include "DblNode.h"                                    //双向循环链表的结点类模板
template <class ElemType>
class DblLinkList
{
protected:
//双向循环链表的数据成员
   DblNode<ElemType> *head;                                  //头结点指针
   int length;                                               //元素个数
public:
//双向循环链表的函数成员
   DblLinkList();                                            //无参数的构造函数
   DblLinkList(ElemType v[], int n);                         //有参数的构造函数
   virtual ~DblLinkList();                                   //析构函数
   int GetLength() const;                                    //求线性表长度
   bool IsEmpty() const;                                     //判断线性表是否为空
   void Clear();                                             //将线性表清空
   void Traverse(void (*visit)(const ElemType &)) const;    //遍历线性表
   int LocateElem(const ElemType &e);                        //元素定位
   Status GetElem(int i, ElemType &e) const;                 //取指定位置的元素
   Status SetElem(int i, const ElemType &e);                 //修改指定位置的元素值
   Status DeleteElem(int i, ElemType &e);                    //删除元素
   Status InsertElem(int i, const ElemType &e);              //在任意位置插入元素
   Status InsertElem(const ElemType &e);                     //在表尾插入元素
   DblLinkList(const DblLinkList<ElemType> &la);             //复制构造函数
```

```
    DblLinkList<ElemType> &operator=(const DblLinkList<ElemType> &la);
                                                          //重载赋值运算
};
```

带头结点的双向循环链表中函数成员的实现和单链表中函数成员的实现类似。特别要注意的是表尾结点的判断以及插入、删除结点时前后结点的指针修改。下面介绍其中主要函数成员的实现。

（1）无参数的构造函数

构造一个空链表。利用 new 运算构造一个头结点，并用头指针 head 指向头结点。如果申请头结点成功，则数据成员 head 指向头结点，空链表的长度定为 0；否则，终止程序运行。双向链表的空链表结构如图 3-22 所示。

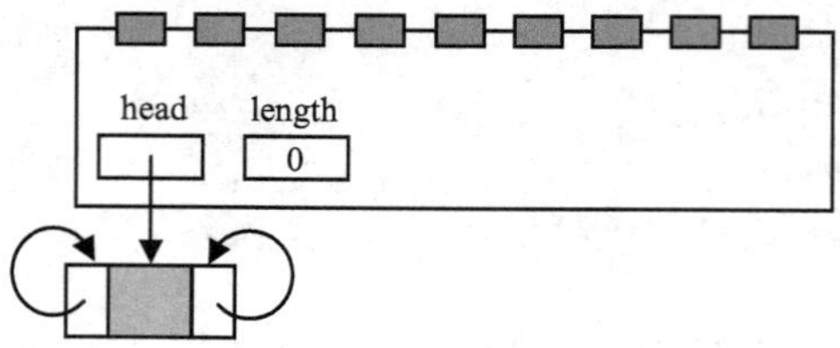

图 3-22　双向链表的空链表结构图

```
template <class ElemType>
DblLinkList<ElemType>::DblLinkList()
{
    head=new DblNode<ElemType>;              //构造头指针
    head->prior=head->next=head;             //表头结点的前驱、后继指向头结点
    length=0;                                //初始化元素个数
}
```

（2）有参数的构造函数

先构造一个头结点，再依次把数组 v 中的 n 个元素插入链表的表尾。如果申请结点成功，则数据成员 head 指向双向链表头结点，双向链表的长度设为 n；否则，终止程序运行。

```
template <class ElemType>
DblLinkList<ElemType>::DblLinkList(ElemType v[], int n)
{
    DblNode<ElemType> *p;
    p=head=new DblNode<ElemType>;            //构造头结点
    for (int i=0; i<n; i++) {
        p->next=new DblNode<ElemType>(v[i], p);
        p=p->next;
    }
    length=n;                                //初始化线性表长度为n
    head->prior=p;                           //头结点的 prior 指向尾结点
    p->next=head;                            //尾结点的 next 指向头结点
}
```

（3）析构函数

先清空双向链表，再释放头结点。该函数释放双向链表中所有结点，包括头结点。

```
template <class ElemType>
```

```
DblLinkList<ElemType>::~DblLinkList()
{
   Clear();                                       //清空线性表
   delete head;                                   //释放头结点空间
}
```

（4）清空链表

依次删除双向链表中每一个元素结点，只保留一个头结点，并将双向链表的长度 length 改为 0。

```
template <class ElemType>
void DblLinkList<ElemType>::Clear()
{
   ElemType tmpElem;                              //临时元素值
   while (length>0)                               //若链表非空，则删除第 1 个元素
      DeleteElem(1, tmpElem);
}
```

（5）遍历双向链表

调用函数（*visit），依次访问链表中的每个元素。遍历函数不改变双向链表中的数据成员。

```
template <class ElemType>
void DblLinkList<ElemType>::Traverse(void (*visit)(const ElemType &))
    const
{
   DblNode<ElemType> *p;
   for (p=head->next; p!=head; p=p->next)    //用 p 依次取每个元素
      (*visit)(p->data);                      //对每个元素调用函数(*visit)
}
```

（6）元素定位

在算法实现时定义一个搜索指针 p，从双向链表的第一个元素开始搜寻，直到指针 p 又回到头结点，表示搜索失败。如果搜索成功，则返回指定元素在双向链表中第一次出现的序号；否则，返回 0。定位函数不改变双向链表的数据成员。

```
template <class ElemType>
int DblLinkList<ElemType>::LocateElem(const ElemType &e)
{
   DblNode<ElemType> *p=head->next;
   int count=1;
   while (p!=head&&p->data!=e) {
      count++;
      p=p->next;
   }
   if (p!=head)
      return count;
   else
      return 0;
}
```

（7）取指定序号的元素值

当链表中存在第 i（$1 \leqslant i \leqslant$lenght）个元素时，先搜索到第 i 个元素结点，用 e 返回其

值，并且函数返回 ENTRY_FOUND；否则，函数返回 NOT_PRESENT。该函数不改变双向链表中的数据成员。

```
template <class ElemType>
Status DblLinkList<ElemType>::GetElem(int i, ElemType &e) const
{
  DblNode<ElemType> *p=head->next;
  int count;
  if (i<1||i>length)                          //i 范围错
    return NOT_PRESENT;
  else   {                                    //合法
    for (count=1; count<i; count++)
      p=p->next;                              //p 指向第 i 个元素结点
    e=p->data;                                //用 e 返回第 i 个元素的值
    return ENTRY_FOUND;
  }
}
```

（8）修改指定序号的元素值

当链表中存在第 i 个元素时，先搜索到第 i 个元素结点，将其元素的值改为 e，并且函数返回 SUCCESS；否则，函数返回 RANGE_ERROR。该函数不改变双向链表中的数据成员。

```
template <class ElemType>
Status DblLinkList<ElemType>::SetElem(int i, const ElemType &e)
{
  DblNode<ElemType> *p=head->next;
  int count;
  if (i<1||i>length)
    return RANGE_ERROR;
  else {
    for (count=1; count<i; count++)
      p=p->next;                              //p 指向第 i 个结点
    p->data=e;                                //设置第 i 个元素结点的值
    return SUCCESS;
  }
}
```

（9）删除元素

如果 i 的值不合理（i<1 或 i>lenght），则函数返回 RANGE_ERROR；否则，先通过一个搜索指针 p 找到要删除的元素结点；然后把 p 的前驱结点的 next 改为指向 p 的后继结点，把 p 的后继结点的 prior 改为指向 p 的前驱结点，并用 e 返回其值，最后再释放被删除的结点，并且函数返回 SUCCESS。删除双向链表中第 i 个元素的指针修改，如图 3-23 所示。

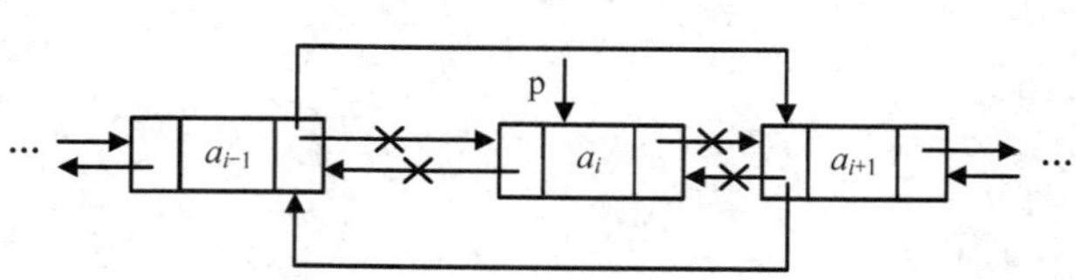

图 3-23　删除双向链表中第 i 个元素的指针修改

```
template <class ElemType>
Status DblLinkList<ElemType>::DeleteElem (int i, ElemType &e)
```

```
  {
    DblNode<ElemType> *p=head->next;
    int count;
    if (i<1||i>length)
      return RANGE_ERROR;
    else  {
      for (count=1; count<i; count++)
        p=p->next;                       //p 指向第 i 个结点
      p->prior->next=p->next;            //p 的前驱结点的 next 指向 p 的后继结点
      p->next->prior=p->prior;           //p 的后继结点的 prior 指向 p 的前驱结点
      e=p->data;                         //用 e 返回被删除结点的元素值
      length--;                          //删除成功后元素的个数减 1
      delete p;                          //释放被删除的结点
      return SUCCESS;
    }
  }
```

（10）在指定位置插入元素

在双向链表的第 i 个位置前插入元素 e，i 的取值范围为 $1\leqslant i\leqslant \text{length}+1$。当 i 等于 length+1 时，表示在表尾插入元素。i 合法时，函数返回 SUCCESS；否则，函数返回 RANGE_ERROR。

在插入新的结点 q 之前，先通过一个搜索指针 p 寻找到第 i 个元素的结点；在生成新的结点 q 时，初始化 q 的 prior 域和 next 域分别指向 p 的前驱结点和 p 结点；最后把结点 p 原来的前驱结点的 next 改为指向 q 结点，再把结点 p 的 prior 改为指向 q 结点，具体过程如图 3-24 所示。当 i 等于 length+1 时，搜索指针 p 最终指向头结点，相当于在头结点的前面（也就是表尾结点的后面）插入新结点，所以具体操作和上面一样，具体过程如图 3-25 所示。

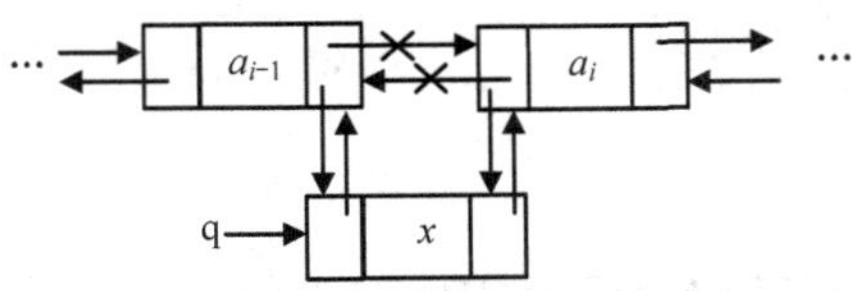

图 3-24　双向链表前插入算法过程

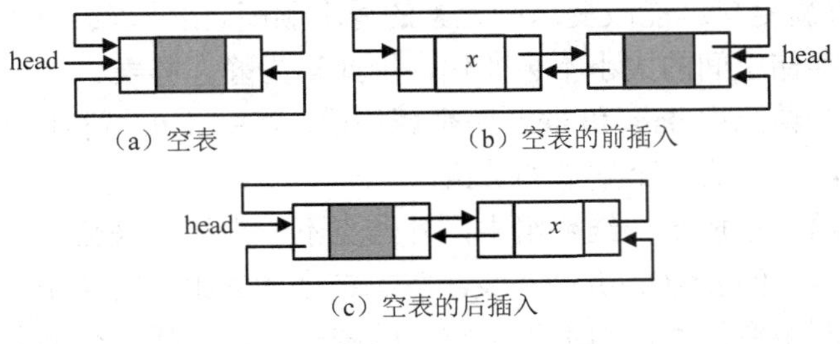

图 3-25　双向链表空表的插入过程

如果成功插入结点，则 length 加 1；否则，不改变双向链表中的数据成员。

```
template <class ElemType>
Status DblLinkList<ElemType>::InsertElem(int i, const ElemType &e)
{
  DblNode<ElemType> *p=head->next, *q;
  int count;
  if (i<1||i>length+1)                 //i 范围错,位置不合法
```

```
        return RANGE_ERROR;
    else    {
        for (count=1; count<i; count++)
          p=p->next;                              //p 指向第 i 个结点
        q=new DblNode<ElemType>(e, p->prior, p); //生成新结点 q
        p->prior->next=q;                        //p 的前驱结点的 next 指向 q 结点
        p->prior=q;                              //p 的 prior 指向 q 结点
        length++;                                //插入成功后元素个数加 1
        return SUCCESS;
    }
}
```

（11）在表尾插入元素

这个操作相当于在头结点的前面插入新结点。因此，在生成新的结点 p 时，首先初始化 p 的 prior 域和 next 域分别指向头结点的前驱结点和头结点；然后把 head 原来的前驱结点的 next 改为指向 p 结点；最后把 head 的 prior 改为指向 p 结点。

```
template <class ElemType>
Status DblLinkList<ElemType>::InsertElem(const ElemType &e)
{
    DblNode<ElemType> *p;
    p=new DblNode<ElemType>(e, head->prior, head); //生成新结点
    head->prior->next=p;                     //原表尾结点的 next 指向 p 结点
    head->prior=p;                           //头结点 prior 指向 p 结点
    length++;                                //插入成功后元素个数加 1
    return SUCCESS;
}
```

3.3.3 静态链表

静态链表是利用数组模拟存储空间来实现链表的。如果为数组中的每一个元素附加一个链接指针（数组下标），就形成了静态链表结构。静态链表允许在不改变各元素的物理位置的情况下，只要重新链接就能改变这些元素的逻辑顺序。由于该链表是利用数组定义的，在整个运算过程中存储空间的大小不会变化，因此称为静态链表。

静态链表的每个结点由 data 和 next 两个域构成，其中 data 域存放数据元素，next 域存放链接指针。所有结点形成一个结点的数组。

链表中的所有结点存放于一维数组中，各结点不一定按原来数据元素的顺序排列，其先后顺序体现于各结点的 next 指针。在表示静态链表的数组中有两个链表：一个是由所有空闲结点组成的可利用空间表，用不带头结点的链表表示；另一个是存放数据元素的实际静态链表，用带头结点的链表表示。

设数组 sll 存放了一个静态链表，在链表未使用前，sll 中的所有结点形成了一个链，称为可利用空间表，并由指针 avail 指向这个链表的第一个结点。head 为已从可利用空间表取出的结点所构成的实际静态链表的头指针。当需要分配一个结点时，取指针 avail 所指的结点，并用一个指针 i 指向它，指针 avail 指向可利用空间表的下一个结点，再把指针 i 所指的结点插入以 head 为头指针的链表中，此时指针 avail 实际所指的是下一次可分配的结点。假设把指针 i 所指的结点插入静态链表中第一个结点之前，则上述操作过程为

```
i=avail; avail=sll[avail].next; sll[i].next=ssl[head].next; sll[head]. next=i
```

当需要释放由 j 所指的结点时，只需要把结点 j 插入可利用空间表的最前端，并让指针 avail 指向它即可。假定 j 所指的结点的前一结点的指针是 p，则上述操作过程为

```
sll[p].next=sll[j].next; sll[j].next=avail; avail=j;
```

图 3-26 是静态链表 sll 的 avail 表和 head 表的变化情况。假定该静态链表的 data 域中存放的值是单个字符。

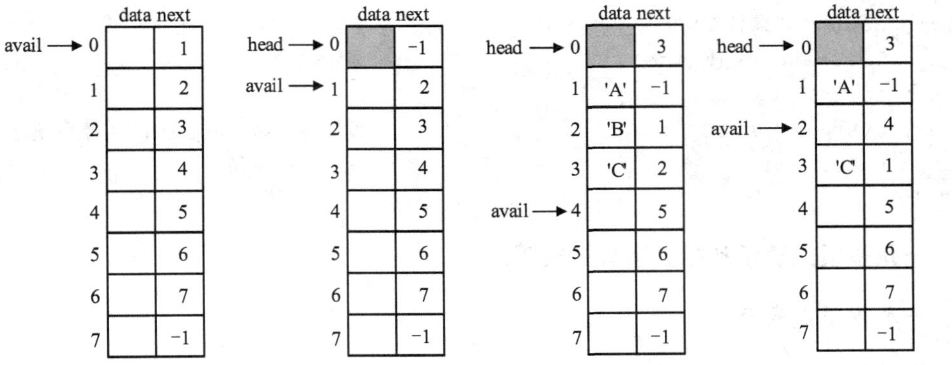

图 3-26 静态链表 sll 的结构

对于静态链表的定义和实现可以模仿单链表定义类模板，具体定义和实现请读者自己完成。

3.4 线性表的应用

3.4.1 集合的表示和相关运算的实现

例 3-1 利用顺序表表示集合，并求两个集合的交集。

数据结构：可以考虑利用两个顺序表 la 和 lb 分别表示两个集合。

算法思想：为了简化算法实现，先定义两个数组 a 和 b 存放两个集合的元素，并利用这两个数组初始化构造两个顺序表 la、lb，然后定义一个空的顺序表 lc 存放两个集合交集的结果。通过一个循环，依次取出 la 中的每一个元素 e，再用定位函数确定元素 e 是否在 lb 中。如果元素 e 在 lb 中（定位函数返回序号大于 0），则把它插入 lc 中。算法最后再分别遍历三个顺序表，输出三个集合的内容。具体实现代码如下：

```
#include "SeqList.h"                    //顺序表类
int main(void)
{
   char a[]={'A', 'C', 'E', 'G', 'I'}, b[]={'A', 'B', 'C', 'D', 'H', 'I', 'J'}, e;
   SeqList<char> la(a, 5, 50), lb(b, 7, 50), lc(50);
   for (int i=1; i<=la.GetLength(); i++) {
      la.GetElem(i, e);                   //取出 la 中第 i 个元素 e
      if (lb.LocateElem(e))               //如果 e 在 lb 中，则将其插入 lc 中
```

```
            lc.InsertElem(e);
        }
        cout<< "集合 A:";
        la.Traverse(Write);                         //显示集合 A
        cout<< endl;
        cout<< "集合 B:";
        lb.Traverse(Write);                         //显示集合 B
        cout<< endl;
        cout<< "集合 C:";
        lc.Traverse(Write);                         //显示集合 C
        cout<< endl;
        system("PAUSE");                            //调用库函数 system()暂停系统运行
        return 0;                                   //返回操作系统
    }
```

3.4.2 一元多项式表示和相关运算的实现

1. 一元多项式表示

一元多项式在日常的应用中经常出现，一般可以写为如下形式：

$$A(x) = a_1x^{e_1} + a_2x^{e_2} + \cdots + a_mx^{e_m}$$

其中，a_i是非零系数，指数e_i是非负整数，在此约定$e_1>e_2>\cdots>e_m\geqslant0$。多项式的每一项可以用二元组$(a_i,e_i)$表示，整个多项式$A(x)$可以用一个长度为$m$的线性表表示，且线性表的每个元素是一个二元组。具体可表示为

$$((a_1,e_1),(a_2,e_2),\cdots,(a_m,e_m))$$

线性表有两种存储结构：一种是顺序存储结构；另一种是链式存储结构。对于不需要改变多项式项数的应用，采用顺序存储结构比较合适。对于需要改变多项式项数的应用（如多项式的加法、减法等运算），需要进行插入和删除操作，采用链式存储结构比较合适。

这里用单链表类模板来实现一元多项式的表示。单链表中的每个结点代表多项式中的一项，单链表模板的 ElemType 实例化为结构体 PolyItem，PolyItem 由两个数据成员 coef（系数）和 expn（指数）组成。

```
struct PolyItem
{
//数据成员
    double coef;                                //系数
    int expn;                                   //指数
//构造函数
    PolyItem() ;                                //无参数的构造函数
    PolyItem(double cf, int en);                //有参数的构造函数
};
```

其中，构造函数的实现比较简单，在此不再赘述，具体内容可以查看相关文件。

下面介绍用单链表表示一元多项式的类模板定义，其中数据成员 polyList 是一个单链表，用于表示一元多项式；函数成员有构造函数、析构函数、判断多项式是否为空、将多项式置为空、显示多项式、多项式相加等。

```
class Polynomial
{
protected:
//多项式实现的数据成员
    LinkList<PolyItem> polyList;                         //多项式组成的线性表
public:
//多项式实现的函数成员
    Polynomial(){};                                      //无参数的构造函数
    ~Polynomial(){};                                     //析构函数
    int Length() const;                                  //求多项式的项数
    bool IsZero() const;                                 //判断多项式是否为 0
    void SetZero();                                      //将多项式置为 0
    void Display();                                      //显示多项式
    void InsItem( const PolyItem &item);                 //插入一项
    Polynomial operator+(const Polynomial &p) const;     //加法运算符重载
    Polynomial operator-(const Polynomial &p) const;//减法运算符重载
    Polynomial operator*(const Polynomial &p) const;     //乘法运算符重载
    Polynomial(const Polynomial &copy);                  //复制构造函数
    Polynomial(const LinkList<PolyItem> &copyLinkList);
                                            //由多项式组成的线性表构造多项式
    Polynomial &operator=(const Polynomial &copy);       //赋值语句重载
    Polynomial &operator=(const LinkList<PolyItem> &copyLinkList);
                                                         //赋值语句重载
};
```

例如，下面两个多项式的链式存储结构如图 3-27 所示。

$a = 5x^{10} + 2x^6 + 4$　　　　$b = 3x^{10} + 7x^4 + 6x$

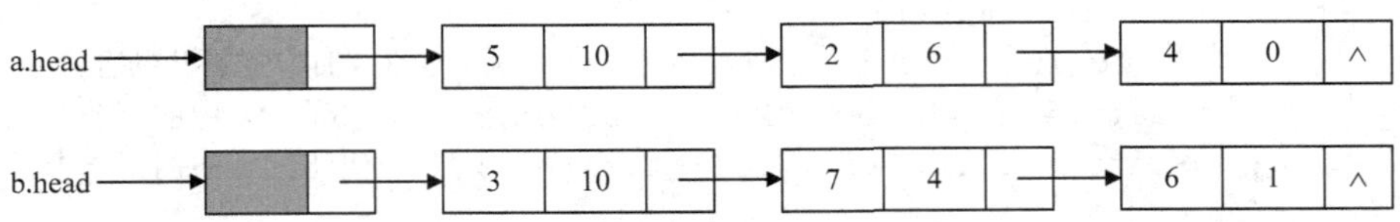

图 3-27　多项式的链式存储结构

2. 多项式相加运算的实现

多项式相加是多项式中常见的运算，下面详细介绍多项式相加运算的实现。

当多项式 a 和 b 相加时，可设置两个链表 la 和 lb 分别存放两个多项式的二元组线性表，并设结果多项式链表为 lc。算法开始时先从 la、lb 两个链表取第一个元素（即多项式 a、b 的第一项的系数和指数），进行步骤一。

步骤一：当两个链表 la 和 lb 都能取到元素时，比较检测结点的指数域；否则，进行步骤二。

1）指数不等：将指数大者插入 lc 链表，并在指数大的链表中取下一个元素。

2）指数相等：对应项系数相加，若相加结果不为零，则将结果插入 lc 链表，并在两个链表 la 和 lb 中分别取下一个元素。

步骤二：把 la 或 lb 链表中剩余部分加入 lc 链表中。

多项式 a 和 b 相加结果的链表表示如图 3-28 所示。

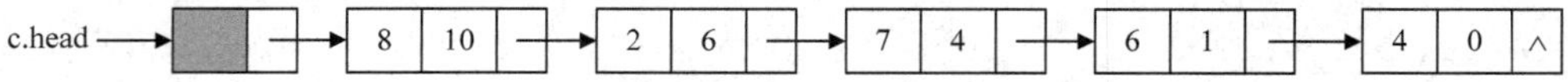

图 3-28　多项式 a 和 b 相加结果的链表表示

下面是多项式相加算法的实现。

```
Polynomial Polynomial::operator+(const Polynomial &p) const
{
   LinkList<PolyItem> la=polyList;              //当前多项式对应的线性表
   LinkList<PolyItem> lb=p.polyList;            //多项式 p 对应的线性表
   LinkList<PolyItem> lc;                       //结果多项式对应的线性表
   int aPos=1, bPos=1;
   PolyItem aItem, bItem;
   Status aStatus, bStatus;

   aStatus=la.GetElem(aPos++, aItem);           //取出 la 中的第一个元素
   bStatus=lb.GetElem(bPos++, bItem);           //取出 lb 中的第一个元素
   while (aStatus==ENTRY_FOUND&&bStatus==ENTRY_FOUND){
      if (aItem.expn>bItem.expn) {              //la 中的项 aItem 指数较小
         lc.InsertElem(aItem);                  //将 aItem 追加到 lc 的表尾
         aStatus=la.GetElem(aPos++, aItem);     //取出 la 中的下一个元素
      }
      else if (aItem.expn<bItem.expn) {         //lb 中的项 bItem 指数较小
         lc.InsertElem(bItem);                  //将 bItem 追加到 lc 的表尾
         bStatus=lb.GetElem(bPos++, bItem);     //取出 lb 中的下一个元素
      }
      else {                         //la 中的项 aItem 和 lb 中的项 bItem 指数相等
         PolyItem sumItem(aItem.coef+bItem.coef, aItem.expn);
         if (sumItem.coef!=0)
            lc.InsertElem(sumItem);             //将两项的和追加到 lc 的表尾
         aStatus=la.GetElem(aPos++, aItem);     //取出 la 中的下一个元素
         bStatus=lb.GetElem(bPos++, bItem);     //取出 lb 中的下一个元素
      }
   }
   while (aStatus==ENTRY_FOUND) {               //将 la 的剩余项追加到 lc 的后面
      lc.InsertElem(aItem);                     //将 aItem 追加到 lc 的后面
      aStatus=la.GetElem(aPos++, aItem);        //取出 la 中的下一个元素
   }
   while (bStatus==ENTRY_FOUND) {               //将 lb 的剩余项追加到 lc 的后面
      lc.InsertElem(bItem);                     //将 bItem 追加到 lc 的后面
      bStatus=lb.GetElem(bPos++, bItem);        //取出 lb 中的下一个元素
   }
   Polynomial fc;                               //结果多项式
   fc.polyList=lc;
   return fc;
}
```

设两个多项式链表的长度分别为 m 和 n，则总的比较指数的次数为 $O(m+n)$。对于多项式的减法和乘法运算的实现，请读者自己思考。

习 题 3

一、选择题

1. 下述（　　）是顺序存储结构的优点。

A. 存储密度大　　B. 插入运算方便

C. 删除运算方便　　D. 可方便地用于各种逻辑结构的存储表示

2. 下面关于线性表的叙述中，错误的是（　　）。

A. 线性表采用顺序存储，必须占用一片连续的存储单元

B. 线性表采用顺序存储，便于进行插入和删除操作

C. 线性表采用链接存储，不必占用一片连续的存储单元

D. 线性表采用链接存储，便于插入和删除操作

3. 若某线性表最常用的操作是存取任一指定序号的元素和在最后进行插入和删除运算，则利用（　　）存储方式最节省时间。

A. 顺序表　　B. 双向链表

C. 带头结点的双循环链表　　D. 单循环链表

4. 某线性表中最常用的操作是在最后一个元素之后插入一个元素和删除第一个元素，则采用（　　）存储方式最节省运算时间。

A. 单链表　　B. 仅有头指针的单循环链表

C. 双向链表　　D. 仅有尾指针的单循环链表

5. 静态链表中指针表示的是（　　）。

A. 内存地址　　B. 数组下标

C. 下一个元素的地址　　D. 左、右孩子地址

6. 链表不具有的特点是（　　）。

A. 插入、删除不需要移动元素　　B. 可随机访问任一元素

C. 不必事先估计存储空间　　D. 所需空间与线性表长度成正比

7. 对于一个头指针为head的循环链表，其尾结点p的特点是（　　）。

A. `p->next==head`　　B. `p->next==head->next`

C. `p==head`　　D. `p==head->next`

8. 双向链表中，在p结点之前插入一个指针为q的结点的操作是（　　）。

A. `p->next=q; q->prior=p; p->next->prior=q; q->next=q;`

B. `p->next=q; p->next->prior=q; q->prior=p; q->next=p->next;`

C. `q->prior=p; q->next=p->next; p->next->prior=q; p->next=q;`

D. `q->prior=p->prior; q->next=p; p->prior=q; q->prior->next=q;`

9. 单链表中，在指针为p的结点之后插入指针为s的结点，正确的操作是（　　）。

A. `p->next=s; s->next=p->next;`

B. `s->next=p->next; p->next=s;`

C. `p->next=s; p->next=s->next;`

D. `p->next=s->next; p->next=s;`

10. 在双向链表存储结构中，删除p所指的结点时须修改指针，正确的操作是（　　）。

A. `p->prior->next=p->next;    p->next->prior=p->prior;`

B. `p->prior=p->prior->prior;  p->next=p->prior->next;`

C. `p->next->prior=p->prior;   p->next=p->next->next;`

D. `p->next=p->prior->prior;   p->prior=p->next->next;`

二、判断题

1. 顺序存储方式插入和删除时效率太低，因此它不如链式存储方式好。（　　）
2. 对于任何数据结构链式存储结构一定优于顺序存储结构。（　　）
3. 所谓静态链表就是一直不发生变化的链表。（　　）
4. 线性表的特点是每个元素都有一个前驱和一个后继。（　　）
5. 取线性表的第 i 个元素的时间与 i 的大小有关。（　　）
6. 线性表只能用顺序存储结构实现。（　　）
7. 线性表就是顺序存储的表。（　　）
8. 为了方便地插入和删除数据，可以使用双向链表存放数据。（　　）
9. 顺序存储方式的优点是存储密度大，且插入、删除运算效率高。（　　）
10. 链表是采用链式存储结构的线性表，进行插入、删除操作时，在链表中比在顺序存储结构中效率高。（　　）

三、填空题

1. 当线性表的元素总数基本稳定，且很少进行插入和删除操作，但要求以最快的速度存取线性表中的元素时，应采用_____存储结构。
2. 在一个长度为 n 的顺序表的第 i 个元素（$1\leqslant i\leqslant n$）之前插入一个元素时，需向后移动_____个元素。
3. 在单链表中设置头结点的作用是_____。
4. 顺序存储结构是通过_____表示数据元素之间的关系的。
5. 链式存储结构利用_____来表示数据元素之间的逻辑关系。
6. 在单链表 L 中，指针p所指结点有后继结点的条件是_____。
7. 对于双向链表，在两个结点之间插入一个新结点需要修改_____个指针。
8. 在双向链表中删除一个结点需要修改_____个指针。
9. 带头结点的双循环链表 L 中只有一个元素结点的条件是_____。
10. 带头结点的双循环链表 L 为空表的条件是_____。

四、应用题

1. 在顺序表中设计函数实现以下操作。

1）从顺序表中删除具有最小值的元素（假设顺序表中的元素都不相同），并由函数返回被删元素的值，空出的位置由最后一个元素填补。

2）从顺序表中删除具有给定值 e 的所有元素。

3）在一个顺序表中如果有一个数据值重复出现，则留下第一个这样的数据值，并删除其他所有重复的元素，使表中所有元素的值均不相同。

2. 设计一个有序顺序表类，即表中的数据元素按数据元素值递增有序，实现以下函数。

1）把给定值 e 插入有序表中。

2）删除值为 e 的所有数据元素。

3）合并两个有序表，得到一个新的有序表。

4）从有序顺序表中删除其值在给定值 s 与 t 之间（$s<t$）的所有元素，如果 $s\geq t$ 或顺序表为空，则显示出错信息，并退出运行。

3．设有一个线性表$(u_1,u_2,\cdots,u_n)$，试编写一个函数将这个线性表原地逆置，即将线性表逆置为$(u_n,\cdots,u_2,u_1)$，要求在顺序表和链表上分别实现，且算法的空间复杂度为 $O(1)$。

4．针对带头结点的单链表，试编写下列函数。

1）定位函数：在单链表中寻找第 i 个结点。若找到，则返回第 i 个结点的地址；否则，返回空指针。

2）统计函数：统计单链表中等于给定值 e 的元素个数。

5．设单链表 linklist 采用不带头结点的单链表结构，试编写出插入结点的函数成员和删除结点的函数成员。

6．设计一个带头结点的有序单链表类，实现以下函数。

1）插入函数：把元素值 e 作为数据元素插入表中。

2）删除函数：删除数据元素等于 e 的结点。

7．如果用单循环链表表示多项式，试编写一个函数 polynomial::calc(x)，根据参数 x 计算多项式的值。

8. 如果用单循环链表表示多项式，试编写一个函数 polynomial::Derivative()对多项式进行求导。

9．试设计一个实现下述要求的 Locate 运算的函数。设有一个带表头结点的双向链表 L，每个结点有四个数据成员：指向前驱结点的指针 prior、指向后继结点的指针 next、存放数据的成员 data 和访问频度 freq。所有结点的 freq 初始时都为 0。每当在链表上进行一次 Locate(x)操作时，令元素值为 x 的结点的访问频度 freq 加 1，并将该结点前移，链接到与它的访问频度相等的结点后面，使链表中所有结点保持按访问频度递减的顺序排列，以使频繁访问的结点总是靠近表头。

10．有两个不带头结点的单链表，其数据元素为整型数，且递增有序。试编写算法，将它们合并成一个递减有序的单链表。

第 4 章　栈、队列和递归

栈（stack）和队列（queue）均属于线性逻辑结构，但它们又具有一定的特殊性，即存取位置受限。第 3 章介绍的线性表可在任意位置插入和删除数据元素；而栈只能在表尾插入或删除数据元素，队列只能在表尾插入数据元素、在表头删除数据元素。因此，栈和队列也被称为操作受限的线性表。

递归是一种有效的算法设计方法，在许多实际系统中都有应用。本章将介绍递归的概念、过程以及递归工作栈，并讨论如何用栈实现递归过程的非递归化。

栈的基本概念和存储结构

4.1　栈

栈是只允许在表尾进行插入和删除操作的线性表。特别地，表尾被称为栈顶（top），不允许插入和删除的表首被称为栈底（bottom），没有元素的栈被称为空栈。栈是一种重要的数据结构，其应用十分广泛。例如，编译器借助栈进行表达式的语法分析；函数的参数传递、函数的调用和返回也是用栈来实现的。

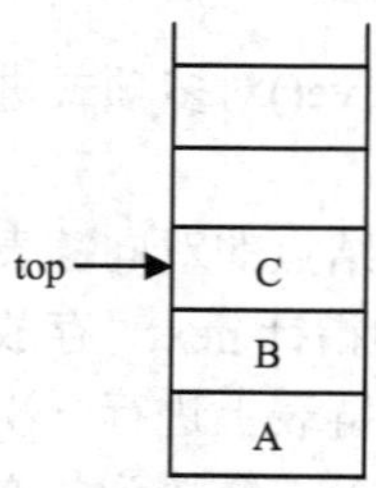

图 4-1　栈

设有空栈 S，入栈时，按照 A、B、C 的顺序不断地向栈 S 中插入元素（即入栈），则出现如图 4-1 所示的结果。出栈时只能按 C、B、A 的顺序不断地删除元素（即出栈）。由此可以看出，栈中元素后进者先出，因此栈又叫作后进先出（last in first out，LIFO）的线性表。图 4-2 所示为三个元素 A、B、C 入栈的过程，图 4-3 所示为刚才入栈的三个元素 A、B、C 出栈的过程。

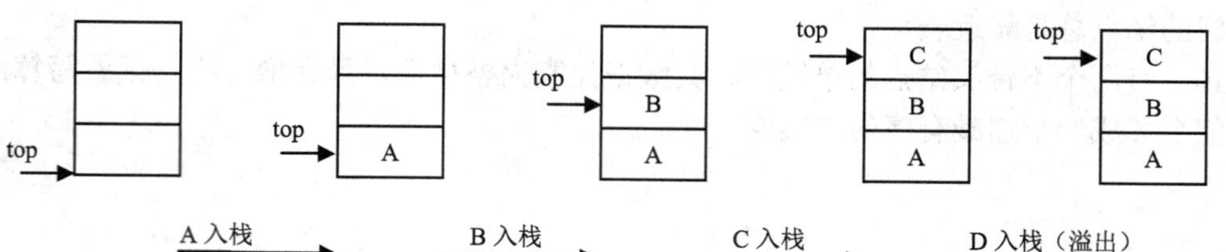

图 4-2　入栈过程

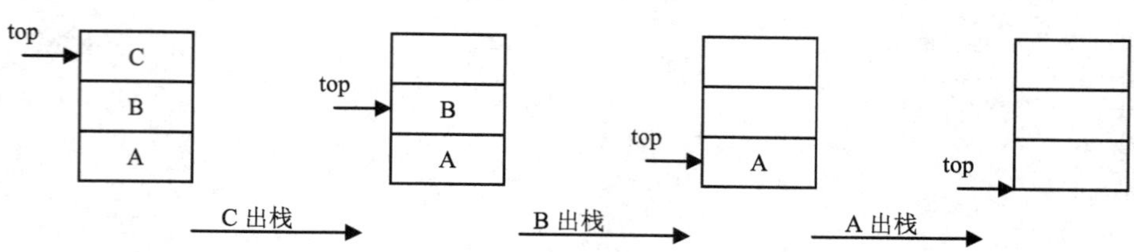

图 4-3　出栈过程

在一般的应用中，栈有以下几个基本操作。

1）初始化：构造一个空栈。

2）求长度：统计栈中数据元素的数目。

3）取栈顶元素：当栈不空时，取栈顶数据元素的值，并返回 SUCCESS；否则，返回失败信息。

4）入栈：在栈顶插入一个新的数据元素。如果插入成功，则返回 SUCCESS；否则，返回插入失败信息。

5）出栈：当栈不为空时，删除栈顶元素。如果删除成功，则返回 SUCCESS 状态以及栈顶数据元素的值；否则，返回出栈失败信息。

6）判断栈是否为空栈：如果栈为空，则返回 true；否则，返回 false。

7）清空栈：将栈设置成空栈。

栈通常有两种存储方式：基于顺序存储的顺序栈和基于链式存储的链式栈。下面分别介绍顺序栈和链式栈的定义和实现。

4.1.1　顺序栈

顺序栈（sequential stack）以顺序存储的方式存储栈中的数据元素。在以下顺序栈的类模板定义中均采用动态数组来实现顺序存储。

1. 顺序栈的类模板定义

将顺序栈的类模板名定义为 SeqStack，其文件名为 SeqStack.h。在顺序栈的类模板中定义了三个数据成员：存储数据元素的数组 elems、顺序栈的最大容量（即数组允许的最多元素的个数）maxSize 和栈顶指针 top。栈顶指针 top 指向栈顶元素的位置，其初始值为-1，表示空栈。顺序栈的类模板定义中还包括构造函数、析构函数、入栈、出栈等函数成员，其结构如图 4-4 所示，具体定义如下：

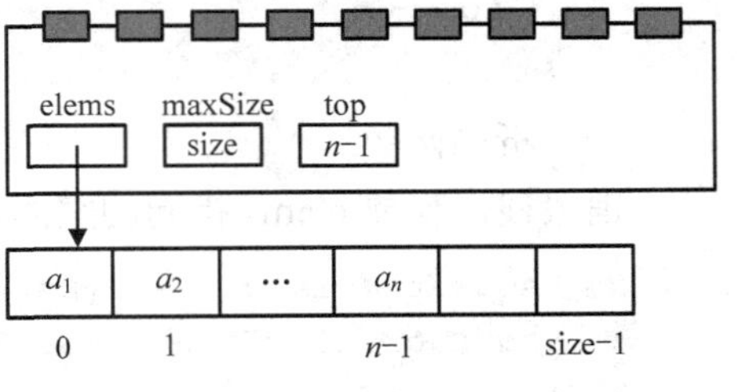

图 4-4　顺序栈的结构图

```
template<class ElemType>
class SeqStack
{
protected:
//顺序栈的数据成员
   int top;                                  //栈顶指针
   int maxSize;                              //栈最大容量
   ElemType *elems;                          //元素存储空间
public:
//顺序栈的函数成员
   SeqStack(int size=DEFAULT_SIZE);          //构造函数
   virtual ~SeqStack();                      //析构函数
   int GetLength() const;                    //求栈长度
   bool IsEmpty() const;                     //判断栈是否为空
   void Clear();                             //将栈清空
```

```
    void Traverse(void (*visit)(const ElemType &)) const; //遍历栈
    Status Push(const ElemType e);                          //入栈
    Status Top(ElemType &e) const;                          //取栈顶元素
    Status Pop(ElemType &e);                                //出栈
    SeqStack(const SeqStack<ElemType> &s);                  //复制构造函数
    SeqStack<ElemType> &operator=(const SeqStack<ElemType> &s);
                                                            //赋值语句重载
};
```

2. 顺序栈的实现

下面介绍顺序栈中部分函数成员的实现。

（1）构造函数

动态申请栈空间 elems，其最大空间 maxSize 由函数参数 size 给出，并置 top 为-1，表示初始栈为空。构造函数成功执行后，elems 存放顺序栈空间的首地址，maxSize 的值为 size，top 等于-1。

```
template<class ElemType>
SeqStack<ElemType>::SeqStack(int size)
{
   maxSize=size;                                 //最大元素的个数
   if (elems!=NULL) delete []elems;              //释放已有存储空间
   elems=new ElemType[maxSize];                  //分配新的存储空间
   top=-1;
}
```

（2）析构函数

销毁栈，释放 elems 指向的空间，不改变 maxSize 和 top 的值。

```
template<class ElemType>
SeqStack<ElemType>::~SeqStack()
{
   delete []elems;                               //释放存储空间
}
```

（3）遍历顺序栈

调用函数（*visit）从栈顶到栈底依次访问栈中的每个元素，不改变数据成员的值。

```
template <class ElemType>
void SeqStack<ElemType>::Traverse(void (*visit)(const ElemType &)) const
{
   for (int i=top; i>=0; i--)
      (*visit)(elems[i]);
}
```

（4）入栈

如果顺序栈未满，则将元素 *e* 追加到栈顶，并返回 SUCCESS；否则，不改变数据成员的值，返回 OVER_FLOW。

```
template<class ElemType>
Status SeqStack<ElemType>::Push(const ElemType e)
```

```
{
  if (top==maxSize)                          //顺序栈已满
    return OVER_FLOW;
  else  {                                    //顺序栈未满
    elems[++top]=e;                          //将元素 e 追加到栈顶，且栈顶加 1
    return SUCCESS;
  }
}
```

（5）取栈顶元素

如果栈非空，则用 *e* 取回栈顶元素，并且返回 SUCCESS；否则，返回 UNDER_FLOW。注意，该函数不改变数据成员的值。

```
template<class ElemType>
Status SeqStack<ElemType>::Top(ElemType &e) const
{
  if (IsEmpty())                             //栈空
    return UNDER_FLOW;
  else   {                                   //栈非空，取回栈顶元素
    e=elems[top];                            //用 e 返回栈顶元素
    return SUCCESS;                          //返回操作成功
  }
}
```

（6）出栈

如果栈非空，则用 *e* 返回栈顶元素，并且删除栈顶元素，函数返回 SUCCESS；否则，函数返回 UNDER_FLOW。此操作将改变栈顶指针的位置并删除栈顶元素。

```
template<class ElemType>
Status SeqStack<ElemType>::Pop(ElemType &e)
{
  if (IsEmpty())                             //栈空
    return UNDER_FLOW;
  else   {                                   //栈非空
    e=elems[top--];                          //用 e 返回栈顶元素，且栈顶指针减 1
    return SUCCESS;
  }
}
```

需要注意 pop 与 top 两个函数的差别：前者取出栈顶元素后，栈顶退后一个位置；后者仅仅是取栈顶元素，栈顶位置不动。

在很多实际应用中需要同时用到两个栈，为了减少栈上溢（即栈空间已满导致无法插入）情况的发生，可以把两个顺序栈存放在同一个数组中，将两个栈的栈底分别设在数组的两端，入栈操作时栈顶各自向中间延伸，其结构如图 4-5 所示。这样只有当两个栈的栈顶指针相遇时（即 top1==top2−1），才会发生栈满而溢出的情况。两个栈共享长度为 size 的存储空间发生上溢的概率要小于它们各自独占一个长度为 size/2 的存储空间的情况。当然，此时定义函数成员时需要通过参数指明被操作的栈，如出栈操作的函数可定义为 Pop(ElemType &e, int No)，其中参数 No 为 1 或 2，表示出栈的栈号。读者可以自己完成其定义和实现。

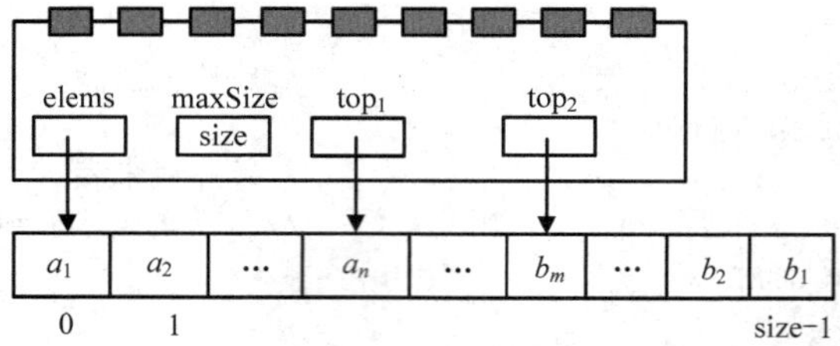

图 4-5　共享一个存储空间的双顺序栈结构图

4.1.2　链式栈

链式栈（linked stack）就是用链表方式存储栈中的元素。与顺序栈相比，链式栈可以更方便地在多栈的情况下共享存储空间。

这里用不带头结点的单链表来表示链式栈，特别地，链表的表头被定义为链式栈的栈顶，入栈与出栈（即插入与删除）都在表头进行，因此，在链式栈上的操作就很简便。

1. 链式栈的类模板定义

数据元素被存放在链式栈的结点中，结点的定义已在第 3 章中介绍，文件名为 Node.h。

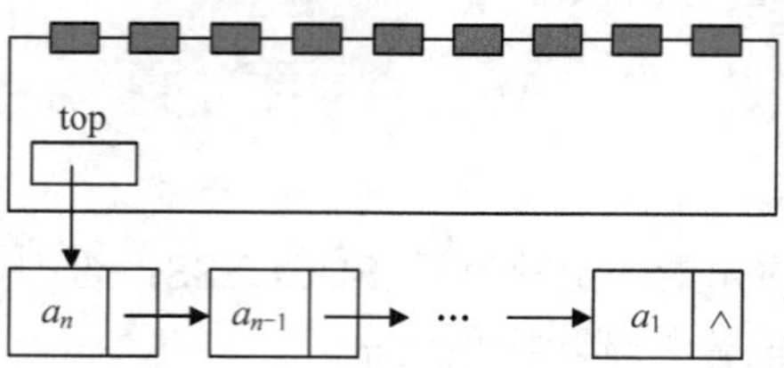

图 4-6　链式栈的结构图

将链式栈类模板命名为 LinkStack，其文件名为 LinkStack.h。在链式栈的类模板中，只需要定义一个数据成员：栈顶指针 top，它指向栈顶元素结点，初始值为 NULL，表示空栈。类模板定义中还包括构造函数、析构函数、入栈、出栈等函数成员。链式栈的结构如图 4-6 所示，具体定义如下：

```
#include "Node.h"    //结点类
//链式栈类模板
template<class ElemType>
class LinkStack
{
protected:
//链式栈的数据成员
  Node<ElemType> *top;                                          //栈顶指针
public:
//链式栈的函数成员
  LinkStack();                                                  //构造函数
  virtual ~LinkStack();                                         //析构函数
  int GetLength() const;                                        //求栈长度
  bool IsEmpty() const;                                         //判断栈是否为空
  void Clear();                                                 //将栈清空
  void Traverse(void (*visit)(const ElemType &)) const ;        //遍历栈
  Status Push(const ElemType e);                                //入栈
  Status Top(ElemType &e) const;                                //取栈顶元素
  Status Pop(ElemType &e);                                      //出栈
  LinkStack(const LinkStack<ElemType> &s);                      //复制构造函数
```

```
    LinkStack<ElemType> &operator =(const LinkStack<ElemType> &s);
                                                    //赋值语句重载
};
```

2. 链式栈的实现

链式栈中部分函数成员的实现如下。

（1）构造函数

该构造函数只需要把 top 置为 NULL，表示栈为空。

```
template<class ElemType>
LinkStack<ElemType>::LinkStack()
{
    top=NULL;
}
```

（2）析构函数

释放链表中所有结点的空间。

```
template<class ElemType>
LinkStack<ElemType>::~LinkStack()
{
    Clear();
}
```

（3）求链式栈的长度

通过循环统计链表中的结点数目，将其返回，不改变 top 的值。

```
template <class ElemType>
int LinkStack<ElemType>::GetLength() const
{
    int count=0;         //计数器用于记录链式栈中元素结点的数目
    Node<ElemType> *p;
    for (p=top; p!=NULL; p=p->next)    {
        count++;          //用 p 依次搜寻链表中的每个元素，统计链式栈中元素的数目
    }
    return count;
}
```

（4）清空链式栈

删除链式栈中的所有元素结点，将 top 的值置为 NULL。

```
template<class ElemType>
void LinkStack<ElemType>::Clear()
{
    Node<ElemType> *p;
    while (top!=NULL) {
        p=top;
        top=top->next;
        delete p;
    }
}
```

（5）遍历链式栈

调用函数（*visit）从栈顶到栈底依次访问栈中的每个元素。

```
template <class ElemType>
void LinkStack<ElemType>::Traverse(void (*visit)(const ElemType &)) const
{
   Node<ElemType> *p;
   for (p=top; p!=NULL; p=p->next)
      (*visit)(p->data); //依次对p所指向的元素调用函数(*visit)访问
}
```

（6）入栈

如果系统有剩余空间可进行分配，则申请一个结点将元素 *e* 追加到栈顶，并返回 SUCCESS；否则，返回 OVER_FLOW。

```
template<class ElemType>
Status LinkStack<ElemType>::Push(const ElemType e)
{
   Node<ElemType> *p=new Node<ElemType>(e, top);
   if (p==NULL)
      return OVER_FLOW;                  //动态内存耗尽
   else   {                              //操作成功
      top=p;
      return SUCCESS;
   }
}
```

（7）取栈顶元素

如果栈非空，则用 *e* 返回栈顶元素，并且返回 SUCCESS；否则，函数返回 UNDER_FLOW。此操作不删除栈顶结点。

```
template<class ElemType>
Status LinkStack<ElemType>::Top(ElemType &e) const
{
   if (IsEmpty())                        //栈空
      return UNDER_FLOW;
   else   {                              //栈非空，操作成功
      e=top->data;                       //用e返回栈顶元素
      return SUCCESS;
   }
}
```

（8）出栈

如果栈非空，则用 *e* 返回栈顶元素，并将其删除，函数返回 SUCCESS；否则，函数返回 UNDER_FLOW。此操作将删除栈顶结点。

```
template<class ElemType>
Status LinkStack<ElemType>::Pop(ElemType &e)
{
     if (IsEmpty())                      //栈空
        return UNDER_FLOW;
     else {                              //操作成功
        Node<ElemType> * p=top;          //取旧栈顶
```

```
        e=top->data;                    //用 e 返回栈顶元素
        top=top->next;                  //top 指向新栈顶
        delete p;                       //删除旧栈顶结点
        return SUCCESS;
    }
}
```

4.1.3　栈的应用——表达式求值

栈的应用

表达式的计算是编译系统中的基本问题之一，通常是用栈来实现的，因此也是栈的一个非常重要的应用。这里将重点介绍后缀表达式求值以及中缀表达式转后缀表达式的算法实现。

1. 中缀表达式

在通常的表达式中，二元运算符总是置于与之相关的两个运算对象（操作数）之间，这种表示法称为中缀表达式，简称中缀式，如

$$(32-26) * 5 + 28 / 4 \tag{4-1}$$

为了正确计算中缀表达式，需要知道运算符的优先级和运算次序。对于算术运算（四则运算），它的运算法则是：先乘除、后加减；有括号的，先括号内、后括号外；从左到右依次计算。第二条法则说明括号“()”是超优先级的，即优先级最高，在有多层括号时，总是从最内层的括号开始计算。第三条法则说明当两个相继出现的运算符优先级相同时，则自左向右计算。根据运算法则计算表达式（4-1）的过程是：首先计算 32−26，其结果为 6，然后将 6 乘以 5，其结果为 30，之后计算 28/4，结果为 7，最后是 30 与 7 相加得结果 37。

2. 后缀表达式

在中缀表达式的计算过程中，并非按照运算符出现的自然顺序来执行各个运算，而是根据运算符之间的优先级来确定运算的先后次序。另外还要顾及括号规则。因此，通过中缀表达式直接产生目标代码一般比较困难。

波兰逻辑学家卢卡西维兹(J.Lukasiewicz)于 1929 年提出了另一种表达式的表示方法，按此方法，每个运算符都置于其运算对象之后，故称为后缀表达式。

例如，中缀表达式 A*B−C 对应的后缀表达式为 AB*C−；中缀表达式（4-1）的后缀表达式（操作数之间用空格分隔）为

$$32\ \ 26\ \ -\ \ 5\ \ *\ \ 28\ \ 4\,/\,+ \tag{4-2}$$

这种表示法的一个特点是：表达式中各个运算是按运算符出现的顺序进行的，无须使用括号来指示运算顺序，因此又称为无括号式。卢卡西维兹原来提出的是前缀表示，即把每个运算符都置于其运算对象之前。例如，中缀表达式 A*B−C 对应的前缀表达式为−*ABC；中缀表达式（4-1）的前缀表达式为

$$+\ \ *\ \ -\ \ 32\ \ 26\ \ 5\ \ /\ \ 28\ \ 4 \tag{4-3}$$

由于前缀表达式并不常用，后面仅介绍后缀表达式的计算。

3. 后缀表达式的计算

下面来分析后缀表达式（4-2）的计算过程。首先按照从左到右的次序依次读入后缀

表达式中的操作数和运算符，当遇到第一个运算符“-”时，它前面的两个操作数是 32 和 26，计算 32-26，结果为 6；当遇到第二个运算符“*”时，它前面的两个操作数是 6（它是减法运算的结果）和 5，计算 6 * 5，结果为 30；当遇到第三个运算符“/”时，它前面的两个操作数是 28 和 4（注意 6 * 5 的结果 30 在 28 的前面，这里相当于 FILO），计算 28 / 4，结果为 7；最后遇到的运算符是“+”，此时它前面的两个操作数是 30 和 7，计算 30+7，结果为 37，整个后缀表达式的计算过程如表 4-1 所示。显然，含括号的中缀表达式（4-1）与不含括号的后缀表达式（4-2）的计算结果是一样的，但后缀表达式的计算过程更容易实现。

表 4-1 后缀表达式的计算过程

操作	后缀表达式
32 - 26	6 5 * 28 4 / +
6 * 5	30 28 4 / +
28 / 4	30 7 +
30 + 7	37

后缀表达式具有两大优点：一是不需要使用括号；二是不用考虑运算符的优先级。它只需要利用一个操作数栈存放操作数和中间运算结果，就可以完成后缀表达式的计算，其具体过程为：从左向右依次扫描表达式的各项；如果是操作数，则将其入栈；如果是运算符，则根据运算符的性质（一元或二元，这里只考虑二元运算）从栈中取出正确数目的操作数，完成此运算符的运算，并将运算结果放入栈中；直至对整个表达式扫描完毕（假设表达式以“#”结束）。后缀表达式（4-2）的计算步骤可以用表 4-2 给出。当遇到一个二元运算符时，如果操作数栈中的操作数数目不到两个，说明后缀表达式出错。

表 4-2 后缀表达式计算的步骤

步	扫描项	操作	栈中内容
1		置空栈	空
2	32	32 入栈	32
3	26	26 入栈	32 26
4	-	26、32 出栈，计算 32-26，将结果入栈	6
5	5	5 入栈	6 5
6	*	5、6 出栈，计算 6*5，将结果入栈	30
7	28	28 入栈	30 28
8	4	4 入栈	30 38 4
9	/	4、28 出栈，计算 28/4，将结果入栈	30 7
10	+	7、30 出栈，计算 30+7，将结果入栈	37
11	#	37 出栈	空

为了区分读入的符号是否为运算符，先定义一个函数 IsOperator(char ch)，如果 ch 是合法的运算符，则函数返回 true；否则，返回 false。这里的运算符除了常见的加“+”、减“-”、乘“*”、除“/”外，还包括幂运算符“^”，如 x^y 表示 x^y。幂运算一般遵循右结合，也就是从右算到左。例如，表达式 x^y^z，先计算 y^z，结果为 a，再计算 x^a。同时，为了方便实现接下来介绍的中缀表达式转后缀表达式，IsOperator(char ch)把左括号“(”、右括号“)”和结束符“#”也当作运算符处理。函数 IsOperator(char ch)的具体实现如下：

```
bool IsOperator(char ch)
{
    if (ch=='#'||ch=='('||ch=='^'||ch=='*'||ch=='/'
      ||ch=='+'||ch=='-'||ch==')')
```

```
      return true;
    else
      return false;
  };
```

在完成后缀表达式的计算后，如果操作数栈为空或者栈中有多个操作数都说明后缀表达式错误，程序将抛出异常信息。同时，后缀表达式中除了操作数和运算符“+、−、*、/、^”外，不允许有其他符号，且操作数之间用空格分隔。下面是后缀表达式计算算法的实现。

```
  void PostfixExpressionCalculation()
  {
    LinkStack<double> opnd;                     //操作数栈
    char ch;                                    //临时字符
    double operand, first, second;              //操作数
    cout<< "输入后缀表达式，以'#'号结束:";
    ch=GetChar();                               //读入一个字符
    while (ch!='#') {                           //当前表达式还未输入结束
      if (isdigit(ch)||ch=='.') {               //ch 为一个操作数的第一个数字
        cin.putback(ch);                        //将字符 ch 放回输入流
        cin>> operand;                          //读入操作数
        opnd.Push(operand);                     //操作数入栈
      }
      else if (!IsOperator(ch)||ch=='('||ch==')') {
                                                //ch 既不是操作数，也不是运算符
        throw Error("表达式中有非法符号!");     //抛出异常
      }
      else {                                          //ch 为运算符
        if (opnd.Pop(second)==UNDER_FLOW)             //取第二操作数
          throw Error("缺少操作数!");                 //取数失败，抛出异常
        if (opnd.Pop(first)==UNDER_FLOW)              //取第一操作数
          throw Error("缺少操作数!");                 //取数失败，抛出异常
        opnd.Push(Operate(first, ch, second));        //运算结果入 opnd 栈
      }
      ch=GetChar();                                   //读入新字符
    }
    if (opnd.Pop(operand)==UNDER_FLOW)
      throw Error("缺少操作数!");                     //抛出异常
    if (!opnd.IsEmpty())
      throw Error("缺少运算符!");                     //抛出异常
    cout<< "表达式结果为: " << operand << endl;       //显示表达式的值
  };
```

4. 中缀表达式转后缀表达式

中缀表达式与后缀表达式相比较而言，前者更加直观，易于理解，但后者更适合计算机计算。因此，通常需要将中缀表达式转换成后缀表达式。

两个等价的中缀表达式和后缀表达式的操作数顺序是相同的。因此，对中缀表达式从前往后逐项扫描，如果遇到操作数，则直接输出；如果遇到运算符，则根据前后两个运算符的优先级来确定输出顺序。就当前扫描到的运算符而言，其前面优先级相对低的运算符的输出顺序是先进后出的，因此可以用栈来存放这些运算符(包括括号)。在之后的扫描中，

比较栈顶运算符与当前扫描到的运算符的优先级，从而决定是输出栈顶运算符还是向栈内输入当前扫描到的运算符。表 4-3 给出了“+、−、*、/、^、(、)、#”之间的优先级关系，其中 op1 代表栈顶运算符，op2 代表当前扫描到的运算符，显然，在中缀表达式中，op1 在 op2 前面。

表 4-3　运算符之间优先级关系表

op1	op2							
	+	−	*	/	^	(	)	#
+	>(2)	>(2)	<(1)	<(1)	<(1)	<(1)	>(2)	>(2)
−	>(2)	>(2)	<(1)	<(1)	<(1)	<(1)	>(2)	>(2)
*	>(2)	>(2)	>(2)	>(2)	<(1)	<(1)	>(2)	>(2)
/	>(2)	>(2)	>(2)	>(2)	<(1)	<(1)	>(2)	>(2)
^	>(2)	>(2)	>(2)	>(2)	<(1)	<(1)	>(2)	>(2)
(	<(1)	<(1)	<(1)	<(1)	<(1)	<(1)	=(0)	×(−1)
)	>(2)	>(2)	>(2)	>(2)	>(2)	×(−1)	>(2)	>(2)
#	<(1)	<(1)	<(1)	<(1)	<(1)	<(1)	×(−1)	=(3)

下面对表 4-3 中的符号做进一步说明。

1）符号“>”表示栈顶运算符的优先级高于当前扫描到的运算符。例如，因为加法运算是左结合（从左算到右），所以“+”>“+”，表示计算 a+b+c 时应先算前面的加法，再算后面的加法；又因为乘法运算的优先级高于加法，所以“*”>“+”，表示计算 a*b+c 时应先算前面的乘法，后算加法。算法实现时符号“>”用整数 2 表示。

2）符号“<”表示栈顶运算符的优先级低于当前扫描到的运算符。例如，因为幂运算是右结合（从右算到左），所以“^”<“^”，表示计算 a ^ b ^ c 时应先算后面的幂，再算前面的幂；又因为减法运算的优先级低于除法，所以“−”<“/”，表示计算 a−b/c 时应先算除法，再算减法。算法实现时符号“<”用整数 1 表示。

3）符号“=”表示栈顶运算符的优先级等于当前扫描到的运算符。它只可能在两种情况下发生：一是当 op1=“(”且 op2=“)”时，由于后缀表达式无括号，因此算法在此时要去掉该对括号，实现时符号“=”用整数 0 表示；二是当 op1=op2=“#”时，表示算法已经完成转换，实现时符号“=”用整数 3 表示。注意，输入中缀表达式前，需要在前面加一个开始符“#”，在后面加一个结束符“#”。

4）符号“×”表示表达式中不允许出现该情况，如“)”×“(”说明符号串(a+b)(c−d)不是正确的表达式。算法实现时符号“×”用整数-1 表示。

通过函数 OperPrior(char op1, char op2)返回运算符 op1 与运算符 op2 优先级的比较结果。该函数的具体实现如下：

```
int OperPrior(char op1, char op2)
{
  int prior;                                    //优先级比较结果
  switch (op1) {
    case '+':
    case '-':if (op2=='+'||op2=='-'||op2==')'||op2=='#')
```

```
                    prior=2;
                else
                    prior=1;
                break;
        case '*':
        case '/':
        case '^':if (op2=='^'||op2=='(')
                    prior=1;
                else
                    prior=2;
                break;
        case '(':if (op2==')')
                    prior=0;
                else if (op2=='#')
                    prior=-1;
                else
                    prior=1;
                break;
        case ')':if (op2=='(')
                    prior=-1;
                else
                    prior=2;
                break;
        case '#':if (op2==')')
                    prior=-1;
                else if (op2=='#')
                    prior=3;
                else
                    prior=1;
                break;
    }
    return prior;                                  //返回优先级
}
```

中缀表达式转后缀表达式的数据结构如下：首先定义一个存放运算符的链式栈 optr，op 为栈顶运算符，ch 为当前扫描到的字符，priorChar 为当前处理项的前一个字符，若前一项为操作数，则将 priorChar 置为字符“0”，operandCount 为操作数计数器，它表示当前还没有被处理的操作数数目。

中缀表达式转后缀表达式的算法描述如下：首先初始化运算符栈，将开始符“#”入栈，读入中缀表达式的首字符 ch；然后分三种情况重复执行以下步骤，直到 ch=op='#'时，停止循环。

1）ch 是数字或“.”，则说明当前读入的是操作数（操作数允许以“.”开始，例如，.25 相当于 0.25），这时需要判断前一项是否为“)”或操作数，如果前一项为“)”或操作数，则说明表达式有误，抛出异常；否则，把 ch 退回输入流，读取整个操作数，将其输出，同时操作数计数器加 1，再读表达式的下一个字符 ch。

2）ch 既不属于情况 1），也不是运算符，运算符包括“(”“)”“#”，则说明表达式中有非法字符，抛出异常。

3）ch 是运算符，按下面几种情况分别处理。

① 若 ch 是“(”，并且前一项是“)”或操作数，则表达式出错，抛出异常。

② 若 ch 的优先级低于 op 的优先级，先判断当前未被处理的操作数数目，如果操作数数目 operandCount<2，则说明表达式缺少操作数；否则，进行循环，将 op 出栈并作为后缀表达式的一个单词输出，然后再比较 ch 与新的栈顶运算符的优先级，直到 ch 的优先级不低于 op 的优先级。

③ 若 ch 与 op 之间不存在优先关系，即函数 OperPrior()返回-1，则说明表达式中有非法字符，抛出异常。

④ 若 ch 的优先级高于 op 的优先级，则将 ch 入栈，然后读下一个字符到 ch。

⑤ 若 ch 的优先级等于 op 的优先级，说明 op 为“(”、ch 为“)”，则将 op 退栈，然后读下一个字符到 ch。

根据上面的算法思想，中缀表达式转换为后缀表达式的算法实现如下：

```
void InfixInToPostfix()
{
   LinkStack<char>  optr;                          //运算符栈
   char ch;                                        //临时字符
   char priorChar;                                 //当前输入的前一个字符
   char op='#';                                    //运算符栈的栈顶字符
   double operand;                                 //操作数
   int operandCount=0;                             //操作数计数器
   optr.Push('#');                                 //在运算符栈中加入一个'#'
   priorChar='#';                                  //前一字符
   cout<< "输入中缀表达式:";
   ch=GetChar();                                   //读入一个字符
   while (op!='#'||ch!='#') {                      //当前表达式还未运算结束，继续运算
      if (isdigit(ch)||ch=='.')      {             //ch 为一个操作数的第一个字符
         if (priorChar=='0'||priorChar==')')
            throw Error("两个操作数之间缺少运算符!");      //抛出异常
         cin.putback(ch);                          //将字符 ch 退回输入流
         cin>> operand;                            //读入操作数
         cout<< operand << "  ";                   //输出操作数
         operandCount++;                           //操作数数目加 1
         priorChar='0';                            //前一字符是操作数
         ch=GetChar();                             //读入下一个字符
   }
   else if (!IsOperator(ch)) {                        //既不是操作数，也不是运算符
         throw Error("表达式中有非法符号!");          //抛出异常
   }
   else { //ch 为运算符
         if (ch=='('&&(priorChar=='0'||priorChar==')'))
            throw Error("'('前缺少运算符!");          //抛出异常
         while (OperPrior(op, ch)==2) {
            if (operandCount<2)
               throw Error("缺少操作数!");
```

```
            operandCount--;
            optr.Pop(op);
            cout<< op << "  ";
            if (optr.Top(op)==UNDER_FLOW)
               throw Error("缺少运算符!");                    //抛出异常
         }
         switch (OperPrior(op, ch)) {
           case -1:throw Error("括号不匹配!");
           case 0:optr.Pop(op);
                   if (optr.Top(op)==UNDER_FLOW)
                      throw Error("缺少运算符!");             //抛出异常
                 priorChar=ch;                            //新的前一字符为(
                 ch=GetChar();                            //读入新字符
                 break;
           case 1:optr.Push(ch);
                 op=ch;
                 priorChar=ch;                            //新的前一字符为)
                 ch=GetChar();                            //读入新字符
                 break;
         }
      }
   }
   if (operandCount!=1)
     throw Error("缺少操作数!");                            //抛出异常
   cout<< endl;
};
```

利用上述算法，把中缀表达式（4-1）转换成后缀表达式（4-2）的步骤如表 4-4 所示。该算法对输入表达式只进行从左向右的一次扫描。处理每个操作数的时间复杂度为 $O(1)$。每个运算符入栈和出栈各一次，因此处理每个运算符的时间复杂度也是 $O(1)$。若 n 是表达式中单词的长度，则总的时间复杂度为 $O(n)$。

表 4-4　中缀表达式转换成后缀表达式的步骤

步	符号系列	栈	输出
0	无	#	无
1	(	#(	无
2	32	#(	32
3	−	#(−	32
4	26	#(−	32　26
5	)	#(	32　26　−
		#	32　26　−
6	*	#*	32　26　−
7	5	#*	32　26　−　5
8	+	#	32　26　−　5　*
		#+	32　26　−　5　*

续表

步	符号系列	栈	输出
9	28	#+	32 26 - 5 * 28
10	/	#+/	32 26 - 5 * 28
11	4	#+/	32 26 - 5 * 28 4
	#	#+	32 26 - 5 * 28 4 /
		#	32 26 - 5 * 28 4 / +
12	#	#	

另外一种中缀表达式转换成后缀表达式的算法可简单地描述如下。

1）给中缀表达式中的每一步操作加上括号。

2）将每个运算符移到对应该操作的右括号外。

3）删掉所有括号。

下面举例做简要说明。

中缀表达式是：(A+B)*C+D/E

加上括号应是：(((A+B)*C)+(D/E))

把运算符移到相应右括号外：(((AB)+C)*(DE)/)+

去掉所有的括号：AB+C*DE/+

4.2 队　列

队列的基本概念和队列的顺序存储

和栈的后进先出相反，队列是一种先进先出（first in first out，FIFO）的线性表。它只允许在表的一端插入数据元素，而在另一端删除数据元素。特别地，在队列中，允许插入的一端叫作队尾（rear），允许删除的一端叫作队头（front）。假设队列为 $q=(a_1,a_2,\cdots,a_n)$，那么 a_1 是队头元素，a_n 是队尾元素。元素是按照 $a_1,a_2,\cdots,a_n$ 的顺序进入队列的，也只能按照这个顺序退出队列，如图 4-7 所示。日常生活中的“排队”现象符合先进先出的队列约束。

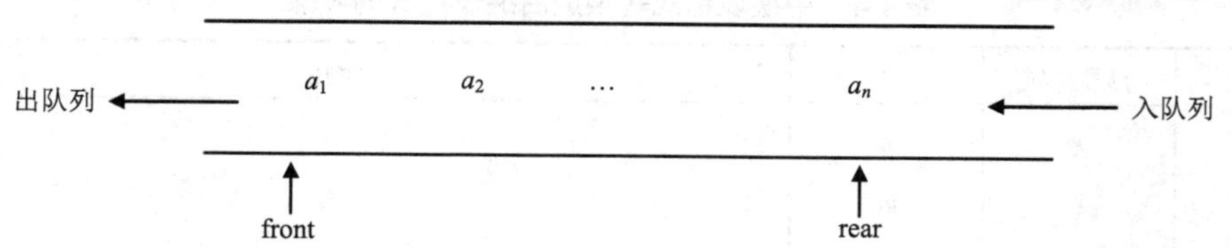

图 4-7　队列示意图

在一般的应用中，队列有以下几个基本操作。

1）初始化：初始化一个空队列。

2）求长度：统计队列中数据元素的数目。

3）取队头元素：当队列不空时，取队头元素，并返回成功状态；否则，返回不成功状态。

4）入队：在队尾插入一个新元素。如果能顺利插入元素，则返回插入成功；否则，返回插入失败。

5）出队：当队列不为空时，删除队头元素，并返回出队成功；否则，返回出队失败。

6）判断队列是否为空：如果队列为空，则返回 true；否则，返回 false。

7）清空队列：将队列设置成空队列。

队列的存储方式有两种：一种是顺序存储；一种是链式存储。下面对这两种方式分别进行介绍。

4.2.1　顺序队列

利用一维数组实现队列的顺序存储，设置队头指针 front 和队尾指针 rear，在此约定：front 指向队头元素所在的位置；rear 指向队尾元素的后一个位置。

初始时队列为空，即 front=rear=0。当要添加一个元素到队列时，将新元素添加到队尾指针 rear 所指的位置，再让 rear 加 1。当队头元素出队时，先取出队头指针 front 所指位置的元素，再把 front 加 1。

如图 4-8 所示的是有四个存储空间（即 maxSize=4）的队列，初始时队列为空，接着有四个元素 A、B、C、D 依次入队列，然后 A、B 又依次出队列。此时 front 指向元素 C 所在的位置，即序号 2 处，rear 指向元素 D 位置的下一个位置。如果有元素 E 要入队列，此时 rear 指针的值大于 3，出现了“溢出”。但事实上，此时队列中还有两个存储空间可用。这种不是因为存储空间不够而产生的溢出，称为假溢出。由于假溢出现象的存在，实际软件系统中不使用上述顺序队列，而是使用下面要介绍的顺序循环队列，即把顺序队列所使用的存储空间构造成一个逻辑上首尾相连的循环队列，简称为循环队列。

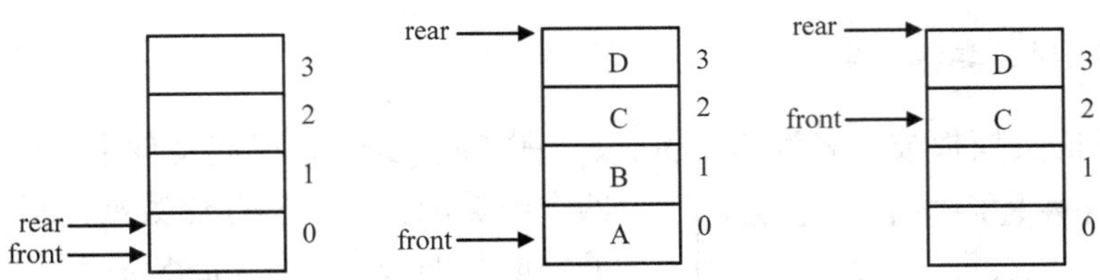

图 4-8　队列的插入与删除

当队尾指针 rear 或队头指针 front 达到 maxSize-1 后，再进一个位置，就自动到 0，这可以利用求模（或取余）(%) 运算来实现。例如，maxSize=4，rear=3，若 rear 再加 1，则 rear=(rear+1)%4=0，即队尾指针的下一个取值为 0。

为了方便处理，设初始空队列中 front=rear=0，第一个添加的元素放在序号 0 处，然后队尾指针 rear 加 1，即 rear=1，指向队尾元素的下一个位置，此时 front=0，指向队头元素，这与前面的约定一致。

下面讨论如何区别循环队列队满和队空两种情况。设循环队列的 maxSize=6，令 front=rear=0，其状态如图 4-9（a）所示；当数据元素 A、B、C、D、E、F 入队列后，循环队列满，此时有 rear=front=0，其状态如图 4-9（b）所示。可见队空与队满的状态一样，都是 rear==front。消除队空与队满歧义的方法有很多，比如，可通过少用一个存储空间的方式来区别队空与队满两种状态，即(rear+1)%maxSize== front 表示循环队列队满状态；rear==front 仍表示循环队列队空状态，如图 4-10 所示。当 maxSize 较大时，一个存储空间的浪费是微乎其微的。例如，当 maxSize=100 时，存储空间的利用率为 99%，而当其为 1000 时，其利用率为 99.9%。

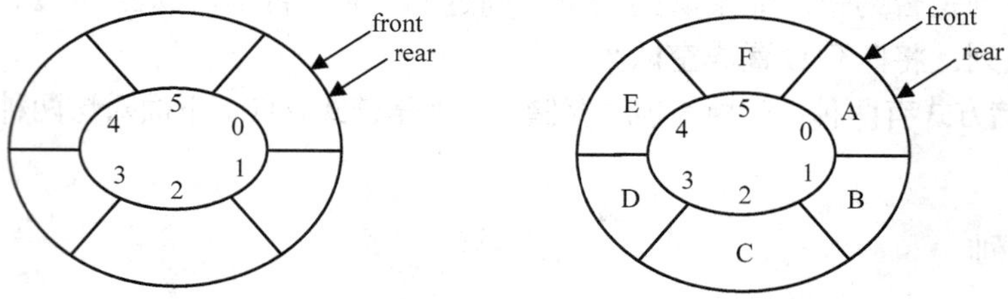

（a）队空　　（b）队满

图 4-9 无法区别队空和队满的情况

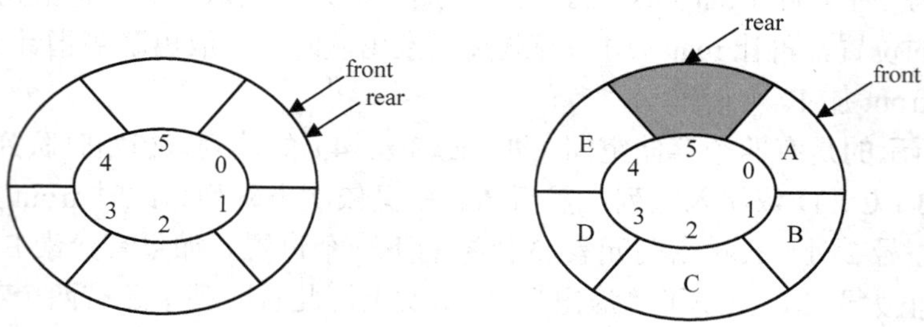

（a）队空　　（b）队满

图 4-10 可区别队空和队满的情况

在下面循环队列的类模板定义中，采用动态数组存储队列中的数据元素。

1. 循环队列的类模板定义

循环队列的类模板被命名为 SeqQueue，在 SeqQueue.h 代码文件中实现。类模板中有四个数据成员，包括存储数据元素的数组 elems、循环队列的最大容量 maxSize、队头指针 front 和队尾指针 rear。其中，front 和 rear 分别指向队头元素的位置和队尾元素的下一个位置，初始时，front=rear=0，表示空队列。类模板中还包括构造函数、析构函数、入队、出队等函数成员。循环队列的结构如图 4-11 所示，其具体定义如下：

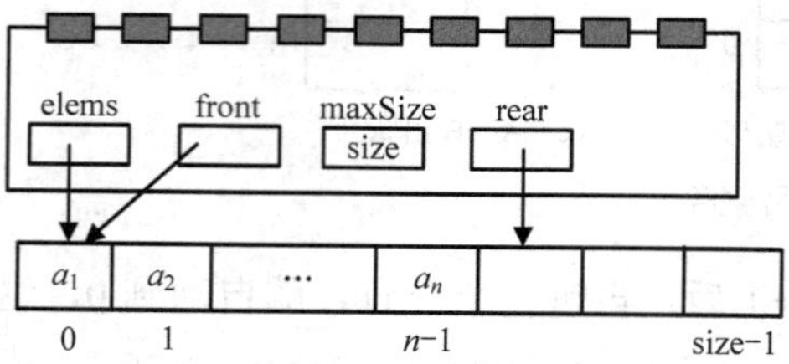

图 4-11 循环队列的结构图

```
template<class ElemType>
class SeqQueue
{
protected:
    int front, rear;                          //队头队尾指针
    int maxSize;                              //队列的容量
    ElemType *elems;                          //元素存储空间
public:
    SeqQueue(int size=DEFAULT_SIZE);          //构造函数
    virtual ~SeqQueue();                      //析构函数
    int GetLength() const;                    //求队列长度
    bool IsEmpty() const;                     //判断队列是否为空
    void Clear();                             //将队列清空
```

```
    void Traverse(void (*visit)(const ElemType &)) const; //遍历队列
    Status DelQueue(ElemType &e);                       //出队操作
    Status GetHead(ElemType &e) const;                  //取队头操作
    Status EnQueue(const ElemType e);                   //入队操作
    SeqQueue(const SeqQueue<ElemType> &q);              //复制构造函数
    SeqQueue<ElemType> &operator=(const SeqQueue<ElemType> &q);
                                                        //赋值语句重载
};
```

2. 循环队列的实现

下面将介绍循环队列中部分函数成员的实现。

（1）构造函数

动态建立队列空间，其最大容量 maxSize 由函数参数 size 给出，elems 存放循环队列空间的首地址，并设置队头指针 front 和队尾指针 rear 的初始值为 0，表示队列为空。

```
template<class ElemType>
SeqQueue<ElemType>::SeqQueue(int size)
{
    maxSize=size;                               //设置队列容量
    if (elems!=NULL) delete []elems;            //释放原有存储空间
    elems=new ElemType[maxSize];                //分配元素存储空间
    rear=front=0;                               //初始化队头与队尾
}
```

（2）析构函数

销毁循环队列，释放构造队列时申请的空间。注意，函数不用改 maxSize、rear 和 front 的值。

```
template <class ElemType>
SeqQueue<ElemType>::~SeqQueue()
{
    delete []elems;
}
```

（3）求循环队列的长度

返回循环队列中元素的数目，不改变数据成员的值。

```
template<class ElemType>
int SeqQueue<ElemType>::GetLength() const
{
    return (rear-front+maxSize)%maxSize;
}
```

（4）清空循环队列

使循环队列成为空队列。清空循环队列只要使队头指针 front 和队尾指针 rear 指向同一个位置即可，并不需要清空存储空间中原有的元素。

```
template<class ElemType>
void SeqQueue<ElemType>::Clear()
{
    rear=front=0;
}
```

（5）遍历循环队列

调用函数（*visit）从队头到队尾依次访问队列中的每个元素。遍历函数不改变数据成员的值。

```
template <class ElemType>
void SeqQueue<ElemType>::Traverse(void (*visit)(const ElemType &)) const
{
    for (int i=front; i!=rear; i=(i+1)%maxSize)
        (*visit)(elems[i]);
}
```

（6）入队

如果循环队列未满，则将元素 *e* 追加到队尾的后面，函数返回 SUCCESS；否则，函数返回 OVER_FLOW。

```
template<class ElemType>
Status SeqQueue<ElemType>::EnQueue(const ElemType e)
{
    if ((rear+1)%maxSize==front)
        return OVER_FLOW;
    else {
        elems[rear]=e;
        rear=(rear+1)%maxSize;
        return SUCCESS;
    }
}
```

（7）取队头元素

如果循环队列非空，用 *e* 取回队头元素，函数返回 SUCCESS；否则，函数返回 UNDER_FLOW。注意此操作不改变队头指针的位置。

```
template<class ElemType>
Status SeqQueue<ElemType>::GetHead(ElemType &e) const
{
    if (!IsEmpty()) {
        e=elems[front];
        return SUCCESS;
    }
    else
        return UNDER_FLOW;
}
```

（8）出队

如果循环队列非空，用 *e* 取回队头元素，并删除队头元素，函数返回 SUCCESS；否则，函数返回 UNDER_FLOW。

```
template<class ElemType>
Status SeqQueue<ElemType>::DelQueue(ElemType &e)
{
    if (!IsEmpty()) {
        e=elems[front];
        front=(front+1)%maxSize;
```

```
            return SUCCESS;
        }
        else
            return UNDER_FLOW;
    }
```

在循环队列中还可以用以下方法区分队满和队空的情况：一种是在循环队列中去掉数据成员 rear，改成数据成员 length，length=0 表示队空，length=maxSize 表示队满；另一种是在循环队列中额外增加一个数据成员 tag，当 front=rear 时，根据 tag 的值来区分队空（tag==0）和队满（tag==1）。具体定义和实现读者可以自己完成。

4.2.2　链式队列

队列的链式存储及队列的应用

队列的另一种存储方式是链式存储，可以用带头结点的单链表来表示，其结构如图 4-12 所示。

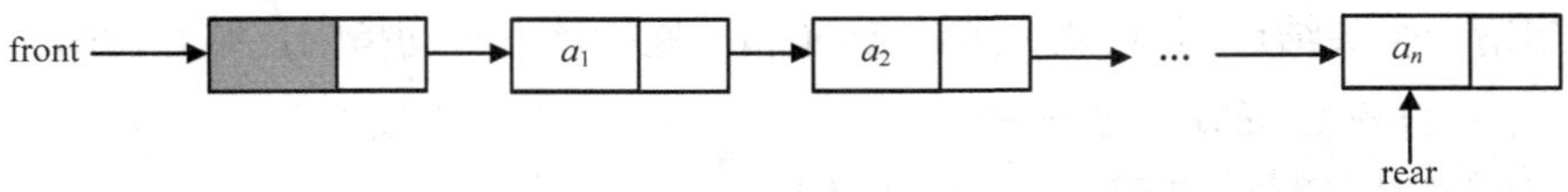

图 4-12　链式队列

队列的头指针 front 指向单链表的头结点，队列的尾指针 rear 指向单链表的最后一个结点。出队即删除单链表的第一个元素结点；入队即在单链表表尾追加一个元素结点。用单链表表示的链式队列比较适合数据元素变动较大的应用场景，而且它不存在队满而溢出的情况。

1. 链式队列的类模板定义

数据元素以结点的形式存放在链式队列中，结点定义参照单链表中的介绍。链式队列的类模板被命名为 LinkQueue，其文件名为 LinkQueue.h。类模板中有两个数据成员 front 和 rear，它们分别为队头指针和队尾指针，其初始值都指向单链表的头结点，头结点后没有其他元素结点，表示空队列。类模板定义中还包括构造函数、析构函数、入队、出队等函数成员。链式队列的结构如图 4-13 所示，其具体定义如下：

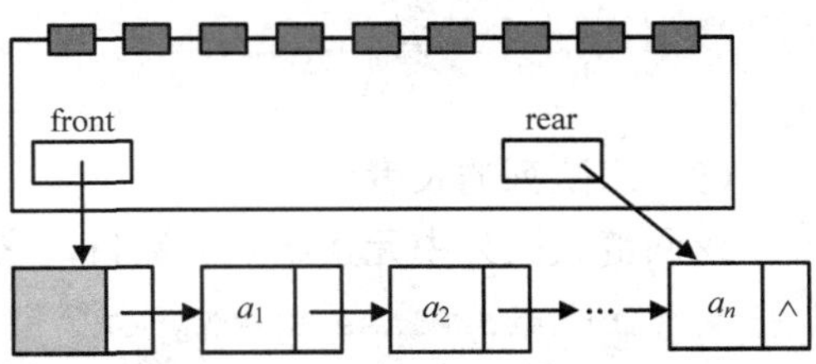

图 4-13　链式队列的结构图

```
#include "Node.h"                                   //结点类
template<class ElemType>
class LinkQueue
{
protected:
    Node<ElemType> *front, *rear;                   //队头队尾指针
 public:
    LinkQueue();                                    //构造函数
    virtual ~LinkQueue();                           //析构函数
    int GetLength() const;                          //求队列长度
```

```
        bool IsEmpty() const;                                   //判断队列是否为空
        void Clear();                                           //将队列清空
        void Traverse(void (*visit)(const ElemType &)) const ;  //遍历队列
        Status DelQueue(ElemType &e);                           //出队操作
        Status GetHead(ElemType &e) const;                      //取队头操作
        Status EnQueue(const ElemType e);                       //入队操作
        LinkQueue(const LinkQueue<ElemType> &q);                //复制构造函数
        LinkQueue<ElemType> &operator =(const LinkQueue<ElemType> &q);
                                                                //赋值语句重载
    };
```

2. 链式队列的实现

链式队列中部分函数成员的实现如下。

（1）构造函数

动态申请一个头结点，并且队头指针 front 和队尾指针 rear 均指向该结点，此时为空队列。

```
template<class ElemType>
LinkQueue<ElemType>::LinkQueue()
{
    rear=front=new Node<ElemType>;
}
```

（2）析构函数

销毁链式队列中所有的元素结点，并释放头结点。

```
template<class ElemType>
LinkQueue<ElemType>::~LinkQueue()
{
    Clear();
    cdelete front;
}
```

（3）求队列的长度

返回链式队列中元素结点的数目，它不改变数据成员。

```
template<class ElemType>
int LinkQueue<ElemType>::GetLength() const
{
    int count=0;
    for (Node<ElemType> *p=front->next; p!=NULL; p=p->next)
        count++;
    return count;
}
```

（4）清空链式队列

使链式队列成为空队列。清空链式队列要释放所有的元素结点，只保留头结点，并使队头指针 front 和队尾指针 rear 都指向头结点。

```
template<class ElemType>
void LinkQueue<ElemType>::Clear()
```

```
{
    Node<ElemType> *p=front->next;
    while (p!=NULL) {
        front->next=p->next;
        delete p;
        p=front->next;
    }
    rear=front;
}
```

（5）遍历链式队列

调用函数(*visit)从队头到队尾依次访问队列中的每个元素。遍历函数不改变数据成员。

```
template <class ElemType>
void LinkQueue<ElemType>::Traverse(void (*visit)(const ElemType &)) const
{
    for (Node<ElemType> *p=front->next; p!=NULL; p=p->next)
        (*visit)(p->data);
}
```

（6）入队

如果系统空间不够，函数返回 OVER_FLOW；否则，在队尾的后面插入元素 e，函数返回 SUCCESS。

```
template<class ElemType>
Status LinkQueue<ElemType>::EnQueue(const ElemType e)
{
    Node<ElemType> *p;
    p=new Node<ElemType>(e);
    if(p) {
        rear->next=p;
        rear=rear->next;
        return SUCCESS;
    }
    else
        return OVER_FLOW;
}
```

（7）取队头元素

如果链式队列非空，用 e 取回队头元素，函数返回 SUCCESS；否则，函数返回 UNDER_FLOW。注意，此操作不删除队头元素的结点，也不改变任何数据成员。

```
template<class ElemType>
Status LinkQueue<ElemType>::GetHead(ElemType &e) const
{
    if (!IsEmpty()) {
        e=front->next->data;
        return SUCCESS;
    }
    else
        return UNDER_FLOW;
}
```

（8）出队

如果链式队列非空，用 *e* 取回队头元素，再删除队头元素，函数返回 SUCCESS；否则，函数返回 UNDER_FLOW。注意，当原来队列中只有一个数据元素时，要使队尾指针指向头结点。

```
template<class ElemType>
Status LinkQueue<ElemType>::DelQueue(ElemType &e)
{
    if (!IsEmpty()) {
        Node<ElemType> *p=front->next;
        e=p->data;
        front->next=p->next;
        if (rear==p)
            rear=front;
        delete p;
        return SUCCESS;
    }
    else
        return UNDER_FLOW;
}
```

4.2.3 队列的应用——车厢调度

一个由两条平行铁轨组成的铁路调度系统如图 4-14 所示。其中，辅轨道被用于调整车厢次序，它在主轨道中间，把主轨道分成左、右两部分。主轨道左边的车厢可以直接开到主轨道右边；也可以从主轨道的左边进入辅轨道；辅轨道上的车厢只能进入主轨道的右边。

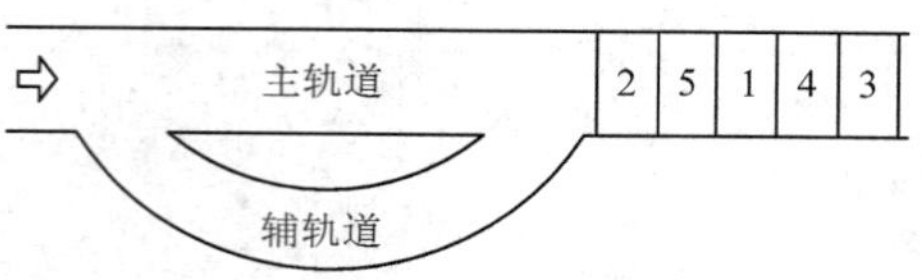

图 4-14　平行铁路调度系统

现在有 *n* 节火车车厢，编号为 1、2、…、*n*，在主轨道的左边依次排列，要求通过这个调度系统，在主轨道的右边按规定的编号次序出站。例如，有 5 节车厢以 1、2、3、4、5 的顺序依次进入，要求以 3、4、1、5、2 的顺序出站。请编程实现调度过程。要求有两行输入：第一行是一个正整数 *n*，表示车厢数目；第二行是 1～*n* 的 *n* 个数的任意排列，表示 *n* 节车厢在主轨道右边的出站顺序。

1. 数据结构选择

因为在主轨道左边的 *n* 节车厢是按 1、2、…、*n* 的顺序排列的，所以可以简单地用一个计数器表示；*n* 节车厢在主轨道右边的出站顺序可以用一个线性表表示，也可以通过循环输入获得，这里采用后者。此调度系统主要考虑辅轨道的实现。由于辅轨道具有 FIFO 特征，因此可以用队列进行模拟。

2. 算法思想

设置一个主循环，按车厢在主轨道右边的出站顺序依次读入当前出站车厢标号 d，然后进行如下操作。

1）如果辅轨道上有车厢（队列不为空）且辅轨道最前面（队头）的车厢号为 d，则从辅轨道把第 d 号车厢开到主轨道右边，进行下一趟主循环。否则，执行步骤 2）。

2）主轨道左边有车厢且最前面的车厢号 No 小于 d，则让主轨道左边最前面的车厢进入辅轨道（编号为 No 的车厢入队）。

3）循环执行步骤 2），直到主轨道左边的当前车厢号 No 等于 d，或主轨道左边没有车厢为止。

4）当结束步骤 2）和步骤 3）的循环时，如果主轨道左边的车厢号 No 等于 d，则从主轨道左边把第 d 号车厢开到主轨道右边，进行下一趟主循环；否则，主轨道左边没有车厢或车厢号都大于 d，说明第 d 号车厢被压在辅轨道内，无法从辅轨道进入主轨道右边，调度失败。

算法具体实现如下：

```
#include "assistance.h"  //辅助软件包
#include "SeqQueue.h"          //循环队列类模板
int main(void)
{
    SeqQueue<int> qa;
    int n, x, d, No;
    cout<< "输入车厢数：";
    cin>> n;
    No=1;                        //No 表示排在主轨道左边最前面的车厢编号，初始值为 1
    cout<< "输入 " << n << " 节车厢的出站顺序：";
    for (int i=1; i<=n; i++){
        cin>> d;
        if (qa.GetHead(x)==SUCCESS&&x==d) {
            cout<< "第 " << x << " 号车厢从辅轨道进入主轨道右边." << endl;
            qa.DelQueue(x);
        }
        else if (No<=d) {
            while (No<=n&&No<d) {
                cout<< "第" << No << "号车厢从主轨道左边进入辅轨道." << endl;
                qa.EnQueue(No++);
            }
            if (No==d) {
                cout<< "第" << No << "号车厢从主轨道左边进入主轨道右边." << endl;
                No++;
            }
        }
        else
            break;
    }
    if (qa.IsEmpty())
        cout<< "调度完成." << endl;
    else
        cout<< "调度无法完成." << endl;
    system("PAUSE");
    return 0;
}
```

4.3 递　归

4.3.1 递归的概念

在数学及程序设计中，递归（recursion）是一种很重要的工具，其定义如下：若一个对象部分地包含它自己，或用它自己给自己定义，则这个对象是递归的；若一个过程直接地或间接地调用自己，则称这个过程是递归的过程。以下两种情况会经常用到递归。

1. 定义是递归的

许多对象的定义是递归的，像阶乘函数、斐波那契（Fibonacci）数列等。例如，阶乘的定义是

$$n!=\begin{cases}1 & 当n=0时\\ n(n-1)! & 当n>0时\end{cases}$$

另外，链表结点的定义也是递归的：链表结点 node 是由数据域 data 和指针域 next 组成的，而 next 则又由 node 定义。除此之外，可以将单链表的定义改为如下递归形式。

1）对于单个结点，若其 next 的指针为空，则该单个结点构成一个单链表。

2）对于一个结点，若其 next 的指针指向一个单链表，则该结点连同其指向的单链表构成一个单链表。

2. 问题的解法是递归的

汉诺塔问题是递归求解的一个典型问题。设有三根标号为 A、B、C 的针，在 A 针上穿有 n 个盘子，自下而上，盘子依次减小，现要求把 A 针上的盘子全部移到 C 针上，移动的规则是：①一次只能移动一个盘子；②大盘子不能放在小盘子上面；③在移动过程中盘子可以放在 A、B、C 的任意一根针上。

该问题的一个解法为：若 n=1，则将盘子直接从 A 针移到 C 针上；若 n>1，则执行以下三个步骤。

1）用 C 针做过渡，将 A 针上的 n−1 个盘子移到 B 针上。

2）将 A 针上最后一个盘子直接移到 C 针上。

3）用 A 针做过渡，将 B 针上的 n−1 个盘子移到 C 针上。

移动过程如图 4-15 所示，图中 n=4。利用这个解法，便可将移动 n 个盘子的汉诺塔问题归结为移动 n−1 个盘子的汉诺塔问题。依次类推，移动 n−1 个盘子的汉诺塔问题又可归

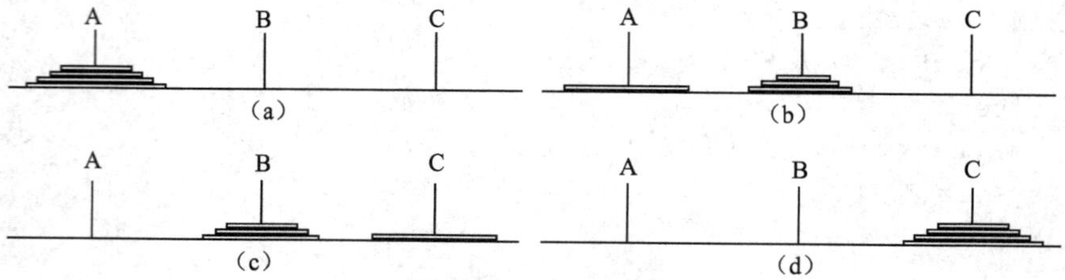

图 4-15　汉诺塔问题的求解

结为移动 n-2 个盘子的汉诺塔问题，直到最后可归结为只移动一个盘子的汉诺塔问题，此时，可直接移动这一个盘子。

下面是求解汉诺塔问题的算法实现。

```
#include <iostream.h>
void Hanoi (int n, char A, char B, char C) {
  //把 n 个盘子从 A 针借助 B 针移到 C 针上
  if (n==1)                                  //递归出口，一个盘子直接移动
    cout<<"Move"<<A<<"to"<<C<<endl;
  else {
    Hanoi (n-1, A, C, B);                    //将上面 n-1 个盘子移到 B 针上
    cout<<"Move"<<A<<"to"<<C<<endl;          //将最后一个盘子移到 C 针上
    Hanoi (n-1, B, A, C);                    //将 B 针上的 n-1 个盘子移到 C 针上
  }
}
```

4.3.2　递归过程与递归工作栈

在调用一个非递归函数前，一般要保存以下三个方面的信息。

1）返回地址。

2）本函数调用时，与形参结合的实参值，包括函数名和函数参数。

3）本函数的局部变量值。

当函数调用返回时，要释放保存的实参值和局部变量值，然后按保存的返回地址返回。

在调用一个递归函数前，也要保存上述三个方面的信息，但因为递归函数的自我调用的特性，这些信息将会在不断地调用中相互重叠，因此需要合适的存储结构来保存。高级程序语言使用了一个“递归工作栈”来进行处理。每一层递归调用所需保存的信息构成一条工作记录，与上述内容类似，该记录包括了如下三个方面的信息。

1）返回地址，即在上一层中，本次自我调用语句的后继语句处。

2）本次函数调用时，与形参结合的实参值，包括函数名、引用参数和值参数等。

3）本层的局部变量值。

每进入一层递归，系统就要建立一个新的工作记录，把上述项目登入，加到递归工作栈的栈顶。每退出一层递归，就从递归工作栈退出一个工作记录，栈顶的工作记录必定是当前正在执行的这一层的工作记录，也称其为“活动记录”。

下面以计算阶乘的递归函数为例，分析递归函数的执行过程，以及递归函数调用时递归工作栈的变化过程。根据上述阶乘的定义，递归函数设计如下：

```
long fact (int n) {
  if (n==0) return 1;                //递归出口
  else return  n*fact(n-1);          //递归调用
}
```

当 n=3 时，递归函数调用的执行过程如图 4-16 所示。图中的 x 是自变量，y 是 x 的阶乘，都是中间变量；图中箭头旁的数值代表函数的返回值 y，最终 fact(3)=6。

在上述算法中，当递归调用返回时，进入上一层递归调用的下一条语句处，这个位置正好是算法的结束处。所以，每次递归调用时保存的返回地址就无须使用了。

为了介绍方便，递归函数调用时，递归工作栈只保留以下四个参数：函数名 fact，参数 n，局部变量 x 和 y。当 fact()函数要进行下一次递归调用时，系统首先把上述四个参数通过

入栈操作保存到栈中；当 fact()函数调用遇到递归出口语句（即当 n=0）时，递归调用结束；在每次返回上一次递归函数调用前，系统通过出栈把参数恢复出来。当 n=3 时，阶乘递归函数调用的系统栈区的动态变化过程如图 4-17 所示，图中符号“*”表示值未知。

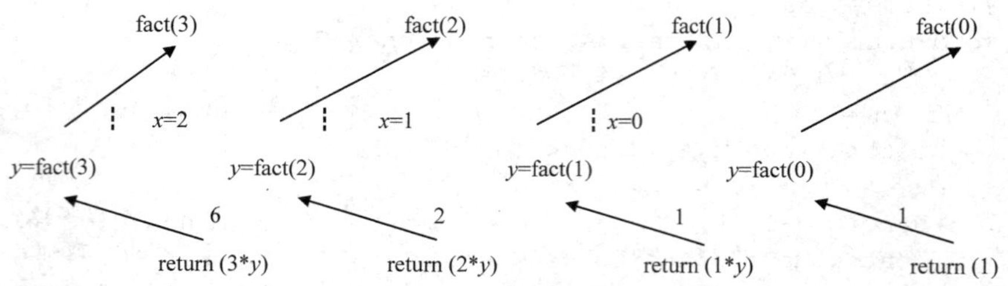

图 4-16　n=3 的阶乘递归函数调用的执行过程

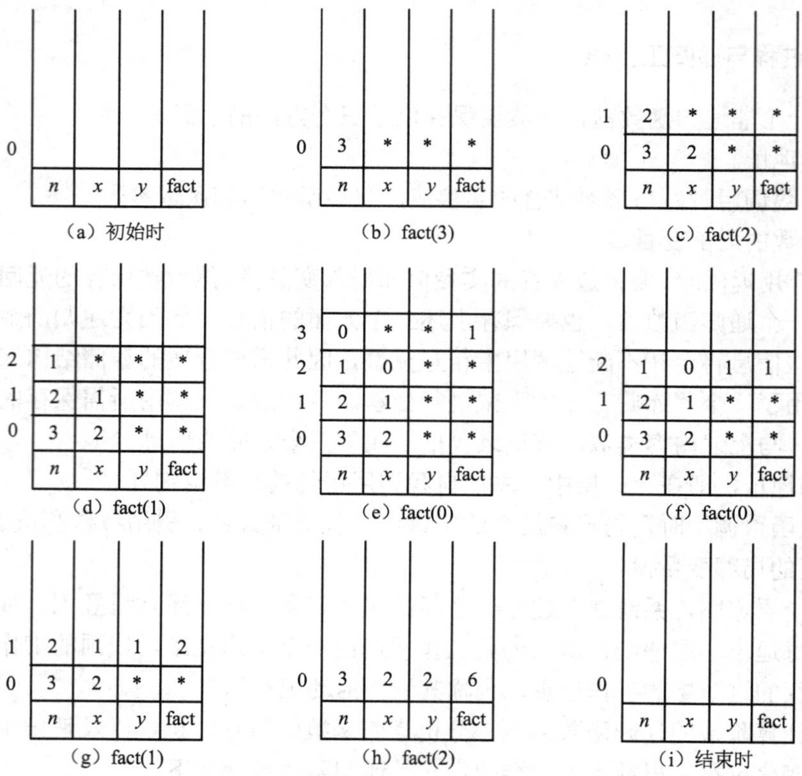

图 4-17　n=3!递归函数调用的系统栈区的动态变化过程

4.3.3　消除递归

递归算法是一种分而治之的方法，它把复杂问题分解为简单问题，再进行求解。对于某些复杂问题，用递归算法来分析比较有效，描述也比较自然、易于理解。但递归算法的时间效率通常比较差。因此，在某些问题求解时，人们会用递归算法来分析问题，用非递归算法来求解问题；另外，有些计算机语言不支持递归功能，这就需要把递归算法转化为非递归算法。

把递归算法转化为非递归算法通常采用如下两种方法。

1）对于尾递归和单向递归算法，可以用循环结构算法来替代。

2）自己用栈来模拟系统运行时的栈，保存有关信息，从而用非递归算法来模拟递归算法。

1. *尾递归和单向递归的消除*

尾递归是指在递归算法的函数中，递归调用语句只有一个，而且是处在函数的最后，如前述的求解阶乘的函数。由于当递归调用返回时，是返回到上一层递归调用的下一语句，而这个返回位置正好是算法的结束处。因此，每次递归调用时保存的返回地址就无须使用了。事实上，函数返回值和函数的参数也是不使用的。因此，对于尾递归形式的算法，不必利用系统运行时的栈来保存各种信息。尾递归形式的算法可以很方便地用循环结构的形式来替代。例如，阶乘的求解可以写成如下循环结构的非递归算法。

```
long fact(int n){
  int product=1;
  for (int i=1; i<=n; i++)
    product=product*i
  return product
}
```

单向递归是指递归函数中虽然有递归调用语句，但各递归调用语句的参数只和主调用函数有关，相互之间参数无关，并且这些递归调用语句都处在算法的最后。显然，尾递归是单向递归的特例。单向递归的一个典型例子就是斐波那契数列的递归算法。

斐波那契数列的递归定义为

$$\mathrm{Fib}(n)=\begin{cases}n & n=0\text{或}1\\ \mathrm{Fib}(n-1)+\mathrm{Fib}(n-2) & n>1\end{cases}$$

计算此数列的递归函数如下：

```
long Fib(int n) {
  if (n==0||n==1) return  n;                  //递归出口
  else return Fib(n-1)+Fib(n-2);              //递归调用
}
```

上述递归函数求 Fib(4)的过程可以用如图 4-18 所示的递归调用树来描述。

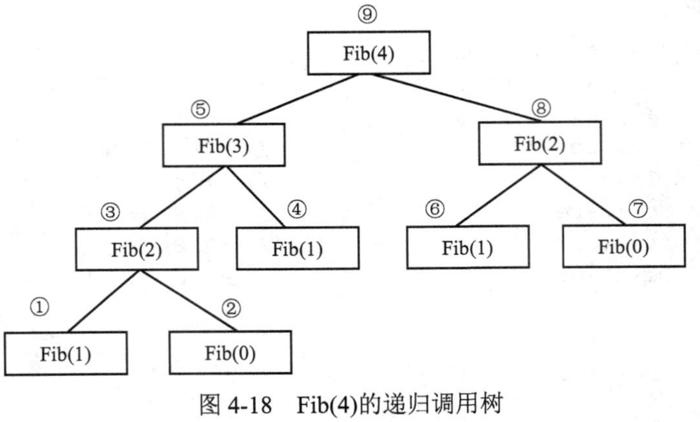

图 4-18　Fib(4)的递归调用树

为了计算 Fib(4)，必须先计算 Fib(3)；为了计算 Fib(3)，必须先计算 Fib(2)，依次类推。求解的顺序在图上由圈码①、②、③、…表示。

在 Fib(4)的求解过程中，Fib(4)、Fib(3)、Fib(2)、Fib(1)、Fib(0)的计算次数分别是 1、1、2、3、2，累计递归调用次数是 9。实际上 Fib(n)的递归调用次数 NumberOfCall(n)与 Fib(n)有关，它们之间的关系是 NumberOfCall(n)=2*Fib(n+1)−1。

上述计算斐波那契数列的递归函数 Fib(n)的时间复杂度为 $O(2^n)$。所以，用递归方法重复地调用函数和多次地传递参数，运行效率是很低的。实际上求解斐波那契数列 Fib(n)的过程是一种单向递归的过程：为了计算 Fib(n)，先要计算 Fib(n−1)和 Fib(n−2)；为了计算 Fib(n−1)，先要计算 Fib(n−2)和 Fib(n−3)，依次类推。可直接考虑用简单的循环来计算斐波那契数列 Fib(n)，算法如下：

```
long Fib (int n)                                //用循环计算 Fib(n)
{
   if (n==0||n==1) return  n;                   //Fib(0)或 Fib(1)的情况
   long twoback=0, oneback=1, current;          //n>=2 的情况
   for (int i=2; i<=n; i++)
      {
         current=twoback+oneback;
         twoback=oneback;
         oneback=current;
      }
   return current;
}
```

显然，上述算法的时间复杂度为 $O(n)$，比递归算法的时间效率高很多。

2. 用栈模拟系统运行时的栈

如果想要把一个非单向递归算法转换成非递归算法，就必须使用一个栈来模拟系统在运行递归算法时的栈，从而消除递归。现以 4.3.1 节中的汉诺塔问题为例来讨论这种方法。

在求解汉诺塔问题的递归算法中，有两处递归调用语句，加上主调用函数，一共有三个返回地址需要在非递归算法中进行模拟处理。这三个返回地址分别返回主调用函数、第一次递归调用处和第二次递归调用处，用 L1、L2 和 L3 来分别对应这三个返回地址。另外，还使用了一个取值为 1、2、3 的变量来模仿返回地址。

在非递归模拟算法中每次需要保存四个参数和一个模仿的返回地址，用来模拟系统运行时的栈是一个链式栈。

```
#include "Assistance.h"                      //辅助软件包
#include "LinkStack.h"                       //链式栈类模板
struct Datatypes {
    short int retAddr;                       //模仿返回地址
    int nDisk;                               //参数 n
    char SourcePeg;                          //参数 A
    char AuxPeg;                             //参数 B
    char DestPeg;                            //参数 C
};

void SimuTowers(int n, char A, char B, char C)
{
    Datatypes  currArea;                     //当前工作区
    LinkStack<Datatypes> s;                  //模拟系统运行时的栈
    char temp;
```

```
short int i;
//当前工作区初始化
currArea.retAddr=1;
currArea.nDisk=n;
currArea.SourcePeg=A;
currArea.AuxPeg=B;
currArea.DestPeg=C;
s.Push(currArea);                       //当前工作区入栈
//以下为模拟出口
start:
if (currArea.nDisk==1){
  cout<< "Move Disk 1 from Peg " << currArea.SourcePeg
      << " to Peg " << currArea.DestPeg << endl;
  i=currArea.retAddr;
  s.Pop(currArea);                      //出栈恢复当前工作区
  switch(i) {
    case 1: goto L1;
    case 2: goto L2;
    case 3: goto L3;
  }
}
//以下模拟递归自调用过程
s.Push(currArea);                       //当前工作区入栈
currArea.nDisk--;
temp=currArea.AuxPeg;
currArea.AuxPeg=currArea.DestPeg;
currArea.DestPeg=temp;
currArea.retAddr=2;
goto start;
//以下模拟返回第一次递归调用
L2:
cout<< "Move Disk " << currArea.nDisk << " from Peg "
    << currArea.SourcePeg << " to Peg "
    << currArea.DestPeg << endl;
s.Push(currArea);                       //当前工作区入栈
currArea.nDisk--;
temp=currArea.SourcePeg;
currArea.SourcePeg=currArea.AuxPeg;
currArea.AuxPeg=temp;
currArea.retAddr=3;
goto start;
//以下模拟返回第二次递归调用
L3:
i=currArea.retAddr;
s.Pop(currArea);                        //出栈恢复当前工作区
switch(i){
  case 1: goto L1;
  case 2: goto L2;
  case 3: goto L3;
}
```

```
        //以下模拟返回主函数
        L1:
        return;
    }

    int main(void)
    {
        int n;
        cout<< "请输入盘子数: ";
        cin>> n;
        SimuTowers(n, 'A', 'B', 'C');
        system("PAUSE");
        return 0;
    }
```

习 题 4

一、选择题

1. 如果当顺序栈中有 n 个元素时，进行入栈运算发生上溢，则说明该栈的最大容量为（　　）。

A. $n-1$　　B. n　　C. $n+1$　　D. $n/2$

2. 为了增加内存空间的利用率和减少溢出的可能性，由两个顺序栈共享一片连续的内存空间，此时当（　　）时，才产生上溢。

A. 两个栈的栈顶同时到达栈空间的中心点

B. 其中一个栈的栈顶到达栈空间的中心点

C. 两个栈的栈顶在栈空间的某一位置相遇

D. 两个栈均不空，且一个栈的栈顶到达另一个栈的栈底

3. 一个栈的输入序列为 1、2、…、n，若输出序列的第一个元素是 n，则输出的第 i（$1\leq i\leq n$）个元素是（　　）。

A. 不确定　　B. $n-i+1$　　C. i　　D. $n-i$

4. 若一个栈的输入序列为 1、2、…、n，输出序列的第一个元素是 i，则第 j 个输出元素是（　　）。

A. $i-j-1$　　B. $i-j$　　C. $j-i+1$　　D. 不确定的

5. 有六个元素以 6、5、4、3、2、1 的顺序入栈，下列（　　）不是合法的出栈序列。

A. 5 4 3 6 1 2　　B. 4 5 3 1 2 6

C. 3 4 6 5 2 1　　D. 2 3 4 1 5 6

6. 下列应用需要用到栈的是（　　）。

A. 递归调用　　B. 子程序调用　　C. 表达式求值　　D. A、B、C 都是

7. 一个递归算法必须包括（　　）。

A. 递归部分　　B. 终止条件和递归部分

C. 迭代部分　　D. 终止条件和迭代部分

8. 表达式 a*(b+c)−d 的后缀表达式是（　　）。

A. abcd*+−　　B. abc+*d−　　C. abc*+d−　　D. −+*abcd

9. 用不带头结点的单链表存储队列时，其队头指针指向队头结点，队尾指针指向队尾结点，则在进行出队操作时（　　）。

A. 仅修改队头指针　　B. 仅修改队尾指针

C. 队头、队尾指针都必须修改　　D. 队头、队尾指针都可能要修改

10. 栈和队列的共同点是（　　）。

A. 都是先进先出　　B. 都是先进后出

C. 只允许在端点处插入和删除元素　　D. 没有共同点

二、判断题

1. 两个顺序栈共用存储空间，入栈操作时不存在空间溢出问题。（　　）

2. 用单链表表示的链式栈的栈底在链表的表尾位置。（　　）

3. 若输入序列为 1、2、3、4、5、6，则通过一个栈可以输出序列 1、5、4、6、3、2。（　　）

4. 只有那种使用了局部变量的递归过程在转换成非递归过程时，才必须使用栈。（　　）

5. 队列是操作受限的线性表，是一种先进后出的线性表。（　　）

6. 栈是操作受限的线性表，它只允许在表头插入和删除元素。（　　）

7. 队列是操作受限的线性表，它只允许在表头插入元素，在表尾删除元素。（　　）

8. 通常使用队列来处理函数或过程的调用。（　　）

9. 循环队列也存在空间溢出问题。（　　）

10. 设栈 S 和队列 Q 的初始状态为空，元素 e_1、e_2、e_3、e_4、e_5 和 e_6 依次通过栈 S，一个元素出栈后即进入队列 Q，若六个元素出队的序列是 e_2、e_4、e_3、e_6、e_5、e_1，则栈 S 的容量至少应该是 4。（　　）

三、填空题

1. 一个栈的输入序列是 a、b、c，则不可能的出栈序列是_______。

2. 用 S 表示入栈操作，X 表示出栈操作，若元素入栈的顺序为 1、2、3、4，为了得到 1、3、4、2 出栈顺序，相应的 S 和 X 操作串为_______。

3. 表达式 23+((12*3−2)/4+34*5/7)+108/9 的后缀表达式是_______。

4. 表达式 23+((12*3−2)/4+34*5/7)+108/9 的前缀表达式是_______。

5. 循环队列的引入，目的是为了克服_______。

6. 队列的特点是_______。

7. 用 front 和 length 分别表示队头位置和队列长度，则入队操作为_______。

8. 无论对于顺序存储还是链式存储的栈和队列来说，进行插入或删除运算的时间复杂度相同，均为______。

9. 有 n 个数依次入栈，出栈序列有______种。

四、应用题

1．在计算中缀表达式时，可用两个栈作为辅助工具。对于给出的一个表达式，从左向右扫描其字符，并将操作数放入栈 S1 中，运算符放入栈 S2 中，但每次扫描到运算符时，要把它同 S2 的栈顶运算符进行优先级比较，当扫描到的运算符的优先级不高于栈顶运算符的优先级时，取出栈 S1 的栈顶和次栈顶的两个元素，进行栈 S2 栈顶运算符的运算，将结果放入栈 S1 中。为方便比较，假设栈 S2 的初始栈顶为®（®运算符的优先级低于加、减、乘、除中的任何一种运算）。现假设要计算表达式：A−B*C/D+E/F。写出栈 S1 和 S2 的变化过程。

2．试用反证法证明：若借助栈可由输入序列 1、2、…、n 得到一个输出序列 p_1、p_2、…、p_n（它是输入序列的某一种排列），则在输出序列中不可能出现以下情况，即存在 $i<j<k$，使得 $p_j < p_k < p_i$。

3．根据教材介绍的两个顺序栈共享一个存储空间的设计，完成其中入栈、出栈和判断栈空函数的实现。

4．设计利用两个栈 Sl 和 S2 模拟一个队列，请写出实现入队、出队和判队列空的函数的实现。

5．修改本书介绍的循环队列设计，以 front 和 length 分别表示循环队列中的队头位置和队列中所含元素的个数。试完成循环队列判断队空、判断队满、入队和出队函数的实现。

6．二项式$(a+b)^n$展开后，其系数构成杨辉三角形，写出利用队列实现打印杨辉三角形的前 n 行的算法。

7．试将下列递归过程改写为非递归过程。

```
void  test(int  &sum)
{ int  x;
  scanf(x);
  if (x=0) sum=0 else {test(sum); sum+=x;}
  printf(sum);
}
```

8．设计算法，利用栈完成中缀表达式的计算。

9．已知阿克曼（Ackermann）函数定义如下：

$$\mathrm{Ack}(m,n)=\begin{cases} n+1 & m=0 \\ \mathrm{Ack}\,(m-1,1) & m\neq 0, n=0 \\ \mathrm{Ack}\,(m-1,\mathrm{Ack}(m,n-1)) & m\neq 0, n\neq 0 \end{cases}$$

1）写出 Ack(2,1)的计算过程。

2）写出计算 Ack(m,n)的非递归算法。

第 5 章　字符串、数组和广义表

计算机上的非数值处理对象基本上是字符串数据。在较早的程序设计语言中，字符串是作为输入/输出常量出现的，随着语言加工程序的发展，产生了字符串处理，C++中提供了关于字符串的基本函数。

数组和广义表是与前述的线性表有所区别的数据结构。它们可以看成是线性表在下述含义上的扩展：线性表中的元素本身也是一个数据结构。

5.1　字　符　串

5.1.1　字符串的基本概念

字符串（string）是由 n（$n \geqslant 0$）个字符组成的有限序列。字符串简称为串，一般记为

$$s=\text{"}a_0\, a_1 \cdots a_{n-1}\text{"}$$

其中，s 是串的名；用双引号括起来的字符序列是串的值；a_i（$0 \leqslant i < n$）可以是 ASCII 码字符中的可打印字符，通常是字母、数字等字符；i 称为字符 a_i 在串中的位置，第一个字符 a_0 的位置为 0；n 称为串的长度；当 $n=0$ 时，s 称为空串。容易与空串相混淆的一个概念是空格串，空格串是由一个或多个空格字符组成的串。例如，四个空格字符组成的空格串可表示为"␣␣␣␣"（'␣'表示一个空格字符），它的长度是 4，而空串的长度为 0。

串中任意多个连续的字符组成的子序列称为该串的子串。子串在该串中的位置就是子串的首字符在该串中的位置。如果两个字符串对应位置的字符都相等，且它们的长度也相等，则称这两个字符串相等。

在 C++中，串必须用一对双引号括起来，但双引号本身不属于串，而字符则用单引号括起来。串"w"和字符'w'是两个不同的概念，前者是字符串，后者是字符。串是一种线性结构，因此，串既可以用顺序存储结构来存储，也可以用链式存储结构来存储。由于每个字符占空间很小，只占八位二进制，因此串通常采用顺序存储结构来存储，它比用链式存储结构的存储密度要高，使用起来也方便。事实上，在 PASCAL、C、C++等程序设计语言中，关于串的表示以及基本函数，都采用顺序存储结构。当串采用顺序存储结构存储时，存储串的数组名指出了串在内存中的首地址。有两种表示串长度的方法：①在存储串的数组末尾添加一个结束标识符；②用一个单独的长度参数。计算机高级语言一般采用第一种方法表示串的长度，如 BASIC、C、C++等。实际上，C++是在存储串的数组末尾添加一个 ASCII 码值为 0 的空字符（标识符为 NULL）作为结束标识符。下面的语句定义了一个字符数组并赋初值"Data Structure"：

```
    char str[]="Data Structure";
```

字符串"Data Structure"在内存中的存储形式为

D	a	t	a		S	t	r	u	c	t	u	r	e	NULL

↑str

这样，str 就指示了字符串在内存中的首地址，结束标识符 NULL 就指示了字符串的结束。下面来讨论串的操作，为了方便讨论，在此先定义如下几个串。

s1="It is a car"

s2="jeep"

s3="car"

串的操作主要包括以下几种。

1）求串的长度。例如，s1 的长度为 11，s2 的长度为 4。

2）把一个串的值赋值给另一个串。若有 s4=s3，则 s4 的值为"car"。

3）把两个串连接起来形成一个长度为两个串长度之和的新串。设 s5 为 s2 和 s3 连接形成的新串，则 s5="jeepcar"，即将后面的串连接在前面串的尾部。

4）比较两个串的 ASCII 码值的大小。设 str1 和 str2 为两个串，按下述规则得到两个串的比较结果。若 str1 小于 str2，比较结果为−1；若 str1 等于 str2，比较结果为 0；若 str1 大于 str2，比较结果为 1。例如，比较串 s2 和 s3，由于 j 的 ASCII 码值大于 c 的 ASCII 码值，因此比较结果为 1。

5）在一个串（称为主串）中查找是否存在和另一个串相等的子串。设在串 str1 中查找串 str2，这里 str1 是主串，str2 是子串。若主串 str1 中存在和串 str2 相等的子串，则操作结果为串 str2 在串 str1 中首次出现的位置，即串 str2 的首字符在串 str1 中匹配的位置；若主串 str1 中不存在和串 str2 相等的子串，则操作结果为−1。例如，在串 s1 中查找到存在和串 s3 相等的子串，则操作结果为 8。在串 s1 中未查找到和串 s2 相等的子串，则操作结果为−1。

6）在一个串中是否存在一个字符。设在串 str 中查找字符 ch，若串 str 中存在字符 ch，则操作结果为字符 ch 在串 str 中第一次出现的位置；若串 str 中不存在字符 ch，则操作结果为−1。例如，在串 s2 中查找字符'e'，则操作结果为 1；在串 s2 中查找字符'c'，则操作结果为−1。

7）截取子串形成一个新串。设 str 为要截取的串，pos 为其起始位置，length 为要截取的长度，则形成的新串长度为 length。例如，从 s1 串截取起始位置为 3（这里是从 0 开始）、长度为 2 的子串放在 s6 中，则 s6＝"is"。

8）在一个串中插入另一个串。设把串 str2 插入串 str1 中，pos 为要插入的起始位置，则操作结果形成的新串长度为串 str1 和串 str2 的长度之和。例如，把串 s7=" not"，插入串 s1 的位置 5 处，则操作结果形成的新串 s8="It is not a car"。

9）从一个串中删除一个子串。设在串 str 中要删除长度为 length 的子串，pos 为要删除的子串在串 str 中的起始位置，则删除后的新串长度为原长度减去 length。例如，要在 s8 中删除长度为 4 的子串，起始位置为 5，则删除后的新串为 s1。

10）从键盘输入一个字符序列。

11）在屏幕上显示一个字符序列。

5.1.2　常用的 C++字符串函数

C++的串库（string.h）中提供了许多字符串操作函数。但 C++的串库中提供的实现字符串操作的函数功能和前面讨论的字符串的基本操作功能不完全相同。几个常用的 C++字符串函数及其使用方法如下。

假设已有如下定义语句：

```
char s1[]="It is a car";
char s2[]="jeep";
char s3[]="car";
int result;
char s4[20],*p;
```

1）串长度 int strlen(char *str)：

```
cout<< strlen(s1)<<endl;            //输出 11
cout<< strlen(s2)<<endl;            //输出 4
```

2）串拷贝 char *strcpy(char *str1, char *str2)：

```
strcpy(s4, s2);                     //s4="jeep"
```

3）串连接 char *strcat(char *str1, char *str2)：

```
strcat(s2, s3);                     //s4="jeepcar"
```

4）串比较 char *strcmp(char *str1, char *str2)：

```
result=strcmp(s2, s3);              //result>0
result=strcmp(s2, s2);              //result=0
result=strcmp(s3, s2);              //result<0
```

5）串中字符定位 char *strchr(char *str, char ch);

```
p=strchr(s1, 'c');                  //p 指在 s1 中字符'c'首次出现的位置
strcpy(p, s2);                      //s1="It is a jeep"
```

C++的流库（iostream.h）为字符输入流 cin（键盘）和字符输出流 cout（屏幕）提供输入/输出操作，使用方法如下。

1）读串 Stream Variable >>str：

```
cin>> s4;                           //若输入"Hello!",则 s4="Hello!"
```

2）写串 Stream Variable <<str：

```
cout<< s4;                          //输出"Hello!"
```

C++的串库提供的实现字符串操作的函数功能较强，但由于函数定位通常用字符指针，因此使用的难度较大。例 5-1 是一个使用 C++串库的例子。

例 5-1　名和姓的对换问题。英国人和美国人姓名的书写习惯是名在前、姓在后，中间由一个空格分隔，如 Jeffer Offutt。但在有些情况下，需要把姓名写成姓在前、名在后，中间加一个逗号的形式。编写一个程序，把“名在前、姓在后”的姓名表示法转换成“姓在前、名在后，中间加一个逗号”的姓名表示法。

```
void reversename(char *name, char *newname)
{
```

```
    char *p;
    p=strchr(name, ' ');
    *p='\0';
    strcpy(newname, p+1);
    strcat(newname, ", ");
    strcat(newname, name);
    *p=' ';
    return;
}

int main()
{
    char name[30], newname[30];
    cout << "输入一个人姓名：名在前，姓在后，中间由一个空格分隔。" << endl;
    cin.getline(name, 30, '\n');    //读入长度不超过 30 的字符串 name
    reversename(name, newname);
    cout << "reversename:" << newname << endl;
    system("PAUSE");
    return 0;
}
```

输出结果如下：

```
Jeffer Offutt                    //键盘输入
Offutt, Jeffer                   //屏幕输出
```

5.1.3 串类的定义及其实现

C++提供的丰富的串库函数有很强的串操作功能，对于经验丰富的程序员来说，是实现高效的串操作的得心应手的工具包，但对于一般的使用者来说，使用起来不是很方便。在另一些高级程序设计语言中，比如在 BASIC 语言中，两个串可以用“+”连接，可以用赋值号“=”把一个串赋值给另一个串，两个串的比较可以直接用“<、>、==”等比较运算符，等等。其实可以使用重载运算符的办法，使 C++中的一些运算符具有新的功能。例如，“==”具有串的比较功能。可以定义满足如下要求的串类。

1）可以把串对象或 C++串赋给另一串对象。

2）串对象的连接用“+”运算符来完成。

3）串比较是用关系运算符执行的。

4）串对象可用 C++串或另一串对象初始化。

5）串必须拥有任意可变的长度。

6）可以把串对象转换为 C++串。

7）可以查找子串。

下面将先定义串的类，然后再给出其函数成员的实现。

1. 串的类定义

在下面的串类 String 定义中只涉及一些常用的方法，在实际应用中还可以加入很多其他的函数，如查找字符、清除字符串空间等。下面的串类 String 定义在文件 string.h 中。

```
class String {
protected:
//串的数据成员
    char *sVal;                                 //串值
    int length;                                 //串长

public:
//串的函数成员
    String();                                   //构造函数
    virtual ~String();                          //析构函数
    String(const String &s);                    //复制构造函数
    String(const char *s);                      //转换构造函数
    String(LinkList<char> &s);                  //从线性表转换的构造函数
    int GetLength() const;                      //求串长度
    bool IsEmpty() const;                       //判断串是否为空
    String &operator=(const String &s);         //赋值语句重载
    const char *CStr() const;                   //将串转换成字符数组
    char &operator [](int p) const;             //重载下标运算符
};
```

2. 串类函数成员的实现

对于以上定义的串类函数成员，下面给出其实现的代码。

（1）构造函数

初始化一个空串，把 length 设置为 0，sVal 设置为 NULL。

```
String::String()
{
    length=0;                                   //串长度为 0
    sVal=NULL;                                  //空串
}
```

（2）析构函数

销毁串，释放串的存储空间。

```
String::~String()
{
    delete []sVal;                              //释放串的存储空间 sVal
}
```

（3）复制构造函数

由参数给出的串 s 构造一个新串。

```
String::String(const String &s)
{
    length=strlen(s.CStr());                    //设置串长
    sVal=new char[length+1];                    //分配存储空间
    strcpy(sVal, s.CStr());                     //复制串值
}
```

（4）转换构造函数

用 C++的字符数组 s 转换构造新串。

```
String::String(const char *s)
{
```

```
        length=strlen(s);                              //设置串长
        sVal=new char[length+1];                       //分配存储空间
        strcpy(sVal, s);                               //复制串值
        sVal[length]='\0';
    }
```

（5）从线性链表转换的构造函数

从线性链表 s 转换构造新串。

```
    String::String(LinkList<char> &s)
    {
        length=s.GetLength();                          //串长
        sVal=new char[length+1];                       //分配存储空间
        for (int i=0; i<length; i++)                   //复制串值
            s.GetElem(i+1, sVal[i]);
        sVal[length]='\0';                             //串值以'\0'结束
    }
```

（6）求串的长度

返回串长度，它不改变数据成员。

```
    int String::GetLength() const
    {
        return length;
    }
```

（7）判断是否为空串

如果是空串则返回 true，否则返回 false。判断过程不改变数据成员。

```
    bool String::IsEmpty() const
    {
        return length==0;
    }
```

（8）赋值语句重载

把赋值号右边的串赋值给串对象。

```
    String &String::operator=(const String &s)
    {
        if (&s!=this) {
            delete []sVal;                             //释放原串存储空间
            length=strlen(s.CStr());                   //设置串长
            sVal=new char[length+1];                   //分配存储空间
            strcpy(sVal, s.CStr());                    //复制串值
        }
        return *this;
    }
```

（9）串转换为 C 风格串

将串转换成 C 的字符数组，并返回。

```
    const char *String::CStr() const
    {
        return (const char *)sVal;                     //串值类型转换
    }
```

（10）重载下标运算符

取串中下标为 p 的字符。

```
char &String::operator[](int p) const
{
    return sVal[p];
}
```

3. 串的相关函数定义

为了方便使用，除了上面串类定义的函数成员外，这里另外定义了一些函数。实现如下：

```
void Write(const String &s);                        //输出串
void Copy(String &s1, const String &s2);            //将串 s2 复制到串 s1
void Copy(String &s1, const String &s2, int n);
                                                    //将串 s2 前 n 个字符复制到串 s1
Status Insert(String &s1, const String &s2, int p);
                                                    //将串 s2 插入 s1 的 p 位置
Status Delete(String &s, int p, int n);
                                        //删除串 s 中从 p 位置开始长度为 n 的子串
String SubString(const String &s, int p, int n);
                                  //在串 s 中求从第 p 个字符开始的长度为 n 的子串
String operator+(const String &s1, const String &s2);   //重载连接运算符+
bool operator==(const String &s1, const String &s2);    //重载关系运算符==
bool operator<(const String &s1, const String &s2);     //重载关系运算符<
bool operator>(const String &s1, const String &s2);     //重载关系运算符>
bool operator<=(const String &s1, const String &s2);    //重载关系运算符<=
bool operator>=(const String &s1, const String &s2);    //重载关系运算符>=
bool operator!=(const String &s1, const String &s2);    //重载关系运算符!=
```

4. 串的相关函数实现

对于以上定义的串相关函数，下面给出其实现的代码。

（1）串的输出

把串 str 转换成 C 的字符数组后输出串的值。

```
void Write(const String &str)
{
    cout<< str.CStr() << endl;                      //输出串值
}
```

（2）串的复制

将串 s2 复制到串 s1。

```
void Copy(String &s1, const String &s2)
{
    const char *cs2=s2.CStr();                      //初始串
    char *cs1=new char[strlen(cs2)+1];              //申请临时空间
    strcpy(cs1, cs2);                               //复制串
    s1=cs1;                                         //串赋值
    delete []cs1;                                   //释放临时空间
}
```

（3）取串的前缀

将串 s2 中长度为 *n* 的前缀复制字符到串 s1。

```
void Copyn(String &s1, const String &s2, int n)
{
    const char *cs2=s2.CStr();                       //初始串
    int len=strlen(cs2)<n?strlen(cs2):n;             //取目标串长
    char *cs1=new char[len+1];                       //申请临时空间
    strncpy(cs1, cs2, n);                            //复制串
    cs1[len]='\0';                                   //串值以'\0'结束
    s1=cs1;                                          //串赋值
}
```

（4）插入子串

在 s1 的位置 p 插入串 s2。如果 p 的位置合理，则插入成功，函数返回 SUCCESS；否则，函数返回 RANGE_ERROR。

```
Status Insert(String &s1, const String &s2, int p)
{
   const char *cs1=s1.CStr();                        //取第一个串
   const char *cs2=s2.CStr();                        //取第二个串
   if (p>=0&&p<strlen(cs1)) {
       int len=strlen(cs1)+strlen(cs2);
       char *cs=new char[len+1];                     //申请临时空间
       strncpy(cs, cs1, p);                          //复制第一个串前部分的串值
       cs[p]='\0';
       strcat(cs, cs2);                              //连接第二个串
       int  j=p+strlen(cs2);
       for (int i=p; i<strlen(cs1); i++, j++)
          cs[j]=cs1[i];                              //复制第一个串后部分的串值
       cs[len]='\0';
       s1=cs;                                        //串赋值
       return SUCCESS;
   }
   return RANGE_ERROR;
}
```

（5）删除子串

删除字符串 s 中从 p 位置开始长度为 *n* 的字符串。如果 p 的位置合理且存在长度为 *n* 的子串，则删除成功，函数返回 SUCCESS；否则，函数返回 RANGE_ERROR。

```
Status Delete(String &s, int p, int n)
{
     const char *cs=s.CStr();                        //取原串值
     if (p>=0&&(p+n)<strlen(cs)) {
        int len=strlen(cs)-n;                        //求新串的长度
        char *news=new char[len+1];                  //申请临时空间
        strncpy(news, cs, p);                        //复制原串前部分的串值
        int  j=p+n;
        for (int i=p; i<len; i++, j++)
```

```
            news[i]=cs[j];                    //复制第一个串后部分的串值
        news[len]='\0';
        s=news;                               //串赋值
        delete []news;                        //释放临时空间
        return SUCCESS;
    }
    return RANGE_ERROR;
}
```

（6）取子串

当“0<=p<s.GetLength()”且“0<=n<=s.GetLength()–p”时返回串 s 的第 *p* 个字符开始的长度为 *n* 的子串；否则，返回空串。

```
String SubString(const String &s, int p, int n)
{
    if (0<=p&&p+n<s.GetLength()&&0<=n)  {
        char *sub=new char[n+1];              //申请临时空间
        const char *strp=s.CStr();            //生成字符数组
        strncpy(sub, strp+p, n);              //复制串
        sub[n]='\0';                          //串值以'\0'结束
        String cs(sub);                       //生成串对象
        delete []sub;                         //释放临时空间
        return cs;
    }
    else {                                    //返回空串
        String cs("");                        //生成空串对象
        return cs;
    }
}
```

（7）串的连接

重载字符串连接运算符“+”。

```
String operator+(const String &s1, const String &s2)
{
    const char *cs1=s1.CStr();                     //取第一个串值
    const char *cs2=s2.CStr();                     //取第二个串值
    char *cs=new char[strlen(cs1)+strlen(cs2)+1]; //申请临时空间
    strcpy(cs, cs1);                               //复制第一个串
    strcat(cs, cs2);                               //连接第二个串
    String s(cs);                                  //定义串对象并初始化
    delete []cs;                                   //释放临时空间
    return s;
}
```

（8）判断字符串是否相等

重载字符串关系运算符“==”。

```
bool operator==(const String &s1, const String &s2)
{
    return strcmp(s1.CStr(), s2.CStr())==0;
}
```

这里只给出了关系运算符“==”的重载实现，其他五个关系运算符的重载实现与相等关系运算符的重载类似，在此不再赘述。

5.1.4 模式匹配

模式匹配及 Brute-Force 算法

设有两个字符串 ob 和 pat，ob 称为主串（或称目标串），pat 称为模式串，并称查找模式串在主串中的匹配位置的运算为模式匹配。该运算从 ob 的第一个字符开始查找一个与模式串 pat 相同的子串，如果在串 ob 中查找到一个与模式串 pat 相同的子串，则函数返回模式串 pat 的第一个字符在串 ob 中的位置；如在主串中未查找到一个与模式串 pat 相同的子串，则函数返回−1。

1．Brute-Force 算法

Brute-Force 算法的主要思想是：从主串 ob="$s_0\ s_1\ \cdots\ s_{m-1}$"的第一个字符开始与模式串 pat="$t_0\, t_1 \cdots t_{n-1}$"的第一个字符比较。若相等，则继续比较后续字符；否则，从主串 ob 的第二个字符开始重新与模式串 pat 的第一个字符比较。如此继续，若在主串 ob 中有一个与模式串相等的连续字符序列，则匹配成功，函数返回模式串 pat 的首字符在串 ob 中的位置；否则，匹配失败，函数返回−1。

下面先看一个模式匹配的例子。设主串 ob="ZWWZWZ"，模式串 pat="ZWZ"，ob 的长度为 m=6，pat 的长度为 n=3，用变量 i 指示主串 ob 的当前比较字符的下标，用变量 j 指示模式串 pat 的当前比较字符的下标。此例的模式匹配过程如图 5-1 所示。第一趟匹配时，i 和 j 都从 0 开始比较字符，前两个字符相等，比较到第三个字符（i 和 j 为 2）时匹配失败。于是 i 退回到位置 1，j 退回到位置 0，开始第二趟匹配，这趟匹配中第一个字符就不相等；于是 i 从位置 2、j 从位置 0 开始第三趟匹配，这趟匹配中也是第一个字符就不相等；于是 i 从位置 3、j 从位置 0 开始第四趟匹配，这趟匹配中三个字符都相等，所以匹配成功。

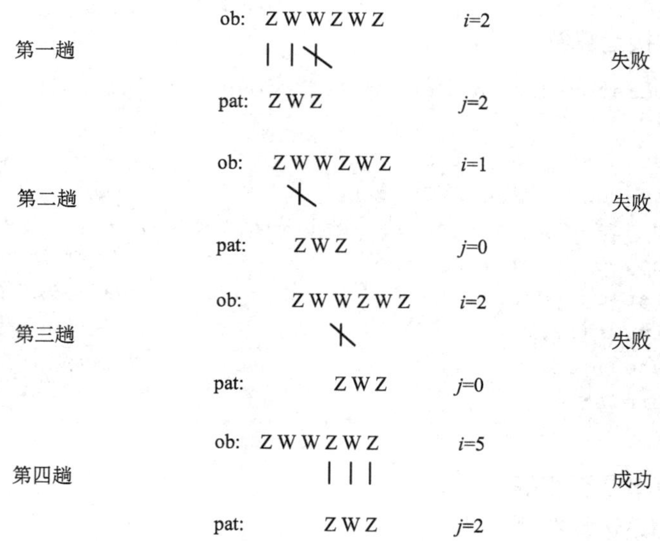

图 5-1 模式匹配过程

如图 5-2 所示，对于一般的模式匹配过程这里给出了某一趟比较的状态和下一趟比较时下标变化的一般过程。当一趟匹配失败时，主串下标变量 i 退回到 i−j+1 位置，子串下标

变量 j 退回到 0 位置开始进行下一趟匹配。当子串中字符都能完成匹配，则表示在主串中找到子串，模式匹配成功；否则，如果主串中的剩余字符少于子串中的剩余字符，则表示整个模式匹配失败。

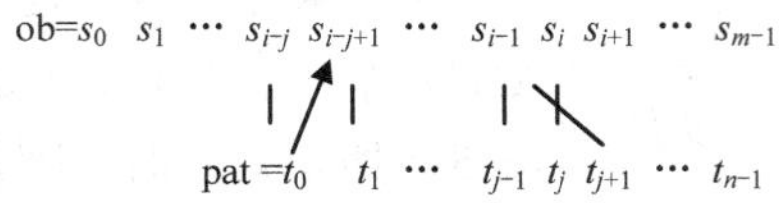

图 5-2　一般的模式匹配过程

```
int BF_Find(const String &ob, const String &pat, const int p=0)
{
    int i=p, j=0;
    while (i<ob.GetLength()&&j<pat.GetLength()
            && pat.GetLength()-j<=ob.GetLength()-i)
      if (ob[i]==pat[j]) {                  //继续比较后续字符
           i++; j++;
      }
      else    {                             //指针回退，重新开始新的匹配
          i=i-j+1; j=0;
      }
    if (j>=pat.GetLength())
      return i-j;                           //匹配成功
    else
      return-1;                             //匹配失败
}
```

根据上面的分析，下面的 BF_Find(ob,pat,p)函数可查找模式串 pat 在目标串 ob 中从位置 p 开始的子串。如果找到则返回从 p 位置开始第一次出现的位置，否则返回-1。

在这个算法的执行过程中，主串 ob 的下标 i 在若干次对应的字符比较相等后，只要有对应字符比较不相等，便需要回退至上一趟的起始位置的下一位置。Brute-Force 算法是一种带回溯的算法，也称朴素的模式匹配算法。在最坏的情况下，最多要进行 $m-n+1$ 次比较，每次比较都在最后才发现字符不相等，所以要做 n 次比较，总比较次数要达到 $(m-n+1)\times n$ 次。通常 n 会远远小于 m，因此该算法在最坏情况下的时间复杂度为 $O(m\times n)$。

2. 模式匹配的 KMP 算法

KMP 算法

KMP 算法是由克努特（D.E.Knuth）、莫里斯（J.H.Morris）和普拉特（V.R.Pratt）三人设计的。该算法是对 Brute-Force 算法的改进，它消除了 Brute-Force 算法在字符比较不相等时主串下标 i 需要回退的缺点。

在讨论模式匹配的 KMP 算法之前，先介绍字符串"$t_0\ t_1\ \cdots\ t_{n-1}$"中的真子串概念，在字符串"$t_0\ t_1\ \cdots\ t_{n-1}$"中最长的相等前缀和后缀称为该字符串的真子串。也就是说，在字符串"$t_0\ t_1\ \cdots\ t_{n-1}$"中存在一个最大的 k（$0<k<n$），使"$t_0\ t_1\ \cdots\ t_{k-1}$"= "$t_{n-k}t_{n-k+1}\ \cdots\ t_{n-1}$"，则"$t_0\ t_1\ \cdots\ t_{k-1}$"就称为"$t_0\ t_1\ \cdots\ t_{n-1}$"的真子串。需要注意的是，真子串的前缀和后缀可以有重叠部分，但不能完成重叠。

下面分两种情况来讨论 Brute-Force 算法的匹配过程。

1）模式串中无真子串，即从第一个字符开始的“部分匹配子串”，在图 5-1 所示的主串

ob= "ZWWZWX"、模式串 pat= "ZWX"的模式匹配过程中，当 $s_0=t_0$，$s_1=t_1$，$s_2 \neq t_2$ 时，算法中取 $i=1$、$j=0$，使主串下标 i 值回退，然后比较 s_1 和 t_0。但是因为 $t_1 \neq t_0$，所以一定有 $s_1 \neq t_0$，因此实际上接下来就可以直接比较 s_2 和 t_0。

2）模式串中有真子串，设主串 ob= "ABACABAB"、模式串 pat="ABAB"。第一趟匹配过程如图 5-3 所示。此时，因为 $t_0 \neq t_1$、$s_1=t_1$，必有 $s_1 \neq t_0$；又因为 $t_0=t_2$、$s_2=t_2$，必有 $s_2=t_0$，因此接下来可以直接比较 s_3 和 t_1。

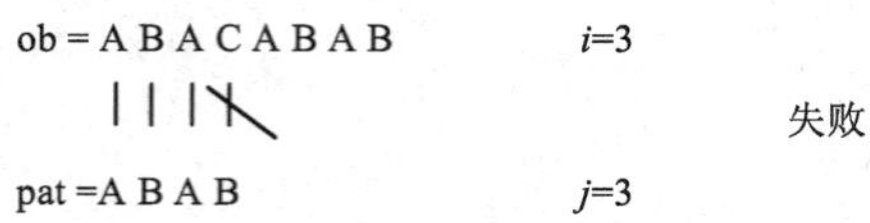

图 5-3　模式匹配的一个例子

由此可见，一旦 s_i 和 t_j 不相等，主串 ob 的下标值可不必回退，主串的 s_i（或 s_{i+1}）可直接与模式串的 t_k（$0 \leqslant k<j$）比较。克努特发现，k 的确定与主串 ob 并无关系，而只与模式串 pat 本身的构成有关，即从模式串本身就可求出 k 的值。

下面来讨论一般情况。设 ob = "$s_0\, s_1 \cdots s_{m-1}$"，pat = "$t_0\, t_1 \cdots t_{n-1}$"，当 $s_i \neq t_j$（$0 \leqslant i<m$，$0 \leqslant j<n$）时，模式串“向右滑动”（即模式串下标 j 回退）的距离有多远呢？换句话说，当主串中第 i 个字符与模式串中第 j 个字符“失配”（即字符比较不相等）时，主串中的 s_i 应与模式串中的哪个字符再比较？因为已有

$$"s_{i-j}\, s_{i-j+1} \cdots s_{i-1}" = "t_0\, t_1 \cdots t_{j-1}"$$

下面可以分两种情况来讨论。

1）若模式串在下标 j 前面的字符串中存在长度为 k 的真子串，即满足：

$$"t_0\, t_1 \cdots t_{k-1}"="t_{j-k}t_{j-k+1} \cdots t_{j-1}" \qquad (0<k<j)$$

则说明模式串中的子串"$t_0\, t_1 \cdots t_{k-1}$"已和主串" $s_{i-k}s_{i-k+1} \cdots s_{i-1}$"匹配，所以下一次可直接比较 s_i 和 t_k。

2）若模式串在下标 j 前面的字符串中不存在相互重叠的真子串，则说明在模式串"$t_0\, t_1 \cdots t_{j-1}$"中不存在任何以 t_0 为首字符的字符串与"$s_{i-j}\, s_{i-j+1} \cdots s_{i-1}$"中以 s_{i-1} 为末字符的字符串匹配，所以下一次可直接比较 s_i 和 t_0。

在此用 $f[j]$来表示模式串中在下标 j 前面的字符串中的真子串长度。则根据真子串的定义有

$$f[j]=\begin{cases}\max\{k \mid 0<k<j\text{且}"t_0t_1\cdots t_{k-1}"="t_{j-k}\cdots t_{j-1}"\} & \text{当此集合非空时}\\ -1 & \text{当}j=0\text{时}\\ 0 & \text{其他情况时}\end{cases}$$

若模式串 t 中存在真子串"$t_0\, t_1 \cdots t_{k-1}$"="$t_{j-k}t_{j-k+1} \cdots t_{j-1}$"且满足 $0<k<j$，则 $f[j]$表示当模式串 pat 中的 t_j 与主串 ob 中的 s_i 比较不相等时，模式串 pat 中需要重新与主串 ob 中的 s_i 比较的字符下标为 k，即接下来比较 s_i 和 t_k；当 $j=0$ 时，$f[j]=-1$，此处-1 为一个标记，表示接下来比较 s_{i+1} 和 t_0；若模式串 pat 中不存在如上所说的真子串，有 $f[j]=0$，则接下来比较 s_i 和 t_0。

这里的 $f[j]$也被称为失效函数（failure function）值，又称为失败函数值。

总之，KMP 算法对 Brute-Force 算法的改进就是利用已经得到的部分匹配结果将模式串 pat 右滑一段距离再继续比较，无须回退主串 ob 的下标值。

下面给出一个求失效函数 $f[j]$的例子。

例 5-2　计算 pat="ABCABCAAA"的 $f[j]$。

模式	A	B	C	A	B	C	A	A	A
j	0	1	2	3	4	5	6	7	8
$f[j]$	−1	0	0	0	1	2	3	4	1

当 j=0 时，$f[0]=-1$；

当 j=1 时，$f[1]$=0；

当 j=2 时，$f[1]$=0，$t_0 \neq t_1$，所以 $f[2]$=0；

当 j=3 时，$f[2]$=0，$t_0 \neq t_2$，所以 $f[3]$=0；

当 j=4 时，$f[3]$=0，$t_0=t_3$='A'，所以 $f[4]$=1；

当 j=5 时，$f[4]$=1，$t_0t_1=t_3t_4$='AB'，所以 $f[5]$=2；

当 j=6 时，$f[5]$=2，$t_0t_1t_2=t_3t_4t_5$='ABC'，所以 $f[6]$=3；

当 j=7 时，$f[6]$=3，$t_0t_1t_2t_3=t_3t_4t_5t_6$='ABCA'，所以 $f[7]$=4；

当 j=8 时，$f[7]$=4，$t_0t_1t_2t_3t_4 \neq t_3t_4t_5t_6t_7$；而 $f[4]$=1，$t_0t_1 \neq t_6t_7$；而 $f[1]$=0，$t_0=t_7$='A'；所以 $f[8]$=1。

KMP 算法的思想是：设 ob 为主串，pat 为模式串，i 为主串 ob 当前比较字符的下标，j 为模式串 pat 当前比较字符的下标，令 i 和 j 的初值为 0。当 $s_i=t_j$ 时，表示接下来要比较 s_{i+1} 和 t_{j+1}；当 $j=-1$ 时，表示接下来要比较 s_{i+1} 和 t_0（也就是比较 s_{i+1} 和 t_{j+1}）。所以算法中当 $s_i=t_j$ 或者 $j=-1$ 时，i 和 j 分别增 1 后再继续比较；否则，i 不变，j 回退到 $f[j]$位置，再继续比较。直到主串 ob 或模式串 pat 的字符比较完为止。

在已知失效函数 $f[j]$的情况下，下面的 KMP_Find()函数可以查找模式串 pat 在目标串 ob 中从第 p 个字符开始第一次出现的位置。

```
int KMP_Find(const String &ob, const String &pat, int p=0)
{
    int *f=new int[pat.GetLength()];  //为失效函数值数组 f 分配空间
    GetFailure(pat, f);               //求模式串 pat 的 f 数组的元素值
    int i=p, j=0;
    while (i<ob.GetLength()&&j<pat.GetLength()
        && pat.GetLength()-j<=ob.GetLength()-i)
      if (j==-1||pat[j]==ob[i]) {
        i++; j++;                 //模式串 pat 与目标串 ob 的当前位置向后移
    }
    else                          //pat[j]与 ob[i]不匹配
        j=f[j];                   //寻找新的模式串 pat 的匹配字符位置
    delete []f;                   //释放 f 所占用的存储空间
    if (j<pat.GetLength())
        return -1;                //匹配失败
    else
        return i-j;               //匹配成功
}
```

该算法的时间复杂度取决于其中的 while 循环，由于该算法中主串下标无回退，在进行对应的字符比较后，要么是 ob 的下标值加 1，要么是调整模式串的下标值，继续向后比较。所以字符比较的次数最多为 O(ob.size)。

下面再来讨论求失效函数 $f[j]$的算法。从上面计算 $f[j]$的例子可以看出 $f[j]$的计算是一个递推计算问题。设有 $f[j]=k$，即在模式串 pat 中存在"$t_0t_1\cdots t_{k-1}$"="$t_{j-k}t_{j-k+1}\cdots t_{j-1}$"（$0<k<j$），

其中 k 为满足等式的最大值，则计算 $f[j+1]$ 的值有以下两种情况。

1）若 $t_k=t_j$，则表明在模式串 pat 中有"$t_0t_1\cdots t_k$"="$t_{j-k}t_{j-k+1}\cdots t_j$"，且不可能存在任何 $k'>k$ 满足上式，因此有

$$f[j+1]=f[j]+1=k+1$$

2）若 $t_k\neq t_j$，则可把计算 $f[j+1]$ 的问题看成是一个如图 5-4 所示的模式匹配问题，即把模式串 pat'向右滑动至 $k'=f[k]$（$0<k'<k<j$），若 $t_{k'}=t_j$，则表明在模式串中有"$t_0\ t_1\ \cdots t_{k'}$"="$t_{j-k'}t_{j-k'+1}\cdots t_j$"（$0<k'<k<j$），因此有

$$f[j+1]=k'+1=f[k]+1$$

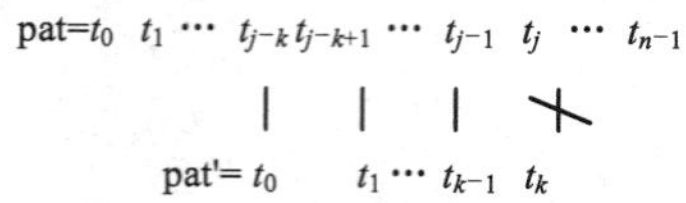

图 5-4　求 $f[j+1]$ 的模式匹配

若 $t_{k'}\neq t_j$，则将模式串 pat' 继续右滑到 $k''=f[k']$。依此类推，直到某次匹配成功或匹配失败，最后一次匹配失败为

$$f[j+1]=f[0]+1=-1+1=0$$

因此，可用类似于求子串 KMP_Find 的方法求 $f[j]$ 的值，函数 GetFailure (pat,f[])的实现如下：

```
void GetFailure(const String &pat, int f[])
{
    int j=0, k=-1;
    f[0]=-1;                                    //初始 f[0]的值为-1
    while(j<pat.GetLength()-1)
      if(k==-1||pat[k]==pat[j])
        f[++j]=++k;
      else                                      //pat[k]与 pat[j]不匹配
        k=f[k];                                 //寻求新的匹配字符
}
```

与前面的分析类似，求失效函数的算法的时间复杂度为 O(pat.size)。如果主串的长度为 m，模式串的长度为 n，则包括计算失效函数在内的整个模式匹配 KMP 算法的时间复杂度为 $O(m+n)$。

这里再看一个例子，模式串 pat="aaaaab"，其失效函数值为−1、0、1、2、3、4，假设主串 ob="aaaacaaaaab"，当 i=4、j=4 时 $s_4\neq t_4$（s_4='c'、t_4='a'），由于 $f[4]$=3，因此会用 t_3 和 s_4 进行比较。但实际上 t_3==t_4，所以肯定有 $s_4\neq t_3$，同样 t_2、t_1、t_0 与 s_4 的比较也是无用比较。由此可见，上面求失效函数的算法还可以进一步改进，以减少无用比较。如何改进，请读者自己考虑。

5.2 数　组

数组是读者已经很熟悉的一种数据结构，几乎所有的程序设计语言都把数组类型设定为固有类型。事实上，在前几章中，已经使用了 C++的一维数组来存放线性表。本节将介绍数组的定义以及相应的存储结构，并讨论稀疏矩阵的定义和实现。

5.2.1 数组的基本概念

通常，一维数组 A 是 n（$n\geqslant 0$）个相同数据类型的数据元素 $a_0,a_1,\cdots,a_{n-1}$ 构成的有限线性序列，其中 n 为数组长度或数组大小，若 n=0 就是空数组。当每个数组元素 a_i（$0\leqslant i\leqslant n-1$）

本身又是一个一维数组时，则 A 就是一个二维数组。类似地，可以构成一个多维数组，一个 m（$m\geqslant 2$）维数组中的每一个数组元素是一个 $m-1$ 维的数组。

可见在一个 m（$m\geqslant 2$）维数组中，每一个数组元素受 m 个线性关系的约束，如果一个元素在每一维中的序号分别为 $i_1,i_2,\cdots,i_m$，则称该元素的下标为 $i_1,i_2,\cdots,i_m$。如果一个数组名为 a，则 $a_{i_1 i_2 \cdots i_m}$ 表示下标为 $i_1,i_2,\cdots,i_m$ 的数组元素。

对于数组的基本操作，这里主要涉及一些运算符的重载，包括函数运算符、赋值运算符和加法运算符等的重载。

程序设计语言对数组的操作主要有存储和提取。例如，在下面的赋值语句中，$a[i+1]=a[i]$，表示把数组元素 $a[i]$ 的值提取出来，并把这个值存储在 $a[i+1]$ 中。也就是说，数组运算符[ ]处于赋值号左边时，表示数组的存储操作，当它处于赋值号右边时表示数组的提取操作。

5.2.2　数组的顺序存储结构

采用顺序存储结构时是用一块地址连续的内存单元来存放数据元素。数组的一个重要特点是，每一个数据元素在数组中的位置由下标唯一确定，通常称一维数组的顺序存储结构为向量。

采用顺序存储结构存储数组的元素，就是按某种顺序将数组元素依次存放在内存中的一片连续的存储单元中。

数组的每个元素的数据类型都相同，因而占有相同的存储空间。对于一维数组，相邻元素的起始地址之差为一个常数。

例如，图 5-5 是一维数组 $a[5]$ 的五个元素顺序存储的示意图，每个元素占三个存储单元，数组第一个元素 $a[0]$ 的起始地址为 $\mathrm{loc}(0)=p$，则该数组的任一数组元素 $a[i]$ 的起始地址 $\mathrm{loc}(i)$ 可由以下的递推公式计算：

$$\mathrm{loc}(i)=\begin{cases} p & i=0 \\ \mathrm{loc}(i-1)+3 & i>0 \end{cases}$$

实际上即有 $\mathrm{loc}(i)=p+i\times 3$（$i=0,1,2,3,4$）。

现在来讨论二维数组的顺序存储结构。由于计算机的存储单元是一维结构，因此，二维数组的顺序存储实际上还是按一维数组的方式实现的。用一组连续存储单元存放二维数组就是将它的下标映射到其相应的一维数组的存储位置，这里就有个次序约定问题。可有两种存储方式：一种是以行序为主序的存储方式，如 C、C++和 PASCAL 等语言都采用这种存储方式；另一种是以列序为主序的存储方式，如 FORTRAN 语言就采用这种存储方式。对于二维数组 $a[m][n]$，在此用 a_{ij} 来表示数组元素 $a[i][j]$，则二维数组 a 可以表示为

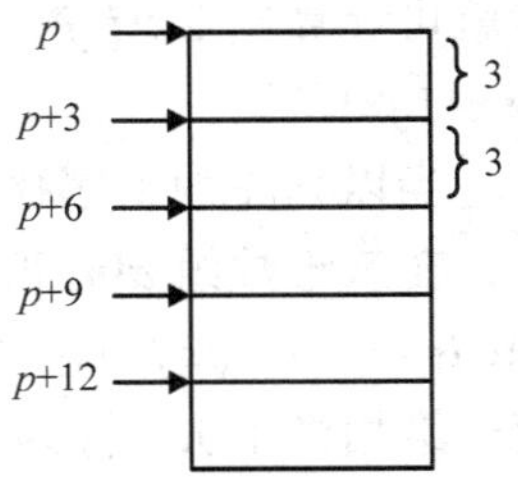

图 5-5　一维数组存储示例

$$a=\begin{bmatrix} a_{00} & a_{01} & \cdots & a_{0\,n-1} \\ a_{10} & a_{11} & \cdots & a_{1\,n-1} \\ \vdots & \vdots & & \vdots \\ a_{m-1\,0} & a_{m-1\,1} & \cdots & a_{m-1\,n-1} \end{bmatrix}$$

所谓以行序为主序的存储方式，就是先存储第 0 行，再存储第 1 行……最后存储第 m-1 行。其中，第 i+1 行的第一个元素 $a[i+1][0]$紧接在第 i 行的最后一个元素之后存放，其存储结构如图 5-6（a）所示。所谓以列序为主序的存储方式，就是先存储第 0 列，再存储第 1 列……最后存储第 n−1 列。其中，第 j+1 列的第一个元素 $a[0][j+1]$紧接在第 j 列的最后一个元素之后存放，其存储结构如图 5-6（b）所示。

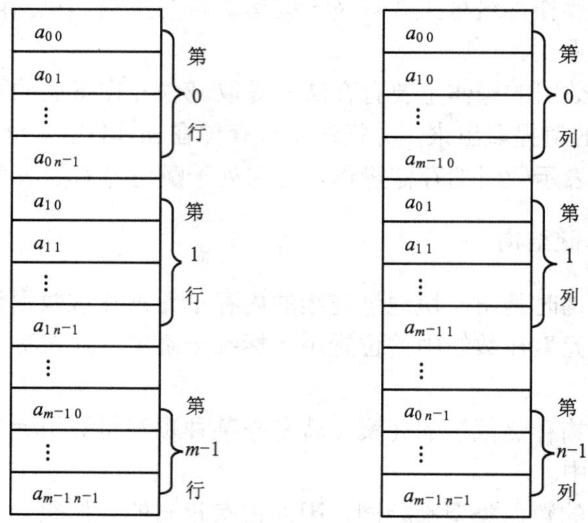

（a）以行序为主序　　（b）以列序为主序

图 5-6　二维数组存储示例

假设二维数组 $a[m][n]$的首地址为 p，即 $a[0][0]$的起始地址为 p，每个元素占 1 个存储单元，以使用最多的行序为主序存储方式来存储数组 a，现在来计算数组元素 $a[i][j]$的起始地址 loc(i, j)。因为一维数组 a 中的第 k 个元素的起始地址为

$$\mathrm{loc}(k)=p+k\times 1$$

而这里的数组 a 又是按图 5-6（a）的方式存储的，因此只要计算出 $a[i][j]$是数组的第几个元素就可计算出 loc(i, j)。若设 $a[i][j]$是数组的第 k 个元素，则有 $k = i\times n+j$，所以 $\mathrm{loc}(i, j) = p+(i\times n+j)\times 1$。

当以列序为主序存储时，任一数组元素存储地址的推导类同。

在三维数组 $a[m_1][m_2][m_3]$中，总共有 $m_1\times m_2\times m_3$ 个数组元素，每一个数组元素 $a[i][j][k]$（$0\leqslant i\leqslant m_1-1$，$0\leqslant j\leqslant m_2-1$，$0\leqslant k\leqslant m_3-1$）同时处于三个向量之中。若把三维数组比作一本书，第一维相当于页，称为页向量，一旦页号 i 确定，第二维、第三维就相当于从属于该页的一个二维数组，j 表示第 j 个行向量，k 表示第 k 个列向量。这样，数组元素 $a[i][j][k]$在数组中的位置应由下标的三元组$[i][j][k]$唯一确定。如果要想把三维数组 $a[m_1][m_2][m_3]$用一个一维数组来表示，也需要先确定各数组元素的排列顺序。一种方式是下标从左到右优先顺序，即下标变动得最快的是第三维。在这种情况下，对于某一个固定的下标 i 来说，将有 $m_2\times m_3$ 个数组元素。对于任一数组元素 $a[i][j][k]$来说，每变动一个 i，行下标 j 和列下标 k 将重新变动。设 $a[0][0][0]$的起始地址为 p，每一个数组元素占 l 个单元，则 $a[i][j][k]$的起始地址为

$$
\begin{aligned}
\mathrm{loc}(i, j, k) &= p+ (\mathrm{loc}(i, 0, 0) + j\times m_3+k)\times l \\
&= p+(\mathrm{loc}(i-1, 0, 0)+m_2\times m_3+j\times m_3+k)\times l \\
&= p+(\mathrm{loc}(i-2, 0, 0)+2\times m_2\times m_3+j\times m_3+k)\times l \\
&= \cdots \\
&= p+(\mathrm{loc}(0, 0, 0)+i\times m_2\times m_3+j\times m_3+k)\times l \\
&= p+(i\times m_2\times m_3+j\times m_3+k)\times l
\end{aligned}
$$

推而广之，对于 n 维数组 $a[m_1][m_2]\cdots[m_n]$来说，若设其头一个数组元素 $a[0][0]\cdots[0]$的起始地址为 p，每一个数组元素占 l 个单元，那么，任意一个数组元素 $a[i_1][i_2]\cdots[i_n]$的存储地址为

$$
\begin{aligned}
\mathrm{loc}(i_1, i_2,\cdots, i_n) &= p+(\mathrm{loc}(0, 0,\cdots, 0)+ i_1\times m_2\times m_3\times\cdots\times m_n \\
&\quad +i_2\times m_3\times\cdots\times m_n +\cdots+ i_{n-1}\times m_n + i_n)\times l \\
&= p+\left[\left(\sum_{j=1}^{n-1} i_j \times \prod_{k=j+1}^{n} m_k\right)+i_n\right]\times l
\end{aligned}
$$

另一种方式是下标从右到左优先的顺序，即下标变动得最快的是第一维，相关推导留给读者去完成。

稀疏矩阵的三元组表示及转置算法

5.3　稀 疏 矩 阵

在求解科学和工程计算问题时常常会接触到矩阵这类对象。矩阵本身就是一个二维数组。对于一个矩阵来说，如果零元素或相同元素较多时，仍采用 5.2 节所述的存储方式来存储的话，就会使大量的存储空间存放同一个值，从而造成存储空间的浪费。在本节中将讨论如何对这种矩阵进行压缩存储，以及基本操作的实现。

通常将零元素非常多的矩阵称为稀疏矩阵。显然，关于“稀疏”的定义是无法精确给出的，只是一种凭直觉得到的概念。因为稀疏矩阵是非零元素很少的矩阵，所以只要存储非零元素即可。整个稀疏矩阵的存储既可以采用顺序结构存储，也可以采用链式结构存储。

5.3.1　非零元素的三元组定义

对于稀疏矩阵中的非零元素可以用一个三元组<row,col,value>来表示，这个三元组分别表示非零元素的行号、列号和元素值。具体定义如下：

```
template<class ElemType>
struct Triple
{
//数据成员
    int row, col;                       //非零元素的行下标与列下标
    ElemType value;                     //非零元素的值
//构造函数
    Triple(){};                         //无参数的构造函数
    Triple(int r, int c, ElemType v);   //有参数的构造函数
};
```

其中，有参数的构造函数根据参数 r、c、v 的值初始化三元组，其实现如下：

```
template<class ElemType>
Triple<ElemType>::Triple(int r, int c, ElemType v)
{
    row=r;                                   //初始化行号
    col=c;                                   //初始化列号
    value=v;                                 //初始化非零元素值
}
```

5.3.2 三元组顺序表

稀疏矩阵中所有非零元素三元组构成了一个三元组表，该三元组表是一个线性表。采用顺序存储结构存储的三元组表称为三元组顺序表。在三元组顺序表中，矩阵非零元素的三元组按照其在矩阵中的位置，以行优先的顺序依次存放，并给出行数、列数和非零元素的个数。

1. 三元组顺序表类模板的定义

在稀疏矩阵的三元组顺序表类模板中的数据成员包括存储稀疏矩阵的三元组的数组（三元组表）triElems、三元组表的最大容量（允许的非零元素最大个数）、稀疏矩阵的行数 rows、列数 cols 和非零元素个数 num，其具体定义如下：

```
template<class ElemType>
class TriSparseMatrix
{
protected:
//稀疏矩阵三元组顺序表的数据成员
    Triple<ElemType> *triElems;          //存储稀疏矩阵的三元组表
    int maxSize;                         //非零元素的最大个数
    int rows, cols, num;                 //稀疏矩阵的行数，列数及非零元素个数
public:
//稀疏矩阵三元组顺序表的函数成员
    TriSparseMatrix(int rs=DEFAULT_SIZE, int cs=DEFAULT_SIZE,
         int size=DEFAULT_SIZE);
    //构造一个 rs 行 cs 列非零元素最大个数为 size 的空稀疏矩阵
    ~TriSparseMatrix();                  //析构函数
    int GetRows() const;                 //返回稀疏矩阵行数
    int GetCols() const;                 //返回稀疏矩阵列数
    int GetNum() const;                  //返回稀疏矩阵非零元素个数
    Status SetElem(int r, int c, const ElemType &v);
                                         //修改指定位置的元素值
    Status GetElem(int r, int c, ElemType &v);  //取指定位置的元素值
    TriSparseMatrix(const TriSparseMatrix<ElemType> &copy);
                                         //复制构造函数
    TriSparseMatrix<ElemType> &operator =(const TriSparseMatrix
        <ElemType>&copy);                //赋值运算符重载
    void SimpleTranspose(TriSparseMatrix<ElemType> &b);
    //稀疏矩阵的简单转置算法
    void FastTranspose(TriSparseMatrix<ElemType> &b);
```

```
        //稀疏矩阵的快速转置算法
    };
```

2. 转置函数的实现

在三元组顺序表类模板中定义了一些常用的函数成员，这里仅介绍矩阵转置算法的实现，其余函数成员的实现读者可以自行查看相关代码。图 5-7 所示为稀疏矩阵 ***M*** 及其转置矩阵 ***N***。显然，一个稀疏矩阵的转置矩阵仍然是稀疏矩阵。

$$\boldsymbol{M}=\begin{bmatrix} 15 & 0 & 0 & 22 & 0 & -5 \\ 0 & 11 & 3 & 0 & 0 & 0 \\ 0 & 0 & 0 & 6 & 0 & 0 \\ 0 & 0 & 0 & 0 & 0 & 0 \\ 91 & 0 & 0 & 0 & 0 & 0 \\ 0 & 7 & 0 & 0 & 0 & 0 \\ 0 & 0 & 28 & 0 & 0 & 0 \end{bmatrix}$$

（a）矩阵 ***M***

$$\boldsymbol{N}=\begin{bmatrix} 15 & 0 & 0 & 0 & 91 & 0 & 0 \\ 0 & 11 & 0 & 0 & 0 & 7 & 0 \\ 0 & 3 & 0 & 0 & 0 & 0 & 28 \\ 22 & 0 & 6 & 0 & 0 & 0 & 0 \\ 0 & 0 & 0 & 0 & 0 & 0 & 0 \\ -5 & 0 & 0 & 0 & 0 & 0 & 0 \end{bmatrix}$$

（b）***M*** 的转置矩阵 ***N***

图 5-7　稀疏矩阵

图 5-8 给出了存储稀疏矩阵 ***M*** 及其转置矩阵 ***N*** 的三元组顺序表 *a* 和 *b*。下面讨论从 *a* 得到 *b* 的转置算法。

	row	col	value
triElems[0]	0	0	15
[1]	0	3	22
[2]	0	5	−5
[3]	1	1	11
[4]	1	2	3
[5]	2	3	6
[6]	4	0	91
[7]	5	1	7
[8]	6	2	28

(a.rows=7, a.cols=6, a.num=9)

（a）三元组顺序表 *a*

	row	col	value
triElems[0]	0	0	15
[1]	0	4	91
[2]	1	1	11
[3]	1	5	7
[4]	2	1	3
[5]	2	6	28
[6]	3	0	22
[7]	3	2	6
[8]	5	0	5

(b.rows=6, b.cols=7, b.num=9)

（b）三元组顺序表 *b*

图 5-8　用三元组表存储稀疏矩阵及其转置矩阵

一个简单的方法就是把三元组顺序表 *a* 中各三元组的 row 与 col 的内容互换，然后再按照新的 row 中的行号从小到大重新排放。该转置算法实际上就是按照 ***M*** 的列序来进行转置，即把矩阵 ***M*** 的第 0 列的所有元素找出来，并转置，把结果存到矩阵 ***N*** 的第 0 行；再把矩阵 ***M*** 的第一列的所有元素找出来，并转置，把结果存到矩阵 ***N*** 的第一行；依次执行，直到所有元素转换完毕为止。为了找到 ***M*** 的某一列中所有的非零元素，需要对 ***M*** 的三元组顺序表整个扫描一遍，共须扫描 cols 遍。由于 ***M*** 的三元组顺序表是以行序为主序来存放非零元素的，由此得到的恰是 b.triElems 应有的顺序。

在此称这个算法为简单转置算法，该算法的实现如下：

```
template<class ElemType>
void TriSparseMatrix<ElemType>::SimpleTranspose(TriSparseMatrix<ElemType> &b)
{
    b.rows=cols; b.cols=rows;
    b.num=num; b.maxSize=maxSize;
    delete[]b.triElems;
    b.triElems=new Triple<ElemType>[b.maxSize];
    if (b.num>0) {
        int i=0;                        //稀疏矩阵 b 的下一个三元组的存放位置
        for (int col=0; col<cols; col++)
            for (int j=0; j<num; j++) //查找原矩阵中第 col 列的三元组
                if (triElems[j].col==col) {
                    b.triElems[i].row=triElems[j].col;
                    b.triElems[i].col=triElems[j].row;
                    b.triElems[i].value=triElems[j].value;
                    i++;
                }
    }
}
```

在这个简单转置算法中，其主要的工作由两个嵌套的循环完成，其时间复杂度为 $O(\text{cols}\times\text{num})$。

下面再介绍另一种矩阵转置算法。它按照原矩阵中三元组的次序进行转置，并将转置后的三元组放置到 b 中恰当的位置。它要求预先确定矩阵 $\boldsymbol{M}$ 中每一列（即 $\boldsymbol{N}$ 中每一行）的第一个非零元素在 b.triElems 中应有的位置，在对原矩阵中的三元组依次转置时，可直接放到 b.triElems 中恰当的位置处。为了确定这些位置，在转置前应先求得 $\boldsymbol{M}$ 的每一列中非零元素的个数，进而就可求得 $\boldsymbol{M}$ 的每一列的第一个非零元素在 b.triElems 中应有的位置。在算法中用数组 cNum 存放原矩阵中每一列的非零元素个数，用数组 cPos 存放原矩阵中每一列的第一个非零元素在 b 中的存储位置。

在此称这个算法为快速转置算法，该算法的实现如下：

```
template<class ElemType>
void TriSparseMatrix<ElemType>::FastTranspose(TriSparseMatrix<ElemType> &b)
{
    b.rows=cols; b.cols=rows;
    b.num=num; b.maxSize=maxSize;
    delete[]b.triElems;
    b.triElems=new Triple<ElemType>[b.maxSize];
    int *cNum=new int[cols+1];          //存放原矩阵中每一列的非零元素个数
    int *cPos=new int[cols+1];
                             //存放原矩阵中每一列的第一个非零元素在 b 中的存储位置
    int col, i;
    if(b.num>0)  {
        for(col=0; col<cols; col++) cNum[col]=0;//初始化 cNum
        for(i=0; i<num; i++)
            ++cNum[triElems[i].col];       //统计原矩阵中每一列的非零元素个数
        cPos[0]=0;                    //第一列的第一个非零元素在 b 中存储的起始位置
```

```
            for(col=1; col<cols; col++)
                //循环求每一列的第一个非零元素在 b 中存储的起始位置
                cPos[col]=cPos[col-1]+cNum[col-1];
            for(i=0; i<num; i++){      //循环遍历原矩阵中的三元组
                int j=cPos[triElems[i].col];
                //j 用于表示 b 当前列的下一个非零元素三元组的存储位置
                b.triElems[j].row=triElems[i].col;
                b.triElems[j].col=triElems[i].row;
                b.triElems[j].value=triElems[i].value;
                ++cPos[triElems[i].col];
                //计算 b 当前列的下一个非零元素三元组的存储新位置
            }
        }
        delete []cNum;
        delete []cPos;
    }
```

在这个快速转置算法中，其主要的工作由四个并列的循环完成，其时间复杂度为 $O(\mathrm{num})$。

5.3.3　十字链表

当矩阵中非零元素的位置或个数经常变动时，三元组顺序表就不再适合作为稀疏矩阵的存储结构了。例如，进行两个矩阵 $\boldsymbol{A}$ 与 $\boldsymbol{B}$ 的加法，把结果保存到 $\boldsymbol{A}$ 中，将会引起非零元素的变化，并导致非零元素的插入和删除。此时，采用链式存储结构更好一些。

稀疏矩阵的十字链表由行链表和列链表组成，每个非零元素既处于行链表中，又处于列链表中，形如十字，因此取名十字链表。这里的行链表和列链表都用不带头结点的单链表表示。

1. 十字链表中非零元素结点类模板的定义

十字链表中非零元素结点类模板定义为 CrossNode，其中除包含非零元素的三元组 triElem 外，还有 down 和 right 两个指针域，down 域指向同一列的下一个非零元素结点，right 域指向同一行的下一个非零元素结点。具体定义和实现如下：

```
    #include "triple.h"                          //三元组类
    //十字链表非零元素结点类模板
    template<class ElemType>
    struct CrossNode
    {
    //数据成员
        Triple<ElemType> triElem;                //三元组
        CrossNode<ElemType> *right, *down;       //行表与列表的后继指针域
    //构造函数
        CrossNode();
        CrossNode(const Triple<ElemType> &e, CrossNode<ElemType> *rLink=NULL,
            CrossNode<ElemType> *dLink=NULL);
    };
```

```
//十字链表非零元素结点类模板的实现部分
template<class ElemType>
CrossNode<ElemType>::CrossNode()
{
    right=NULL;
    down=NULL;
}

template<class ElemType>
CrossNode<ElemType>::CrossNode(const Triple<ElemType> &e,
    CrossNode<ElemType> *rLink, CrossNode<ElemType> *dLink)
{
    triElem.row=e.row;
    triElem.col=e.col;
    triElem.value=e.value;
    right=rLink;
    down=dLink;
}
```

2. 稀疏矩阵十字链表类模板的定义

前面介绍到，对于矩阵的每一行和每一列都用一个不带表头的单链表来表示，每个行链表或列链表都有一个头指针指向，所有的行链表头指针放在数组 rowHead 中，所有的列链表头指针放在数组 colHead 中。例如，对于图 5-9（a）所示的稀疏矩阵，其十字链表表示如图 5-9（b）所示。

$$\begin{bmatrix} 0 & 0 & 11 & 0 & 0 & 13 & 0 \\ 12 & 0 & 0 & 0 & 0 & 0 & 14 \\ 0 & -4 & 0 & 0 & 0 & -8 & 0 \\ 0 & 0 & 0 & 0 & 0 & 0 & 0 \\ 0 & 0 & 0 & 0 & 0 & 0 & 0 \\ 0 & -9 & 0 & 0 & 0 & 0 & 0 \end{bmatrix}$$

（a）稀疏矩阵

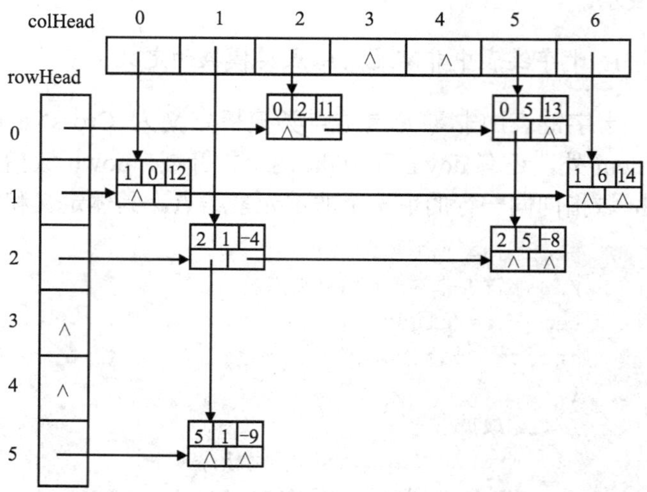

（b）十字链表

图 5-9　稀疏矩阵及其十字链表表示

在稀疏矩阵十字链表类模板中，数据成员除了 rowHead 和 colHead 两个行列链表表头数组外，还定义了 rows、cols 和 num 三个数据成员，分别表示稀疏矩阵的行数、列数及非零元素个数。下面给出稀疏矩阵十字链表类模板的定义。

```
//稀疏矩阵十字链表类模板
template <class ElemType>
class CrossList
{
protected:
//稀疏矩阵十字链的数据成员
   CrossNode<ElemType> **rowHead, **colHead;     //行列链表表头数组
   int rows, cols, num;                         //稀疏矩阵的行数、列数及非零元素个数
public:
//稀疏矩阵十字链的函数成员
   CrossList(int rs=DEFAULT_SIZE, int cs=DEFAULT_SIZE);
      //构造一个 rs 行 cs 列的空稀疏矩阵
   ~CrossList();                                   //析构函数
   void Clear();                                   //清空稀疏矩阵
   int GetRows()const{return rows;};               //返回稀疏矩阵行数
   int GetCols()const{return cols;};               //返回稀疏矩阵列数
   int GetNum()const{return num;};                 //返回稀疏矩阵非零元素个数
   Status SetElem(int r, int c, const ElemType &v);  //修改指定位置的元素值
   Status GetElem(int r, int c, ElemType &v);      //取指定位置的元素值
   CrossList(const CrossList<ElemType> &b);        //复制构造函数
   CrossList<ElemType> &operator=(const CrossList<ElemType> &b);
      //重载赋值运算符
   CrossList<ElemType> operator+(const CrossList<ElemType> &b);
      //重载加法运算符
};
```

3. 十字链表部分函数成员的实现

在上面的稀疏矩阵十字链表类模板中定义了一些常用的函数成员，这里仅介绍修改指定位置的元素值、取指定位置的元素值和重载加法运算符三个函数成员的实现，其余函数成员的实现读者可以查看相应的代码。

（1）修改指定位置的元素值

在函数 SetElem(int r, int c, const ElemType &v)中，r 表示元素所在的行，c 表示元素所在的列，v 表示修改的结果值。如果 v 为 0，也就是要把指定位置的值改为 0。这时需要考虑两种情况：一种情况是原矩阵该位置的元素为 0 元素，则此时不做任何操作；另一种情况是原矩阵该位置的元素为非零元素，则此时需要把该位置的元素结点从十字链表中删除。如果 v 不为 0，此时也需要考虑两种情况：一种情况是原矩阵该位置的元素为 0 元素，则需要在十字链表中插入一个结点，存放该元素值；另一种情况是原矩阵该位置的元素为非零元素，则只需要把该位置的元素结点值进行修改。该算法的 C++实现如下：

```
template <class ElemType>
Status CrossList<ElemType>::SetElem(int r, int c, const ElemType &v)
{
  if (r>=rows||c>=cols||r<0||c<0)
     return RANGE_ERROR;                       //下标范围错
  CrossNode<ElemType> *pre, *p;
  if (v==0) {                                  //把第 r 行、第 c 列的值修改为零
     pre=NULL; p=rowHead[r];                   //p 指向相应结点，pre 为 p 的前驱结点
```

```
        while (p!=NULL&&p->triElem.col<c) {
          pre=p;
          p=p->right;
        }
        //原来的元素为非零元素，则删除 p 结点
        if (p!=NULL&&p->triElem.col==c) {
          //修改相应行中结点的指针
          if (rowHead[r]==p)
            rowHead[r]=p->right;
          else
            pre->right=p->right;
          //修改相应列中结点的指针
          if (colHead[c]==p)
             colHead[c]=p->down;
          else {
            pre=colHead[c];
            while (pre->down!=p)
               pre=pre->down;
            pre->down=p->down;
          }
          delete p;
          num--;                              //删除结点，非零元素个数减一
        }
    }
    else {  //把第 r 行、第 c 列的元素值修改为非零元素
      pre=NULL; p=rowHead[r];             //p 指向相应结点，pre 为 p 的前驱结点
      while (p!=NULL&&p->triElem.col<c) {
         pre=p;  p=p->right;
      }
      //原来的结点为非零元素，则直接修改其值
      if (p!=NULL&&p->triElem.col==c)
         p->triElem.value==v;
      else { //原来的结点为 0 元素，则需要插入结点
         Triple<ElemType> e(r, c, v);
         CrossNode<ElemType> *ePtr=new CrossNode<ElemType>(e);
         //把结点插入相应的行中
         if (rowHead[r]==p)
             rowHead[r]=ePtr;
         else
             pre->right=ePtr;
         ePtr->right=p;
         //把结点插入相应的列中
         pre=NULL; p=colHead[c];
         while (p!=NULL&&p->triElem.row<r) {
             pre=p;
             p=p->down;
         }
         if (colHead[c]==p)
             colHead[c]=ePtr;
         else
             pre->down=ePtr;
         ePtr->down=p;
```

```
            num++;                          //完成插入结点后非零元素个数加一
        }
    }
    return SUCCESS;                         //返回修改成功
}
```

（2）取指定位置的元素值

根据给定的行号 r 在第 r 行链表中查找列号为 c 的元素结点，如果找到该结点，则通过参数 v 返回该结点的元素值；否则，通过参数 v 返回 0。该算法的实现如下：

```
template <class ElemType>
Status CrossList<ElemType>::GetElem(int r, int c, ElemType &v)
{
    if (r>=rows||c>=cols||r<0||c<0)
        return RANGE_ERROR;                         //下标范围错
    CrossNode<ElemType> *p;
    for (p=rowHead[r]; p!=NULL&&p->triElem.col<c; p=p->right);
        //寻找在第 r 行链表中的三元组位置
    if (p!=NULL&&p->triElem.col==c)                 //找到三元组
         v=p->triElem.value;
    else                                            //未找到三元组
         v=0;               //不存在指定位置(r, c)的三元组，表示其为 0 元素
    return SUCCESS;
}
```

（3）重载加法运算符

如果当前稀疏矩阵 a 和被加的稀疏矩阵 b 的行数或列数不相等，则抛出异常；否则，先定义一个临时的稀疏矩阵十字链表对象 temp，然后逐行将当前的稀疏矩阵和被加的稀疏矩阵中的非零元素相加，存放到临时稀疏矩阵 temp 中。在一行非零元素的相加过程中，利用两个搜索指针 p 和 q 分别从两个矩阵当前行的第一个非零元素结点开始处理。

如果 p 和 q 都不空，比较 p 和 q 所指结点的列号（col）值。将比较结果分三种情况分别处理：第一种情况是 p 所指结点的列号小，则把 p 所指的结点插入 temp 中，且移动 p 指向所在行中的下一个非零元素结点；第二种情况是 q 所指结点的列号小，则把 q 所指的结点插入 temp 中，且移动 q 指向所在行中的下一个非零元素结点；第三种情况是 p 和 q 所指结点的列号相等，则把这两个结点的元素值相加，如果相加的结果不为零，就把该元素的结点插入 temp 中，完成相加处理后同时移动指针 p 和 q 指向它们所在行中的下一个非零元素结点。

当 p 和 q 中有一个指针为空时，说明指针为空的那个矩阵当前行中所有非零元素都已经处理完成，此时需要把另一个（指针非空）矩阵当前行中剩下的非零元素结点全部插入 temp 中。

当 p 和 q 都为空时，说明当前行已经完成相加处理，可以进行下一行的加法处理。直到完成所有行的相加运算，算法就完成了任务，返回 temp。

该算法的具体实现如下：

```
template <class ElemType>
CrossList<ElemType> CrossList<ElemType>::operator+(const CrossList
       <ElemType> &b)
{
```

```
    if (rows!=b.rows||cols!=b.cols)
        throw Error("行数或列数不相等!");     //抛出异常
    CrossList<ElemType> temp(b.rows, b.cols);
    ElemType v;
    CrossNode<ElemType> *p, *q;
    for (int i=0; i<rows; i++) {
        p=rowHead[i]; q=b.rowHead[i];
        while (p!=NULL&&q!=NULL)
           if (p->triElem.col<q->triElem.col) {
              temp.SetElem(p->triElem.row, p->triElem.col, p->triElem.value);
              p=p->right;
           }
           else  if (p->triElem.col>q->triElem.col) {
              temp.SetElem(q->triElem.row, q->triElem.col, q->triElem.value);
              q=q->right;
           }
           else {
              v=p->triElem.value+q->triElem.value;
              if (v!=0)
                 temp.SetElem(q->triElem.row, q->triElem.col, v);
              p=p->right;
              q=q->right;
           }
        while (p!=NULL) {
           temp.SetElem(p->triElem.row, p->triElem.col, p->triElem.value);
           p=p->right;
        }
        while (q!=NULL) {
           temp.SetElem(q->triElem.row, q->triElem.col, q->triElem.value);
           q=q->right;
        }
    }
    return temp;
}
```

5.4 广　义　表

广义表的概念及存储方法

前几章所介绍的线性表、栈、队列、数组等数据结构都是线性结构，结构中的元素都是同一类型的数据元素。本节所讨论的广义表中元素的数据类型将放宽这一限制，允许表中元素自身也可以是表。广义表是线性表的推广，也有人称其为列表（lists，用复数形式以示与统称的表 list 的区别）。

5.4.1 广义表的定义

广义表 LS 是由 $n \geqslant 0$ 个表元素 $a_1, a_2, \cdots, a_n$ 组成的有限序列，其中表元素 a_i（$1 \leqslant i \leqslant n$）可

以是一个数据元素（可称为单元素或原子），也可以是一个表（称为子表）。记作

$$LS=(a_1,a_2,\cdots,a_n)$$

其中，LS 是表名，表的长度为 n。长度为 0 的广义表为空表。一般用大写字母表示表名，用小写字母表示数据元素。如果 $n\geqslant1$，则称 a_1 为广义表 LS 的表头（head），称$(a_2,\cdots,a_n)$为广义表 LS 的表尾（tail）。

广义表的定义是递归的，因为在表的描述中又用到了表，允许表中有表。这种递归的定义能够描述庞大而复杂的结构。下面是一些广义表的例子。

1）$A=(\,)$：A 是空表，它的长度为零。

2）$B=(e)$：B 是一个单元素表，它的长度为 1。head$(B)=e$，tail$(B)=(\,)$。

3）$C=(a, (b, c, d))$：C 的长度为 2，两个表元素分别为单元素 a 和子表(b, c, d)。head$(C)=a$，tail$(C)=((b, c, d))$。

4）$D=(A, B, C)$：D 的长度为 3，三个表元素都是子表。head$(D)=A$，tail$(D)=(B, C)$。

5）$E=(a, E)$：E 的长度为 2，E 是一个递归表，它对应于无限表 $E=(a, (a, (a,\cdots)))$。head $(E)=a$，tail$(E)=(E)$。

广义表中括号的重数即为广义表的深度，空表的深度为 1。前述的例子中 A 的深度为 1，B 的深度为 1，C 的深度为 2，D 的深度为 3，E 的深度为无穷大。广义表和线性表一样，各元素在表中是有次序的。一个广义表可由其他表共享，如表 A、B、C 被 D 共享。广义表还可以是递归的，像表 E 这样的表本身就是自己的子表。

5.4.2　广义表的存储结构

通常，广义表采用链式存储结构，简称广义链表。由于广义表中的元素可能是原子元素，也可能是子表元素，因此在广义链表的结点中要区分这两种情况，分别存放原子元素的信息或子表的信息。另外，为了实现存储结构的共享，可以采用带头结点的链表，并在头结点中记录该广义表的引用次数。因此，在广义链表中结点由以下三个域组成。

第一个域是 tag 域，tag=HEAD（HEAD 的序号为 0），表示此结点是广义表存储结构的专用表头结点；tag=ATOM（ATOM 的序号为 1），表示此结点是单元素结点；tag=LIST（LIST 的序号为 2），表示此结点为子表结点。

第二个域是一个共用体 ref/data/hlink，它由其 tag 域确定，当 tag=HEAD 时，ref 中存放引用计数，记录该广义表被引用的次数；当 tag= ATOM 时，即为 data 域，此处假设存放原子数据；当 tag= LIST 时，即为 hlink 域，用来存放指向子表表头的指针。

第三个域是 tlink 域，当 tag=HEAD 时，该指针域存放指向该广义表表头元素结点的指针；当 tag≠HEAD 时，用来存放指向同一层下一个结点的指针。这种结点的结构如图 5-10 所示。

tag=0/1/2	ref/data/hlink	tlink

图 5-10　广义表链式存储结点的结构

下面给出采用这种链式存储结构对前面给出的五个广义表的表示，具体如图 5-11 所示。

广义表的这种链式存储表示有如下特点。

1）广义表中的所有表，不论是哪一层的子表，都带有一个表头结点，空表也不例外。

2）表中结点的层次分明。所有位于同一层的表元素，在其存储表示中也在同一层。

3）最高一层的元素结点个数（除表头结点外）即为表的长度。

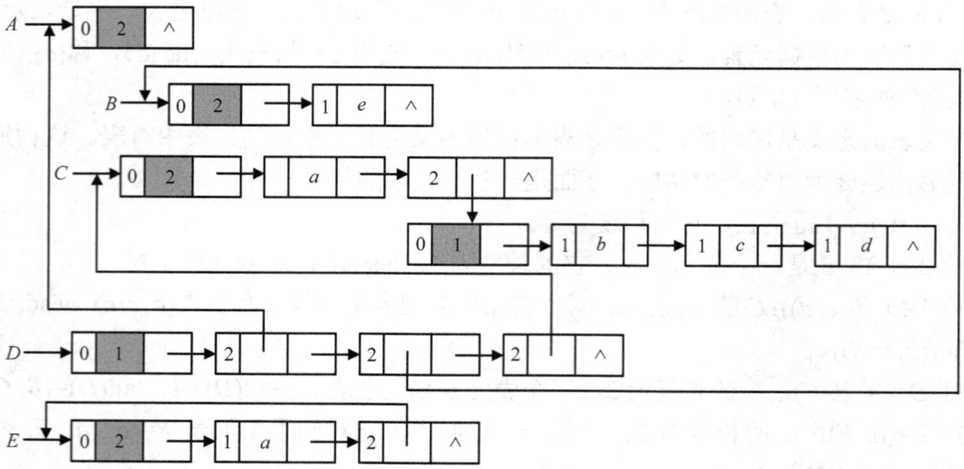

图 5-11　广义表的存储结构示例

1. 广义链表的结点类模板定义

根据上面的介绍，在广义链表中有三种结点，为此先定义一个枚举类型区分这三种情况，其定义如下：

```
enum GenListNodeType {HEAD, ATOM, LIST};
```

有了这个结点的枚举类型，下面就可以定义广义链表中的结点类模板。

```
template<class ElemType>
struct GenListNode
{
//数据成员
   GenListNodeType tag;
   //标志域，HEAD(0):头结点，ATOM(1):原子结构，LIST(2):表结点
   GenListNode<ElemType> *tlink;          //指向同一层中的下一个结点指针域
   union
       {
       int ref;                            //tag=HEAD，存放广义表的引用数
       ElemType atom;                      //tag=ATOM，存放原子结点的数据域
       GenListNode<ElemType> *hlink;       //tag=LIST，存放指向子表的指针域
       };
//构造函数
   GenListNode(GenListNodeType tag=HEAD,
   GenListNode<ElemType> *next=NULL);//由标志 tag 和指针 next 构造广义表结点
};
```

其中，构造函数的实现比较简单，这里就不介绍了，读者可以查看头文件 GenNod.h。

2. 广义链表类模板的定义

在广义链表类模板中只定义一个数据成员 head，它始终指向广义链表的头结点；函数

成员包括构造函数、析构函数、求广义表长度、广义表深度以及插入和删除运算等，其具体定义如下：

```
template<class ElemType>
class GenList
{
protected:
//广义表类模板的数据成员
    GenListNode<ElemType> *head;                    //广义表头指针
//辅助函数
    void ShowHelp(GenListNode<ElemType> *hd) const;
      //显示以 hd 为头结点的广义表
    int DepthHelp(const GenListNode<ElemType> *hd);
      //计算以 hd 为表头的广义表深度
    void ClearHelp(GenListNode<ElemType> *hd);
      //释放以 hd 为表头的广义表结构
    void CopyHelp(const GenListNode<ElemType> *sourceHead,
    GenListNode<ElemType> *&destHead);
      //将以 destHead 为头结点的广义表复制成以 sourceHead 为头结点的广义表
    static void CreateHelp(GenListNode<ElemType> *&first);
      //创建以 first 为头结点的广义表
public:
//广义表类模板的函数成员
    GenList();                                      //无参数的构造函数
    GenList(GenListNode<ElemType> *hd);             //由头结点指针构造广义表
    ~GenList();                                     //析构函数
    GenListNode<ElemType> *First() const;           //返回广义表的第一个元素
    GenListNode<ElemType> *Next(GenListNode<ElemType> *p) const;
      //返回 p 指向的广义表元素的后继
    bool IsEmpty() const;                           //判断广义表是否为空
    void Insert(const ElemType &e);                 //在表头插入原子元素
    void Insert(GenList<ElemType> &subList);        //在表头插入子表元素
    Status Delete(int i);                           //删除广义表中第 i 个元素
    int GetDepth();                                 //计算广义表深度
    int GetLength();                                //求广义表长度
    GenList(const GenList<ElemType> &g);            //复制构造函数
    GenList<ElemType> &operator =(const GenList<ElemType> &g);
                                                    //赋值语句重载
    void Input(void);                               //输入广义表
    void Show(void);                                //显示广义表
};
```

下面具体介绍广义链表中部分相对复杂的函数成员的实现，其他函数的实现请读者参看头文件 GenList.h。

（1）求以 hd 为表头的广义表深度

非空广义表的深度定义为广义表中括号的重数，空表也是广义表，其深度为 1。设非空广义表为 LS（$\alpha_1,\alpha_2,\cdots,\alpha_n$），其中每个 α_i（$1\leqslant i\leqslant n$）或者是单元素，或者是子表。这样，求

LS 的深度可分解为 n 个子问题，每个子问题为求 α_i 的深度。若 α_i 是单元素，则 α_i 的深度为 0；若 α_i 是子表，则可继续对 α_i 进行分解、求解，最终可得 LS 的深度为各 α_i 的深度的最大值加 1。

显然，求广义表深度的递归过程有两个递归结束条件：单元素和空表。只要能够求得各个 α_i 的深度，就能求得广义表 LS 的深度。因此对于非递归广义表的深度，可给出如下定义：

$$\text{depth (LS)} = \begin{cases} 1 & \text{LS为空表} \\ 0 & \text{LS是单元素} \\ 1+\max\{\text{depth }(\alpha_1),\cdots,\text{depth}(\alpha_n)\} & \text{LS 是表}(\alpha_1,\alpha_2,\cdots,\alpha_n),\ n\geqslant 1 \end{cases}$$

例 5-3 求如下广义表的深度。

$G(A(a, b, c), B(A(a, b, c), C(u, (x, y, z)), D()))$

按递归算法分析如下：

depth(G)=1+max{depth(A), depth(B)}

depth(A)=1+ max{depth(a), depth (b), depth (c)}=1+0=1

depth(B)=1+max{depth(A), depth(C), depth(D)}

depth(C)=1+max{depth(u), depth((x, y, z)) }

depth(D)=1

depth(u)=0

depth((x, y, z))=1+max{depth(x), depth(y), depth(z)}=1

depth(C)=1+max{depth(u), depth((x, y, z))}=1+max{0, 1}=2

depth(B)=1+max{depth(A), depth(C), depth(D)}=1+max{1, 2, 1}=3

depth(G)=1+max{depth(A), depth(B)}=1+max{1, 3}=4

如果广义表 hd 是空表，则返回 1；否则，依次求广义表中每个元素的深度（原子元素的深度为 0），求元素深度的最大值，再加 1 就是所求广义表的深度。

```
template <class ElemType>
int GenList<ElemType>::DepthHelp(const GenListNode<ElemType> *hd)
{
   if (hd->tLink==NULL) return 1;      //空广义表的深度为1
   int subMaxDepth=0;                  //子表最大深度，初始为0
   for (GenListNode<ElemType> *p=hd->tLink; p!=NULL; p=p->tLink)
   {  //求子表的最大深度
      if (p->tag==LIST) {              //p为子表元素
          int curSubDepth=DepthHelp(p->hLink);   //求子表深度
          if (subMaxDepth<curSubDepth) subMaxDepth=curSubDepth;
      }
   }
   return subMaxDepth+1;               //广义表深度为子表元素最大深度加1
}
```

（2）释放以 hd 为表头的广义表

先把广义表 hd 的引用数减 1，如果减 1 后 hd 的引用数为 0，则释放广义表 hd 的所有结点。

```
template <class ElemType>
```

```
void GenList<ElemType>::ClearHelp(GenListNode<ElemType> *hd)
{
    hd->ref--;                                  //引用数自减 1
    if (hd->ref==0) {                           //引用数为 0，释放结点所占用空间
      GenListNode<ElemType> *pre=hd, *p;        //临时变量
      for (p=hd->tLink; p!=NULL; p=p->tLink) {     //扫描广义表 hd 的顶层
         delete pre;                            //释放 pre
         pre=p;
         if (p->tag==LIST)                      //p 为子表
            ClearHelp(p->hLink);                //释放子表
      }
      delete pre;                               //释放尾结点 pre
    }
}
```

（3）复制广义表

函数成员 CopyHelp()将以 sourceHead 为头结点的广义表复制成以 destHead 为头结点的广义表。它要求以 sourceHead 为头结点的广义表为非递归广义表。

先建立目标广义表 destHead 的头结点，再依次根据原广义表中元素的类型复制原子结点或子表结点，对原子元素直接进行元素值的复制，而对子表元素需要递归调用 CopyHelp()函数进行子表的复制。

```
template <class ElemType>
void GenList<ElemType>::CopyHelp(const GenListNode<ElemType> *sourceHead,
   GenListNode<ElemType> *&destHead)
{
   destHead=new GenListNode<ElemType>(HEAD); //新建头结点
   GenListNode<ElemType> *destPtr=destHead, *p;
   destHead->ref=1;                          //引用数为 1
   for (p=sourceHead->tLink; p!=NULL; p=p->tLink)    {
     destPtr=destPtr->tLink=new GenListNode<ElemType>(p->tag);
                                             //生成新结点
     if (p->tag==LIST)
        CopyHelp(p->hLink, destPtr->hLink);  //递归调用，复制子表
     else
        destPtr->atom=p->atom;               //复制原子结点
   }
}
```

下面看广义表 gl=((*a*, *b*), ((*c*, *d*), *e*))的复制过程，广义表 gl 的链表结构如图 5-12 所示。

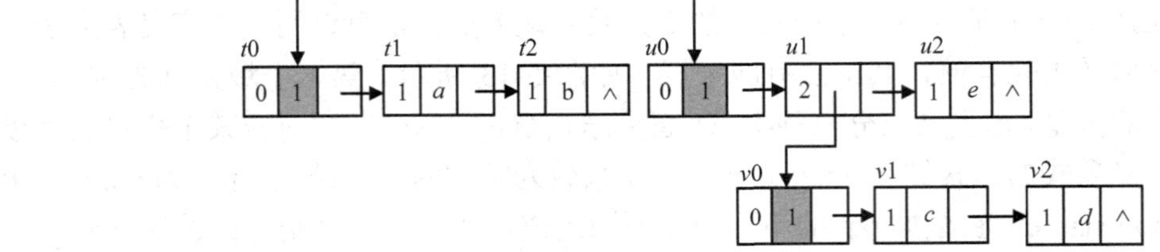

图 5-12　广义表 gl 的链表结构

表 5-1 所示为程序运行过程中指针 gl 的值，从该表中可以看到，每个结点均被访问两次。假设包括表头结点在内，共有 m 个结点，则总的访问次数不超过 $2m$，其计算时间复杂度为 $O(m)$。递归工作栈的深度不超过所有子链表的长度和深度的组合，其上界为 m。

表 5-1 广义表 gl 复制过程中指针 gl 的值变化

gl 的值	递归层	gl 的值	递归层	gl 的值	递归层
*s*0	1（-> tlink）	*u*0	4（-> tlink）	NULL	7（回退）
*s*1	2（-> hlink）	*u*1	5（-> hlink）	*u*2	6（回退）
*t*0	3（-> tlink）	*v*0	6（-> tlink）	*u*1	5（-> tlink）
*t*1	4（-> tlink）	*v*1	7（-> tlink）	*u*0	4（回退）
*t*2	5（-> tlink）	*v*2	8（-> tlink）	*s*2	3（-> tlink）
NULL	6（回退）	NULL	9（回退）	NULL	4（回退）
*t*2	5（回退）	*v*2	8（回退）	*s*2	3（回退）
*t*1	4（回退）	*v*1	7（回退）	*s*1	2（回退）
*t*0	3（回退）	*v*0	6（回退）	*s*0	1（回退）
*s*1	2（-> tlink）	*u*1	5（-> tlink）		
*s*2	3（-> hlink）	*u*2	6（-> tlink）		

5.4.3 *n* 元多项式的表示

在很多实际应用中会用到 n 元多项式，对 n 元多项式如果用线性表表示，会有两个问题：一是对于变元数较少的项，也要按 n 个变元分配存储空间，将造成浪费；二是对 n 值不同的多项式，存储线性表时结点大小也不同，存储管理也就不便。为了避免上述问题，可以用广义表表示 n 元多项式。例如，有如下三元多项式：

$$P(x, y, z)=x^{10}y^3z^2+2x^8y^3z^2+3x^8y^2z^2+x^4y^4z+6x^3y^4z+2yz$$

把 $P(x, y, z)$重新写作

$$P(x, y, z)=((x^{10}+ 2x^8)y^3+3x^8 y^2)z^2+((x^4+6x^3) y^4+2y) z$$

$P(x,y,z)$可以看作是 z 的多项式，即 Az^2+Bz。A 和 B 本身又是(x,y)的二元多项式，如 $A(x, y)=Cy^3+Dy^2$，C 和 D 又为 x 的一元多项式。继续这样分析，可知 P 中的每一个子多项式由一个变元和若干个系数、指数偶对组成，其中每个系数本身可以又是一个多项式。

上述三元多项式可以表示为下面的广义表：

$$P=((A, 2),(B, 1))$$

P 的变元为 z，其中：

$A=((C, 3)$，$(D, 2))$　　$B=((E, 4)$，$(2, 1))$　　A、B 的变元为 y

$C=((1, 10)$，$(2, 8))$　　$D=((3, 8))$

$E =((1, 4)$，$(6, 3))$　　C、D、E 的变元为 x

因此，每个 n 元多项式不论其中的变元数目是多少，都可以用一个广义表来表示。这个广义表用链表来存储，其结点有四个域，如图 5-13 所示。第一个域是标志域 tag，用于表示结点的类型，这里结点分三种类：①表头结点（tag 为 var），它对应某个变量的多项式；②系数为多项式的元素结点（tag 为 ptr）；③系数为常数的元素结点（tag 为 num）。第二个域称为 nodename，它根据 tag 的不同而取不同的值，所以分三种结点：①当 tag 为 var 时，表示该结点是链表的头结点，则 nodename 为 vble 域，存放变元名；②tag 为 ptr 时，则系数本身又是一个多项式，nodename 为 hlink 域，存放指向多项式子链表的指针；③当 tag 为 num 时，nodename 为 coef 域，表示系数是一个实数。第三个域是 exp，对于表头结点，exp 存放 0（也可以考虑存放多项式的引用次数）；对于元素结点，exp 存放变元的指数值。第四个域是 tlink，对于表头结点，tlink 指向多项式的第一项结点；对于元素结点，tlink 指向多项式的下一项结点。

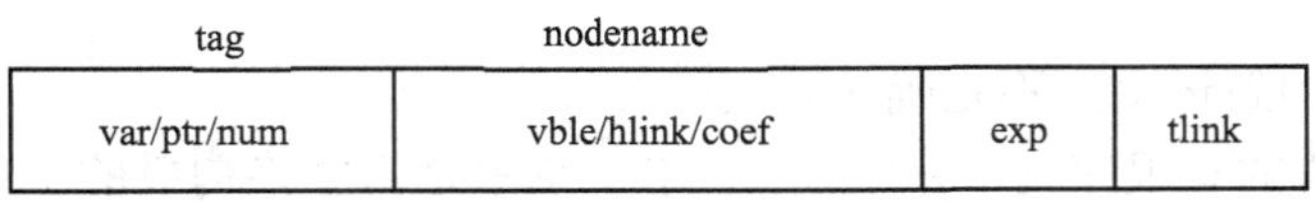

图 5-13　多项式链表结点的结构

根据上面的介绍，在 n 元多项式链表中有三种结点，为此先定义一个枚举类型区分这三种情况，其定义如下：

```
enum Triple { var, ptr, num };
```

有了这个结点的枚举类型，下面就可以定义 n 元多项式链表中的结点类。

```
class PolyNode{                         //多项式结点类定义
    PolyNode *tlink;                    //同一层下一结点的指针域
    int exp;                            //指数域
    Triple tag;                         //标志域
    union {                             //联合体
       char vble;                       //表头结点中存放该链表基于的变元名
       PolyNode *hlink;                 //子表结点中存放指向系数子链表的指针
       int coef;                        //原子结点中存放实数型系数
    };
};
```

这里给出一个简单的多项式：

$$q(x, y) = y^3+3x^2y^2+1.5y+x^3-4$$

其链表表示如图 5-14 所示。

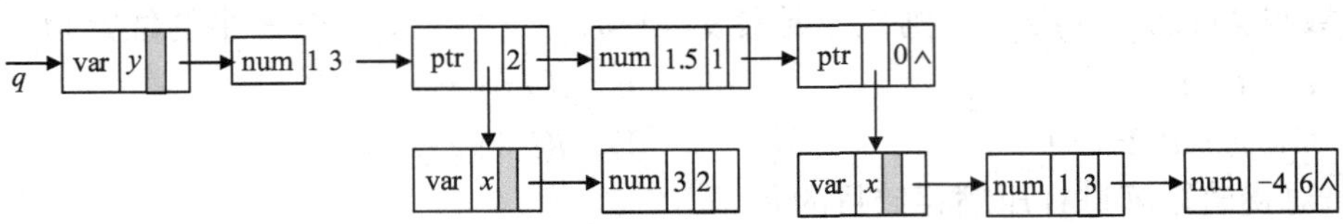

图 5-14　$q(x, y)$的链表表示

设表头指针 q 指示的是一个表头结点，它表明以它打头的一层链表是基于变元 y 的，其 tlink 指示了多项式链表的第一项，tag 为 num，系数为 1，指数为 3。后续的第二项的系数是多项式，tag=ptr，hlink 指向一个链表的表头。后续第三项中 tag 为 num，系数为 1.5，指数为 1。第四项的系数也是一个多项式，指数为 0。对基于 y 的链表中第二个结点的 hlink 所指示的链表，表头结点中 tag=var，该链表是基于变量 x 的，tlink 指向的结点的 tag 为 num，系数为 3，指数为 2。对基于 y 的链表的第四个结点的 hlink 指示的链表亦有类似的表示。

对于 n 元多项式链表的类定义读者可以模仿广义链表的定义完成，其数据成员可以只定义 head，它始终指向 n 元多项式链表的头结点；函数成员可以根据需要来设定。

习 题 5

一、选择题

1．下列关于串的叙述中，不正确的是（　　）。

A．串是字符的有限序列　　B．空串是由空格构成的串

C．模式匹配是串的一种重要运算　　D．串可以采用链式存储

2．设有两个串 p 和 q，其中 q 是 p 的子串，求 q 在 p 中首次出现的位置的算法称为（　　）。

A．插入子串　　B．连接　　C．模式匹配　　D．求串长

3．设 S 为一个长度为 n 的字符串，其中的字符各不相同，则 S 中的互异的非平凡子串（非空且不同于 S 本身）的个数为（　　）。

A．$2n-1$　　B．n^2　　C．$(n^2/2)+(n/2)$　　D．$(n^2/2)+(n/2)-1$

4．二维数组 A 的元素都是由六个字符组成的串，行下标 i 的范围为 0～8，列下标 j 的范围为 1～10。若 A 按行存放，元素 $A[8,5]$的起始地址与 A 按列存放时的元素（　　）的起始地址一致。

A．$A[8, 5]$　　B．$A[3, 10]$　　C．$A[5, 8]$　　D．$A[0, 9]$

5．若对 n 阶对称矩阵 $\boldsymbol{A}$ 以行序为主序方式将其下三角形的元素（包括主对角线上所有元素）依次存放于一维数组 $\boldsymbol{B}$［$1..(n(n+1))/2$］中，则在 $\boldsymbol{B}$ 中确定 a_{ij}（$i<j$）的位置 k 的关系为：k 等于（　　）。

A．$i(i-1)/2+j$　　B．$j(j-1)/2+i$

C．$i(i+1)/2+j$　　D．$j(j+1)/2+i$

6．设 $\boldsymbol{A}$ 是 $n\times n$ 的对称矩阵，将 $\boldsymbol{A}$ 的对角线及对角线上方的元素以列为主的次序存放在一维数组 $\boldsymbol{B}[1..n(n+1)/2]$中，则任一元素 a_{ij}（$1\leqslant i, j\leqslant n$，且 $i\leqslant j$）在 $\boldsymbol{B}$ 中的位置为（　　）。

A．$i(i-1)/2+j$　　B．$j(j-1)/2+i$

C．$j(j-1)/2+i-1$　　D．$i(i-1)/2+j-1$

7．对稀疏矩阵进行压缩存储目的是（　　）。

A．便于进行矩阵运算　　B．便于输入和输出

C．节省存储空间　　D．降低运算的时间复杂度

8．已知广义表 $L=((x,y,z),a,(u,t,w))$，从 L 表中取出原子项 t 的运算是（　　）。

A．head(tail(tail(L)))　　B．tail(head(head(tail(L))))

C．head(tail(head(tail(L))))　　D．head(tail(head(tail(tail(L)))))

9．广义表$((a,b,c,d))$的表头是（　　），表尾是（　　）。

A．a　　B．()　　C．(a,b,c,d)　　D．(b,c,d)

10．设广义表 $L=((a,b,c))$，则 L 的长度和深度分别为（　　）。

A．1 和 1　　B．1 和 3　　C．1 和 2　　D．2 和 3

二、判断题

1．KMP 算法的特点是在模式匹配时指示主串的指针不会变小。（　）

2．设模式串的长度为 m，目标串的长度为 n，当 $n \approx m$ 且处理只匹配一次的模式时，朴素的匹配（即子串定位函数）算法所花的时间代价可能会更为节省。（　）

3．串是一种数据对象和操作都特殊的线性表。（　）

4．深度为 1 的广义表相当于线性表。（　）

5．从逻辑结构上看，n 维数组可以看成每个元素均为 $n-1$ 维数组的数组。（　）

6．稀疏矩阵压缩存储后，必会失去随机存取功能。（　）

7．数组元素的值必须是同类型的。（　）

8．数组可看成线性结构的一种推广，因此与线性表一样，可以对它进行插入、删除等操作。（　）

9．广义表的取表尾运算，其结果通常是子表，但有时也可是单元素值。（　）

10．若一个广义表的表头和表尾都是空表，则此广义表的长度为 1、深度为 2。（　）

三、填空题

1．空格串是指________，其长度等于________。

2．组成串的数据元素只能是________。

3．一个字符串中________称为该串的子串。

4．设正文串长度为 n，模式串长度为 m，则串匹配的 KMP 算法的时间复杂度为________。

5．三维数组 $a[4][5][6]$（下标从 0 开始计，a 有 $4 \times 5 \times 6$ 个元素），每个元素的长度为两个字长（占两个存储单元），数据以行为主方式存储。设 $a[0][0][0]$的地址是 1000，则 $a[2][3][4]$的地址是________。

6．设有二维数组 $A[0..9,0..19]$，其每个元素占两个字节，第一个元素的存储地址为 100，若按列优先顺序存储，则元素 $A[6,6]$存储地址为_______。

7．已知三对角矩阵 $A[1..9,1..9]$的每个元素占两个单元，现将其三条对角线上的元素逐行存储在起始地址为 1000 的连续的内存单元中，则元素 $A[7,8]$的地址为________。

8．当广义表中的每个元素都是原子时，广义表便成了_______。

9．一个广义表为$(a, (a, b, c), d, (e, f), ((g, h), j, k))$，该广义表的长度是________，深度是________。

10．已知广义表为 LS= $(a, (a, b, c), d, (e, f), ((g, h), j, k))$，运用 head 和 tail 函数取出 LS 中的原子 g 的运算是________。

四、应用题

1．字符串的替换操作 replace (String & s, String & t, String & v)是指：若 t 是 s 的子串，则用串 v 替换串 t 在串 s 中的所有出现；若 t 不是 s 的子串，则串 s 不变。例如，若串 s 为"aabbabcbaabaaacbab"，串 t 为"bab"，串 v 为"abdc"，则执行 replace 操作后，串 s 中的结果为"aababdccbaabaaacabdc"。试利用字符串的基本运算实现这个替换操作。

2．编写一个算法 frequency，统计在输入字符串中各个不同字符出现的频率。

3．令 S ="abcaabbabcabaacbacba"，分别求出它们的失效函数值和改进后失效函数的值。

$$\begin{bmatrix} 12 & 0 & 11 & 0 & 0 & 13 & 0 \\ 0 & 0 & 0 & 0 & 0 & 0 & 14 \\ 0 & -4 & 0 & 0 & 0 & 3 & 0 \\ 0 & 0 & 0 & 8 & 0 & 0 & 0 \\ 0 & 0 & 0 & 0 & 0 & 0 & 0 \\ 0 & -9 & 0 & 0 & 2 & 0 & 0 \end{bmatrix}$$

图 5-15　稀疏矩阵

4．稀疏矩阵的三元组表可以用带行指针数组的二元组表代替。稀疏矩阵有多少行，在行指针数组中就有多少个元素：第 i 个元素的数组下标 i 代表矩阵的第 i 行，元素的内容即为稀疏矩阵第 i 行的第一个非零元素在二元组表中的存放位置。二元组表中每个二元组只记录非零元素的列号和元素值，且各二元组按行号递增的顺序排列。试对图 5-15 所示的稀疏矩阵分别建立三元组表和带行指针数组的二元组表。

5．设计一个查找鞍点的算法，即对于一个二维数组中的鞍点，该点位置上的元素在该行上最大，在该列上最小，也可能没有鞍点。

6．在稀疏矩阵的三元组顺序表类中，重载加法运算符。

7．在稀疏矩阵的十字链表类中，重载乘法运算符。

8．根据前面介绍的广义链表，画出下列广义表的存储表示：

1）$A = ((c) , (e) , (a , (b , c , d)))$

2）$B= ((B , a , (b)) , (B))$

9．根据前面介绍的 n 元多项式链表的存储结构，画出三元多项式 $P(x, y, z) = 2x^7y^3z^2+x5y^4z^2+6x^3y^5z+3xyz+10$ 的存储结构图。

10．在广义表的广义链表类中，设计函数统计原子数目。

第6章 树和森林

前面几章主要介绍的是线性结构。在线性结构中，数据元素之间的联系是一对一的，除第一个数据元素外，其他数据元素都有唯一的直接前驱；除最后一个数据元素外，其他数据元素都有唯一的直接后继。在实际应用中，除线性数据结构外还经常用到非线性数据结构，在非线性数据结构中，一个数据元素可能会有多个直接前驱或多个直接后继。

本章介绍一种非常重要的非线性数据结构——树。树一般适合于描述具有层次结构的数据。在层次化的数据之间可能有祖先-后代、上级-下属、整体-部分以及其他类似的关系。树形结构在客观世界中是大量存在的，如家谱、行政组织机构的构成等都可用树形象地表示出来。另外，树在计算机领域也有着广泛的应用。例如，在编译程序中，可以用树来表示源程序的语法结构；在数据库系统中，可以用树来组织信息。本章将从树的概念开始介绍，重点讨论二叉树（binary tree）的存储结构、运算方法以及二叉树的应用；并讨论一般树和森林的实现，及其与二叉树的转化关系；最后介绍树的应用。

6.1 树的概念

树和二叉树的概念及性质

在现实生活中，存在很多可以用树形结构描述的实际问题。例如，某家族的血统关系如下：张宇有四个孩子，分别是张山、张川、张星和张月；张山有两个孩子张冰和张雪；张星有三个孩子张雨、张云和张风；张云有两个孩子张亮和张丽。这个家庭关系可以很自然地用图 6-1 所示的树形结构来描述，它很像一棵倒长的树。其中的树枝（即图中的线段）用于描述家族成员之间的关系，“树根”是张宇，树的“分支结点”有张山、张星和张云，该家族的其余成员均是“树叶”。显然，以张宇为根的树是一个大家庭。它可以分成以张山、张川、张星和张月为根的四个小家庭，每个小家庭又都是一个树形结构。

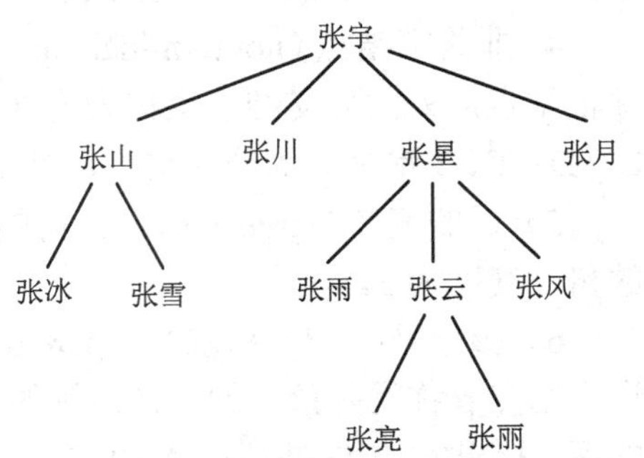

图 6-1 家族关系图

6.1.1 树的定义

定义 6-1 树（tree）T 是一个包含 n（$n\geq 0$）个数据元素（在树中每个数据元素用一个结点表示）的有限集合，并且：

1）当 $n=0$ 时，T 称为空树。

2）如果 $n>0$，则树有且仅有一个特定的被称为根（root）的结点，树的根结点只有后继，没有前驱。

3）当 $n>1$ 时，除根结点以外的其余结点可分为 m（$m>0$）个互不相交的非空有限集

$T_1,T_2,\cdots,T_m$，其中每一个集合本身又是一棵非空树，并且称它们为根结点的子树（subtree）。

例如，图 6-2 给出了一些树的示例，它们形如倒长的树。其中，图 6-2（a）表示一棵空树，它没有数据元素；图 6-2（b）表示只有一个数据元素的树，树中只有一个没有子树的根结点 A；图 6-2（c）表示有 14 个数据元素的树 T，其中 A 是树根，其余结点分成三个互不相交的有限集：T_1={B,E,F,K,L}、T_2={C,G}、T_3={D,H,I,J,M,N}，T_1、T_2、T_3 又都是树，且它们是结点 A 的子树。由此可见，树的定义是一个递归的定义，它也反映了树的固有特性。

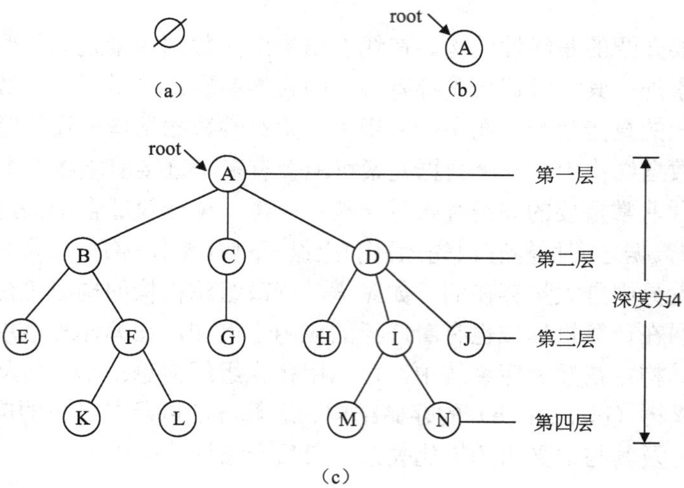

图 6-2　树的示例

6.1.2　树的术语

在讨论树时，经常会用到以下术语。

1）结点（node）：在树中每一个数据元素及指向其子树根的分支称为一个结点。

2）结点的度（degree of node）：一个结点的子树数目称为该结点的度。例如，在图 6-2（c）所示的树中，结点 A 的度为 3，结点 C 的度为 1，结点 E 的度为 0。

3）终端结点（terminal node）：在树中度为 0 的结点称为终端结点或叶子（leaf）。例如，在图 6-2（c）所示的树中，结点 E、K、L、G、H、M、N、J 都是树的叶子。

4）非终端结点（nonterminal node）：树中度不为 0 的结点称为非终端结点或分支结点。除根结点之外的分支结点也称为内部结点。例如，在图 6-2（c）所示的树中，结点 A、B、C、D、F、I 都是树的分支结点，且结点 B、C、D、F、I 是树 T 的内部结点。

5）树的度（degree of tree）：树的结点中，最大的度称为该树的度。如图 6-2（c）所示的树，其度为 3。

6）孩子（child）和双亲（parent）：树中结点 p 的子树的根称为结点 p 的孩子；反之，这个结点 p 称为其孩子的双亲。例如，在图 6-2（c）所示的树中，结点 D 为结点 A 的子树的根，因此结点 D 是结点 A 的孩子，结点 A 是结点 D 的双亲。

7）兄弟（sibling）：树中双亲相同的结点之间互称为兄弟。例如，在图 6-2（c）所示的树中，结点 B、C、D 互为兄弟。

8）祖先（ancestor）：树中从根结点到结点 x 所经的分支上的所有结点称为结点 x 的祖先。例如，在图 6-2（c）所示的树中，结点 M 的祖先为 A、D、I。

9）子孙（descendant）：树中以某结点 p 为根的子树中的所有结点都称为结点 p 的子孙。例如，在图 6-2（c）所示的树中，D 的子孙有 H、I、J、M、N。

10）结点的层次（level）：在树中，从根结点开始，根为第一层，根的孩子为第二层，依此类推，树中任一结点的层次是其双亲结点层次数加 1。例如，在图 6-2（c）所示的树中，结点 K、L、M、N 的层次数为 4。

11）树的深度（depth）：树中结点的最大层次称为树的深度或树的高度（height）。例如，图 6-2（c）所示的树的深度为 4。

12）堂兄弟：双亲在同一层的结点互称为堂兄弟。如在图 6-2（c）所示的树中，结点 F、G、H 互称为堂兄弟。

13）有序树：如果树中结点 p 的各子树是有次序的则称该树为有序树，此时结点 p 从左到右的 *k* 棵子树分别称为 p 的第一棵子树、第二棵子树……第 *k* 棵子树。

14）无序树：如果树中结点的各棵子树的次序是无关的，则称该树为无序树。

15）森林（forest）：森林是 *m*（*m*≥0）棵互不相交的树的集合。对树中每个结点而言，其子树的集合即为森林（称为子树森林）。

6.1.3　树的表示形式

树在客观世界和计算机领域也有着广泛的应用，在不同的应用场合，树的表示方法也不尽相同。例如，图 6-2（c）所示的树是树的一般树形表示法。除这种树形表示法外，树通常还有另外三种表示法：嵌套集合表示法、凹入目录表示法和广义表形式的表示法。图 6-3（a）～（c）分别是对图 6-2（c）所示树的嵌套集合表示法、凹入目录表示法和广义表形式表示法。由于树形表示法比较直观，因此在本书中采用图 6-2（c）所示的树形表示法来表示树形结构。

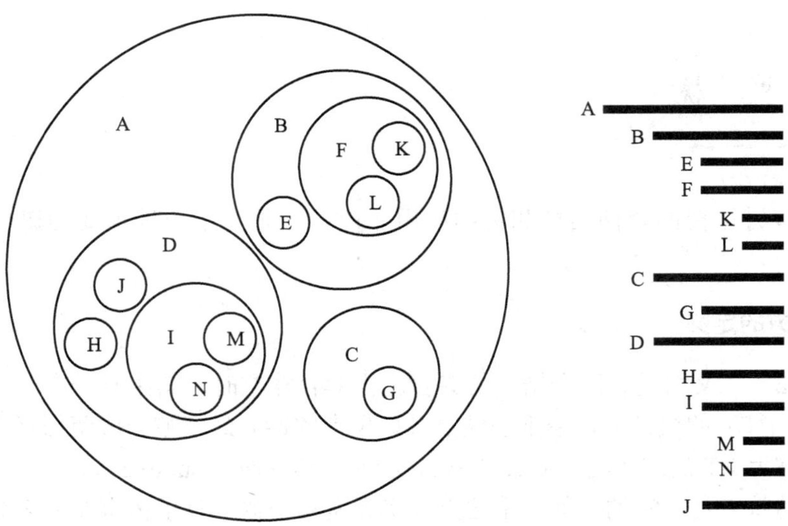

（a）嵌套集合表示法　　（b）凹入目录表示法

(A(B(E, (F(K, L)), C(G), D(H, I(M, N),J))

（c）广义表形式表示法

图 6-3　树的不同表示形式

6.1.4 树的基本操作

树的应用很广泛，在不同的应用系统中，树的基本操作也不尽相同。一般树的基本操作有以下几种。

1）GetRoot()：求树的根结点的指针。若树为空，则返回空。

2）CreateRoot(d)：建立树的根结点，使根结点的数据元素值为 d。

3）Parent(x)：求树中给定结点 x 的双亲结点的指针，若 x 为根结点，则返回空。

4）FirstChild(x)：求树中给定结点 x 的第一个孩子结点的指针，若 x 为叶结点，则返回空。

5）NextSibling(x, y)：给定结点 x、y，其中结点 y 是结点 x 的一个孩子。该函数求树中结点 y 的下一个兄弟结点的指针，若结点 y 是结点 x 的最后一个孩子，则返回空。

6）PreSibling(x, y)：给定结点 x、y，其中结点 y 是结点 x 的一个孩子。该函数求树中结点 y 的前一个兄弟结点的指针，若结点 y 是结点 x 的第一个孩子，则返回空。

7）Retrieve(x)：求给定结点 x 中数据元素的值。

8）Assign(x, d)：将树中给定结点 x 赋值为 d。

9）InsertChild(x, d)：在结点 x 下插入数据元素值为 d 的新孩子结点，若插入成功，则返回 1；否则，返回 0。

10）DeleteChild(x, i)：删除以结点 x 的第 i 个孩子为根的子树，若删除成功，则返回 1；否则，返回 0。

11）DeleteSubTree(x)：删除以结点 x 为根的子树。

12）IsEmpty()：判断树是否为空树。若树为空树，则返回 true；否则，返回 false。

13）Travers()：遍历树，按某种次序依次访问树中的每一个结点，并使每一个结点只被访问一次。

6.2 二 叉 树

在进一步讨论树的存储结构和树的应用之前，先来介绍一种重要的树形结构——二叉树。

6.2.1 二叉树的定义

定义 6-2 二叉树是有限个结点的集合。当集合非空时，其中有一个结点称为二叉树（binary tree，BT）的根结点，余下的结点（如果有的话）最多被分成两棵互不相交的二叉树，分别被称为 BT 的左子树（left subtree）和右子树（right subtree）。

二叉树的特点是，它的任何一个结点最多有两棵子树，且子树有左右之分。二叉树不是一般度为 2 的树，也不是一般度为 2 的有序树。因为一般度为 2 的树，其子树之间可能是无序的；而度为 2 的有序树，其子树虽然有序但不分左右。例如，在一棵度为 2 的有序树中，当一个结点的度为 1 时，它只有一个孩子结点，其顺序就唯一了，没有左右之分；在二叉树中，一个度为 1 的结点虽然只有一个孩子结点，但这个孩子结点有左右之分。可见，二叉树在逻辑上有五种形态，如图 6-4 所示：其中（a）表示空二叉树；（b）表示只有一个根结点的二叉树；（c）表示根结点的左子树不为空，而右子树为空的二叉树；（d）表示根结点的左子树为空，而右子树不为空的二叉树；（e）表示根结点的左子树和右子树都不为空的二叉树。

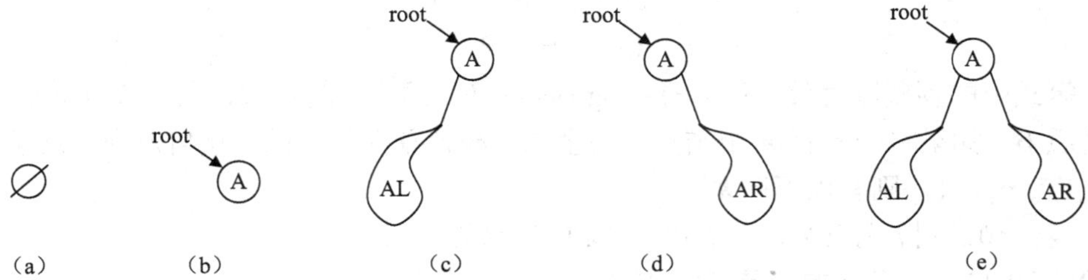

图 6-4　二叉树的五种形态

6.2.2　二叉树的性质

6.1 节中有关树的术语对二叉树都适用，下面不再进一步说明。

性质 1　有 n（n>0）个结点的二叉树的分支数为 $n-1$。

证明：因为在二叉树中，除根结点以外的其他每个结点有且仅有一个父结点，而子结点与父结点之间有且只有一条分支，因此对于有 n（n>0）个结点的二叉树，其分支的数目为 $n-1$。

性质 2　若二叉树的高度为 h（h≥0），则该二叉树最少有 h 个结点，最多有 2^h-1 个结点。

证明：因为在二叉树中，每一层至少要有一个结点，因此对于高度为 h 的二叉树，其结点数至少为 h 个。在二叉树中，第一层只有一个根结点；又因为每个结点最多有两个孩子结点，所以第 i 层的结点最多为 2^{i-1} 个，所以高度为 h（h≥0）的二叉树结点总数最多为

$$2^0+2^1+\cdots+2^{h-1}=2^h-1$$

性质 3　含有 n 个结点的二叉树的高度最大值为 n，最小值为$\lceil \log_2(n+1)\rceil$。

证明：因为在二叉树中，每层至少有一个结点，因此对于含有 n 个结点的二叉树，其高度不会超过 n。根据性质 2 可知，高度为 h 的二叉树最多有 2^h-1 个结点，即 $n\leqslant 2^h-1$，因此 $h\geqslant \log_2(n+1)$。因为 h 是整数，所以 $h\geqslant\lceil \log_2(n+1)\rceil$。

定义 6-3　若高度为 h 的二叉树具有最大数目（2^h-1 个）的结点，则称其为满二叉树（full binary tree）。

定义 6-4　若高度为 h 的二叉树，除第 h 层外，其他各层（1～$h-1$）的结点数都达到最大个数，并且第 h 层的结点是自左向右连续分布的，则称它为完全二叉树（complete binary tree）。

如图 6-5 所示，其中（a）是一棵高度为 4 的满二叉树；（b）是一棵高度为 4 的完全二叉树。显然，满二叉树是完全二叉树的一个特例。

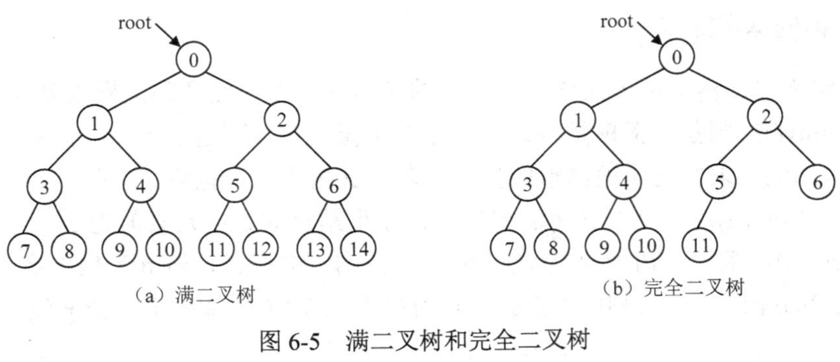

图 6-5　满二叉树和完全二叉树

性质 4 具有 n 个结点的完全二叉树的高度为$\lceil \log_2(n+1) \rceil$。

证明：设完全二叉树的高度为 h，则由性质 2 得

$$2^{h-1}-1<n \leqslant 2^h-1$$

$$2^{h-1}<n+1 \leqslant 2^h$$

不等式中的各项取对数，得 $h-1<\log_2(n+1) \leqslant h$。因为 h 是整数，所以 $h=\lceil \log_2(n+1) \rceil$。

性质 5 如果将一棵有 n 个结点的完全二叉树自顶向下，同一层自左向右连续给结点编号 $0,1,2,\cdots,n-1$，则有以下关系。

1）若 $i=0$，则 i 无双亲，若 $i>0$，则 i 的双亲为$\lceil i/2 \rceil-1$。

2）若 $2i+1 \leqslant$ n，则 i 的左孩子为 $2i+1$。

3）若 $2i+2 \leqslant$ n，则 i 的右孩子为 $2i+2$。

4）若 i 为偶数，且 $i \geqslant 1$，则 i 是其双亲的右孩子，且其有编号为 $i-1$ 的左兄弟。

5）若 i 为奇数，且 $i<n-1$，则 i 是其双亲的左孩子，且其有编号为 $i+1$ 的右兄弟。

证明：此性质可以用归纳法证明，在此先证明其中的 2）和 3）。

当 $i=0$ 时，由完全二叉树的定义可知，如果 $2i+1=1 \leqslant n$，说明二叉树中存在两个或两个以上的结点，所以结点 i 的左孩子结点存在且编号为 1；反之，如果 $2i+1=1>n$，说明二叉树中只有一个结点 i，结点 i 的左孩子结点不存在。同理，如果 $2i+2=2 \leqslant n$，说明结点 i 的右孩子结点存在且编号为 2；如果 $2i+2=2>n$，说明二叉树中不存在编号为 2 的结点，即结点 i 的右孩子结点不存在。假设对于编号为 j（$0<j<i$）的结点，2）和 3）成立。当 $i=j+1$ 时，根据完全二叉树的定义，若其左孩子结点存在，则其左孩子结点的编号等于编号为 j 的结点的右孩子结点的编号加 1，即其左孩子结点的编号等于 $2j+2+1=2i+1$；同样，当 $i=j+1$ 时，根据完全二叉树的定义，若其右孩子结点存在，则其右孩子结点的编号等于其左孩子结点的编号加 1，即其右孩子结点的编号等于 $2i+1+1=2i+2$，因此性质 5 的 2）、3）得证。

由上述 2）和 3）可以很容易地证明 1），证明如下。

当 $i=0$ 时，显然该结点为根结点，所以它没有双亲结点。当 $i>0$ 时，设编号为 i 的结点的双亲结点的编号为 f。如果 i 是其双亲结点的左孩子结点，根据性质 5 的 2）有 $i=2f+1$（i 为奇数），即 $f=(i-1)/2$；如果结点 i 是其双亲结点的右孩子结点，根据性质 5 的 3）有 $i=2f+2$（i 为偶数），即 $f=i/2-1$。综合这两种情况可以得到，当 $i>0$ 时，其双亲结点的编号等于$\lceil i/2 \rceil-1$。因此性质 5 的 1）得证。

由上述 2）和 3）可以很容易地证明 4）和 5），读者可自己思考。性质 5 是二叉树的顺序存储结构的基础。

6.2.3 二叉树的基本操作

在此先定义二叉树的基本操作，在具体的应用中可以在此基础上根据需要进行扩充。

1）IsEmpty()：判断二叉树是否为空。若二叉树为空，则返回 true；否则，返回 false。

2）GetRoot()：求二叉树根结点的指针，若二叉树为空，则返回空值。

3）CreateRoot(d)：建立二叉树的根结点，使根结点的数据元素值为 d。

4）Parent(p)：求二叉树中给定结点 p 的双亲结点的指针，若 p 为根结点，则返回空。

5）LeftChild(p)：求二叉树中给定结点 p 的左孩子结点的指针；若结点 p 没有左孩子，则返回空。

6）RightChild(p)：求二叉树中给定结点 p 的右孩子结点的指针；若结点 p 没有右孩子，则返回空。

7）LeftSibling(p)：求二叉树中给定结点 p 的左兄弟结点的指针；若结点 p 是其双亲的左孩子或结点 p 是其双亲的右孩子但其双亲没有左孩子，则返回空。

8）RightSibling(p)：求二叉树中给定结点 p 的右兄弟结点的指针；若结点 p 是其双亲的右孩子或结点 p 是其双亲的左孩子但其双亲没有右孩子，则返回空。

9）GetElem(p, e)：求给定结点 p 的数据元素值 e。

10）SetElem(p, e)：对二叉树中给定结点 p 赋值为 e。

11）InsertLeftChild(p, e)：在二叉树中插入数据元素值为 e 的结点作为结点 p 的左孩子，若结点 p 原来有左子树 PL，则插入完成后 PL 作为新结点的左子树。

12）InsertRightChild(p, e)：在二叉树中插入数据元素值为 e 的结点作为结点 p 的右孩子，若结点 p 原来有右子树 PR，则插入完成后 PR 作为新结点的右子树。

13）DeleteLeftChild(p)：删除结点 p 的左子树。

14）DeleteRightChild(p)：删除结点 p 的右子树。

15）PreOrderTravers()：先序遍历二叉树。

16）InOrderTravers()：中序遍历二叉树。

17）PostOrderTravers()：后序遍历二叉树。

18）LevelOrderTravers()：按层次顺序遍历二叉树。

6.3　二叉树的存储结构

二叉树的存储方法

任何一种数据结构一般都有两种不同的存储结构：顺序存储结构和链式存储结构。二叉树作为一种数据结构，其顺序存储结构用数组来表示，称为顺序二叉树；其链式存储结构，主要有二叉链表和三叉链表两种形式。

6.3.1　顺序二叉树

顺序二叉树采用一组连续存储空间（数组）存储二叉树结点中的数据元素，并利用数组下标来反映数据元素之间的关系。由于二叉树本身的结构不具有明显的顺序性，要用数组来表示，首先要解决如何利用数组下标来反映数据元素之间的关系。由二叉树的性质 5 可知，可对具有 n 个结点的完全二叉树按从上到下、自左向右的顺序连续给结点编号 $0,1,2,\cdots,n-1$。按此结点编号将二叉树中各结点中的数据元素顺序地存放到一个一维数组中，首先将根结点中的数据元素存放在数组的第 0 号位置；对于二叉树中任意一个结点，如果它的数据元素存放在数组的第 i 个位置，就把它的左、右孩子结点中的数据元素分别存放在数组的第 $2i+1$ 个位置和第 $2i+2$ 个位置。这样就得到了二叉树的一种数组表示法。

这种数组表示法包含了二叉树结构的所有信息，其中不仅包含了二叉树中任意一个结点中数据元素的信息；而且根据结点在数组中的存储位置可以很方便地计算出其孩子结点和其双亲结点的存储位置。图 6-6（a）给出了这种二叉树表示法的示例。

数组表示法对于完全二叉树是特别适合的。由于完全二叉树是一种很完整的结构，因此可将完全二叉树存放在数组中。二叉树中的 n 个结点将占据数组中由下标 0 开始的连续 n 个单元，数组中没有空的位置，如图 6-6（b）所示。

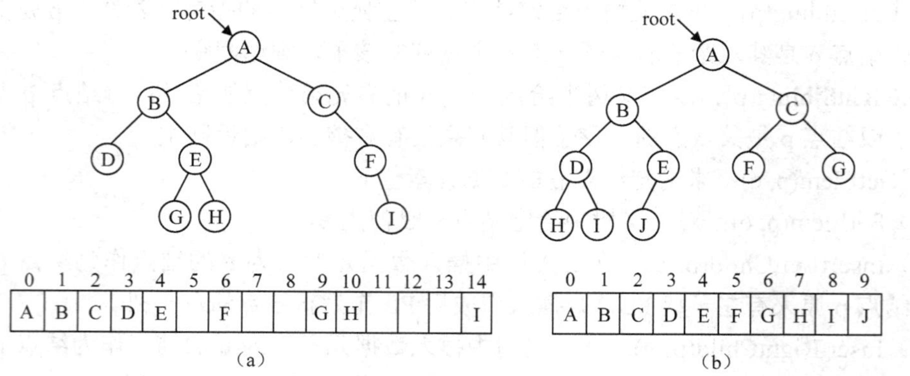

图 6-6　二叉树的数组表示法

采用这种方法表示一般的二叉树时，空间利用效率较低。当被表示的二叉树结构很不完整时，在数组中就会出现很多空位置，因此空间浪费就变得非常大。一种特例就是为了表示如图 6-7 所给出的只有四个结点的二叉树（单支树），需要数组的大小为 15，而数组中的大多数单元（75%）为空。可以想象，对于结构不完整且结点数比较少、高度又比较大的二叉树来说，这种空间浪费可能就无法容忍了。

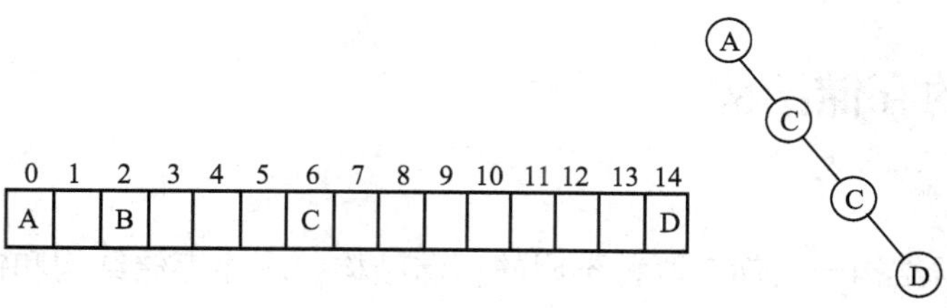

图 6-7　单支树

另外，用这种方法表示二叉树时，还有一个问题需要注意：必须标记结点不存在的情况。因此需要设置一个标记数组，如果一个结点不存在，就必须在标记数组相应位置设置一个特殊标志，指明在这个位置没有结点。

读者可以自己完成顺序二叉树类模板的定义和实现。

6.3.2　二叉树的链表表示

上面介绍了二叉树的数组表示形式。这种顺序表示法有它固有的缺点，那就是在插入、删除时，需要移动大量数据。特别是对于非完全二叉树，树中每个结点既可能无左孩子，也可能无右孩子，又可能左、右孩子均没有，以致浪费存储空间。因此，在一般情况下，用链表表示二叉树是比较合适的。在二叉树的链表表示中，树中的每一个元素用一个结点来表示，结点一般包括三个域，其结构如图 6-8（a）所示。其中，Data 域用于存放数据元素的信息；leftChild 域用于存放指向其左孩子结点的指针；rightChild 域用于存放指向其右孩子结点的指针。二叉树的这种链表表示称为二叉链表。图 6-8（c）给出了图 6-8（b）所示二叉树的二叉链表。

二叉树的二叉链表表示，对于大多数的应用来说是适合的。但是，在二叉链表中要

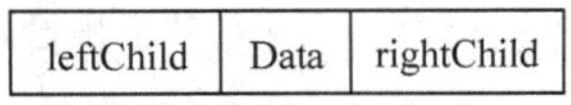

（a）二叉树链式存储结点的结构

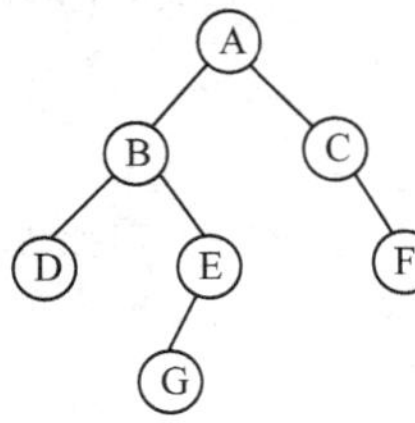

（b）二叉树

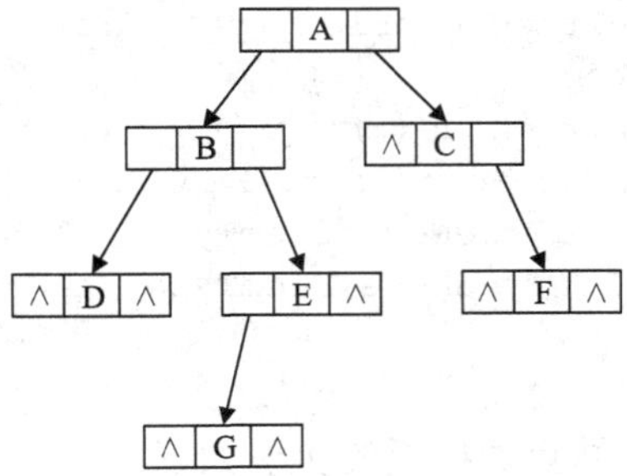

（c）二叉链

图 6-8　二叉树的二叉链表表示法

想找出一个结点的双亲是比较困难的，必须通过二叉树的遍历才能实现。如果在应用中需要方便地找到任何一个结点的双亲，可以在结点中增加一个 Parent 域来指向该结点的双亲，二叉树的这种表示方法称为三叉链表。图 6-9 给出了这种表示法中结点的结构和图 6-8（b）所示二叉树的三叉链表表示。

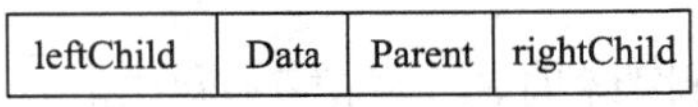

（a）三叉链表结点的结构

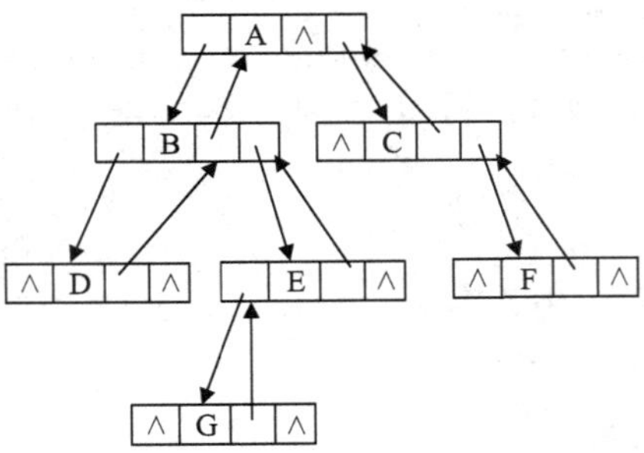

（b）二叉树的三叉链表表示

图 6-9　二叉树的三叉链表表示法

6.3.3　二叉树的二叉链表类模板声明

在二叉树的应用中一般采用二叉链表表示，下面介绍二叉链表的类模板定义和实现。

1. 二叉链表的结点类模板的定义和实现

在介绍二叉链表类模板之前，先介绍二叉链表类模板中用到的结点的类模板定义和实现。在二叉链表的结点类模板中定义了存储结点元素的数据域 data 和左、右孩子指针域 leftChild、rightChild，以及两个构造函数。

二叉链表中结点类模板的定义如下：

```
template <class ElemType>
struct BinTreeNode
{
//数据成员
    ElemType data;                                  //数据域
    BinTreeNode<ElemType>  *leftChild;              //左孩子指针域
```

```
    BinTreeNode<ElemType>  *rightChild;        //右孩子指针域
//函数成员
    BinTreeNode();                             //无参数的构造函数
    BinTreeNode(const ElemType &d,
      BinTreeNode<ElemType> *lChild=NULL,
      BinTreeNode<ElemType> *rChild=NULL);
                        //已知数据元素值，指向左、右孩子的指针构造一个结点
};
```

二叉链表中结点类模板的实现如下。

（1）无参数的构造函数

构造一个空结点，其左、右孩子为空。

```
template <class ElemType>
BinTreeNode<ElemType>::BinTreeNode()
{
    leftChild=rightChild=NULL;          //构造一个空结点，左、右孩子为空
}
```

（2）有参数的构造函数

根据给定的参数，构造一个数据域为 d，左孩子为 lChild，右孩子为 rChild 的结点。

```
template <class ElemType>
BinTreeNode<ElemType>::BinTreeNode(const ElemType &d,
    BinTreeNode<ElemType> *lChild, BinTreeNode<ElemType> *rChild)
{
    data=d;                             //数据元素值
    leftChild=lChild;                   //左孩子指针
    rightChild=rChild;                  //右孩子指针
}
```

2. 二叉链表类模板的定义

在二叉链表类模板定义中只有一个数据成员 root，它是二叉树根结点的指针，函数成员基本与顺序二叉树类模板相似，只有个别函数为了实现的需要进行了适当调整。二叉链表类模板定义如下：

```
template <class ElemType>
class BinaryTree
{
protected:
//二叉树的数据成员
    BinTreeNode<ElemType> *root;

//辅助函数
    BinTreeNode<ElemType> *CopyTree(BinTreeNode<ElemType> *t);
                                          //复制二叉树 t
    void Destroy(BinTreeNode<ElemType> * &r);//删除以 r 为根的二叉树
    void PreOrder(BinTreeNode<ElemType>*r, void(*visit)(const
                ElemType&)) const;    //先序遍历以 r 为根的二叉树
    void InOrder(BinTreeNode<ElemType>*r, void(*visit)(const ElemType&))
                const;                //中序遍历以 r 为根的二叉树
    void PostOrder(BinTreeNode<ElemType>*r,void(*visit)(const ElemType&))
```

```
                    const;                  //后序遍历以 r 为根的二叉树
    int Height(const BinTreeNode<ElemType> *r) const;
                                            //求以 r 为根的二叉树的高度
        int NodeCount(const BinTreeNode<ElemType> *r) const;
                                            //求以 r 为根的二叉树的结点个数
        BinTreeNode<ElemType> *Parent(BinTreeNode<ElemType> *r,
                    const BinTreeNode<ElemType>*p) const;
                                            //在以 r 为根的二叉树中求 p 的双亲
public:
//二叉树的函数成员
        BinaryTree();                       //无参数的构造函数
        BinaryTree(const ElemType &e);      //构造以 e 为根的二叉树
        virtual ~BinaryTree();              //析构函数
        BinTreeNode<ElemType> *GetRoot() const; //求二叉树的根
        bool IsEmpty() const;               //判断二叉树是否为空
        Status GetElem(BinTreeNode<ElemType> *p, ElemType &e) const;
                                            //取 p 所指结点的元素值
        Status SetElem(BinTreeNode<ElemType> *p, const ElemType &e);
                                            //将结点 p 的值置为 e
        voidInOrder(void (*visit)(const ElemType &)) const;    //二叉树的中序遍历
        voidPreOrder(void (*visit)(const ElemType &)) const;   //二叉树的先序遍历
        void PostOrder(void (*visit)(const ElemType &)) const; //二叉树的后序遍历
        voidLevelOrder(void (*visit)(const ElemType &)) const; //二叉树的层次遍历
        int NodeCount() const;              //求二叉树的结点个数
        BinTreeNode<ElemType> *LeftChild(const BinTreeNode<ElemType> *p) const;
                                            //求结点 p 的左孩子
        BinTreeNode<ElemType>*RightChild(const BinTreeNode<ElemType> *p) const;
                                            //求结点 p 的右孩子
        BinTreeNode<ElemType>*LeftSibling(const BinTreeNode<ElemType> *p) const;
                                            //求结点 p 的左兄弟
        BinTreeNode<ElemType>*RightSibling(const BinTreeNode<ElemType>*p) const;
                                            //求结点 p 的右兄弟
        BinTreeNode<ElemType> *Parent(const BinTreeNode<ElemType> *p) const;
                                            //求结点 p 的双亲
        void InsertLeftChild(BinTreeNode<ElemType> *p, const ElemType &e);
                                            //插入一个结点 e 作为 p 的左孩子
        void InsertRightChild(BinTreeNode<ElemType> *p, const ElemType &e);
                                            //插入一个结点 e 作为 p 的右孩子
        void DeleteLeftChild(BinTreeNode<ElemType> *p);    //删除 p 的左子树
        void DeleteRightChild(BinTreeNode<ElemType> *p);   //删除 p 的右子树
        int Height() const;                                //求二叉树的高
        BinaryTree(const BinaryTree<ElemType> &t);         //复制构造函数
        BinaryTree(BinTreeNode<ElemType> *r);   //建立以 r 为根的二叉树
        BinaryTree<ElemType> &operator=(const BinaryTree<ElemType>& t);
                                            //赋值运算符重载
};
```

3. 二叉链表类模板中部分函数成员的实现

在此将选取部分有代表意义的函数成员，介绍其具体实现。其中关于二叉树遍历的算法将在 6.4 节介绍。

（1）删除以 r 为根的二叉树

当 r 不为空时，先删除 r 的左子树，再删除 r 的右子树，最后删除 r 结点。具体实现如下：

```
template <class ElemType>
void BinaryTree<ElemType>::Destroy(BinTreeNode<ElemType> *&r)
{
        if (r!=NULL){
                Destroy(r->leftChild);          //删除左子树
                Destroy(r->rightChild);         //删除右子树
                delete r;                       //删除根结点
                r=NULL;
        }
}
```

（2）在以 r 为根的二叉树中求结点 p 的双亲

如果结点 p 存在且不是二叉树的根结点，则返回其双亲指针；否则，返回 NULL。具体实现如下：

```
template <class ElemType>BinTreeNode<ElemType> *BinaryTree<ElemType>::
Parent(BinTreeNode<ElemType> *r, const BinTreeNode<ElemType> *p) const
{
        if (r==NULL)
    return NULL;                                        //空二叉树
        else if (r->leftChild==p||r->rightChild==p)
    return r;                                           //r 为 p 的双亲
        else    {                                       //在 r 的子树上求 p 的双亲
                BinTreeNode<ElemType> *tmp;
                tmp=Parent(r->leftChild, p);    //在左子树上求 p 的双亲
                if (tmp!=NULL)
        return tmp;                                     //双亲在左子树上
                tmp=Parent(r->rightChild, p);   //在右子树上求 p 的双亲
                if (tmp!=NULL)
        return tmp;                                     //双亲在右子树上
                else
        return NULL;                                    //表示 p 无双亲
        }
}
```

（3）求结点 p 的左兄弟

如果结点 p 存在左兄弟，则返回其左兄弟指针；否则，返回 NULL。具体实现如下：

```
template <class ElemType>
BinTreeNode<ElemType> *BinaryTree<ElemType>::
LeftSibling(const BinTreeNode<ElemType> *p) const
{
    BinTreeNode<ElemType> *r=Parent(root, p);
    if (r==NULL)
      return NULL;
    else if (r->rightChild==p)
```

```
        return r->leftChild;
      else
        return NULL;
    }
```

（4）插入右孩子

插入元素值为 e 的结点作为 p 结点的右孩子，如果 p 的右孩子非空，则 p 原有右子树成为 e 的右子树。具体实现如下：

```
template <class ElemType>
void BinaryTree<ElemType>::InsertRightChild(BinTreeNode<ElemType> *p,
    const ElemType &e)
{
  if (p==NULL)                                       //p 为空，返回
    return;
  else   {                                           //插入右孩子
    BinTreeNode<ElemType> *child=new BinTreeNode<ElemType>(e);
    if (p->rightChild!=NULL)                         //p 的右孩子非空
      child->rightChild=p->rightChild;               //p 原有右子树成为 e 的右子树
    p->rightChild=child;                             //e 成为 p 的右孩子
    return;
  }
}
```

二叉链表类模板的完整定义和实现读者可以查看 BinaryTree.h 文件。三叉链表的定义和实现类似二叉链表，读者可以模仿二叉链表类模板来完成。

除了顺序二叉树、二叉链表和三叉链表外，二叉树有时还可以用双亲-孩子法表示。在双亲-孩子法中，所有元素存储在一个数组中，一个数组元素代表一个结点，它由四个域组成：Data、Parent、leftChild 和 rightChild。其中，Data 域用于存放数据元素；Parent 域用于存放其双亲结点在数组中的下标，根结点的 Parent 为-1；leftChild 域用于存放其左结点在数组中的下标；rightChild 域用于存放其右结点在数组中的下标。读者可以参考二叉树的二叉链表来定义和实现二叉数的双亲-孩子表示法。

6.4　遍历二叉树

二叉树的遍历

二叉树的遍历是指按照某种顺序访问二叉树中的每个结点，并使每个结点被访问一次且只被访问一次。

遍历是二叉树经常要做的一种操作。在遍历过程中，对结点的访问具有普遍的含义，可以是输出各结点的数据元素信息，也可以是对结点做其他处理。另外，通过一次完整的遍历，可以使二叉树中的结点信息由非线性排列变为某种意义上的线性排列。也就是说，遍历操作使非线性结构线性化。

由二叉树的定义可知，一棵二叉树可以看作由三部分组成：根结点、左子树和右子树。若规定 L、D、R 分别表示遍历根结点的左子树、访问根结点和遍历根结点的右子树，则按这三个部分的先后次序对二叉树的遍历共有六种方式：LDR、DLR、LRD、RDL、DRL、RLD。若规定对左、右子树的遍历按先左子树后右子树的次序进行，则遍历有三种方式：DLR、LDR 和

LRD，它们分别被称为先序遍历（preorder traversal）、中序遍历（inorder traversal）和后序遍历（postorder traversal）。除此之外，还有一些其他的遍历方法，如按二叉树中结点顺序由上至下、从左到右进行遍历，称为层序遍历（level order traversal）。

下面分别介绍这四种遍历方法及其算法实现，在算法实现中二叉树的存储结构为二叉链表。

6.4.1 先序遍历

先序遍历又称为前序遍历，它的递归定义为：如果以结点 r 为根的二叉树为空，则遍历结束。否则，

1）首先访问根结点 r。

2）再先序遍历结点 r 的左子树。

3）最后先序遍历结点 r 的右子树。

对如图 6-10（a）所示的二叉树，进行先序遍历，按访问结点的先后顺序将结点的数据元素排列起来，得到二叉树的先序（前序）序列为 A、B、D、E、G、H、C、F、I。

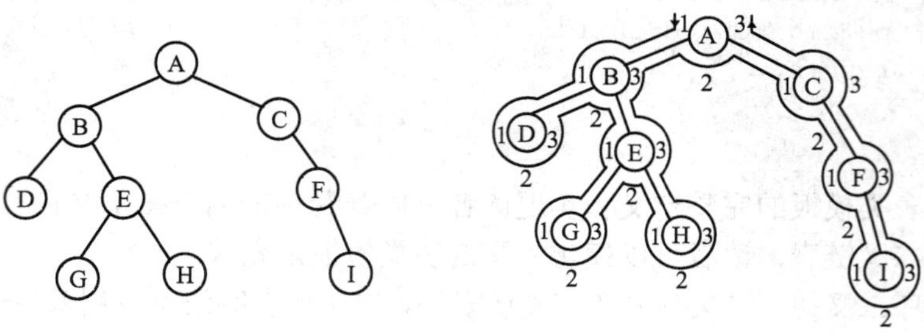

（a）　　（b）

图 6-10　二叉树的三种遍历过程

先序遍历以结点 r 为根的二叉树的递归算法实现如下：

```
template <class ElemType>
void BinaryTree<ElemType>::PreOrder(BinTreeNode<ElemType> *r,
   void (*visit)(const ElemType &)) const
{
   if (r!=NULL)  {
      (*visit)(r->data);                  //访问根结点 r
      PreOrder(r->leftChild, visit);      //遍历结点 r 的左子树
      PreOrder(r->rightChild, visit);     //遍历结点 r 的右子树
   }
}
```

6.4.2 中序遍历

中序遍历的递归定义为：若以结点 r 为根的二叉树为空，则遍历结束。否则，

1）首先中序遍历根结点 r 的左子树。

2）再访问根结点 r。

3）最后中序遍历根结点 r 的右子树。

对如图 6-10（a）所示的二叉树，进行中序遍历，按访问结点的先后顺序将结点的数据

元素排列起来，得到二叉树的中序序列为 D、B、G、E、H、A、C、F、I。

中序遍历以结点 r 为根的二叉树的递归算法实现如下：

```
template <class ElemType>
void BinaryTree<ElemType>::InOrder(BinTreeNode<ElemType> *r,
    void (*visit)(const ElemType &)) const
{
    if (r!=NULL) {
        InOrder(r->leftChild, visit);               //遍历结点 r 的左子树
        (*visit)(r->data);                          //访问根结点 r
        InOrder(r->rightChild, visit);              //遍历结点 r 的右子树
    }
}
```

6.4.3 后序遍历

后序遍历的递归定义为：若以结点 r 为根的二叉树为空，则遍历结束。否则，

1）首先后序遍历根结点 r 的左子树。

2）再后序遍历根结点 r 的右子树。

3）最后访问根结点 r。

对如图 6-10（a）所示的二叉树，进行后序遍历，按访问结点的先后顺序将结点的数据元素排列起来，得到二叉树的后序序列为 D、G、H、E、B、I、F、C、A。

后序遍历以结点 r 为根的二叉树的递归算法实现如下：

```
template <class ElemType>
void BinaryTree<ElemType>::PostOrder(BinTreeNode<ElemType> *r,
    void (*visit)(const ElemType &)) const
{
    if (r!=NULL) {
        PostOrder(r->leftChild, visit);                 //遍历结点 r 的左子树
        PostOrder(r->rightChild, visit);                //遍历结点 r 的右子树
        (*visit)(r->data);                              //访问根结点 r
    }
}
```

上述二叉树的三种遍历的递归算法都是定义遍历以结点 r 为根的二叉树，要遍历整棵二叉树只要从根结点 root 开始调用上述函数即可。

通过对上述二叉树的三种遍历的递归算法的比较，可以清楚地发现：它们之间的差别仅在于访问根结点和遍历左、右子树的先后次序不同而已。如果把访问根结点语句“(*visit)(r→data)”删除，则三个递归算法是完全一样的。在图 6-10（b）中用箭头线表示了这三种遍历中所经过的结点顺序。箭头线旁边的数字 1、2、3 分别表示先序、中序和后序遍历时对相应结点的处理。从根结点出发，沿箭头线经过结点按 1（或 2、或 3）顺序输出结点中的数据信息便可以得到遍历二叉树的先序序列（或中序序列、后序序列）。

上述二叉树的遍历算法都是利用递归方法实现的。当然，对于二叉树的这三种遍历也可以用非递归的算法实现。为了把一个递归过程改为非递归过程，一般需要利用一个工作栈，记录遍历时的回退路径。读者可以考虑这三种遍历的非递归算法的具体实现。

对二叉树的遍历除了先序、中序和后序三种方式外，还可以采用层序遍历方式。

6.4.4 层序遍历

所谓层序遍历二叉树，是指从二叉树的第一层（根结点）开始，自上至下逐层遍历，在同一层中，则按照从左到右的顺序对结点逐个访问。对于图6-10（a）所示的二叉树，按层序遍历方式进行遍历所得到的结点序列为A、B、C、D、E、F、G、H、I。

图 6-11 给出了按层序遍历图 6-10（a）所示的二叉树时，经过二叉树中各结点的过程。由此可见，在进行层序遍历时，对一层结点访问完后，再按照它们的访问次序对各个结点的左孩子和右孩子顺序访问，就完成了对下一层结点的从左到右的访问。因此，在进行层序遍历时，需要设置一个队列结构，并按照下述步骤层序遍历二叉树。

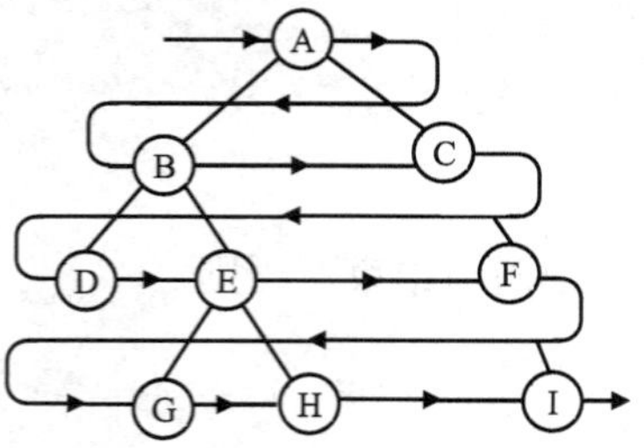

图 6-11 二叉树的层序遍历

1）初始化队列，并将根结点入队。

2）当队列非空时，取出队头结点 p，转步骤 3）；如果队列为空，则结束遍历。

3）访问结点 p，如果该结点有左孩子，则将其左孩子入队列；如果该结点有右孩子，则将其右孩子入队列。

4）重复步骤 2）、步骤 3），直到队列为空。

下面给出层序遍历算法的 C++实现，其中二叉树的存储结构仍为二叉链表，在算法中还用到了第 4 章介绍的队列。

```
template <class ElemType>
void BinaryTree<ElemType>::LevelOrder(void (*visit)(const ElemType &)) const
{
   LinkQueue<BinTreeNode<ElemType> *> q;          //定义队列 q
   BinTreeNode<ElemType> *p;
   if (root!=NULL) q.EnQueue(root);               //如果根非空，则入队
   while (!q.IsEmpty())   {                       //q 非空，说明还有结点未访问
      q.DelQueue(p);                              //队头元素出队，并访问之
      (*visit)(p->data);
      if (p->leftChild!=NULL)                     //队头元素左孩子非空
         q.EnQueue(p->leftChild);                 //左孩子入队
      if (p->rightChild!=NULL)                    //队头元素右孩子非空
         q.EnQueue(p->rightChild);                //右孩子入队
   }
}
```

上面介绍了二叉树的多种遍历算法实现，利用二叉树的遍历可以实现许多关于二叉树的运算，如计算二叉树的结点数目、求二叉树的高度、统计二叉树中的叶子数、二叉树的复制和除二叉树等。

二叉树的遍历还经常用于解决实际问题。例如，可以把任意一个算术表达式用一棵二叉树来表示。表达式(3×(a+b)+c−1/d)/5 可表示为图 6-12 所示的二叉树。

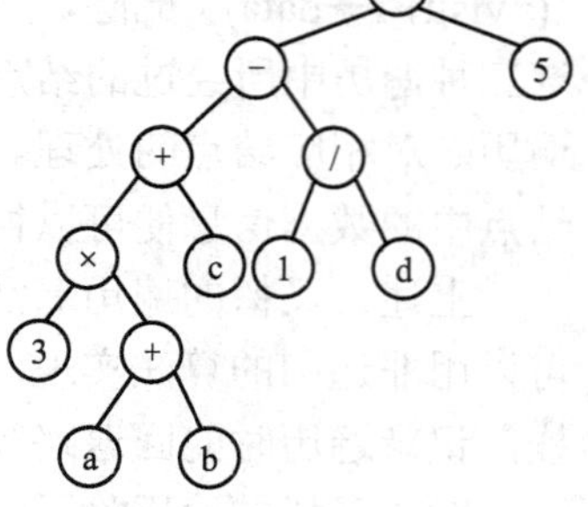

图 6-12 表达式的二叉树表示

在表达式的二叉树表示中，每个叶结点表示一个操作数，每个非叶子结点表示一个运算符，并且对于一个非叶子结点，它的左、右子树分别是它的两个操作数。对表达式二

叉树分别进行先序、中序和后序遍历，可以得到表达式的三种不同表示形式。

前缀表达式：/ − + × 3 + a b c / 1 d 5

中缀表达式：3 × a + b + c − 1 / d / 5

后缀表达式：3 a b + × c + 1 d / − 5 /

中缀表达式与人们习惯使用的表达式类似，但是由于这里的中缀表达式中没有括号，因此它不能正确反映运算的实际顺序。

在遍历二叉树时，无论采用前面所讲的哪一种方式进行遍历，其基本操作都是访问结点。所以，对具有 n 个结点的二叉树，遍历操作的时间复杂度均为 $O(n)$。在先序、中序和后序遍历的过程中，递归时栈所需要的空间最多等于树的深度 h 乘以每个栈元素所需的空间，在最坏的情况下，二叉树的深度等于结点数目，所以空间复杂度为 $O(n)$。在进行层序遍历时，所设置队列的大小显然小于二叉树中结点的个数。

6.5 线索二叉树

6.5.1 线索二叉树的定义

在线性结构中，各结点的逻辑关系是线性的，结点的直接前驱结点和直接后继结点是唯一的。对于二叉树，它是一种层次结构，树中的结点存在唯一的直接前驱结点（根结点没有前驱结点），但直接后继结点不一定是唯一的（叶结点没有后继结点）。在对二叉树以某种方式遍历后，就可以得到二叉树中所有结点的一个线性序列。在这种意义上，二叉树中的结点就有了唯一的直接前驱结点和唯一的直接后继结点的概念。

二叉树通常采用二叉链表作为存储结构。在这种存储结构下，由于每个结点有两个分别指向其左孩子和右孩子的指针，因此寻找其左、右孩子结点很方便，但要找该结点在某种遍历下的前驱结点和后继结点则比较困难。例如，要在中序遍历的前提下，寻找任一结点的前驱结点，如果该结点存在左孩子结点，那么从它的左孩子结点开始，沿着右孩子指针不断地向下找，直到找到结点的右指针域为空为止，该结点就是所要找的前驱结点；如果某结点不存在左孩子结点，则需要遍历二叉树才能确定该结点的前驱结点。

为方便寻找二叉树中结点的前驱结点或后继结点，可以通过一次遍历记下各结点在遍历过程中所得的线性序列中的相对位置。保存这种信息的一种简单的方法是在每个结点中增设两个指针域，使它们分别指向按某种次序遍历时所得到的该结点的前驱结点和后继结点，显然这样做要多花费一定数量的存储空间。仔细分析一棵具有 n 个结点的二叉树就会发现，当它采用二叉链表作为存储结构时，二叉链表中的所有结点共有 $n+1$ 个空指针域。因此，可以设法利用这些空指针域来存放结点的前驱结点和后继结点的指针信息。在此，可以做这样的规定：当某结点的左指针域为空时，令其指向依某种方式遍历时所得到的该结点的前驱结点，否则指向它的左孩子；当某结点的右指针域为空时，令其指向依某种方式遍历时所得到的该结点的后继结点，否则指向它的右孩子。对一棵二叉树遍历的方式不同，所得到的线索树也不同。二叉树一般有先序、中序和后序三种遍历方式，所以线索二叉树就有先序线索二叉树、中序线索二叉树和后序线索二叉树三种。图 6-13（a）所示为一棵二叉树，图 6-13（b）～（d）分别给出了其先序线索二叉树、中序线索二叉树和后序线索二叉树。

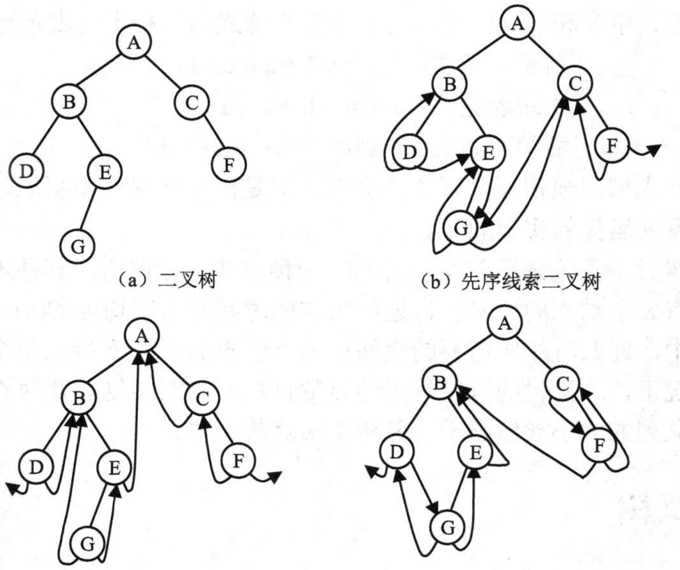

（a）二叉树　（b）先序线索二叉树　（c）中序线索二叉树　（d）后序线索二叉树

图 6-13　线索二叉树示例

在线索二叉树中存在一个问题：一个结点的左、右指针指向的究竟是它的左、右孩子结点，还是指向它的前驱结点或后继结点？为避免产生混淆，可以在每个结点中增设两个标志位 leftTag 和 rightTag，令

当 leftTag=0 时，leftChild 为左孩子指针；

当 leftTag=1 时，leftChild 为前驱指针；

当 rightTag=0 时，rightChild 为右孩子指针；

当 rightTag=1 时，rightChild 为后继指针。

这种二叉树的链式存储中结点的结构如图 6-14（a）所示。在二叉链表中，把结点中指向前驱结点或后继结点的指针称为线索，添加了线索的二叉树称为线索二叉树，相应的二叉链表称为线索链表。图 6-14（b）给出了图 6-13（a）所示二叉树的中序线索链表。对一棵二叉树以某种方式遍历并使其变成线索二叉树的过程称为二叉树的线索化。

leftChild	leftTag	Data	rightTag	rightChild

（a）线索链表中的结点结构

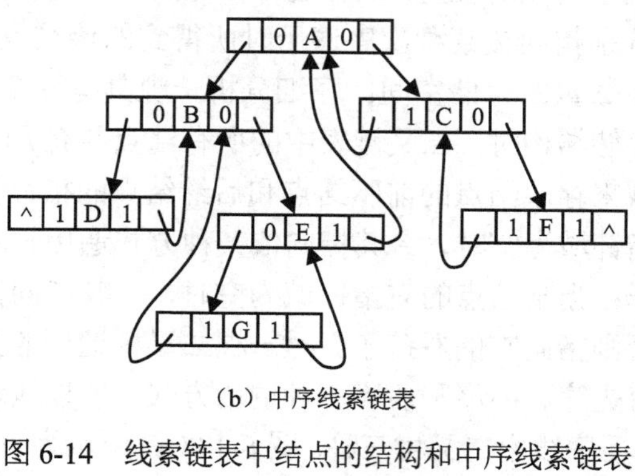

（b）中序线索链表

图 6-14　线索链表中结点的结构和中序线索链表

6.5.2 线索二叉树的类模板定义

1. 线索二叉树的结点类模板的定义和实现

下面先介绍线索二叉链表模板中用到的结点的类模板定义和实现。在线索二叉链表的结点类模板中除了定义了存储结点元素的数据域 data 和左、右孩子指针域 leftChild、rightChild 外，还增加了左、右线索标志，其定义如下：

```
template <class ElemType>
struct ThreadBinTreeNode
{
//数据成员
  ElemType data;                                    //数据域
  ThreadBinTreeNode<ElemType> *leftChild;           //左指针域
  ThreadBinTreeNode<ElemType> *rightChild;          //右指针域
  int leftTag, rightTag;                            //左、右标志域
//构造函数
  ThreadBinTreeNode();                              //无参数的构造函数
  ThreadBinTreeNode(const ElemType &d,
    ThreadBinTreeNode<ElemType> *lChild=NULL,
    ThreadBinTreeNode<ElemType> *rChild=NULL,
    int leftTag=0, int rightTag=0);
    //由数据元素值、指针及标志域构造结点
};
```

下面是线索二叉树结点类模板中两个构造函数的实现。

（1）无参数的构造函数

```
template <class ElemType>
ThreadBinTreeNode<ElemType>::ThreadBinTreeNode()
{
  leftChild=rightChild=NULL;                        //设置指针域为空
  leftTag=rightTag=0;                               //设置标志域为 0
}
```

（2）有参数的构造函数

```
template <class ElemType>
ThreadBinTreeNode<ElemType>::ThreadBinTreeNode(const ElemType &d,
  ThreadBinTreeNode<ElemType> *lChild,
  ThreadBinTreeNode<ElemType> *rChild,
  int lTag, int rTag)
{
  data=d;                                           //设置数据元素值
  leftChild=lChild;                                 //设置左指针
  rightChild=rChild;                                //设置右指针
  leftTag=lTag;                                     //设置左标志
  rightTag=rTag;                                    //设置右标志
}
```

2. 中序线索二叉树的类模板的定义

线索二叉树有先序线索二叉树、中序线索二叉树和后序线索二叉树三种，它们的定义类似，但函数实现有所不同。在此以中序线索二叉树为例进行介绍，其定义如下：

```
template <class ElemType>
class InThreadBinTree
{
protected:
//线索二叉树的数据成员
   ThreadBinTreeNode<ElemType> *root;
//辅助函数
   void InThreadHelp(ThreadBinTreeNode<ElemType> *p,
      ThreadBinTreeNode<ElemType> *&pre);
      //中序线索化以 p 为根的二叉树，pre 为 p 中第一个结点的前驱结点指针
   ThreadBinTreeNode<ElemType> *TransformHelp(BinTreeNode<ElemType> *r);
      //将以 r 为根的二叉树转换成新的未线索化的中序线索二叉树
   ThreadBinTreeNode<ElemType> *CopyTreeHelp(
      ThreadBinTreeNode<ElemType> *t);
      //复制线索二叉树
   void DestroyHelp(ThreadBinTreeNode<ElemType> * &r);     //销毁以 r 为根的二叉树
public:
//线索二叉树的函数成员
   InThreadBinTree(const BinaryTree<ElemType> &bt);
      //由二叉树构造中序线索二叉树——转换构造函数
   virtual ~InThreadBinTree();                            //析构函数
   ThreadBinTreeNode<ElemType> *GetRoot() const;          //返回线索二叉树的根
   void InThread();                                       //中序线索化二叉树
   ThreadBinTreeNode<ElemType> *GetFirst() const;
      //取二叉树中序序列中第一个结点指针
   ThreadBinTreeNode<ElemType> *GetLast() const;
      //取二叉树中序序列中最后一个结点指针
   ThreadBinTreeNode<ElemType> *GetNext(ThreadBinTreeNode<ElemType> *p);
      //取二叉树指定结点 p 在中序序列中的下一个结点
   void InsertRightChild(ThreadBinTreeNode<ElemType> *p, const ElemType &e);
      //插入右孩子
   void DeleteLeftChild(ThreadBinTreeNode<ElemType> *p);
      //删除 p 的左子树
   void InOrder(void (*visit)(const ElemType &)) const;
      //二叉树的中序遍历
   InThreadBinTree(const InThreadBinTree<ElemType> &t);  //复制构造函数
   InThreadBinTree<ElemType> &operator=(
     const InThreadBinTree<ElemType>& t);                 //赋值运算符重载
};
```

在这个类模板中只定义了取指定结点 p 在中序序列中的下一个结点，没有定义取指定结点 p 在中序序列中的前一个结点；只定义了在指定结点 p 上插入右孩子结点，没有定义插入左孩子结点；只定义了删除指定结点 p 的左子树，没有定义删除右子树函数。这些函数的实现很相似，留给读者考虑。

3. 中序线索二叉树类模板中部分函数的实现

下面主要讨论中序线索二叉树的建立、线索二叉树的遍历以及在线索二叉树中查找前驱结点、查找后继结点、插入结点和删除结点等函数的实现。

（1）建立中序线索二叉树

建立线索二叉树，或者说对二叉树线索化，实质上就是遍历一棵二叉树。在遍历的过程中检查当前结点的左、右指针域是否为空。如果为空，将它们改为指向前驱结点或后继结点的线索。下面介绍利用中序遍历来线索化以 p 为根的二叉树的算法实现，其中 pre 为中序序列中第一个结点的前驱结点。

```
template <class ElemType> void InThreadBinTree<ElemType>::
InThreadHelp(ThreadBinTreeNode<ElemType> *p,
 ThreadBinTreeNode<ElemType> *&pre)
{
  if (p!=NULL)   {
    InThreadHelp(p->leftChild, pre);              //线索化 p 的左子树

    if (p->leftChild==NULL){                      //p 无左孩子，加前驱线索
      p->leftChild=pre;                           //p 的前驱为 pre
      p->leftTag=1;                               //左标志为线索
    }
    else                                          //p 有左孩子，则左标志为孩子
      p->leftTag=0;
    if (pre!=NULL&&pre->rightChild==NULL){        //pre 无右孩子，加线索
      pre->rightChild=p;                          //pre 的后继为 p
      pre->rightTag=1;                            //右标志为线索
    }
    else if (pre!=NULL)                           //p 有右孩子，则右标志为孩子
      pre->rightTag=0;

    pre=p;                                    //遍历下一结点时，p 为下一结点的前驱
    InThreadHelp(p->rightChild, pre);             //线索化 p 的右子树
  }
}
```

上面的函数完成了线索化以 p 为子树，要完成整棵二叉树的中序线索化只需要从根结点开始调用上述函数即可，具体实现如下：

```
template <class ElemType>
void InThreadBinTree<ElemType>::InThread()
{
  ThreadBinTreeNode<ElemType> *pre=NULL;
                                    //中序序列中第一个结点的前驱为空
  InThreadHelp(root, pre);          //中序线索化以 root 为根的二叉树
  pre->rightTag=1;                  //中序序列中最后一个结点的右指针为线索
}
```

（2）在中序线索二叉树中寻找中序序列中第一个结点

由中序遍历的定义可知：当二叉树非空时，中序序列中第一个结点是二叉树的最左结点，即沿着根结点左指针链向下找，直到某结点的左标志为 1 时，该结点就是所要找的中

序序列中第一个结点。因此，该算法的实现如下：

```
template <class ElemType>
ThreadBinTreeNode<ElemType> *InThreadBinTree<ElemType>::GetFirst() const
{
   if (root==NULL)
      return  NULL;
   else {
      ThreadBinTreeNode<ElemType> *p=root;
      while  (p->leftTag==0)
         p=p->leftChild;
      return p;
   }
}
```

在中序线索二叉树中寻找中序序列中的最后一个结点的算法和上面的算法类似，这里就不再介绍。

（3）在中序线索二叉树中寻找指定结点 p 的后继结点

对于中序线索二叉树中的任意一个结点 p，如果它的右标志为 1，那么它的右指针所指向的结点就是 p 的后继结点；反之，表明该结点有右孩子。根据中序遍历的定义可知，p 的后继结点是其右子树的最左结点，即沿着该结点 p 的右孩子的左指针链向下找，直到某结点的左标志为 1 时，该结点就是所要找的后继结点。因此，该算法的实现如下：

```
template <class ElemType>ThreadBinTreeNode<ElemType>
*InThreadBinTree<ElemType>::GetNext(ThreadBinTreeNode<ElemType> *p) const
{
   if (p->rightTag==1)                //右指针为线索，后继为 p->rightChild
      p=p->rightChild;
   else   {                           //右指针为孩子，p 右子树最左侧的结点为后继
      p=p->rightChild;                //p 指向其右孩子
      while (p->leftTag==0)
         p=p->leftChild;              //查找原 p 右子树中最左侧的结点
   }
   return p;
}
```

对于中序线索二叉树上的任意一个结点，寻找其前驱结点的操作与寻找其后继结点的操作类似，读者可仿照上述算法自行实现。

（4）中序线索二叉树的中序遍历

在中序线索树中进行中序遍历，可以从第一个结点开始依次找当前结点的后继来完成。算法为了表明每个结点左、右指针的情况（是孩子指针还是线索指针），在输出结点元素值的同时显示其左、右指针。具体实现如下：

```
template <class ElemType>
void InThreadBinTree<ElemType>::InOrder(void (*visit)(const ElemType &)) const
{
   ThreadBinTreeNode<ElemType> *p;
   for (p=GetFirst(); p!=NULL; p=GetNext(p)){
     (*visit)(p->data);
    //下面语句仅为了显示结点的左、右指针情况，实际遍历时一般不用
    if (p->leftTag==1)
```

```
            cout<< "其左指针为线索指针，指向";
        else
            cout<< "其左指针为孩子指针，指向";
        if (p->leftChild!=NULL)
            cout<< p->leftChild->data ;
        else
            cout<< "NULL" ;
        if (p->rightTag==1)
            cout<< "；其右指针为线索指针，指向";
        else
            cout<< "；其右指针为孩子指针，指向";
        if (p->rightChild!=NULL)
            cout<< p->rightChild->data << endl;
        else
            cout<< "NULL" << endl;
    }
}
```

在中序线索树中，还可以通过从最后一个结点开始依次找当前结点的前驱来遍历二叉树，从而得到逆中序序列。

（5）在中序线索二叉树中插入右孩子结点

在中序线索二叉树中插入结点有两种方法：一种方法是将新结点插入二叉树中作为某结点的左孩子结点；另一种方法是将新结点插入二叉树中作为某结点的右孩子结点。这两种算法类似，在此讨论后一种情况。

假设指针 p 指向线索二叉树中的某一结点，指针 x 指向要插入的新结点，新结点 x 将插入二叉树中作为结点 p 的右孩子。此时，将有以下两种情况。

第一种情况：结点 p 没有右孩子，则插入过程很简单，这时结点 p 原来的后继结点变为结点 x 的后继结点，结点 p 为结点 x 的前驱结点，结点 x 成为结点 p 的右孩子。图 6-15（a）、（c）给出了这种情况下插入前后二叉树的两种形态。

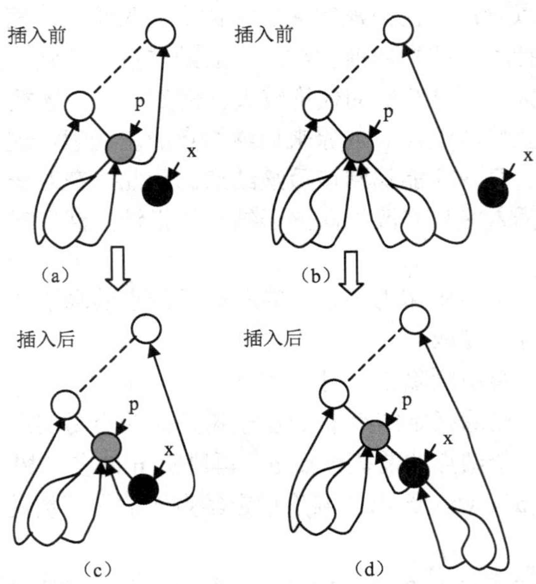

图 6-15　中序线索二叉树中插入右孩子结点

第二种情况：若结点 p 有右子树，结点 x 插入后，令结点 p 原来的右子树成为结点 x 的右子树，x 为 p 的右孩子。此时，结点 p 成为结点 x 的前驱结点，根据中序线索二叉树的定义，这时还需要修改结点 p 原来右子树中最左下结点的左指针，使它由原来指向结点 p 改为指向结点 x。图 6-15（b）、（d）给出了这种情况下插入前后二叉树的两种形态。

下面是插入右孩子结点算法的实现。

```
template <class ElemType> void InThreadBinTree<ElemType>::
InsertRightChild(ThreadBinTreeNode<ElemType> *p, const ElemType &e)
{
  ThreadBinTreeNode<ElemType> *x, *q;
  if (p==NULL)
     return;
  else {
     x=new ThreadBinTreeNode<ElemType>(e, p, p->rightChild,
     1, p->rightTag);        //生成元素值为 e 结点 x
     if (p->rightTag==0) {
        q=p->rightChild;
        while (q->leftTag==0)
          q=q->leftChild;
        q->leftChild=x;
     }
     p->rightChild=x;
     p->rightTag=0;
     return;
  }
}
```

从上述算法实现可以看出，在一棵线索二叉树中插入结点，要做的主要工作就是修改一些指向孩子结点的指针和一些指向前驱结点或后继结点的线索。指向孩子结点的指针的修改很容易，而线索的修改有时花费的代价较大。例如，在上述插入算法中，当 p 有右孩子结点时，插入结点 x 要修改结点 p 的原来后继结点的左线索，这时要在结点 p 的右子树中，沿左指针不断向左下查找才能找到该后继结点。因此，在对线索二叉树做插入时，也可以采用另一种方法：插入时只修改指向孩子结点的指针，然后对插入或删除后的二叉树重新进行线索化。

将新结点插入线索二叉树中作为某结点的左孩子结点的算法与上述算法相类似，这里不再介绍。读者可作为练习完成。

（6）在中序线索二叉树中删除左子树

在中序线索二叉树中删除指定结点 p 的左子树是比较容易实现的。首先找到要被删除的子树在中序序列中第一个结点的前驱结点 q，再删除 p 的左子树，最后把 p 的左指针作为线索指向 q。图 6-16（a）、（b）给出了删除指定结点 p 的左子树的前后两种形态。具体算法的实现如下：

```
template <class ElemType>void InThreadBinTree<ElemType>::
DeleteLeftChild(ThreadBinTreeNode<ElemType> *p)
```

```
{
  ThreadBinTreeNode<ElemType> *x, *q;
  if (p==NULL||p->leftTag!=0)
    return;
  else {
    q=p->leftChild;
    while (q->leftTag==0)
      q=q->leftChild;
    q=q->leftChild;
    DestroyHelp(p->leftChild);
    p->leftChild=q;
    p->leftTag=1;
    return;
  }
}
```

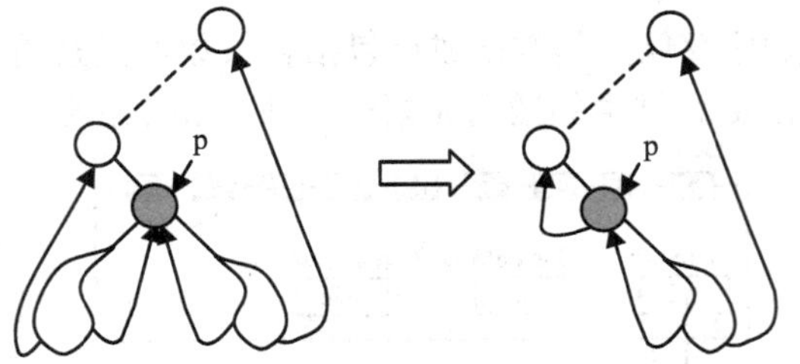

（a）删除前　　（b）删除后

图 6-16　中序线索二叉树中删除左子树

这里只介绍了删除指定结点 p 的左子树函数的实现，删除指定结点 p 的右子树的函数的实现与它相类似，这里不再介绍。读者可作为练习完成。

6.6　二叉树的应用

二叉树结构在实际问题中有着广泛的应用，如二叉排序树、堆（heap）、哈夫曼树（Huffman tree）（或称最优二叉树）等都是典型的二叉树应用。作为二叉树的应用例子，本节将介绍堆和哈夫曼树以及哈夫曼树在编码问题中的应用。

6.6.1　堆

堆——完全二叉树的实际应用

1. 堆的定义

设有 n 个数据元素的关键字为（$k_0,k_1,\cdots,k_{n-1}$），如果它们满足以下的关系：$k_i \leqslant k_{2i+1}$ 且 $k_i \leqslant k_{2i+2}$（或 $k_i \geqslant k_{2i+1}$ 且 $k_i \geqslant k_{2i+2}$）（$i=0,1,\cdots,\lfloor (n-2)/2 \rfloor$），则称为堆。如果将此数据元素序列用一维数组来存储，并将此数组对应一棵完全二叉树，则堆的含义可以理解为：在完全二叉树中任何非终端结点的关键字均不大于（或不小于）其左、右孩子结点的关键字。

图 6-17 给出了堆的示例。在最小堆中，任一非终端结点的关键字均小于或等于它的左、右孩子的关键字，此时位于堆顶（即完全二叉树的根结点位置）的结点的关键字是整个序列中最小的，所以称为最小堆。在最大堆中，任一非终端结点的关键字均大于或等于它的

左、右孩子的关键字，此时位于堆顶的结点的关键字是整个序列中最大的，所以称为最大堆。在下面的介绍中不做特殊说明的就是最小堆，最大堆的情况完全可以仿照最小堆来进行处理。

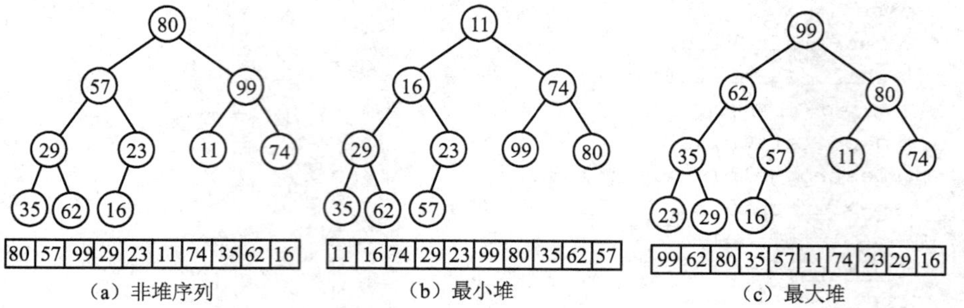

图 6-17　堆的示例

在此，最小堆选择顺序存储，其数据成员包括存放数据元素的数组 heapArr、当前堆中的数据元素数目 CurrentSize 和堆中的数据元素最大数目 maxSize。其结构如图 6-18 所示。

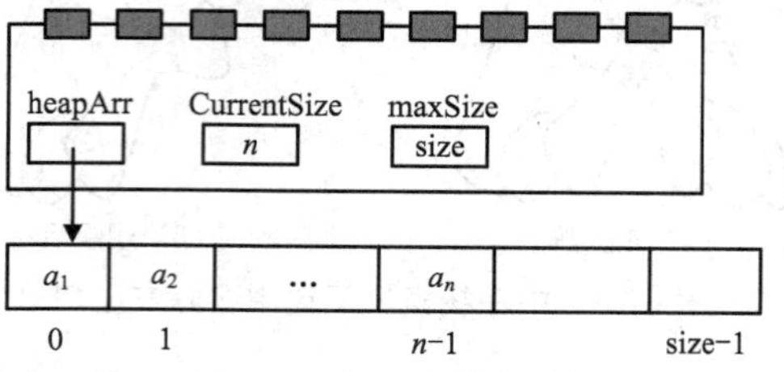

图 6-18　堆的结构图

下面给出最小堆的类模板定义。

```
template<class ElemType> class MinHeap{
private:
    ElemType *heapArr;
    int CurrentSize;
    int maxSize;
    void FilterDown(int Start);
    void FilterUp(int End);
public:
    MinHeap(int maxSize);
    MinHeap(ElemType a[], int maxSize, int n);
    ~MinHeap(){delete []heapArr;}
    Status Insert(const ElemType &e);
    Status DeleteTop(ElemType &e);
    Status GetTop(ElemType &e)const;
    bool IsEmpty()const{return CurrentSize==0;}
    bool IsFull()const{return CurrentSize==maxSize;}
    int SizeOfHeap()const{return CurrentSize;}
    void SetEmpty(){CurrentSize=0;}
    void Traverse(void (*visit)(const ElemType &)) const;
};
```

2. 堆的实现

在最小堆类模板定义中，有两个构造函数用于建立堆，第一个构造函数建立一个空间大小为 maxSize 的空堆；另一个构造函数通过复制一个记录数组，对其进行调整，形成一个最小堆。下面分别给出这两个构造函数的实现。

（1）构造空堆

由于没有数据元素，因此构造空堆的算法比较简单，只要根据参数 maxSize 分配存储空间，并设置 CurrentSize 为 0 即可。具体实现如下：

```
template<class ElemType>MinHeap<ElemType>::
MinHeap(int maxSize)
{
   if (maxSize<=0)    {
     cerr<< "堆的大小不能小于 1" << endl;
     exit(1);
   }
   maxSize=maxSize;
   heapArr=new ElemType[maxSize];
   CurrentSize=0;
}
```

（2）根据数组元素构造堆

首先根据参数 maxSize 分配存储空间，并把数组中的元素复制到 heapArr 数组，然后采用自下而上的方法把序列逐步调整形成堆。

采用自下而上的方法把整个序列逐步调整形成堆时需要调用向下调整算法 FilterDown，它将以分支结点 i 为根的子树调整为最小堆。当然在调整之前，结点 i 的左右子树已经是最小堆。该算法的基本思想是：先比较结点 i 左孩子结点和右孩子结点的关键字大小（如果存在左、右孩子），如果结点 i 左孩子结点的关键字小于右孩子结点的关键字，则沿结点 i 的左分支进行调整；否则沿结点 i 的右分支进行调整。在算法中用 j 指示 i 的左、右孩子中关键字值较小的孩子结点，然后将结点 i 和结点 j 进行关键字比较，若结点 i 的关键字大于结点 j 的关键字，则交换两结点的值，相当于把关键字小的结点上浮。再令 $i=j$，$j=2j+1$，继续向下一层进行调整；若结点 i 的关键字不大于结点 j 的关键字或结点 i 没有孩子时调整结束。向下调整算法的实现如下：

```
template<class ElemType>
void MinHeap<ElemType>::FilterDown(const int Start)
{
   int i=Start, j;
   ElemType temp=heapArr[i];
   j=2*i+1;                              //取 i 的左孩子 j
   while  (j<=CurrentSize-1){            //i 不是叶结点（i 有孩子结点）
     if (j<CurrentSize-1&&heapArr[j]>heapArr[j+1])
       j++;                              //i 有右孩子，且右孩子的关键字小于左孩子
     if (temp<=heapArr[j])
       break;                            //i 的值小于其孩子的值，则结束调整
     else {
       heapArr[i]=heapArr[j];            //i 的值大于其孩子的值，则进行向下调整
       i=j;
```

```
            j=2*j+1;
        }
    }
    heapArr[i]=temp;
}
```

有了这个向下调整算法，就可以把整个序列调整为最小堆。该算法的思想是：首先找到按完全二叉树结点编号排在最后的分支结点 *i*，它的左、右（如果有）孩子是叶结点，也就是说 *i* 的左、右（如果有）子树一定是最小堆。如图 6-19（a）所示，*i*=4，调用一次调整算法 FilterDown 将以分支结点 *i* 为根的子树调整为最小堆，然后 *i*-1（*i*=3），再调用调整算法 FilterDown 将以分支结点 *i*=3 为根的子树调整为最小堆，其结果如图 6-19（b）所示，依此类推，直到 *i*=0，再调用一次调整算法 FilterDown 算法将整个树调整为最小堆。具体过程如图 6-19（c）～（f）所示。

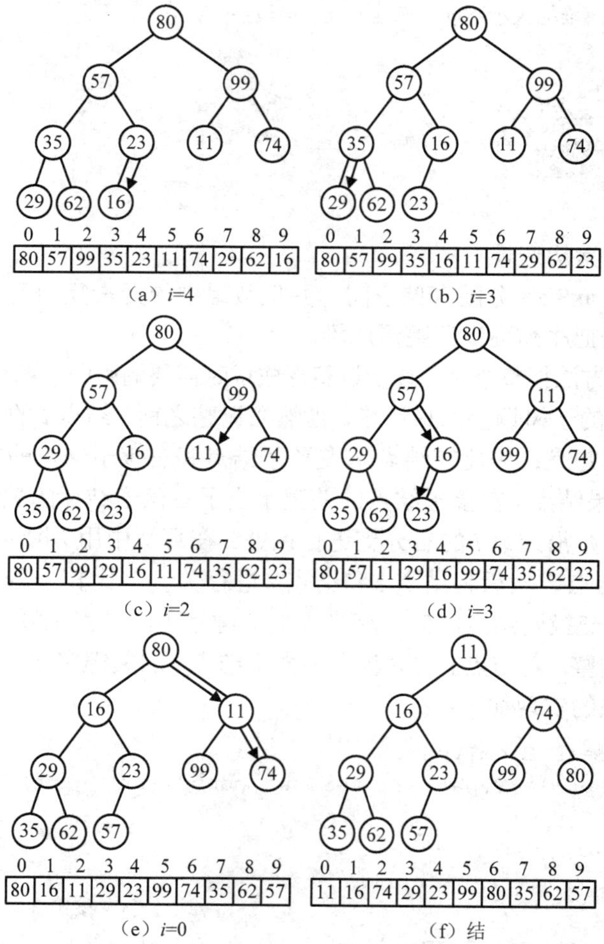

（a）*i*=4　（b）*i*=3　（c）*i*=2　（d）*i*=3　（e）*i*=0　（f）结

图 6-19　把一般的序列调整为最小堆

下面介绍根据数组元素构造堆的算法实现。

```
template<class ElemType>
MinHeap<ElemType>::MinHeap(ElemType a[], int maxSize, int n)
{
    if (n<=0)  {
```

```
      cerr<< "堆的大小不能小于 1" << endl;
      exit(1);
    }
    maxSize=maxSize;
    heapArr=new ElemType [maxSize];
    for (int i=0; i<n; i++)
      heapArr[i]=a[i];
    CurrentSize=n;
    int i=(CurrentSize-2)/2;  //取序列最右边的分支结点
    while (i>=0)  {
      FilterDown(i);                    i--;
      //下面两条语句为查看每一趟调整结果而设置
      Traverse(Write<ElemType>);
      cout<< endl;
    }
}
```

为了便于读者看清楚每一趟调整的结果，在完成一次调整后调用 Traverse()函数输出中间结果，在实际应用中可以删除这条语句。还有另外一种根据数组元素构造堆的算法：从空堆开始，依次向堆中插入元素完成。它需要调用堆的插入元素算法。

3. *在堆中插入元素*

堆的函数成员 Insert()用于在堆中插入一个数据元素，在插入时先把数据元素插在已经建成的最小堆的序列最后。如图 6-20 所示，在堆中插入关键字为 14 的结点。显然在堆中插入元素后可能破坏堆的性质，因此还需要调用 FilterUp()函数，进行自下而上的调整使其所在的子树成为堆。

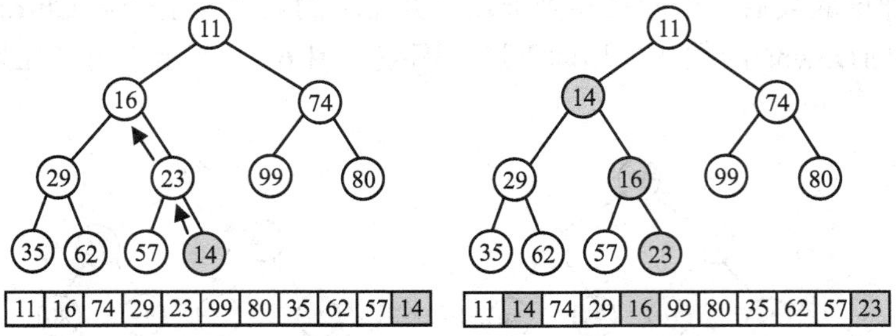

（a）插入关键字为 14 的结点　　　（b）向上调整

图 6-20　在堆中插入元素

下面先给出 Insert()函数的 C++实现。

```
template<class ElemType>
Status MinHeap<ElemType>::Insert(const ElemType &e)
{
  if (IsFull())
    return OVER_FLOW;
  heapArr[CurrentSize]=e;
  FilterUp(CurrentSize);
  CurrentSize++;
  return SUCCESS;
}
```

其中，私有函数成员 FilterUp()是一个向上调整算法，它的基本思想是：从插入结点 *j* 开始，比较结点 *j* 的关键字和其双亲结点 *i* 的关键字大小，如果结点 *j* 的关键字小于其双亲结点 *i* 的关键字，则交换两个结点值，并使 *j*=*i*，*i*=(*j*−1)/2；继续向上调整，直到 *j*=0（*j* 为根结点）或结点 *j* 的关键字大于其双亲结点 *i* 的关键字为止。

下面给出 FilterUp()函数的 C++实现。

```
template<class ElemType>
void MinHeap<ElemType>::FilterUp(int End)
{
   int j=End, i;
   ElemType temp=heapArr[j];
   i=(j-1)/2;
   while (j>0)    {
      if (heapArr[i]<=temp)
         break;
      else {
         heapArr[j]=heapArr[i];
         j=i;
         i=(j-1)/2;
      }
      heapArr[j]=temp;
   }
}
```

4. 在堆中删除元素

在堆的类模板定义中函数成员 DeleteTop()用于删除堆顶数据元素。在从堆中删除堆顶元素后，一般把堆的最后一个元素移到堆顶，并将堆的当前元素个数 CurrentSize 减 1，最后需要调用 FilterDown()函数从堆顶向下进行调整。图 6-21 所示给出了在堆中删除堆顶元素的过程。

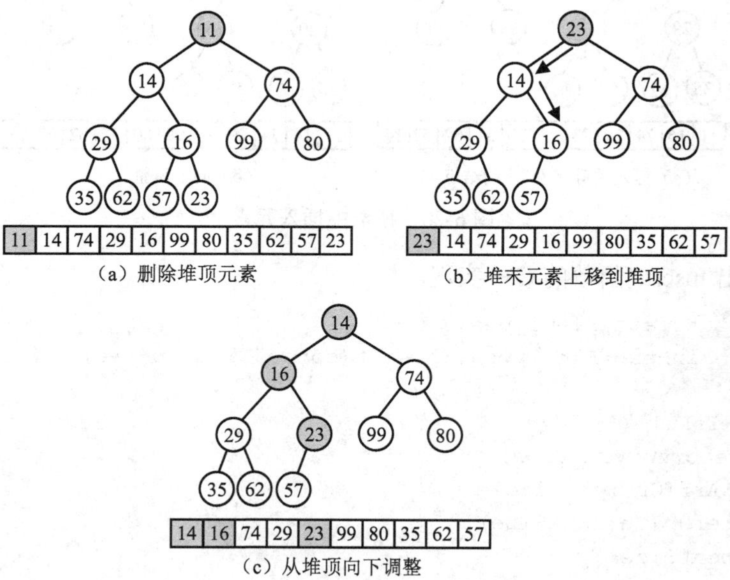

图 6-21 删除堆顶元素的示例

下面给出 DeleteTop()函数的 C++实现。

```
template<class ElemType>
Status MinHeap<ElemType>::DeleteTop(ElemType &e)
{
  if (IsEmpty())
    return UNDER_FLOW;
  e=heapArr[0];
  heapArr[0]=heapArr[CurrentSize-1];
  CurrentSize--;
  FilterDown(0);
  return SUCCESS;
}
```

从上面的函数实现可知，在 FilterUp()函数和 FilterDown()函数中，while 循环的次数不超过完全二叉树（堆）的高度，因此对于由 n 个数据元素组成的堆，这两个函数的时间复杂度为 $O(\log_2 n)$。在插入函数 Insert()中，先把元素插到堆末，再调用 FilterUp()函数进行上调，插入元素的时间是一个常量，所以对由 n 个数据元素组成的堆，函数 Insert()的时间复杂度为 $O(\log_2 n)$。在删除函数 DeleteTop()中，先取出堆顶元素，然后把堆末元素上移到堆顶，最后调用 FilterDown()函数进行下调。由于取出堆顶元素和堆末元素上移的时间是一个常量，因此对于由 n 个数据元素组成的堆，函数 DeleteTop()的时间复杂度也为 $O(\log_2 n)$。在构造堆的函数中调用了 $n/2$ 次 FilterDown()函数，因此其时间复杂度为 $O(n\log_2 n)$。

6.6.2　哈夫曼树

哈夫曼树——二叉树链式存储的应用

1. 哈夫曼树的基本概念

在介绍哈夫曼树之前，首先介绍关于路径的一些概念。在一棵二叉树中由根结点到某个结点所经过的分支序列叫作由根结点到这个结点的路径，由根结点到某个结点所经过的分支数称为由根结点到该结点的路径长度。由根结点到所有叶结点的路径长度之和称为该二叉树的路径长度。

如果二叉树中每一个叶结点都带有某一确定值，就可以将二叉树的路径长度的概念加以推广。假设有一棵具有 n 个带权值叶结点的二叉树，那么从根结点到各个叶结点的路径长度与对应叶结点权值的乘积之和称为二叉树的带权路径长度（weighted path length，WPL），记作

$$\text{WPL} = \sum_{k=1}^{n} W_k \times L_k$$

式中，W_k 为第 k 个叶结点的权值；L_k 为第 k 个叶结点的路径长度。

给定一组具体确定权值的叶结点，可以构造出叶结点数相同的形态各异的二叉树。例如，给定四个叶结点，其权值分别为 3、5、9、12，可以构造出多棵形状不同的二叉树，它们的带权路径长度不一定相同。图 6-22 给出了其中三棵不同形状的二叉树，它们的带权路径长度为分别为 58、54 和 76。

由此可见，对于一组确定权值的叶结点，由它们构造出的不同形态二叉树的带权路径长度并不相同。在此把其中具有最小带权路径长度的二叉树称为最优二叉树，也称为哈夫

曼树，可以证明，图 6-22（b）所示的二叉树就是一棵哈夫曼树。

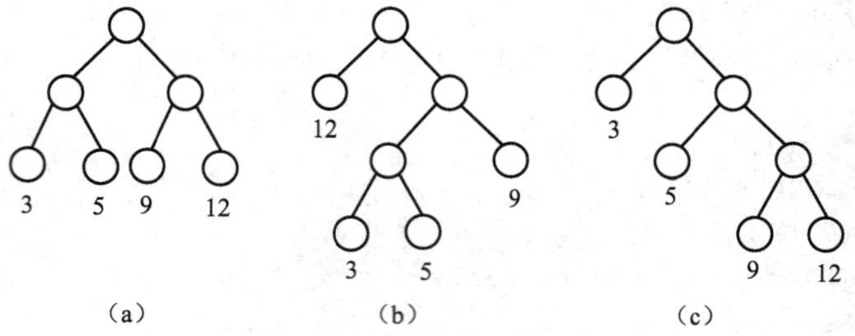

图 6-22　具有不同带权路径长度的二叉树

根据哈夫曼树的定义，要使一棵二叉树的带权路径长度值最小，显然必须使权值越大的叶结点越靠近根结点，而权值越小的结点越远离根结点。那么，如何构造一棵哈夫曼树呢？哈夫曼最早提出了一种方法，该方法的步骤如下。

1）由给定的 n 个权值$\{W_1,W_2,\cdots,W_n\}$构造 n 棵只有一个根结点（亦为叶结点）的二叉树，从而得到一个森林 $F=\{T_1,T_2,\cdots,T_n\}$。

2）在 F 中选取两棵根结点的权值最小的二叉树 T_i、T_j，以 T_i 和 T_j 作为左、右子树构造一棵新的二叉树 T_k。置新的二叉树 T_k 的根结点的权值为其左、右子树（T_i、T_j）上根结点的权值之和。

3）在 F 中删去二叉树 T_i、T_j，并把新的二叉树 T_k 加入 F。

4）重复步骤 2）和步骤 3），直到 F 中仅剩下一棵树为止。

例如，给定权值集合为{12, 3, 5, 9}，以此作为二叉树叶结点的权，其哈夫曼树的构造过程如图 6-23 所示。

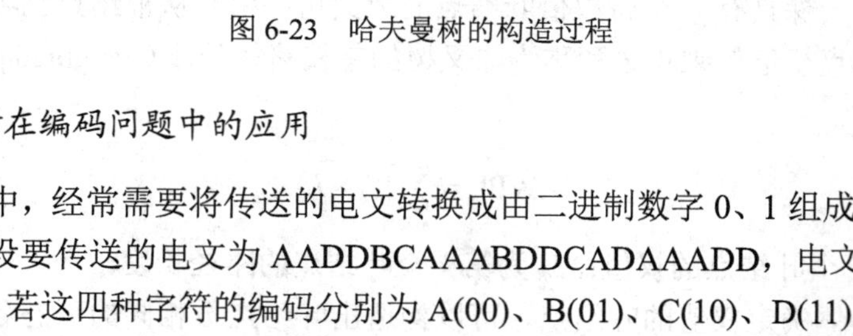

图 6-23　哈夫曼树的构造过程

2. 哈夫曼树在编码问题中的应用

在数据通信中，经常需要将传送的电文转换成由二进制数字 0、1 组成的串，一般称为编码。例如，假设要传送的电文为 AADDBCAAABDDCADAAADD，电文中只有 A、B、C、D 四种字符，若这四种字符的编码分别为 A(00)、B(01)、C(10)、D(11)，则电文的代码为 0000111101100000000111111000110000001111，电文代码的长度为 40。在这种编码方案中，每个字符的编码长度均为 2，这是一种等长编码。

在传送电文时，人们希望传送的时间尽可能地短，这就要求电文代码的长度尽可能地短。显然，上述编码方案所产生的电文代码还不够短。如果这四种字符的编码分别为 A(0)、B(1)、C(10)、D(01)，则上述电文的电文代码为 00010111000010101100010000101，此电文代码的长度只有 29，但这样的电文代码是无法正确翻译成原来的电文的。例如，对于编码 01，可以被认为是 D，也可以被认为是 AB。因为这四个字符的编码不是前缀码（前缀码要求任一字符的编码均非其他字符编码的前缀），因而无法获得唯一的译码。

可以利用哈夫曼树构造出使电文代码总长度最短的编码方案。具体做法如下：设需要编码的字符集合为$\{C_1,C_2,\cdots,C_n\}$，它们在电文中出现的频率（次数）集合为$\{W_1,W_2,\cdots,W_n\}$。以 $C_1,C_2,\cdots,C_n$ 作为叶结点，$W_1,W_2,\cdots,W_n$ 作为它们的权值，构造一棵哈夫曼树，规定哈夫曼树中的左分支代表 0，右分支代表 1，则从根结点到每个叶结点所经过的路径分支组成的 0 或 1 序列作为该叶结点对应字符的编码，称为哈夫曼编码。

例如，对于一段电文 AADDBCAAABDDCADAAADDCDDBAACCA，其字符集合为{A,B,C,D}，各个字符出现的频率为 W={12,3,5,9}。若将字符等长编码为 A(00)、B(10)、C(01)、D(11)，则电文代码的长度为(12+3+5+9)×2=58。

若按各个字符出现的频率不同而给予不等长编码，可望减少电文代码的长度。为各字符出现的频率为{12/29,3/29,5/29,9/29}，化成整数为{12,3,5,9}，以它们为各叶结点上的权值，建立哈夫曼树，可得哈夫曼编码为 A(0)、B(100)、C(101)、D(11)，如图 6-24 所示。它的总代码长度为 12×1+(3+5)×2+9×3=53，显然比等长编码的代码长度要短。哈夫曼编码是一种前缀码，解码时不会混淆。

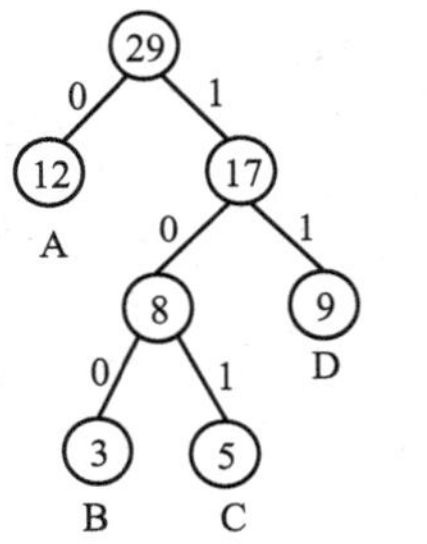

图 6-24　哈夫曼树及其编码

3. 哈夫曼树的定义

在构造哈夫曼树时要做到能够方便地从双亲找到其孩子，在由哈夫曼树产生哈夫曼编码时又要能方便地从孩子找到其双亲，因此为了方便地构造哈夫曼树和产生哈夫曼编码，二叉树需要使用三叉链表或双亲-孩子法表示。这里采用双亲-孩子法表示哈夫曼树，下面先给出双亲-孩子表示法中结点类模板的定义和实现。

```
template <class WeightType>
struct HuffmanTreeNode
{
//数据成员
   WeightType weight;                       //权数据域
   int parent, leftChild, rightChild;       //双亲，左、右孩子域
//构造函数
   HuffmanTreeNode();                       //无参数的构造函数
   HuffmanTreeNode(WeightType w, int p=-1, int lChild=-1, int rChild=-1);
                                            //有参数的构造函数
};
```

哈夫曼树结点类模板的实现如下：

```
template <class WeightType>
HuffmanTreeNode<WeightType>::HuffmanTreeNode()
{
   parent=leftChild=rightChild=-1;
}
```

```
template <class WeightType>HuffmanTreeNode<WeightType>::
HuffmanTreeNode(WeightType w, int p, int lChild, int rChild)
{
   weight=w;
   parent=p;
   leftChild=lChild;
   rightChild=rChild;
}
```

在哈夫曼树结点类模板中存放了结点相应的权值。哈夫曼树中所有结点的信息存放在结点数组 nodes 中，所有叶结点对应的字符存放在数组 LeafChars 中，字符对应的编码存放在数组 LeafCharCodes 中，另外设置数据成员 num 记录叶结点数。对于图 6-24 所示的哈夫曼树，其结构如图 6-25 所示。

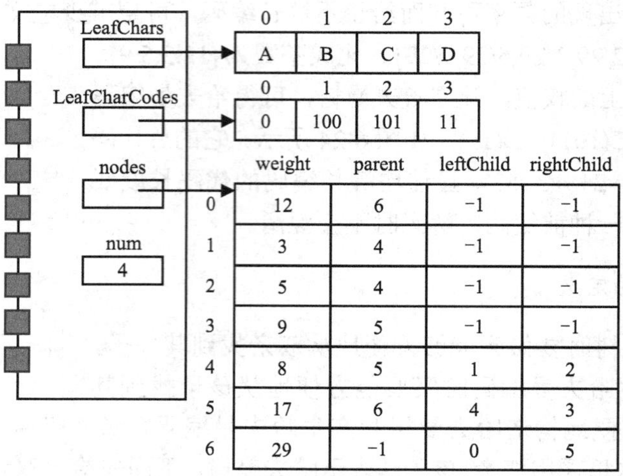

图 6-25 哈夫曼树的结构

哈夫曼树的类模板定义如下：

```
template <class CharType, class WeightType>
class HuffmanTree
{
protected:
//哈夫曼树的数据成员
   HuffmanTreeNode<WeightType> *nodes;     //存储结点信息
   CharType *LeafChars;                    //叶结点字符信息
   String *LeafCharCodes;                  //叶结点字符编码信息
   int num;                                //叶结点个数
//辅助函数
   void Select(int n, int &r1, int &r2);
      //在 nodes[1～n]中选择双亲为-1 且权值最小的两个结点 r1、r2
   void CreatHuffmanTree(CharType ch[], WeightType w[], int n);
      //由 n 个字符和权值创建一棵哈夫曼树
public:
//哈夫曼树的函数成员
```

```
    HuffmanTree(CharType ch[], WeightType w[], int n);
        //由n个字符和权值构造哈夫曼树
    virtual ~HuffmanTree();                         //析构函数
    String Encode(CharType ch);                     //取字符ch的编码
    LinkList<CharType> Decode(String strCode);//对字符串strCode进行译码
    HuffmanTree(const HuffmanTree<CharType, WeightType> &t);
                                                    //复制构造函数
    HuffmanTree<CharType, WeightType> &operator=(const HuffmanTree<CharType,
        WeightType>& t);                            //赋值运算符重载
};
```

4. 构造哈夫曼树和哈夫曼编码的算法

在构造哈夫曼树的算法中经常需要选择根的权值最小和次小的二叉树，为此定义了一个辅助函数实现这一功能。具体实现如下：

```
template <class CharType, class WeightType>
void HuffmanTree<CharType, WeightType>::Select(int n, int &r1, int &r2)
{
    r1=r2=-1;
    for (int i=0; i<n; i++)                 //查找树值最小的两个结点
        if (nodes[i].parent==-1)            //只处理根结点
            if (r1==-1)
                r1=i;
            else if (nodes[i].weight<nodes[r1].weight)   {
                r2=r1; r1=i;
            }
        else if (r2==-1||nodes[i].weight<nodes[r2].weight)
            r2=i;
}
```

前面已经介绍了构造哈夫曼树的算法，下面讨论求每一个叶结点的哈夫曼编码算法。在求一个叶结点的哈夫曼编码时，需要从这个叶结点出发逆向到根结点，根据每一个分支是左还是右确定相应位编码是0还是1。构造哈夫曼树并计算每一个叶结点的哈夫曼编码算法具体实现如下：

```
template <class CharType, class WeightType>void HuffmanTree<CharType,
WeightType>::CreatHuffmanTree(CharType ch[], WeightType w[], int n)
{
    num=n;                                          //叶结点个数
    int m=2*n-1;                                    //哈夫曼树的结点总数

    nodes=new HuffmanTreeNode<WeightType>[m];
    LeafChars=new CharType[n];
    LeafCharCodes=new String[n];

    int i, p, q;
    for (i=0; i<n; i++)    {                        //存储叶结点信息
```

```
        nodes[i].weight=w[i];
        nodes[i].leftChild=-1;
        nodes[i].rightChild=-1;
        nodes[i].parent=-1;
        LeafChars[i]=ch[i];
    }
    for (i=n; i<m; i++){                              //构造哈夫曼树
        int r1, r2;
        Select(i, r1, r2);                            //查找两棵权最小的树
        //下面是合并以 r1、r2 为根的树
        nodes[r1].parent=nodes[r2].parent=i;          //r1、r2 的双亲为 i
        nodes[i].leftChild=r1;                        //r1 为 i 的左孩子
        nodes[i].rightChild=r2;                       //r2 为 i 的右孩子
        nodes[i].parent=-1;                           //i 为新的根结点
        nodes[i].weight=nodes[r1].weight+nodes[r2].weight;
    }
    for (i=0; i<n; i++)     {                         //求 n 个叶结点字符的编码
        LinkList<char> charCode;                      //暂存叶结点字符编码信息
        q=i;
        p=nodes[q].parent;
        while (p!=-1) {                               //从叶结点到根结点逆向求编码
            if (nodes[p].leftChild==q)
              charCode.InsertElem(1, '0');            //左分支编码为'0'
            else
              charCode.InsertElem(1, '1');            //右分支编码为'1'
            q=p;
            p=nodes[q].parent;
        }
        LeafCharCodes[i]=charCode;                    //复制字符编码
    }
}
```

5. 编码和译码

有了哈夫曼树及每个叶结点的哈夫曼编码即可进行编码和译码。所谓编码，就是把给定字符串中的字符用其哈夫曼编码来表示。求字符的哈夫曼编码的具体实现如下：

```
template <class CharType, class WeightType>
String HuffmanTree<CharType, WeightType>::Encode(CharType ch)
{
    for (int i=0; i<num; i++)
        if (LeafChars[i]==ch)                         //找到字符，返回其编码
            return LeafCharCodes[i];
    throw Error("非法字符，无法编码!");                //抛出异常
}
```

译码是编码的逆过程，它要求把“0、1”符号串翻译成原来的文字，其过程是：对于给定的“0、1”符号串，从哈夫曼树的根结点开始根据当前位代码是 0 还是 1 分别沿左、

右分支进行搜索，每搜索到一个叶结点就输出相应的字符；然后再从根结点开始搜索，直到“0、1”符号串结束。如果在“0、1”符号串结束时，搜索停在一个分支结点处，说明给定的“0、1”符号串一定出错。译码算法的具体实现如下：

```
template <class CharType, class WeightType>
LinkList<CharType> HuffmanTree<CharType, WeightType>::Decode(String strCode)
{
   LinkList<CharType> charList;                    //编码前的字符序列
   int p=2*num-2;
   for (int i=0; i<strCode.Length(); i++){      //处理每位编码
     if (strCode[i]=='0')
       p=nodes[p].leftChild;                       //'0'表示左分支
     else
       p=nodes[p].rightChild;                      //'1'表示右分支
     if (nodes[p].leftChild==-1 && nodes[p].rightChild==-1)  {
                                              //译码时从根结点开始搜索每一个叶结点
       charList.InsertElem(charList.GetLength()+1, LeafChars[p]);
       p=2*num-2;                                  //从根结点开始重新搜索
     }
   }
   if (p!=2*num-2)                                //最后一段代码没有对应的字符
     throw Error("编码不对，无法译码!");            //抛出异常
   return charList;                               //返回编码前的字符序列
}
```

上面是构造哈夫曼树、进行哈夫曼编码和译码的主要函数，其他一些辅助函数成员的实现请查看文件 huffman_tree.h。

6.7　树和森林的实现

6.7.1　树的存储结构

前面介绍了树和森林的概念，树、森林是和二叉树不同的数据结构，但它们也存在着某种联系。本节主要介绍树、森林的存储结构，以及树、森林同二叉树之间的相互转化。

树作为一种数据结构，既可以采用顺序存储结构，也可以采用非顺序存储结构。但不论采用何种存储结构，都要求存储结构不但能存储各结点本身的数据信息，同时还要能准确地反映树中各结点之间的逻辑关系。下面将介绍树的几种基本存储结构，这些存储结构的实现请读者参考前面二叉树的内容自己完成。

1．双亲表示法

由树的定义可知，在树中除根结点外的每个结点都有唯一的一个双亲结点，因此，可以考虑用一组连续的存储空间存储树中的每一个结点，数组中的一个元素表示为树中的一个结点。在数组元素中除包括结点本身的数据信息外，还保存了该结点的双亲结点在数组

中的序号（根结点的双亲域赋予-1）。树的这种存储方法称为双亲表示法。

对于如图 6-26（a）所示的树，它的双亲表示数组如图 6-26（b）所示。其中，每一个数组元素有 data 和 parent 两个域，data 域存储结点的数据信息，parent 域存储结点的双亲在数组中的序号。

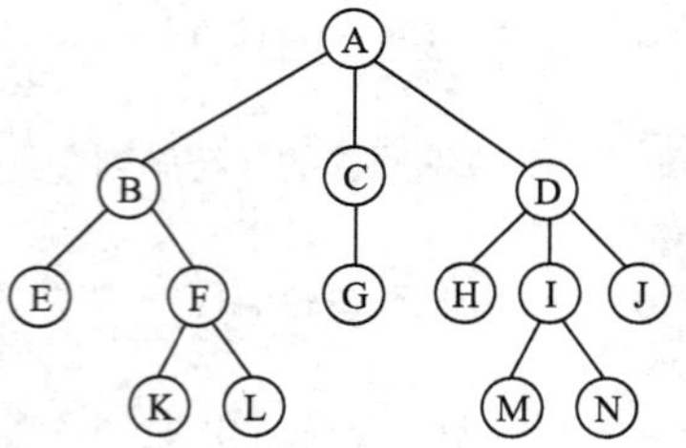

（a）树

	0	1	2	3	4	5	6	7	8	9	10	11	12	13
data	A	B	C	D	E	F	G	H	I	J	K	L	M	N
parent	-1	0	0	0	1	1	2	3	3	3	5	5	8	8

（b）树的双亲表示数组

图 6-26　树的双亲表示法

树的双亲表示法对于实现求双亲操作很方便，但对于求某结点的孩子结点的操作，则需要查询整个数组。另外，这种存储方式不能直接反映各兄弟结点之间的关系，所以实现求兄弟的操作也比较困难。实际上，如果需要实现这些操作，只需要将上述存储结构稍加改进：给每个数组元素增加两个域，一个域存储该数组元素所表示的结点的第一个孩子结点在数组中的序号，另一个域存储该结点的右兄弟结点在数组中的序号。在这种改进的存储结构下，就能够较方便地实现树的各种基本操作。

2. 孩子表示法

树的孩子表示法有两种形式，其中一种形式是考虑用一个多重链表表示树，链表中的每个结点包括一个数据域和多个指针域。数据域存储树中结点的自身信息，每个指针指向该结点的一个孩子结点，通过各个指针反映树中各结点之间的关系。在这种表示法中，树中每个结点有多个指针域，形成了多重链。树的这种存储方法又被称为多重链表法。

在一棵树中，由于各结点的度数各异，因此结点的指针域个数的设置有两种方法：方法一，每个结点指针域的个数等于该结点的度数；方法二，每个结点指针域的个数等于树的度数。方法一虽然在一定程度上节约了存储空间，但因为链表中各结点是不同构的，各种操作不容易实现，所以这种方法很少采用。在方法二中各结点是同构的，在这种存储方式下，各种操作更容易实现，但由于树中多数结点的度小于树的度，因此会造成存储空间的浪费。当然，当树中各结点的度数都比较接近树的度时，可以考虑采用这种存储结构；当树中大多数结点的度数远小于树的度数时，这种存储方法就不可取了。

树的孩子表示法的另一种形式是用一维数组顺序存储树中的各结点的信息，并将各结点的孩子信息组成一个单链表。孩子信息链中的每一个结点表示一个孩子结点，它由两个域组成，其中一个域表示该孩子结点在数组中的序号，另一个域存储指向兄弟结点的指针。在结点数组中，每个元素包括结点的自身信息以及该结点的信息结点链表的头指针。

3. 双亲-孩子表示法

当然，还可以将双亲表示法和孩子表示法结合起来。分别将各结点的孩子结点组成一个单链表，同时用一维数组顺序存储树中的各结点，数组元素包括结点的自身信息、双亲结点在数组中的序号以及该结点的孩子结点链表的头指针。单链表中的每一个结点表示一个孩子结点，它由两个域组成，其中一个域表示该孩子结点在数组中的序号，另外一个域存储指向兄弟结点的指针。图 6-27 给出了图 6-26（a）所示树的双亲-孩子表示法。

4. 孩子-兄弟表示法

树的另外一种存储结构是孩子-兄弟表示法。在这种存储结构中，链表中的一个结点代表树中的一个结点，它除了信息域外，还有两个指针域分别指向该结点的第一个孩子结点和下一个兄弟结点。在这种存储结构中，由于每个结点有两个指针域，因此又称为二重链表表示法。图 6-28 给出了图 6-26（a）所示树的孩子-兄弟表示法。

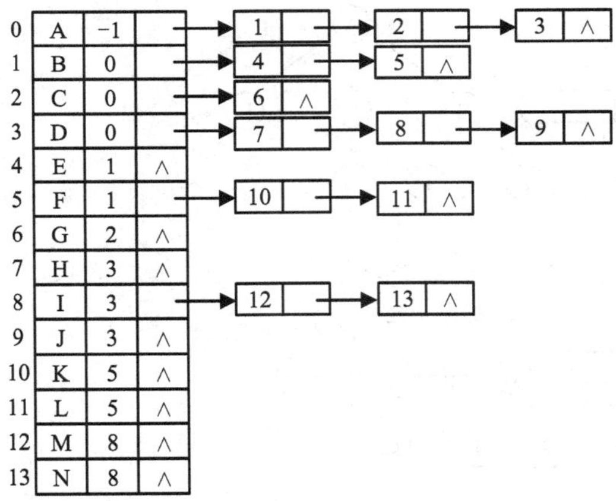

图 6-27 树的双亲-孩子表示法

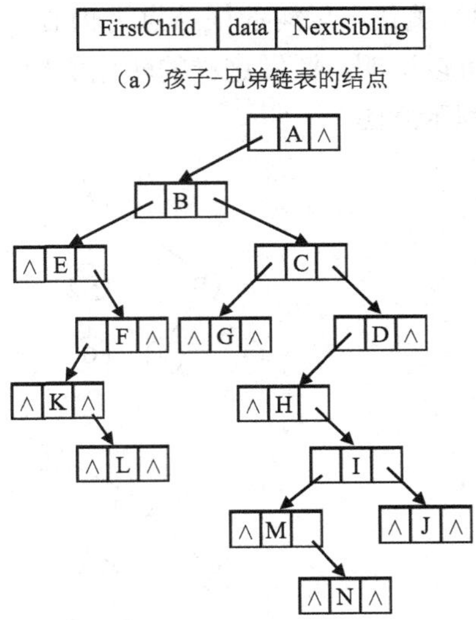

（a）孩子-兄弟链表的结点

（b）孩子-兄弟链表

图 6-28 树的孩子-兄弟表示法

在树的孩子-兄弟表示法中，每一个结点有两个指针域，并且它们是有序的，这很自然地使人联想到二叉树的二叉链表。确实，在下面讨论树和二叉树转化时可以看到：树转化为相应二叉树的二叉链表和树的孩子-兄弟链表在结构上是一样的。

在这种存储结构上要查找某结点的孩子结点的操作是比较方便的，通过结点的孩子指针可以直接找到它的第一个孩子结点，再由孩子结点的兄弟指针很容易找到它的其他孩子结点。如果在每一个结点中增加一个指向双亲的指针，就可以方便地找到各结点的祖先。

6.7.2 树、森林和二叉树的转换

从树的孩子-兄弟表示法可以看出，树（森林）和二叉树之间存在着某种联系，它们之间可以相互转化，下面分别介绍。

1. 树转化为二叉树

由树的孩子–兄弟表示法得到启发，可以将树转化为二叉树。由于一般的树通常是无序树，结点的各孩子的次序是无关紧要的，而二叉树中结点的左、右孩子结点是有区别的。为避免发生混淆，在此约定树中每一个结点的孩子结点按照从左到右的次序顺序编号，也就是说，把树作为有序树看待。如图 6-26（a）所示的树，其根结点 A 有三个孩子结点 B、C、D。可以认为结点 B 为结点 A 的第一个孩子，结点 C 为结点 A 的第二个孩子，结点 D 为结点 A 的第三个孩子。将一棵树转化为二叉树的方法如下。

1）连线：在树中所有相邻兄弟结点之间加一条线。

2）删线：对于树中的每个结点，只保留它与第一个孩子结点之间的连线，删去它与其他孩子结点之间的连线。

3）美化：以树的根结点为轴心，将这棵树顺时针转动 45° 使其层次分明。

可以证明，树做这样的转化所构成的二叉树是唯一的。图 6-29 所示为树转化为二叉树的过程示意图。

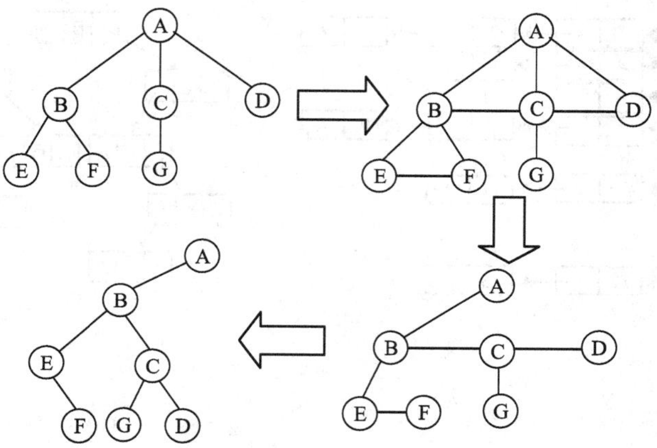

图 6-29　树转化为二叉树的过程

从这个转化过程可以看出，树中的任意一个结点都对应于二叉树中的一个结点，树中结点 p 的第一个孩子结点在二叉树中是结点 p 的左孩子结点。就树中的相邻兄弟结点而言，原树中结点 p 的右兄弟结点在二叉树中是结点 p 的右孩子结点。也就是说，在二叉树中，左分支上的各结点在原来的树中是父子关系，而右分支上的各结点在原来的树中是兄弟关系。由于树的根结点没有兄弟，因此变换后的二叉树的根结点的右孩子必定为空。事实上，一棵树采用孩子–兄弟表示法所建立的存储结构与它所对应的二叉树的二叉链表存储结构是完全相同的，只是两个指针域的名称和解释不同而已。

2. 森林转化为二叉树

由森林的概念可以知道，森林是若干棵树的集合。树可以转化为二叉树，同样森林也可以转化为二叉树。森林转化为二叉树的方法如下。

1）依次将森林中的每棵树转化成相应的二叉树。

2）从第二棵二叉树开始，依次把当前的二叉树作为前一棵二叉树根结点的右子树，此时所得到的二叉树就是由森林转化得到的二叉树。

下面是对这一方法的描述：

设 $F=\{T_1,T_2,\cdots,T_n\}$是森林，它所对应的二叉树为 $B(T_1,T_2,\cdots,T_n)$，则有，

1）若 F 为空，即 $n=0$，则对应的二叉树 B 为空二叉树。

2）若 F 不空，则对应的二叉树 B 的根 root(B)是 F 中第一棵树 T_1 的根 root(T_1)；其左子树为 $B(T_{11},T_{12},\cdots,T_{1m})$，其中，$T_{11},T_{12},\cdots,T_{1m}$ 是 root(T_1)的子树；其右子树为 $B(T_2,T_3,\cdots,T_n)$，其中，$T_2,T_3,\cdots,T_n$ 是 F 中除 T_1 外其他树构成的森林。

图 6-30 给出了森林到二叉树的转化过程示意图。

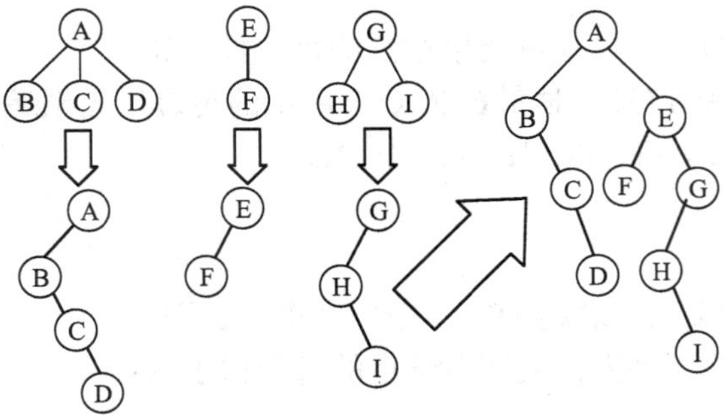

图 6-30　森林转化为二叉树的过程

3. 二叉树转化为森林

树和森林都可以转化为二叉树，二者不同的是：树转化成的二叉树，其根结点无右子树；而森林转化后的二叉树，其根结点有右子树。显然这一转化过程是可逆的，即可以依据二叉树的根结点有无右子树，将一棵二叉树转化为树或森林，具体方法如下。

1）连线：若结点 p 是其双亲结点 F 的左孩子，则把从结点 p 沿右分支找到的所有结点和结点 F 用线连起来。

2）删线：删除二叉树中所有结点和其右孩子结点之间的连线。

3）美化：整理由步骤 1）、步骤 2）所得到的树或森林，使其结构层次分明。

图 6-31 所示的是一棵二叉树转化为森林的过程示意图。

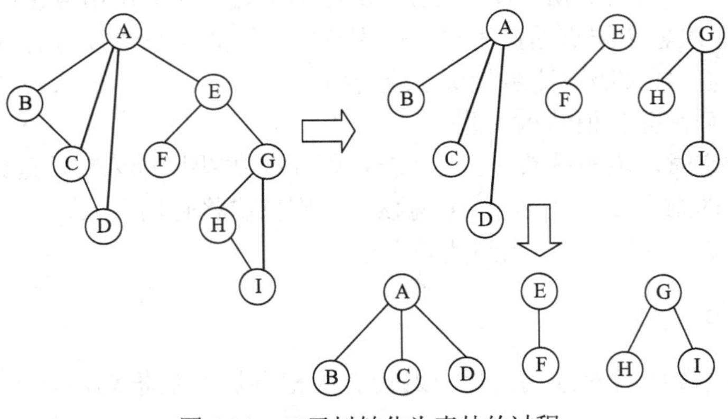

图 6-31　二叉树转化为森林的过程

6.7.3 树的遍历

与二叉树的遍历类似，树的遍历是指按照某种顺序访问树中的每个结点，并使每个结点被访问一次且只被访问一次。树的遍历通常有三种方式：先根遍历、后根遍历和层次遍历。下面对它们分别做介绍。

1. 树的先根遍历

树的先根遍历的定义为：若树为空，遍历结束。否则，

1）访问根结点；

2）按照从左到右的顺序先根遍历根结点的每一棵子树。

按照树的先根遍历的定义，对图 6-26（a）所示的树进行先根遍历，得到的结果序列为 A、B、E、F、K、L、C、G、D、H、I、M、N、J。

2. 树的后根遍历

树的后根遍历的定义为：若树为空，遍历结束。否则，

1）按照从左到右的顺序先根遍历根结点的每一棵子树；

2）访问根结点。

按照树的后根遍历的定义，对图 6-26（a）所示的树进行后根遍历，得到的结果序列为 E、K、L、F、B、G、C、H、M、N、I、J、D、A。

当树采用不同的存储结构时，遍历算法的实现也不相同。根据树和二叉树的转化关系以及树和二叉树的遍历定义可知：树的先根遍历与其转化后相应二叉树的先序遍历的结果序列相同；树的后根遍历与其转化后相应二叉树的后序遍历的结果序列相同。因此，在孩子-兄弟链表存储结构中，树的遍历算法也可以采用相应的二叉树的遍历算法实现。

3. 树的层次遍历

树的层序遍历也称为树的广度遍历，它与二叉树的层序遍历一样，就是从树的第一层（根结点）开始，自上至下逐层遍历，在同一层中，则按照从左到右的顺序对结点逐个访问。对于图 6-26（a）所示的树，按层序遍历方式进行遍历所得到的结点序列为 A、B、C、D、E、F、G、H、I、J、K、L、M、N。在进行层序遍历时，对一层结点访问完后，再按照它们的先后访问次序对各个结点的孩子结点依次访问。因此，在进行树的层序遍历时，需要设置一个队列结构，并按照下述步骤层序遍历树。

1）初始化队列，并将根结点入队。

2）当队列非空时，取出队头结点 p，转步骤 3)；如果队列为空，则结束遍历。

3）访问取出的结点 p，如果结点 p 有孩子，则依次将它们入队列。

4）重复步骤 2)、步骤 3)，直到队列为空。

6.7.4 森林的遍历

森林的遍历通常有三种方式：先根遍历、中根遍历和后根遍历。下面对它们分别做介绍。

1. 森林的先根遍历

若森林为空，返回；否则，
1）访问森林中第一棵树的根结点；
2）先根遍历第一棵树的根结点的子树森林；
3）先根遍历除第一棵树外其他树组成的森林。

按照森林的先根遍历定义，对图 6-30 所示的森林进行先根遍历，得到的结果序列为 A、B、C、D、E、F、G、H、I。

2. 森林的中根遍历

若森林为空，返回；否则，
1）中根遍历第一棵树的根结点的子树森林；
2）访问森林中第一棵树的根结点；
3）中根遍历除第一棵外其他树组成的森林。

按照森林的中根遍历定义，对图 6-30 所示的森林进行中根遍历，得到的结果序列为 B、C、D、A、F、E、H、I、G。

3. 森林的后根遍历

若森林为空，返回；否则，
1）后根遍历第一棵树的根结点的子树森林；
2）后根遍历除第一棵外其他树组成的森林；
3）访问森林中第一棵树的根结点。

按照森林的后根遍历定义，对图 6-30 所示的森林进行后根遍历，得到的结果序列为 D、C、B、F、I、H、G、E、A。

根据森林和二叉树的转化关系以及森林和二叉树的遍历定义可知：森林的先根遍历与其转化后相应二叉树的先序遍历的结果相同；森林的中根遍历与其转化后相应二叉树的中序遍历的结果相同；森林的后根遍历与其转化后相应二叉树的后序遍历的结果相同。因此，森林的遍历算法也可以采用相应的二叉树的遍历算法实现。

6.8 等价类及其表示

6.8.1 等价关系与等价类

在实际应用中，经常会遇到等价类的问题。例如，在进行软件测试时，需要把测试的数据按条件分类，测试同一功能的数据作为一个等价类。在数学上，等价类是一个对象（或成员）的集合，在此集合中的所有对象应满足等价关系（用符号“≡”表示）。等价关系是一个自反的、对称的和传递的关系。等价关系的例子很多，如平面上三角形的集合中，三角形的相似关系是一个等价关系。在学校的学生集合中，在同一个班级的关系也是一个等价关系。一般地，一个集合 S 中的所有对象可以通过等价关系划分为 m 个互不相交的子集

$S_1,S_2,\cdots,S_m$，即对于 S 中的任意两个元素 x 和 y（x、$y\in S$），如果 x 和 y 是等价的（$x\equiv y$），则 x 和 y 被划分在同一个子集 S_i 中（$i=1,2,\cdots,m$）。这些子集被称为等价类。

利用等价关系把集合 S 划分成若干等价类的算法分为以下两步。

1）首先把 S 中的每一个对象看成是一个等价类。

2）依次处理各个等价对（$x\equiv y$）：若 $x\in S_i$、$y\in S_j$，且 $i\neq j$，则把集合 S_i、S_j 合并成一个集合。

例如，给定集合 s={a,b,c,d,e,f,g,h,i,j}，以及如下等价对：a≡b、g≡d、i≡j、c≡b、a≡c、h≡i、f≡e、f≡d，则有

初始　{a}，{b}，{c}，{d}，{e}，{f}，{g}，{h}，{i}，{j}
a≡b　{a,b}，{c}，{d}，{e}，{f}，{g}，{h}，{i}，{j}
g≡d　{a,b}，{c}，{d,g}，{e}，{f}，{h}，{i}，{j}
i≡j　{a,b}，{c}，{d,g}，{e}，{f}，{h}，{i,j}
c≡b　{a,b,c}，{d,g}，{e}，{f}，{h}，{i,j}
a≡c　{a,b,c}，{d,g}，{e}，{f}，{h}，{i,j}
h≡i　{a,b,c}，{d,g}，{e}，{f}，{h,i,j}
f≡e　{a,b,c}，{d,g}，{e,f}，{h,i,j}
f≡d　{a,b,c}，{d,e,f,g}，{h,i,j}

最后得到三个等价类：S_1={a,b,c}，S_2={d,e,f,g}，S_3={h,i,j}。根据这个算法思想，下面介绍利用并查集来实现等价类的划分。

6.8.2 并查集

从上面的算法描述可以看出，在把 n 个不同的元素的集合划分为若干个等价类时，先把每一个对象看作一个单元素集合，然后依次将一个等价对中两个元素所在的集合合并。在此过程中将反复使用查找运算，确定两个元素所在的集合，并将两个集合合并。能够完成查找、合并功能的集合就是并查集，它支持以下三种操作。

1）UFSets(n)：构造函数，将并查集中 n 个元素初始化为 n 个只有一个单元素的子集合。

2）Union(S_1,S_2)：把集合 S_2 并入集合 S_1 中。要求 S_1 与 S_2 互不相交，否则没有结果。

3）Find(d)：查找单元素 d 所在的集合，并返回该集合的名字。

下面利用树结构来介绍并查集的实现，并给出等价类问题的解法。对于并查集来说，每个子集（等价类）用一棵树来表示，子集合中每个元素用树中的一个结点表示。为了处理简单，用树的根结点来代表相应的等价类集合。在此，等价类树用双亲表示法表示（当然根据需要可以建立集合名字表示该集合的树的根结点之间的对应关系）；此外，将树的根结点的双亲域的值设为$-k$（parent=$-k$），其中 k 为该树中的结点数（即所代表等价类中的元素数目）。例如，有三个等价类 S_1={A,B,C}，S_2={D,E,F,G}，S_3={H,I,J}，则表示它们的并查集的树结构如图 6-32 所示。

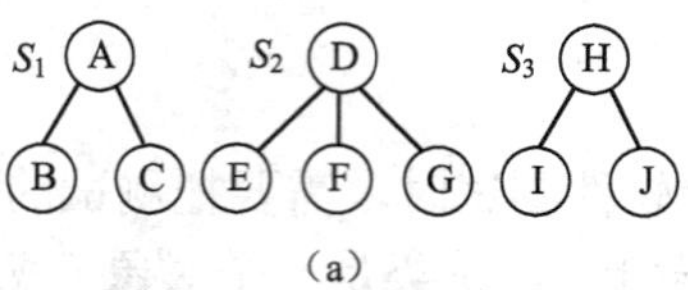

（a）

0	1	2	3	4	5	6	7	8	9
-3	0	0	-4	3	3	3	-3	7	7
A	B	C	D	E	F	G	H	I	J

（b）

图 6-32　并查集的树结构

在这种表示方法中，可以方便地实现并查集的合并和查找操作。对于任意给定的集合元素 D，只要通过双亲指针向上一直走到树的根结点，就可以得到元素 D 所在的等价类（用根结点代表相应的等价类）。对于两个集合的并，只要将其中一个集合的根结点设置为另一个集合的根结点的孩子即可。图 6-33 给出了对图 6-32 所表示的三个等价类 S_1、S_2

和 S_3 实现 $S_1 \cup S_2$ 的结构。其中，图 6-33（a）表示把 S_2 合并到 S_1 中的结果，图 6-33（b）表示把 S_1 合并到 S_2 中的结果。

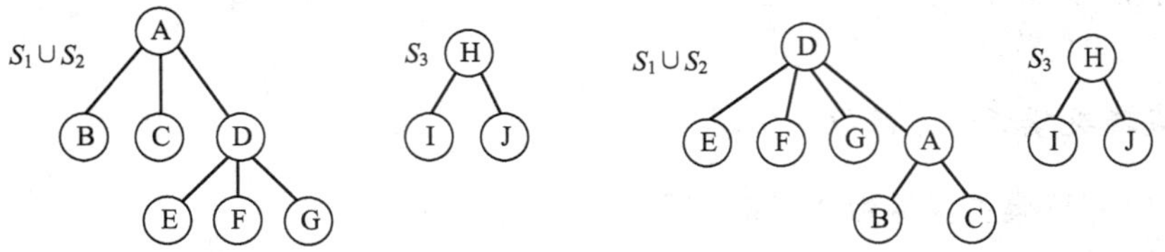

0	1	2	3	4	5	6	7	8	9
-7	0	0	0	3	3	3	-3	7	7
A	B	C	D	E	F	G	H	I	J

（a）

0	1	2	3	4	5	6	7	8	9
3	0	0	-7	3	3	3	-3	7	7
A	B	C	D	E	F	G	H	I	J

（b）

图 6-33　实现 $S_1 \cup S_2$ 的两种方法

1. 并查集中元素结点的定义

并查集的结点还是比较简单的，主要包括两个数据成员：data 和 parent。其中，data 是数据域，存放元素信息；parent 是双亲域，存放双亲结点在数组中的下标，根结点的 parent 值小于 0。具体的结点类模板定义如下：

```
template <class ElemType>
struct ElemNode
{
//数据成员
  ElemType data;                        //数据域
  int parent;                           //双亲域
};
```

2. 并查集类模板的定义

在并查集类模板中定义了一个数组 sets 用于存放集合元素，另外一个数据成员 size 表示集合中元素的数目。

```
template <class ElemType>
class UFSets
{
protected:
//并查集的数据成员
  ElemNode<ElemType> *sets;             //存储结点的双亲
  int size;                             //结点个数
//辅助函数
  int Find(ElemType e) const;           //查找元素 e 所在等价类的根
public:
//并查集的函数成员
  UFSets(ElemType es[], int n);         //构造函数
  virtual ~UFSets();                    //析构函数
  ElemType GetElem(int p)const;         //根据指定下标 p 取元素值
  int GetOrder(ElemType e)const;        //取指定元素在数组中的下标
  void Union(ElemType a, ElemType b);   //合并 a 与 b 所在的等价类
```

```
    bool Differ(ElemType a, ElemType b);       //判断元素 a、b 是否在同一个等价类
    UFSets(const UFSets &t);                   //复制构造函数
    UFSets &operator=(const UFSets &t);        //赋值运算符
};
```

3. 并查集类模板部分函数的实现

下面给出并查集主要函数成员的实现。

（1）构造函数

构造函数 UFSets()根据 es[]数组中给出的数据元素（数组中有 *n* 个元素）构造 *n* 个只含有一个单元素的等价类的集合。

```
template <class ElemType>
UFSets<ElemType>::UFSets(ElemType es[], int n)
{
    size=n;                                    //设置容量
    sets=new ElemNode<ElemType>[size];         //分配空间
    for (int i=0; i<size; i++) {
      sets[i].data=es[i];
      sets[i].parent=-1;
    }
}
```

（2）求指定元素的下标

该函数用于确定给定数据元素 e 在集合数组中的位置（即数组的下标）。如果在集合中不存在元素 e，返回-1；否则，返回元素 e 在数组中的下标。

```
template <class ElemType>
int UFSets<ElemType>::GetOrder(ElemType e) const
{
    int p=0;
    while (p<size&&sets[p].data!=e)
      p++;
    if (p==size)
      return -1;                               //集合中不存在元素 e
    return p;                                  //返回元素下标
}
```

（3）求指定元素所在等价类根元素的下标

该函数确定数据元素 e 所在的等价类根元素的下标，如果元素 e 不在任何等价类中，返回-1；否则，返回元素 e 所在的等价类根元素的下标。

```
template <class ElemType>
int UFSets<ElemType>::Find(ElemType e) const
{
    int p=0;
    while (p<size&&sets[p].data!=e)
      p++;                                     //求元素 e 在数组中的下标
    if (p==size)
      return -1;                               //集合中不存在元素 e
```

```
    while (sets[p].parent>-1)
      p=sets[p].parent;                          //查找 e 所在的等价类的根
    return p;
  }
```

（4）合并两个等价类

该函数是把元素 a 和 b 所在的两个等价类合并成一个等价类。

```
  template <class ElemType>
  void UFSets<ElemType>::Union(ElemType a, ElemType b)
  {
    int r1=Find(a);                              //查找 a 所在等价类的根
    int r2=Find(b);                              //查找 b 所在等价类的根
    if (r1!=r2&&r1!=-1&& r2!=-1) {
      sets[r1].parent+=sets[r2].parent;
      sets[r2].parent=r1;                        //合并等价类
    }
  }
```

显然，这些函数的实现都比较简单，但性能特性并不好。假设初始时有 n 个元素 $\{d_0,d_1,\cdots,d_{n-1}\}$的集合，相应有 n 棵树组成的森林，如果执行了如下处理：Union($n-2,n-1$)，Union($n-3,n-2$)，…，Union(0,1)，则最后将产生如图 6-34 所示的退化的树。此时若查找元素 d_i，完成 Find(d_i)操作所需要的时间为 $O(i)$，所以执行 Find(d_0),Find(d_1),…,Find(d_{n-1})，完成 n 次查找需要的总时间为 $O(n^2)$。

为了避免产生退化的树，一种改进的方法是在合并两个集合时，先判断两个集合中元素的个数，如果以 i 为根的树中的结点个数少于以 j 为根的树中的结点个数（即 sets[i].parent>sets[j].parent），则让 j 成为 i 的双亲；否则，让 i 成为 j 的双亲。在此把这种规则称为 Union(i,j)的加权规则。如图 6-35（a）所示，以 A（A 在数组中的位置是 0）为根的树中结点的个数为 3，以 D（D 在数组中的位置是 3）为根的树中结点的个数为 4，因此 sets[0].parent（=−3）> sets[4].parent（=−4），所以在执行 Union(A,D)时让 3 成为 0 的双亲（即 sets[0].parent=3），其结果如图 6-35（b）所示。

图 6-34　退化的树

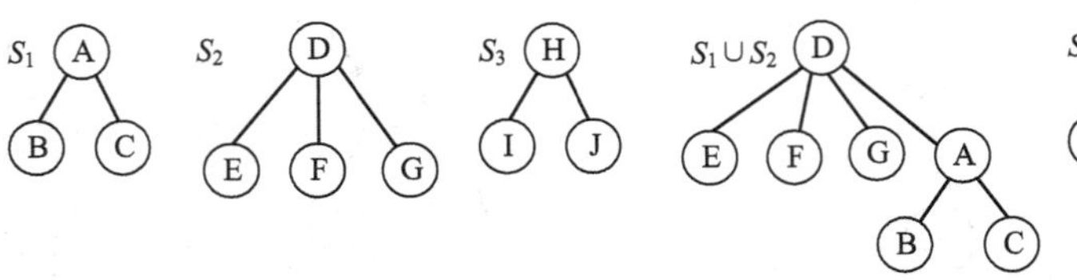

0	1	2	3	4	5	6	7	8	9
-3	0	0	-4	3	3	3	-3	7	7
A	B	C	D	E	F	G	H	I	J

（a）

0	1	2	3	4	5	6	7	8	9
3	0	0	-7	3	3	3	-3	7	7
A	B	C	D	E	F	G	H	I	J

（b）

图 6-35　带加权规则的合并

下面给出这种改进（带加权规则）的合并函数的 C++实现。

```
template <class ElemType>
void UFSets<ElemType>::WeightedUnion(ElemType a, ElemType b)
{
   int r1=Find(a);                              //查找 a 所在等价类的根
   int r2=Find(b);                              //查找 b 所在等价类的根
   if (r1!=r2&&r1!=-1&&r2!=-1) {
      int temp=sets[r1].parent+sets[r2].parent;
      if (sets[r1].parent<=sets[r2].parent ) {
         sets[r2].parent=r1;                    //r2 中的结点个数少，r2 指向 r1
         sets[r1].parent=temp;
      }
      else {
         sets[r1].parent=r2;                    //r1 中的结点个数少，r1 指向 r2
         sets[r2].parent=temp;
      }
   }
}
```

对于上面的例子：初始时有 n 个元素 $\{d_0,d_1,\cdots,d_{n-1}\}$ 的集合，执行了如下处理：WeightedUnion(n−2,n−1)，WeightedUnion(n−3,n−2),⋯,WeightedUnion(0,1)，则最后将产生如图 6-36 所示的树。从上述的 WeightedUnion()函数实现可知，执行一次 WeightedUnion()的时间比执行一次 Union()的时间要稍多一些，但仍在常量界限 $O(1)$范围内。查找操作 Find()保持不变，其查找时间的上界不超过树的高度加 1。

从上述形成等价类的例子中可以看出：最初全部 n 个元素各自在自己的等价类中，以后每处理一个等价对 $d_i\equiv d_j$，先要确定 d_i 和 d_j 所在的集合，如果这两个元素在不同的集合，则进行集合的合并；否则，不做任何事情（因为 i 和 j 已经在同一个等价类中）。所以处理一个等价对时，需要执行两次 Find()操作和最多一次 WeightedUnion()操作。若有 n 个元素和 m 个等价对，首先需要使用时间 $O(n)$来建立初始的 n 棵树组成的森林，然后需要 $2m$ 次 Find()操作和最多 m 次 WeightedUnion()操作来完成等价类的划分。

为了进一步减少查找的时间，改善树的性能，可以在插入时使用如下的折叠规则来“压缩路径”。即：设 j 是以 i 为根的树中的一个结点，则对于从 j 到根 i 的路径上的每一个结点 k，如果 k 的双亲（sets[k].parent）不等于 i，则把 i 设置为 k 的双亲（sets[k].parent=i）。图 6-37 给出使用折叠规则压缩查找路径的示例。

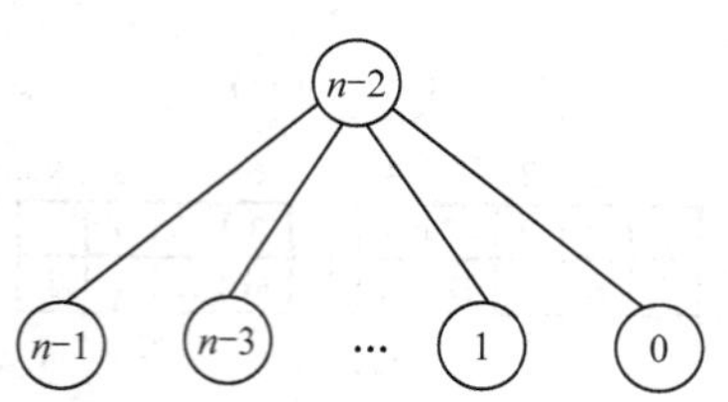

图 6-36　加权合并的树

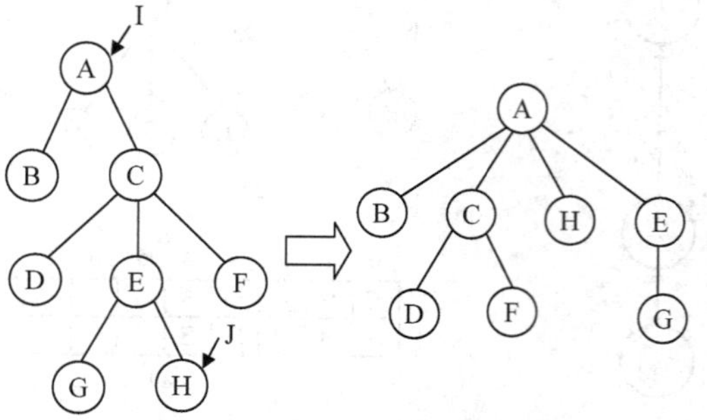

图 6-37　使用折叠规则压缩查找路径的示例

使用折叠规则压缩路径的查找算法如下：

```
template <class ElemType>
int UFSets<ElemType>::CollapsingFind(ElemType e) const
{
    int i, k, p=0;
    while (p<size&&sets[p].data!=e)
        p++;
    if (p==size)
        return -1;                              //集合中不存在元素 e
    for(i=p; sets[i].parent>=0; i=sets[i].parent);
                                                //查找 p 的根结点的序号 i
    if(p!=i){
        while ( i!=sets[p].parent ) {           //从 p 开始向上逐层压缩
            k=sets[p].parent;
            sets[p].parent=i;
            p=k;
        }
    }
    return i;
}
```

使用折叠规则完成一次查找，所需要的时间比 Find()函数有所增加，但是它能改善树的性能，减少以后查找操作所需要的时间。

习　题　6

一、选择题

1．具有 10 个叶结点的二叉树中有（　　）个度为 2 的结点。

A．8　　B．9　　C．10　　D．11

2．设给定权值总数有 n 个，其哈夫曼树的结点总数为（　　）个。

A．不确定　　B．$2n$　　C．$2n+1$　　D．$2n-1$

3．一个具有 1025 个结点的二叉树的高度 h 可能为（　　）。

A．8　　B．9　　C．12　　D．1026

4．一棵二叉树高度为 h，所有结点的度或为 0，或为 2，则这棵二叉树最少有（　　）个结点。

A．$2h$　　B．$2h-1$　　C．$2h+1$　　D．$h+1$

5．一棵二叉树的先序序列为 ABCDEFG，它的中序序列可能是（　　）。

A．CABDEFG　　B．ABCDEFG　　C．DACEFBG　　D．ADCFBEG

6．将一棵树 t 转换为二叉树 h，则 t 的后根遍历等于 h 的（　　）。

A．先序遍历　　B．中序遍历　　C．后序遍历　　D．层次遍历

7．一棵非空二叉树的先序序列与后序序列正好相反，则该二叉树一定满足（　　）。

A．所有的结点均无左孩子　　B．所有的结点均无右孩子

C．只有一个叶结点　　D．是任意一棵二叉树

8. 在二叉树的先序序列、中序序列和后序序列中，所有叶结点的先后顺序（　　）。

A．都不相同　　B．先序和中序相同，而与后序不同

C．完全相同　　D．中序和后序相同，而与先序不同

9．一棵根结点没有左子树的二叉树在先序线索化后，其中空的指针域有（　　）个。

A．不确定　　B. 0　　C. 1　　D. 2

10．从一个空堆开始依次插入 34、46、19、12、17、25、38、25、20，则最后建立的最小堆序列中最后一个元素的值为（　　）。

A．46　　B. 25　　C．20　　D．以上都不是

二、判断题

1．对于有 n 个结点的二叉树，其高度为 $\log_2 n$。（　　）
2．一棵树的叶结点在先根遍历和后根遍历中相对位置不变。（　　）
3．对后序线索树进行后序遍历时必须用栈。（　　）
4．对先序线索树可以不用栈实现先序遍历。（　　）
5．在完全二叉树中，若一个结点没有左孩子，则它必是叶结点。（　　）
6．一棵树的叶子数一定等于其对应二叉树的叶子数。（　　）
7．非空的二叉树一定满足：某结点 p 若有左孩子，则在中序序列中 p 的前驱结点一定没有右孩子。（　　）
8．在中序线索树中，每一个非空的线索均指向其祖先结点。（　　）
9．二叉树中序线索化后，不存在空指针域。（　　）
10．哈夫曼树的结点个数不可能是偶数。（　　）

三、填空题

1．具有 256 个结点的完全二叉树的深度为______。

2．一棵有 20 个结点的二叉树，其叶结点有 8 个，则度为 1 的结点有______。

3．设 F 是由 T_1、T_2、T_3 三棵树组成的森林，与 F 对应的二叉树为 B，已知 T_1、T_2、T_3 的结点数分别为 n_1、n_2 和 n_3，则二叉树 B 的根结点的左子树中有______个结点，根结点的右子树中有______个结点。

4．设一棵完全二叉树的叶结点数为 k，最后一层结点数为 2，则该二叉树的高度为______。

5．一棵二叉树的先序序列为 BEFCGDH，中序序列为 FEBGCHD，则它的高度为______。

6．已知完全二叉树的第七层有 10 个叶结点，则整个二叉树最多有______个结点。

7．树的先根序列和其对应二叉树的______序列相同；后根序列和对应二叉树的______序列相同。

8．设一棵后序线索树的高为 50，结点 x 是树中的一个结点，其双亲为结点为 y，y 的右子树的高度是 31，x 是 y 的左孩子，则查找 x 的后继最多需经过______个中间结点（不含后继及 x 本身）。

9．一棵满二叉树的结点个数为 20～40 之间的素数，此二叉树的叶结点有______个。

10．一棵有 n 个叶结点的完全二叉树，其最底层结点数≥2，则此二叉树的深度为______。

四、应用题

1．已知一棵二叉树的中序序列为 GLDHBEIACJFK，后序序列为 LGHDIEBJKFCA。

1）画出这棵二叉树。

2）将它转换为对应的森林。

2．将下列由三棵树组成的森林转换为二叉树（只要求给出转换结果）。

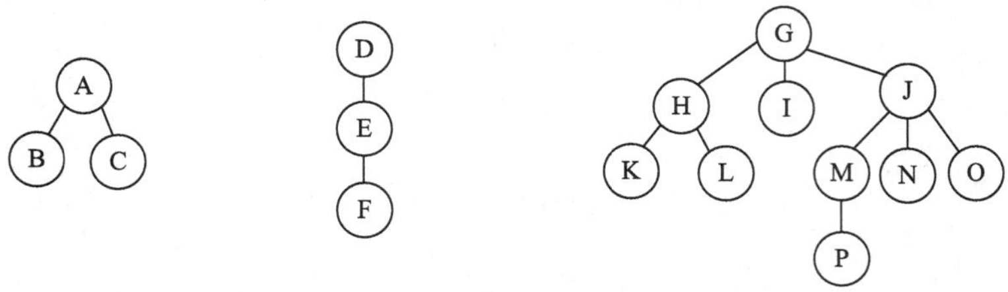

3．画出同时满足下列两个条件的两棵不同的二叉树。

1）按先序遍历，二叉树的顺序为 ABCDE。

2）高度为 5，其对应的树（森林）的高度最大为 4。

4．假设用于通信的电文由 A、B、C、D、E、F、G、H 八个字符组成，其出现的频率为 5、29、7、8、14、23、4、11。根据各字符的频率构造哈夫曼树（要求两棵子树合并时权小的作为左子树），并给出各字符的哈夫曼编码。

5．判断以下序列是否为堆（最小堆或最大堆）。如果不是，则把它调整为堆（要求数据元素交换次数最少）。

1）（100,86,48,73,35,39,42,57,66,21）。

2）（12,70,33,65,24,56,48,92,86,33）。

3）（103,97,56,38,66,23,42,12,30,52,06,20）。

4）（05,56,20,23,40,38,29,61,35,76,28,100）。

6．设集合中的元素为{0,1,2,3,4,5,6,7,8,9,10,11,12,13,14,15,16}，按下面三个要求，分别给出下列有关并查集的操作序列的运算结果：union(1,2)、union(3,4)、union(3,5)、union(1,7)、union(3,6)、union(8,9)、union(1,8)、union(3,10)、union(3,11)、union(3,12)、union(3,13)、union(14,15)、union(16,0)、union(14,16)、union(1,3)、union(1,14)。

要求：

1）对于 union(i,j)，以 i 作为 j 的双亲。

2）按 i 和 j 为根的树的高度实现 union(i,j)，高度大者为高度小者的双亲。

3）按 i 和 j 为根的树的结点个数实现 union(i,j)，结点个数多者为结点个数少者的双亲。

7．已知 $A[1..n]$是顺序存储的一棵完全二叉树，编写算法求出 $A[i]$和 $A[j]$的最近的共同祖先。

8．编写算法将二叉树表示的表达式按中缀表达式输出，并加上相应的括号。

9．二叉树采用二叉链表存储，编写计算二叉树最大宽度的算法（二叉树的最大宽度是指二叉树所有层中结点个数的最大值）。

10．树以孩子-兄弟表示法作为存储结构，请设计算法，求树的深度。

11．在二叉树的二叉链表中，编写非递归算法，完成中序遍历二叉树。

12．编写算法，在先序后继线索二叉树中，查找给定结点 p 在先序序列中的后继（假设二叉树的根结点未知）。并讨论实现此算法对存储结构有何要求。

13．编写算法，在后序后继线索二叉树中，查找给定结点 p 在后序序列中的后继（二叉树的根结点指针并未给出），并讨论实现算法对存储结构有何要求。

14．以二叉链表作为存储结构，编写求二叉树中叶结点数目的递归函数。

15．以孩子-兄弟表示法作为树的存储结构，编程求树的度。

第 7 章　图

图（graph）是一种比树更为复杂的非线性数据结构。在树形结构中，数据元素之间的关系是层次型的，树中除叶子以外的每一个数据元素都可以和它下一层的多个数据元素存在关系；但除根元素以外的每一个数据元素只能且必须和它上一层中的一个数据元素存在关系。在图形结构中，数据元素之间的关系是任意的，图中每一个数据元素都可以和其他任何数据元素相关联。

图的应用十分广泛，典型的应用领域包括电路分析、寻径、项目规划、鉴别化合物、统计力学、遗传学、控制论、语言学，乃至社会科学等。实际上，在所有的数据结构中，图的应用是最广泛的。

有关图的理论知识在“离散数学”等课程中有详细介绍，这里不再重复。本章主要介绍图的存储结构以及图的基本操作的实现，并利用图论知识讨论图的应用的实现。

7.1　图的基本概念

图的基本概念

7.1.1　图的定义

图是由数据元素的集合及数据元素之间的关系集合组成的一种数据结构：

$$\text{Graph}=(V, E)$$

其中，$V=\{x|x\in$ 某种数据对象$\}$是数据元素的集合。在图中，数据元素一般被称为顶点（vertex）；$E=\{(v,w)|v,w\in V\}$或$E=\{<v,w>|v,w\in V\ \&\&\ \text{Path}(v,w)\}$是数据元素之间关系的集合，也叫边（edge）集合；$\text{Path}(v,w)$表示从顶点v到顶点w的一条单向通路，它是有方向的。

在图中，如果顶点对(v,w)是无序的，则称此图为无向图（undirected graph），顶点对(v,w)称为与顶点 v 和顶点 w 相关联的一条边。由于这条边没有方向，因此(v,w)与(w,v)是同一条边。在图中，如果顶点对$<v,w>$是有序的，则称此图为有向图（directed graph），顶点对$<v,w>$称为从顶点 v 到顶点 w 的一条有向边（又称为弧），其中 v 称为有向边$<v,w>$的始点（弧尾），w 称为有向边$<v,w>$的终点（弧头）。显然$<v,w>$与$<w,v>$是两条不同的弧。一般表示无向图中边的顶点对用一对圆括号括起来；表示有向图中弧的顶点对用一对尖括号括起来。

例如，图 7-1 所示的四个图，其中 G_1 和 G_2 是无向图，G_3 和 G_4 是有向图。G_1 的顶点集合为 $V(G_1)=\{A,B,C,D\}$，边集合为 $E(G_1)=\{(A,B),(A,C),(A,D),(B,C),(B,D),(C,D)\}$。$G_2$ 的顶点集合为 $V(G_2)=\{A,B,C,D\}$，边集合为 $E(G_2)=\{(A,C),(A,D),(B,C),(B,D)\}$。$G_3$ 的顶点集合为 $V(G_3)=\{A,B,C\}$，G_3 的弧集合为 $E(G_3)=\{<A,B>,<B,A>,<A,C>,<C,A>,<B,C>,<C,B>\}$。$G_4$ 的顶点集合为 $V(G_4)=\{A,B,C\}$，G_4 的弧集合为 $E(G_4)=\{<A,B>,<A,C>,<B,C>,<C,B>\}$。在图 G_3 和

G_4中，为了表示有向边，将边的方向用箭头画出，箭头从有向边的始点指向有向边的终点。在无向图中用线段表示边。

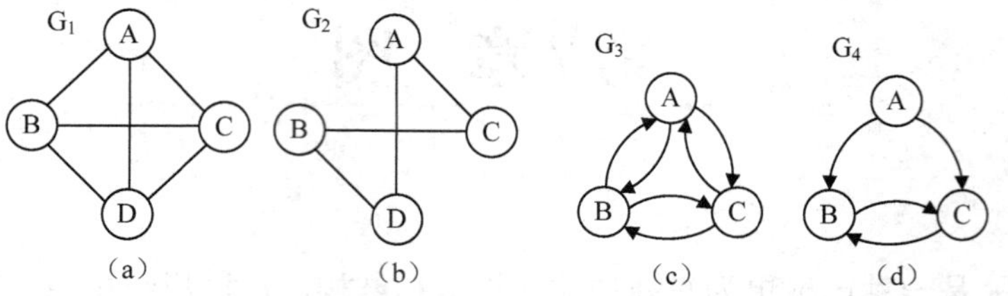

图 7-1　图的示例

在下面关于图的讨论中，对图做一些限制。

第一，图中不能有从顶点自身到自身的边（即自身环），就是说不应有形如(x, x)或$\langle x, x\rangle$的边。图 7-2（a）所示的带自身环的图不讨论。

第二，两个顶点v和w之间相关联的边不能多于一条。图 7-2（b）所示的多重图也不讨论。

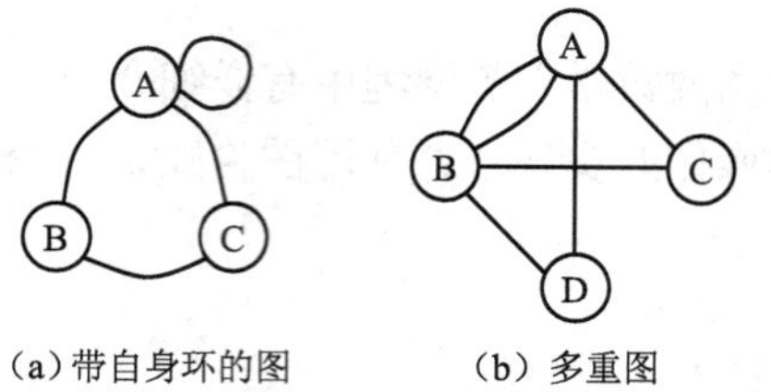

图 7-2　带自身环的图和多重图

7.1.2　图的术语

在下面讨论图时，经常会用到以下的一些术语。

1）完全图（complete graph），在有n个顶点的无向图中，若有$n(n-1)/2$条边，则称此无向图为完全无向图，如图 7-1（a）所示的图G_1。在有n个顶点的有向图中，若有$n(n-1)$条边，则称此图为完全有向图，如图 7-1（c）所示的图G_3。在完全图中边（弧）数目达到最大。

2）权（weight）。在某些图的应用中，边（弧）上具有与它相关的系数，称为权。这些权可以表示从一个顶点到另一个顶点的距离、花费的代价、所需的时间、次数等。这种带权图也被称为网络（network）。

3）邻接点（adjacent vertex）。如果(v,w)是无向图 G 中的一条边，则称v与w互为邻接点，且称边(v,w)依附于顶点v和w。在图 7-1（a）所示的G_1中，与顶点 A 相邻接的顶点有 B、C、D。在G_1中依附于顶点 B 的边有(B,A)、(B,C)和(B,D)。如果$\langle v,w\rangle$是有向图 G 中的一条弧，则称顶点v邻接到顶点w（也称v是w的前驱），顶点w邻接自顶点v（也称w是v的后继），弧$\langle v,w\rangle$与顶点v与w相关联。例如，在图 7-1（d）所示的G_4中，对$\langle B,C\rangle$来说，顶点 B 邻接到顶点 C，顶点 C 邻接自顶点 B，与顶点 B 相关联的弧有$\langle A,B\rangle$、$\langle B,C\rangle$和$\langle C,B\rangle$。

4）子图（subgraph）。设有两个图$G=(V, E)$和$G'=(V', E')$，若$V'\subseteq V$且$E'\subseteq E$，则称图 G′

是图 G 的子图。图 7-3（a）和（b）给出了图 7-1（a）所示的无向图 G_1 的两个子图，图 7-3（c）和（d）给出了图 7-1（c）所示的有向图 G_3 的两个子图。

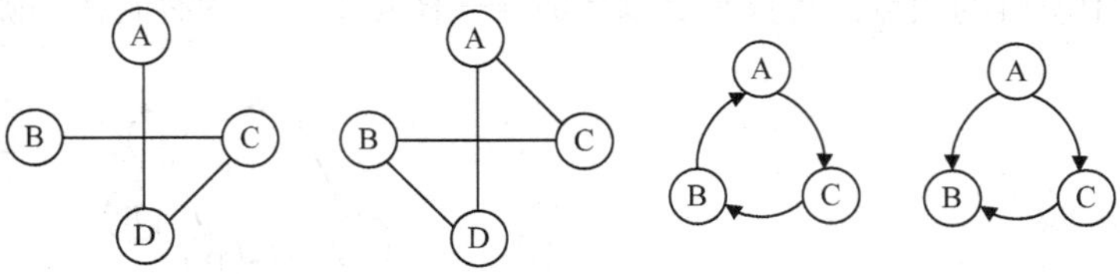

（a）　（b）　（c）　（d）

图 7-3　子图的示例

5）顶点的度（degree）。在无向图中，一个顶点 v 的度是依附于顶点 v 的边的条数，记作 $TD(v)$。在有向图中，以顶点 v 为始点的有向边的条数称为顶点 v 的出度，记作 $OD(v)$；以顶点 v 为终点的有向边的条数称为顶点 v 的入度，记作 $ID(v)$。有向图中顶点 v 的度等于该顶点的入度与出度之和：$TD(v)=ID(v)+OD(v)$。例如，在图 7-3（a）所示的无向图中，顶点 A 的度为 1，顶点 C 的度为 2；在图 7-3（c）所示的有向图中，顶点 A 的入度为 1，出度为 1，顶点 C 的入度为 1，出度为 1。一般地，若图 G 中有 n 个顶点，e 条边（或弧），则有

$$e=(TD(v_1)+TD(v_2)+\cdots+TD(v_n))/2$$

6）路径（path）。在图 $G=(V,E)$ 中，若从顶点 v_i 出发，沿一些边（或弧）经过一些顶点 v_{p1}、v_{p2}、…、v_{pk}，到达顶点 v_j，则顶点序列（$v_i,v_{p1},v_{p2},\cdots,v_{pk},v_j$）被称为从顶点 v_i 到顶点 v_j 的路径。例如，在图 7-3（c）所示的有向图中，顶点序列（A,C,B）是顶点 A 到顶点 B 的一条路径。

7）路径长度（path length）。对于不带权的图，路径长度是指此路径上边的数目。对于带权图，路径长度是指路径上各边的权之和。例如，在图 7-3（c）所示的有向图中，路径（A,C,B）的长度为 2。

8）简单路径与回路（cycle）。对于一路径（$v_1,v_2,\cdots,v_m$），若路径上各顶点均不相同，则称该路径为简单路径。若路径上第一个顶点 v_1 和最后一个顶点 v_m 相同，则称该路径为回路或环。例如，在图 7-3（c）所示的有向图中，路径（A,C,B）是一条简单路径；而路径（A,C,B,A）是一条回路。

9）连通图与连通分量（connected graph and connected component）。在无向图中，若从顶点 v_i 到顶点 v_j 有路径，则称顶点 v_i 与 v_j 是连通的。如果无向图中任意两个顶点都是连通的，则称此无向图是连通图。非连通图的极大连通子图（包括所有连通的顶点和这些顶点依附的所有的边）叫作连通分量。图 7-1（a）和（b）所示是两个连通图；图 7-4（a）所示是一个非连通图，图 7-4（b）所示是相应的三个连通分量。

10）强连通图与强连通分量（strongly connected digraph）。在有向图中，若对于顶点 v_i 和 v_j，存在一条从 v_i 到 v_j 和从 v_j 到 v_i 的路径，则称顶点 v_i 和顶点 v_j 是强连通的。如果有向图中任意两个顶点都是强连通的，则称此有向图为强连通图。非强连通图的极大强连通子图叫作强连通分量。例如，图 7-1（c）所示的 G_3 是一个强连通图，而图 7-1（d）所示的 G_4 是一个非强连通图，图 G_4 有两个强连通分量：一个是只有顶点 A 组成的子图；另一个是由顶点 B 和顶点 C 以及相关联的两条弧<B,C>和<C,B>组成的子图。

11）生成树（spanning tree）。一个连通图的生成树是它的极小连通子图，它包含图中全部

n 个顶点和仅使这 n 个顶点连通的 n-1 条边。如果一个有向图只有一个入度为零的顶点，且其他顶点的入度均为1，则称这个有向图为有向树。一个有向图的生成森林由若干棵有向树组成，生成森林含有图中所有的顶点，且只有足以构成若干棵互不相交的有向树的弧。

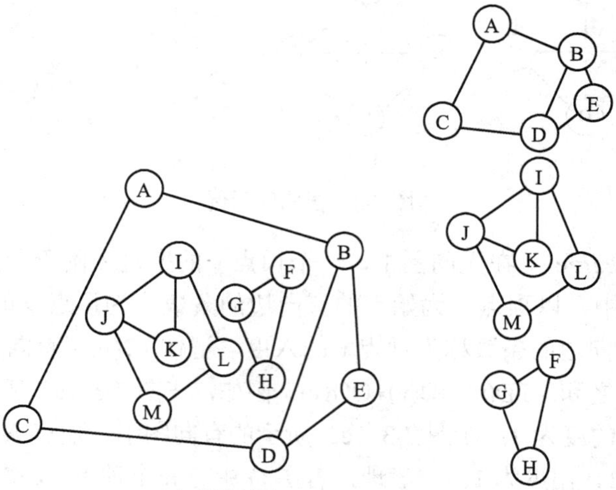

（a）非连通图　　（b）连通分量

图 7-4　非连通图和连通分量

7.1.3　图的基本操作

与其他结构类似，图的基本操作主要也是插入、删除和查找。下面列出的函数成员是关于图的基本操作的集合。在此还有一点要说明：和无序树一样，图中的顶点之间是没有次序的，但对于一个具体的图，一旦根据指定的存储结构建立完成后，图中每一个顶点的所有邻接点之间就有了先后次序。所以下面用到的顶点次序是在具体存储结构下的一种次序。图的基本操作一般有以下几种。

1）InsertVertex (d)：在图中插入一个顶点 d。

2）InsertEdge (v_1,v_2)：在图中插入一条边（v_1,v_2）。

3）DeleteVertex (d)：在图中删除顶点 d 及依附于 d 的边。

4）DeleteEdge (v_1,v_2)：在图中删除一条边（或弧）。

5）GetWeight (v_1,v_2)：在图中取边（v_1,v_2）上的权。

6）GetFirstNeighbor (int v)：在图中取顶点 v 的第一个邻接点。

7）GetNextNeighbor (int v_1,int v_2)：在图中取顶点 v_1 在顶点 v_2 后的下一个邻接点。

8）Travers()：遍历图，按某种次序依次访问图中的每一个顶点，并使每一个顶点只被访问一次。

9）IsEmpty()：判断图是否为空。

7.2　图的存储结构

图的存储结构

由于图中的任意两个顶点之间都可能存在联系，即无法在存储位置上反映数据元素之间的联系，因此图没有顺序存储结构。按图中顶点之间的联系，图的存储结构似乎采用多重链表表示比较恰当。但是若采用多重链表，则链表中结点的结构难以确定。如果结点中的指针数按照顶点度的最大值来设置，则会浪费空间，因为有很多顶点的度小于最大值；若顶点的指针数按每个顶点的度数来设置，则存储结构中会有很多顶点的结构不一致，给图的运算带来困难。因此，图的存储结构不宜采用多重链表。一般来说，图的存储结构应根据具体问题的要求来设计。常用的存储结构有邻接矩阵、邻接表、邻接多重表和十字链表。

7.2.1　邻接矩阵

在图的邻接矩阵表示中，除了记录每一个顶点信息的顶点表外，还有一个表示各个顶点之间关系的矩阵，称为邻接矩阵。若设图 G=(V, E)是一个有 n 个顶点的图，则图的邻接矩阵是一个二维数组 Arcs[n][n]，它的定义为

$$\text{arcs}[i][j]=\begin{cases}1 & \text{如果} <i,j>\in E \text{或者} (j,i)\in E\\ 0 & \text{否则}\end{cases}$$

图 7-5（a）和（b）给出了图 7-1（b）和（d）所示的无向图 G_2 和有向图 G_4 的邻接矩阵。其中，一维数组 vertexes[]用于存储顶点的信息，二维数组 arcs[][]用于存储边（或弧）的信息。图 7-5（c）所示的是一个网络的邻接矩阵。

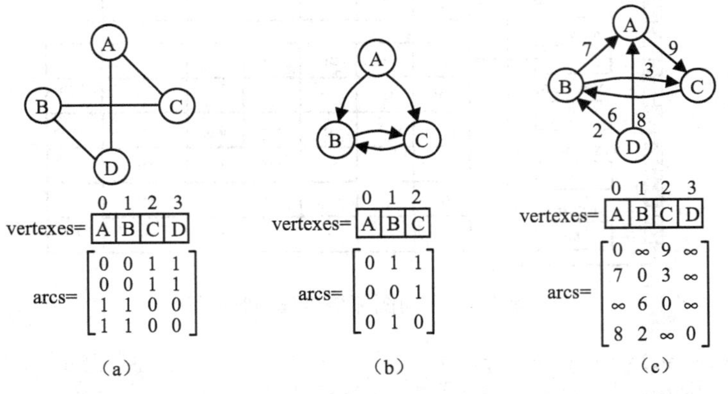

图 7-5　图的邻接矩阵表示

从图中可以看出，无向图的邻接矩阵一定是对称的，将第 i 行的元素值或第 i 列的元素值累加起来就得到顶点 i 的度，即

$$\text{TD}(v_i)=\sum_{j=0}^{n-1}\text{arcs}[i][j]=\sum_{j=0}^{n-1}\text{arcs}[j][i]$$

有向图的邻接矩阵不一定对称。如果第 i 行第 j 列为 1，则表示有一条从顶点 v_i 到顶点 v_j 的有向边，将第 j 列的所有元素值累加起来就得到顶点 v_j 的入度 ID(v_j)；将第 i 行的所有元素值累加起来就得到顶点 v_i 的出度 OD(v_i)，即

$$\text{ID}(v_j)=\sum_{i=0}^{n-1}\text{arcs}[i][j]$$

$$\text{OD}(v_i)=\sum_{j=0}^{n-1}\text{arcs}[i][j]$$

对于网络（或带权图），邻接矩阵定义为

$$\text{arcs}[i][j]=\begin{cases} w(i,j) & i\neq j,\text{且}(i,j)\in E \\ \infty & i\neq j,\text{且}(i,j)\notin E \\ 0 & i=j \end{cases}$$

对于带权有向图，第 i 行中所有非零且不等于∞的元素数目就是顶点 i 的出度；第 j 列中所有非零且不等于∞的元素数目就是顶点 j 的入度。

1. 无向图的邻接矩阵类模板声明

下面给出用邻接矩阵作为存储表示的无向图的类模板声明。其中：数组 vertexes 用于存放图中顶点的信息；作为邻接矩阵使用的二维数组 arcs[][]用于表示图中顶点之间的关系，其中矩阵元素的个数取决于顶点的个数，与边数无关；另外还定义了 vexNum、vexMaxNum 和 arcNum 三个数据成员，分别记录图中当前顶点数目、允许的顶点最大数目和边数；为了在图的遍历等算法中记录顶点是否访问，还定义了标志数组 tag，需要时用来记录顶点的访问状况。无向图邻接矩阵的结构图如图 7-6 所示。

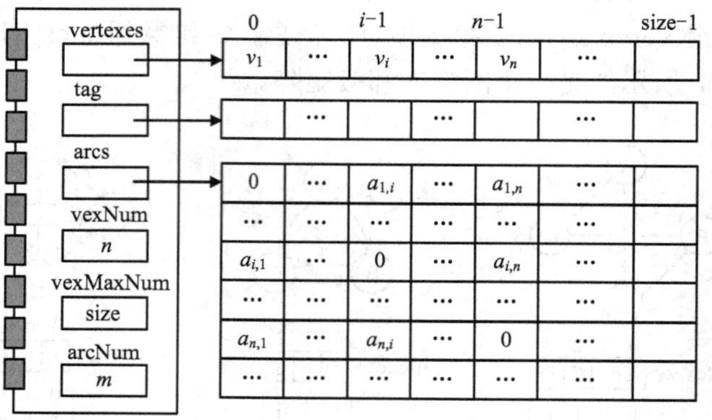

图 7-6　无向图邻接矩阵的结构图

```
template <class ElemType>
class AdjMatrixUndirGraph
{
protected:
//邻接矩阵的数据成员
   int vexNum, vexMaxNum, arcNum;      //顶点数目、允许的顶点最大数目和边数
   int **arcs;                         //存放边信息邻接矩阵
   ElemType *vertexes;                 //存放顶点信息的数组
   mutable Status *tag;                //标志数组
public:
//邻接矩阵类模板的函数成员
   AdjMatrixUndirGraph(ElemType es[], int vertexNum,
       int vertexMaxNum=DEFAULT_SIZE);
       //构造以数组 es[]为顶点，顶点个数为 vertexNum，允许的顶点最大数目为
       //vertexMaxNum，边数为 0 的无向图
   AdjMatrixUndirGraph(int vertexMaxNum=DEFAULT_SIZE);
       //构造允许的顶点最大数目为 vertexMaxNum 的空无向图
```

```
    ~AdjMatrixUndirGraph();                          //析构函数
    void Clear();                                    //清空图
    bool IsEmpty();                                  //判断无向图是否为空
    int GetOrder(ElemType &d) const;                 //求顶点的序号
    Status GetElem(int v, ElemType &d) const;        //求顶点的元素值
    Status SetElem(int v, const ElemType &d);        //设置顶点的元素值
    int GetVexNum() const;                           //返回顶点个数
    int GetArcNum() const;                           //返回边数
    int FirstAdjVex(int v) const;                    //返回顶点 v 的第一个邻接点
    int NextAdjVex(int v1, int v2) const;
                                     //返回顶点 v1 的相对于 v2 的下一个邻接点
    void InsertVex(const ElemType &d);               //插入元素值为 d 的顶点
    void InsertArc(int v1, int v2);                  //插入顶点为 v1 和 v2 的边
    void DeleteVex(const ElemType &d);               //删除元素值为 d 的顶点
    void DeleteArc(int v1, int v2);                  //删除顶点为 v1 和 v2 的边
    Status GetTag(int v) const;                      //返回顶点 v 的标志
    void SetTag(int v, Status val) const;            //设置顶点 v 的标志为 val
    AdjMatrixUndirGraph(const AdjMatrixUndirGraph<ElemType> &g);
                                                     //复制构造函数
    AdjMatrixUndirGraph<ElemType> &operator=(
       const AdjMatrixUndirGraph<ElemType> &g);      //赋值语句重载
    void Display();                                  //显示邻接矩阵无向图
};
```

2. 无向图的邻接矩阵类模板的实现

对上面声明的无向图的邻接矩阵，下面介绍部分函数成员的实现。

（1）构造函数 1

根据参数 vertexMaxNum 指定的允许顶点最大数目构造一个空的无向图。

```
template <class ElemType>
AdjMatrixUndirGraph<ElemType>::AdjMatrixUndirGraph(int vertexMaxNum)
{
    if (vertexMaxNum<0)
       throw Error("允许的顶点最大数目不能为负!");        //抛出异常
    vexNum=0;
    vexMaxNum=vertexMaxNum;
    arcNum=0;
    vertexes=new ElemType[vexMaxNum];                  //生成顶点信息数组
    tag=new Status[vexMaxNum];                         //生成标志数组
    arcs=(int **)new int *[vexMaxNum];                 //生成邻接矩阵
    for (int v=0; v<vexMaxNum; v++)
       arcs[v]=new int[vexMaxNum];
}
```

（2）构造函数 2

根据 es[]数组中的数据元素，构造顶点个数为 vertexNum、允许的顶点最大数目为 vertexMaxNum、边数为 0 的无向图。

```
template <class ElemType>
AdjMatrixUndirGraph<ElemType>::AdjMatrixUndirGraph(ElemType es[],
    int vertexNum, int vertexMaxNum)
{
    if (vertexMaxNum<0)
        throw Error("允许的顶点最大数目不能为负!");          //抛出异常
    if (vertexMaxNum<vertexNum)
        throw Error("顶点数目不能大于允许的顶点最大数目!");//抛出异常
    vexNum=vertexNum;
    vexMaxNum=vertexMaxNum;
    arcNum=0;
    vertexes=new ElemType[vexMaxNum];                  //生成顶点数组
    tag=new Status[vexMaxNum];                         //生成标志数组
    arcs=(int **)new int *[vexMaxNum];                 //生成邻接矩阵
    for (int v=0; v<vexMaxNum; v++)
        arcs[v]=new int[vexMaxNum];
    for (int v=0; v<vexNum; v++) {
        vertexes[v]=es[v];
        tag[v]=UNVISITED;
        for (int u=0; u<vexNum; u++)
            arcs[v][u]=0;
    }
}
```

（3）求第一个邻接点序号

求顶点 v 的第一个邻接点序号。如果顶点 v 不存在，则抛出异常；如果顶点 v 没有邻接点，则返回-1。

```
template <class ElemType>
int AdjMatrixUndirGraph<ElemType>::FirstAdjVex(int v) const
{
    if (v<0||v>=vexNum)
        throw Error("v 不合法!");          //抛出异常
    for (int u=0; u<vexNum; u++)
        if (arcs[v][u]!=0)
            return u;
    return -1;                            //返回-1，表示无邻接点
}
```

（4）求下一个邻接点序号

求顶点 v_1 的相对于 v_2 的下一个邻接点序号。如果顶点 v_1、v_2 不存在，则抛出异常；如果在顶点 v_2 后顶点 v_1 没有邻接点，则返回-1。

```
template <class ElemType>
int AdjMatrixUndirGraph<ElemType>::NextAdjVex(int v1, int v2) const
{
    if (v1<0||v1>=vexNum)
        throw Error("v1 不合法!");          //抛出异常
    if (v2<0||v2>=vexNum)
        throw Error("v2 不合法!");          //抛出异常
    if (v1==v2) throw
```

```
        Error("v1 不能等于 v2!");              //抛出异常
    for (int u=v2+1; u<vexNum; u++)
        if (arcs[v1][u]!=0)
            return u;
    return -1;                                 //返回-1，表示没有下一个邻接点
}
```

（5）插入顶点

如果图的顶点数已经达到允许的最大值，则抛出异常；否则，把顶点 d 插入顶点数组的最后。

```
template <class ElemType>
void AdjMatrixUndirGraph<ElemType>::InsertVex(const ElemType &d)
{
    if (vexNum==vexMaxNum)
    throw Error("图的顶点数不能超过允许的最大数!");    //抛出异常
    vertexes[vexNum]=d;
    tag[vexNum]=UNVISITED;
    for (int v=0; v<=vexNum; v++) {
        arcs[vexNum][v]=0;
        arcs[v][vexNum]=0;
    }
    vexNum++;
}
```

（6）插入边

如果顶点 v_1、v_2 不存在，或 v_1、v_2 相等则抛出异常；否则，如果顶点 v_1、v_2 之间原来不存在边，则在两个顶点之间插入边。

```
template <class ElemType>
void AdjMatrixUndirGraph<ElemType>::InsertArc(int v1, int v2)
{
    if (v1<0||v1>=vexNum)
        throw Error("v1 不合法!");          //抛出异常
    if (v2<0||v2>=vexNum)
        throw Error("v2 不合法!");          //抛出异常
    if (v1==v2)
        throw Error("v1 不能等于 v2!");     //抛出异常
    if (arcs[v1][v2]==0) {                  //原无向图中没有边(v1, v2)
        arcNum++;
        arcs[v1][v2]=1;
        arcs[v2][v1]=1;
    }
}
```

（7）删除顶点

在图的邻接矩阵中删除顶点相对来说要复杂一些。先查找要删除的顶点 d 是否存在，如果顶点 d 不存在则抛出异常；否则，先删除依附于顶点 d 的边，接着考虑删除顶点 d。如果被删除的是顶点表中的最后一个顶点，则只要把顶点数减一就完成了顶点的删除；否

则，把顶点表中最后一个顶点的信息移到顶点 d 的位置，并在邻接矩阵中把最后一行和最后一列的信息移到顶点 d 对应的行和列，最后再把顶点数减一完成顶点的删除。例如，在如图 7-6 所示的无向图邻接矩阵结构图中删除顶点 v_i 以及与 v_i 相关联的 e 条边后，其结构图变化如图 7-7 所示。

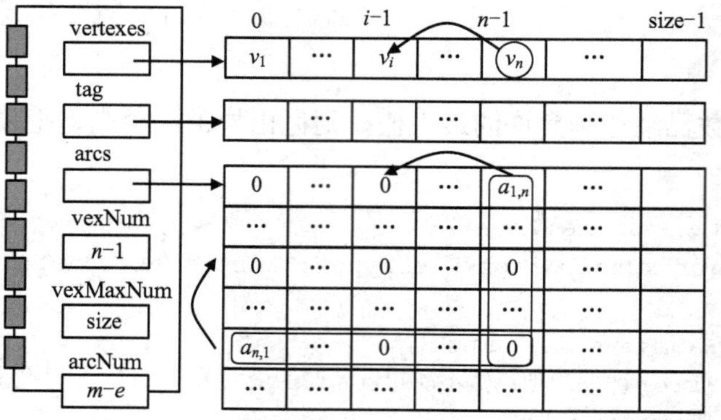

图 7-7　无向图中删除顶点 v_i 后邻接矩阵结构图的变化

```
template <class ElemType>
void AdjMatrixUndirGraph<ElemType>::DeleteVex(const ElemType &d)
{
   int v;
   for (v=0; v<vexNum; v++)
      if (vertexes[v]==d)
         break;
      if (v==vexNum)
         throw Error("图中不存在要删除的顶点!");          //抛出异常
   for (int u=0; u<vexNum; u++)                          //删除与 d 相关联的边
   if (arcs[v][u]==1) {
      arcNum--;
      arcs[v][u]=0;
      arcs[u][v]=0;
   }
   vexNum--;
   if (v<vexNum) {
      vertexes[v]=vertexes[vexNum];
      tag[v]=tag[vexNum];
      for (int u=0; u<=vexNum; u++)
         arcs[v][u]=arcs[vexNum][u];
      for (int u=0; u<=vexNum; u++)
         arcs[u][v]=arcs[u][vexNum];
   }
}
```

（8）删除边

如果顶点 v_1、v_2 不存在，或 v_1、v_2 相等，则抛出异常；如果顶点 v_1、v_2 之间原来存在边，则删除两个顶点之间的边。

```
template <class ElemType>
void AdjMatrixUndirGraph<ElemType>::DeleteArc(int v1, int v2)
{
    if (v1<0||v1>=vexNum)
      throw Error("v1 不合法!");          //抛出异常
    if (v2<0||v2>=vexNum)
      throw Error("v2 不合法!");          //抛出异常
    if (v1==v2)
      throw Error("v1 不能等于 v2!");     //抛出异常
    if (arcs[v1][v2]!=0) {              //原无向图存在边(v1, v2)
      arcNum--;
      arcs[v1][v2]=0;
      arcs[v2][v1]=0;
    }
}
```

上面介绍了无向图的邻接矩阵类模板中主要函数成员的实现，其他函数的实现可以参考文件 AdjMatrixUndirGraph.h。有向图和网络的邻接矩阵类模板定义和实现可以参照无向图的邻接矩阵类模板进行修改，此处不再赘述。

7.2.2　邻接表

1. 邻接表的定义和表示

邻接表是邻接矩阵的改进。当图中的边数很少时，邻接矩阵中会出现大量的零元素，为了存储这些零元素，将耗费大量的存储空间。为此，可以把邻接矩阵的每一行改为一个单链表。对于无向图，把依附于同一个顶点的边链接在同一个单链表中称为边链表，边链表中的每一个结点代表一条边叫作边结点。在边结点中保存着与该边相关联的另一个顶点的序号和指向同一链表中下一个边结点的指针。对于有向图，把从同一个顶点发出的弧链接在同一个单链表中称为弧链表，弧链表的每一个结点代表一条弧叫作弧结点，在弧结点中保存着该弧的弧头顶点序号和指向同一链表中下一个弧结点的指针。如果是带权图，则在边（弧）结点中还要保存该边（弧）上的权值。在邻接表中，对于图中的每一个顶点也用一个结点来表示，称为顶点结点。顶点结点中保存了该顶点的信息和指向该顶点相应的边（弧）链表的指针。所有的顶点结点用顺序表存储，并假设顶点的序号为数组的下标。

图 7-8 给出了无向图的邻接表表示。从无向图的邻接表中可以看到，同一条边在邻接表中出现了两次，这是因为（v_i,v_j）与（v_j,v_i）虽是同一条边，但在邻接表中，（v_i,v_j）对应的边结点在顶点 v_i 的边链表中；（v_j,v_i）对应的边结点在顶点 v_j 的边链表中。如果想知道顶点 v_i 的度，只需要统计顶点 v_i 的边链表中边结点的个数即可。

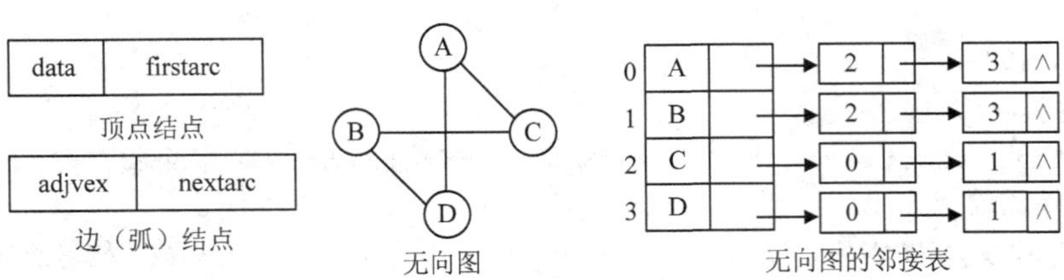

图 7-8　无向图的邻接表表示

图 7-9（b）是（a）所示有向图的邻接表表示。在有向图的邻接表中，一条弧在邻接表中只出现一次。如果统计顶点 v_i 的弧链表中的弧结点个数，只能得到该顶点的出度，所以这种链表也称为出弧表；若想要知道该顶点的入度，必须检测其他所有的弧链表，看有多少个弧结点的弧头顶点序号为 v_i，显然，这是不方便的。为此，对有向图可以建立逆邻接表，如图 7-9（c）所示。在有向图的逆邻接表中，顶点 v_i 的弧链表中链接的是所有进入该顶点的弧，所以也称为入弧表。统计顶点 v_i 的弧链表中结点的个数，就能得到该顶点的入度。

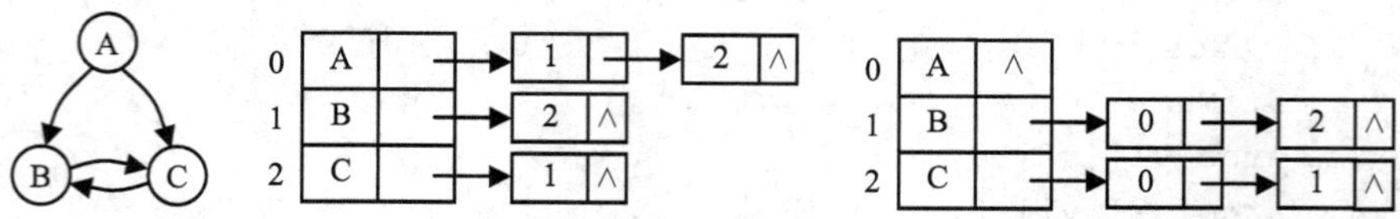

（a）有向图　　（b）有向图的邻接表　　（c）有向图的逆邻接表

图 7-9　有向图的邻接表和逆邻接表表示

对于带权图（网络），必须在邻接表的边结点中增加一个存放边上的权值的域 weight。图 7-10 所示的是一个带权图的邻接表表示。

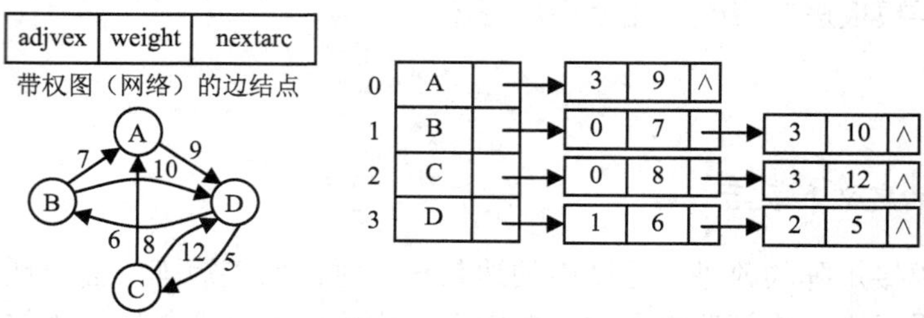

图 7-10　带权图的邻接表表示

在邻接表的边（弧）链表中，各个边（弧）结点的链入顺序是任意的，可根据边结点输入次序而定。若设图有 n 个顶点和 e 条边，则用邻接表表示无向图时，需要 n 个顶点结点和 $2e$ 个边结点；用邻接表表示有向图时，若不考虑逆邻接表，只需要 n 个顶点结点和 e 个边结点。当 e 很小时，可以节省大量存储空间。此外，把关联于同一个顶点的所有边（弧）链接在一个单链表中，可以大大方便图的操作。

下面介绍有向网邻接表表示的类模板定义和实现。

2. 有向网邻接表中顶点结点类模板的定义和实现

在顶点结点类模板中定义了两个数据成员，其一是 data 域，它存储顶点信息；其二是 firstarc 域，它是一个指针，指向从该顶点出发的第一条边结点。具体定义和实现如下：

```
template <class ElemType, class WeightType> struct AdjListNetWorkVex
{
//数据成员
    ElemType data;                                    //数据元素值
    AdjListNetworkArc<WeightType> *firstarc;  //指向邻接链表边结点的指针
//构造函数
    AdjListNetWorkVex();                              //无参数的构造函数
    AdjListNetWorkVex(ElemType val,
```

```
        AdjListNetworkArc<WeightType> *adj=NULL);  //有参数的构造函数
};
```

有向网邻接表中顶点结点类模板的构造函数实现如下。

（1）无参数的构造函数

构造一个空的顶点结点。

```
template <class ElemType, class WeightType>
AdjListNetWorkVex<ElemType, WeightType>::AdjListNetWorkVex()
{
    firstarc=NULL;
}
```

（2）有参数的构造函数

构造顶点信息为 val，第一条边结点指针为 adj 的顶点结点。

```
template <class ElemType, class WeightType>
AdjListNetWorkVex<ElemType, WeightType>::AdjListNetWorkVex(ElemType val,
    AdjListNetworkArc<WeightType> *adj)
{
    data=val;
    firstarc=adj;
}
```

3. 有向网邻接表中边结点类模板的定义和实现

在边结点类模板中定义了三个数据成员，其一是 adjVex 域，它存储终点的序号；其二是 weight 域，它存储这条边上的权值；其三是 nextarc 域，它是一个指针，指向从该顶点出发的下一条边结点。具体定义和实现如下：

```
template <class WeightType> struct AdjListNetworkArc
{
//数据成员
    int adjVex;                                    //弧头顶点序号
    WeightType weight;                             //边的权值
    AdjListNetworkArc<WeightType> *nextarc;        //下一条边结点的指针
//构造函数
    AdjListNetworkArc();                           //无参数的构造函数
    AdjListNetworkArc(int v, WeightType w,
        AdjListNetworkArc<WeightType> * next=NULL);
                                       //构造邻接点为 v，权为 w 的邻接边
};
```

有向网邻接表中边结点类模板的构造函数实现如下。

（1）无参数的构造函数

构造一个空的边结点。

```
template <class WeightType>
AdjListNetworkArc<WeightType>::AdjListNetworkArc()
{
    adjVex=-1;
}
```

（2）有参数的构造函数

构造邻接点序号为 v、边的权值为 w、下一条边结点的指针为 next 的邻接边。

```
template <class WeightType>
AdjListNetworkArc<WeightType>::AdjListNetworkArc(int v, WeightType w,
    AdjListNetworkArc<WeightType> *next)
{
   adjVex=v;
   weight=w;
   nextarc=next;
}
```

4. 有向网邻接表类模板的定义

下面介绍有向网邻接表类模板的定义。其中，顶点表 vexTable 是一个顶点数组，每个顶点对应一个数组元素，用于存放顶点信息和指向从该顶点出发的第一个边结点；还定义了 vexNum、vexMaxNum 和 arcNum 三个数据成员，分别记录图中当前顶点数目、允许的顶点最大数目和弧数；为了在图的遍历等算法中记录顶点是否访问，还另外定义了一个标志数组 tag，需要时用来记录顶点的访问状况；另外数据成员 infinity 表示无穷大的值。例如，对图 7-10 中所示的有向网，其邻接表类模板的结构如图 7-11 所示，具体定义如下：

```
template <class ElemType, class WeightType> class AdjListDirNetwork
{
protected:
//邻接表的数据成员
   int vexNum, vexMaxNum, arcNum;    //顶点数目、允许的顶点最大数目和弧数
   AdjListNetWorkVex<ElemType, WeightType> *vexTable;    //顶点表
   mutable Status *tag;              //标志数组
   WeightType infinity;              //无穷大的值
public:
//邻接表的函数成员
   AdjListDirNetwork(ElemType es[], int vertexNum, int vertexMaxNum
   =DEFAULT_SIZE, WeightType infinit=(WeightType)DEFAULT_INFINITY);
   //构造以数组 es[]为顶点数据、顶点个数为 vertexNum、允许的顶点最大数目为
   //vertexMaxNum、弧数为 0 的有向网
   AdjListDirNetwork(int vertexMaxNum=DEFAULT_SIZE,
      WeightType infinit=(WeightType)DEFAULT_INFINITY);
   //构造允许的顶点最大数目为 vertexMaxNum、弧数为 0 的有向网
   ~AdjListDirNetwork();                  //析构函数
   void Clear();                          //清空有向网
   bool IsEmpty();                        //判断有向网是否为空
   int GetOrder(ElemType &d) const;       //求顶点的序号
   Status GetElem(int v, ElemType &e) const;//求顶点的元素值
   Status SetElem(int v, const ElemType &d);//修改顶点的元素值
   WeightType GetInfinity() const;        //取无穷大的值
   int GetVexNum() const;                 //求有向网的顶点个数
   int GetArcNum() const;                 //求有向网的弧数
   int FirstAdjVex(int v) const;          //求有向网中顶点 v 的第一个邻接点
   int NextAdjVex(int v1, int v2) const;
```

```
                                   //求顶点 v1 的相对于 v2 的下一个邻接点
    void InsertVex(const ElemType &d);     //插入元素值为 d 的顶点
    void InsertArc(int v1, int v2, WeightType w);
                                           //插入从 v1 到 v2、权为 w 的弧
    void DeleteVex(const ElemType &d);     //删除元素值为 d 的顶点
    void DeleteArc(int v1, int v2);        //删除从 v1 到 v2 的弧
    WeightType GetWeight(int v1, int v2) const;
                                           //求从 v1 到 v2 的弧的权值
    void SetWeight(int v1, int v2, WeightType w);
                                           //设置从 v1 到 v2 的弧的权值
    Status GetTag(int v) const;            //求顶点 v 的标志
    void SetTag(int v, Status tag) const;  //修改顶点 v 的标志为 tag
    AdjListDirNetwork(const AdjListDirNetwork<ElemType, WeightType> &copy);
                                           //复制构造函数
    AdjListDirNetwork<ElemType, WeightType> &operator =
        (const AdjListDirNetwork<ElemType, WeightType> &copy);
                                           //重载赋值运算符
    void Display();                        //显示有向网邻接表
};
```

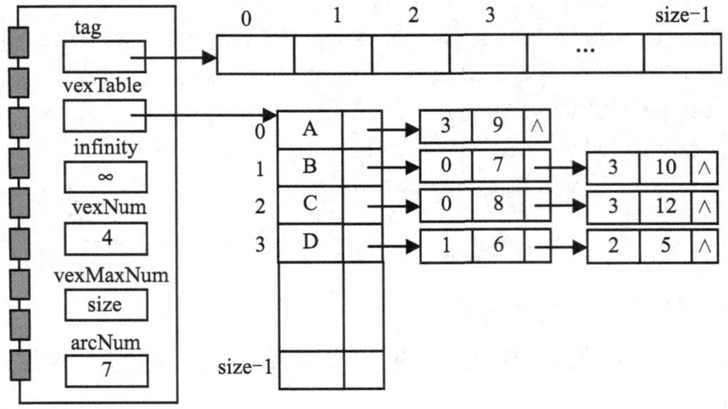

图 7-11　带权有向图的邻接表类结构图表示

5. 有向网邻接表类模板的实现

上面声明了有向网的邻接表类模板，下面介绍部分函数成员的实现。

（1）构造函数 1

构造顶点最大数目为 vertexMaxNum、infinit 表示无穷大的空有向网。

```
template <class ElemType, class WeightType>
AdjListDirNetwork<ElemType, WeightType>::AdjListDirNetwork(int vertexMaxNum,
    WeightType infinit)
{
    if (vertexMaxNum<0)
        throw Error("允许的顶点最大数目不能为负!");     //抛出异常
    vexNum=0;
    vexMaxNum=vertexMaxNum;
    arcNum=0;
    infinity=infinit;
```

```
    tag=new Status[vexMaxNum];
    vexTable=new AdjListNetWorkVex<ElemType, WeightType>[vexMaxNum];
}
```

（2）构造函数 2

根据es[]数组中的数据元素，构造顶点个数为vertexNum、允许的顶点最大数目为vertexMaxNum、无穷大为infinit、弧数为0的有向网。

```
template <class ElemType, class WeightType>
AdjListDirNetwork<ElemType, WeightType>::AdjListDirNetwork(ElemType es[],
    int vertexNum, int vertexMaxNum, WeightType infinit)
{
    if (vertexMaxNum<0)
        throw Error("允许的顶点最大数目不能为负!");              //抛出异常
    if (vertexMaxNum<vertexNum)
        throw Error("顶点数目不能大于允许的顶点最大数目!");      //抛出异常
    vexNum=vertexNum;
    vexMaxNum=vertexMaxNum;
    arcNum=0;
    infinity=infinit;
    tag=new Status[vexMaxNum];
    vexTable=new AdjListNetWorkVex<ElemType, WeightType>[vexMaxNum];
    for (int v=0; v<vexNum; v++) {
        tag[v]=UNVISITED;
        vexTable[v].data=es[v];
        vexTable[v].firstarc=NULL;
    }
}
```

（3）求顶点 v 的第一个邻接点序号

求顶点 v 的第一个邻接点序号。如果顶点 v 不存在，则抛出异常；如果顶点 v 没有邻接点，则返回-1。

```
template <class ElemType, class WeightType>
int AdjListDirNetwork<ElemType, WeightType>::FirstAdjVex(int v) const
{
    if (v<0||v>=vexNum)
        throw Error("v不合法!");    //抛出异常
    if (vexTable[v].firstarc==NULL)
        return -1;                  //不存在邻接点
    else
        return vexTable[v].firstarc->adjVex;
}
```

（4）求顶点 v_1 的下一个邻接点序号

求顶点 v_1 的相对于 v_2 的下一个邻接点序号。如果顶点 v_1、v_2 不存在，则抛出异常；如果顶点 v_1 在顶点 v_2 后没有邻接点，则返回-1。

```
template <class ElemType, class WeightType>
int AdjListDirNetwork<ElemType, WeightType>::NextAdjVex(int v1, int v2) const
```

```
{
    AdjListNetworkArc<WeightType> *p;
    if (v1<0||v1>=vexNum)
      throw Error("v1 不合法!");              //抛出异常
    if (v2<0||v2>=vexNum)
      throw Error("v2 不合法!");              //抛出异常
    if (v1==v2)
      throw Error("v1 不能等于 v2!");         //抛出异常
    p=vexTable[v1].firstarc;
    while (p!=NULL&&p->adjVex!=v2)
       p=p->nextarc;
    if (p==NULL||p->nextarc==NULL)
       return -1;                             //不存在下一个邻接点
    else
       return p->nextarc->adjVex;
}
```

（5）插入顶点

如果图的顶点数已经达到允许的最大值，则抛出异常；否则，在顶点表的表尾插入元素值为 e 的顶点。

```
template <class ElemType, class WeightType>
void AdjListDirNetwork<ElemType, WeightType>::InsertVex(const ElemType &e)
{
    if (vexNum==vexMaxNum)
      throw Error("图的顶点数不能超过允许的最大数!"); //抛出异常
    vexTable[vexNum].data=e;
    vexTable[vexNum].firstarc=NULL;
    tag[vexNum]=UNVISITED;
    vexNum++;
}
```

（6）插入弧

如果顶点 v_1、v_2 不存在，或 v_1、v_2 相等则抛出异常；否则在两个顶点之间插入权为 w 的弧。

```
template <class ElemType, class WeightType>
void AdjListDirNetwork<ElemType, WeightType>::InsertArc(int v1, int v2,
    WeightType w)
{
    if (v1<0||v1>=vexNum)
      throw Error("v1 不合法!");          //抛出异常
    if (v2<0||v2>=vexNum)
      throw Error("v2 不合法!");          //抛出异常
    if (v1==v2)
      throw Error("v1 不能等于 v2!");     //抛出异常
    if (w==infinity)
      throw Error("w 不能为无穷大!");     //抛出异常
    AdjListNetworkArc<WeightType> *p;
```

```
    p=vexTable[v1].firstarc;
    while (p!=NULL&&p->adjVext!=v2) {
      p=p->nextarc;
    }
    if (p==NULL) {
      p=vexTable[v1].firstarc;
       vexTable[v1].firstarc=new AdjListNetworkArc<WeightType>(v2, w, p);
      arcNum++;
    }
}
```

（7）删除弧

如果顶点 v_1、v_2 不存在，或 v_1、v_2 相等则抛出异常；否则，删除从 v_1 到 v_2 的弧。

```
template <class ElemType, class WeightType>
void AdjListDirNetwork<ElemType, WeightType>::DeleteArc(int v1, int v2)
{
    if (v1<0||v1>=vexNum)
      throw Error("v1 不合法!");            //抛出异常
    if (v2<0||v2>=vexNum)
      throw Error("v2 不合法!");            //抛出异常
    if (v1==v2) throw
      throw Error("v1 不能等于 v2!");       //抛出异常
    AdjListNetworkArc<WeightType> *p, *q;
    p=vexTable[v1].firstarc;
    while (p!=NULL&&p->adjVex!=v2) {
       q=p;
       p=p->nextarc;
    }
    if (p!=NULL) {
       if (vexTable[v1].firstarc==p)
          vexTable[v1].firstarc=p->nextarc;
       else
          q->nextarc=p->nextarc;
       delete p;
       arcNum--;
    }
}
```

（8）删除顶点

首先查找要删除的顶点 d 是否存在，如果顶点 d 不存在则抛出异常；否则，先删除以顶点 d 为弧头的弧，再删除以顶点 d 为弧尾的弧，最后考虑删除顶点 d。如果被删除的是顶点表中的最后一个顶点，则只要把顶点数减一就完成了删除；否则，把顶点表中最后一个顶点信息（包括第一条弧指针）移到顶点 d 的位置，并且把原先弧头顶点为最后一个顶点的信息改成弧头顶点序号为原先 d 的序号，最后再把顶点数减一完成顶点的删除。例如，在图 7-11 中删除顶点 B 后，其结构图变化如图 7-12 所示，特别要注意图中用圆圈表示部分的信息变化。总的来说，在图中删除顶点是比较复杂的操作，所以一般不进行这样的操作。

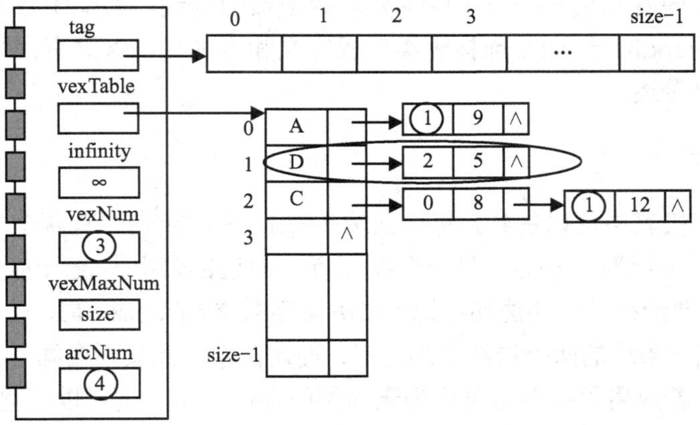

图 7-12　有向网中删除顶点 B 后邻接表结构图的变化

```
template <class ElemType, class WeightType>
void AdjListDirNetwork<ElemType, WeightType>::DeleteVex(const ElemType &d)
{
    int v;
    AdjListNetworkArc<WeightType> *p, *q;
    for (v=0; v<vexNum; v++)
        if (vexTable[v].data==d)
            break;
    if (v==vexNum)
        throw Error("图中不存在要删除的顶点!");            //抛出异常
    for (int u=0; u<vexNum; u++)                          //删除到达 d 的弧
        if (u!=v)
            DeleteArc(u, v);
    p=vexTable[v].firstarc;                               //删除从 d 出发的弧
    while (p!=NULL) {
        vexTable[v].firstarc=p->nextarc;
        delete p;
        p=vexTable[v].firstarc;
        arcNum--;
    }
    vexNum--;
    vexTable[v].data=vexTable[vexNum].data;
    vexTable[v].firstarc=vexTable[vexNum].firstarc;
    vexTable[vexNum].firstarc=NULL;
    tag[v]=tag[vexNum];
    for (int u=0; u<vexNum; u++)
        if (u!=v) {
            p=vexTable[u].firstarc;
            while (p!=NULL) {
                if (p->adjVex==vexNum)
                    p->adjVex=v;
                p=p->nextarc;
            }
        }
}
```

上面介绍了有向网邻接表类模板中主要函数成员的实现，其他函数的实现可以参考文件 AdjListDirNetwork.h。无向图邻接表类模板定义和实现可以参照有向网邻接表类模板进行修改，此处不再赘述。

7.2.3 邻接多重表

在无向图的邻接表中可以看到，每一条边（v_i,v_j）在邻接表中有两个边结点：一个在顶点 v_i 的边链表中，表示为（v_i,v_j）；另一个在顶点 v_j 的边链表中，表示为（v_j,v_i）。在较复杂的问题中，有时需要给被处理的边加标记（如访问标志或删除标志等），若用邻接表表示，则需要同时给表示某一条边的两个边结点加标记，而这两个结点又不在同一个边链表中，因此处理会很不方便。若改用邻接多重表作为无向图的存储表示，则可以简化上述问题的处理。

在无向图的邻接多重表中，图的每一条边用一个边结点表示，它由六个域组成。其中，tag 是标记域，标记该边是否被处理或被搜索过；weight 为边的信息域，用于存储边的权值；adjvex1 和 adjvex2 是顶点域，表示该边所依附的两个顶点在图中的序号；nextarc1 域是链接指针，指向下一条依附于顶点 adjvex1 的边；nextarc2 也是链接指针，指向下一条依附于顶点 adjvex2 的边。对图中的每一个顶点用一个顶点结点表示，它由两个域组成：data 域存储有关顶点的信息；firstarc 域是链接指针，指向第一条依附于该顶点的边。所有的顶点结点组成一个顺序表。

无向图的邻接多重表和相应结点示例如图 7-13 所示。在无向图的邻接多重表中，所需存储空间与表示无向图的邻接表相同。邻接多重表类模板的定义和实现读者可以参考有向网邻接表类模板完成。

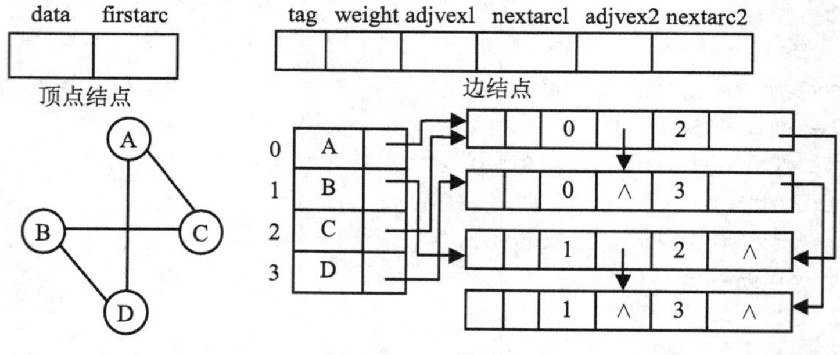

图 7-13 无向图的邻接多重表和相应结点示例

7.2.4 十字链表

与无向图类似，有向图也有另外一种链式存储结构称为十字链表。根据应用的需要，对于有向图有时既需要用邻接表，又需要用逆邻接表，这时可以把两个表合二为一，用有向图的邻接多重表（通常称为十字链表）表示。在有向图的十字链表中，图中的每一条弧用一个弧结点表示。弧结点的结构与无向图邻接多重表中的边结点结构类似，也有六个域。其中，tag 是标记域，标记该弧是否被处理或被搜索过；weight 为弧的信息域，用于存储弧的权值等信息；tailvex 和 headvex 是分别表示弧尾顶点序号和弧头顶点序号的顶点域；tailnextarc 域是链接指针，指向下一条以顶点 tailvex 为弧尾（始点）的弧；headnextarc 也是链接指针，指向下一条以顶点 headvex 为弧头（终点）的弧。对有向图中的每一个顶点也用一个顶点结点表示，它由三个域组成。其中，data 域存储有关顶点的信息；firstinarc 域是链接指针，指向第一条以该顶点为终点的弧；firstoutarc 域也是链接指针，指向第一条以该顶点为始点的弧。所有的顶点结点组成一个顺序表。有向图的十字链表示例及其顶点结点和弧结点的结构如图 7-14 所示。

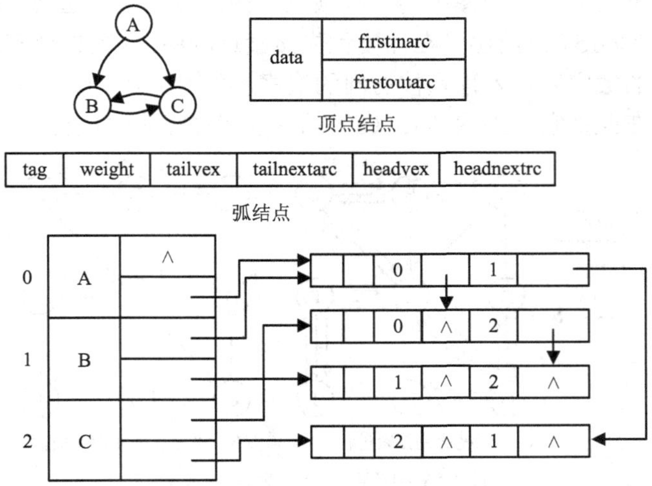

图 7-14　有向图的十字链表示例及其顶点结点和弧结点的结构

在有向图的十字链表中，从顶点结点中的 firstoutarc 域出发，由弧结点中的 tailnextarc 域链接起来的链表，正好是原来的邻接表结构。统计该链表中弧结点的个数，可求得该顶点的出度。若从顶点结点的 firstoutarc 域出发，由弧结点中的 headnextarc 域链接起来的链表，正好是原来的逆邻接表结构。统计该链表中弧结点的个数，可求得该顶点的入度。

7.3　图的遍历与连通性

图的遍历和连通

与树的遍历类似，对于给定的图，沿着一些边（或弧）访问图中所有的顶点，且使每个顶点仅被访问一次，这个过程叫作图的遍历。

因为图中可能存在回路，且图的任一顶点都可能与其他顶点相邻接，所以在访问完某个顶点之后可能会沿着某些边又回到曾经访问过的顶点。因此，在图的遍历过程中，为了避免重复访问，可设置一个标志顶点是否被访问过的辅助数组 tag[]，其中每一个元素代表图中的一个顶点是否被访问，其初始状态是每一个元素都为 0，表示图中所有顶点都没有被访问。在图的遍历过程中，一旦某个顶点 v_i 被访问，就立即置 tag[v_i]为 1，表示该顶点已被访问，从而防止它被多次访问。

图的遍历通常有两种方法：深度优先遍历（depth first traversal）和广度优先遍历（breadth first traversal）。这两种方法对无向图和有向图都是适用的，但在下面的讨论中将主要介绍对无向图的遍历；对于有向图的遍历，读者可以根据无向图的遍历进行思考。

7.3.1　深度优先遍历

图的深度优先遍历基于深度优先搜索（depth first search，DFS），深度优先搜索是从图

中某一顶点 *v* 出发，在访问顶点 *v* 后，再依次从 *v* 的任一还没有被访问的邻接点 *w* 出发进行深度优先搜索，直到图中所有与顶点 *v* 有路径相通的顶点都被访问过为止。这是一个递归定义，因此图的深度优先搜索可以用递归算法实现。

图 7-15（a）给出了图的深度优先搜索过程。因为该图是连通的，所以从顶点 A 出发，通过一次深度优先搜索即可访问图中的所有顶点。图的深度优先遍历的访问顺序与树的前序遍历顺序类似。图 7-15（b）给出了在深度优先搜索过程中，访问的所有顶点和经过的边，图中各顶点旁附加的数字表示各顶点被访问的次序。在图 7-15（b）中，共有 *n*-1 条边连接了所有 *n* 个顶点，在此把它称为图 7-15（a）的深度优先搜索生成树。

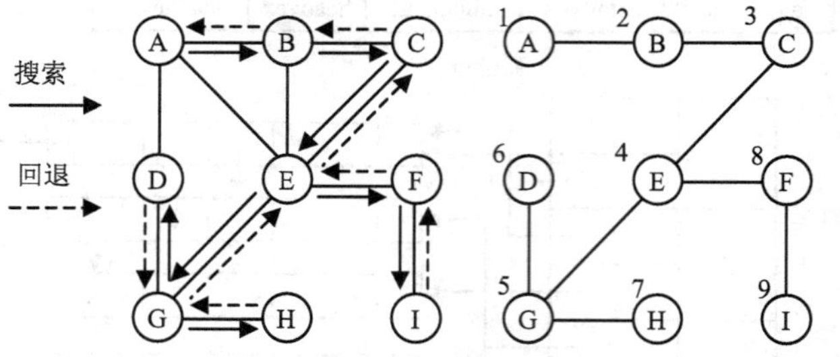

（a）深度优先搜索过程　（b）深度优先搜索生成树

图 7-15　图的深度优先遍历示例

从指定的结点 *v* 开始进行深度优先搜索的算法思想如下。

1）访问结点 *v*，并标记 *v* 已被访问。

2）取顶点 *v* 的第一个邻接点 *w*。

3）若顶点 *w* 不存在，算法结束；否则继续步骤 4）。

4）若顶点 *w* 未被访问，则访问结点 *w*，并标记 *w* 已被访问。

5）使 *w* 为顶点 *v* 的在原来 *w* 之后的下一个邻接点，转到步骤 3）。

深度优先搜索函数的实现如下：

```
template <class ElemType>
void DFS(const AdjMatrixUndirGraph<ElemType> &g, int v,
    void (*visit)(const ElemType &))
{
    ElemType e;
    g.SetTag(v, VISITED);            //设置顶点 v 已访问标志
    g.GetElem(v, e);                 //取顶点 v 的数据元素值
    Visit(e);                        //访问顶点 v
    for (int w=g.FirstAdjVex(v); w!=-1; w=g.NextAdjVex(v, w))
        if (g.GetTag(w)==UNVISITED)
            DFS(g, w, Visit);        //从 v 的邻接点 w 开始进行深度优先搜索
}
```

有了深度优先搜索函数，深度优先遍历算法就比较容易实现了，先对每个顶点设置未访问标志，再从每一个未被访问的定点出发进行深度优先搜索。

```
template <class ElemType>
void DFSTraverse(const AdjMatrixUndirGraph<ElemType> &g,
     void (*visit)(const ElemType &))
{
    int v;
```

```
    for (v=0; v<g.GetVexNum(); v++)
        g.SetTag(v, UNVISITED);    //对每个顶点设置未访问标志
    for (v=0; v<g.GetVexNum(); v++)
        if (g.GetTag(v)==UNVISITED)
            DFS(g, v, Visit);       //从尚未访问的顶点 v 开始进行深度优先搜索
}
```

在图的深度优先遍历算法中，算法运行的时间主要花费在深度优先搜索算法中的 for 循环中。设图中有 n 个顶点和 e 条边，如果图的存储结构为邻接表，则要访问邻接表中的 n 个顶点结点和 $2e$ 个边结点。因此图的遍历算法的时间复杂度为 $O(n+e)$；如果图的存储结构为邻接矩阵，则搜索一个顶点的所有相关联的边所需要的时间为 $O(n)$，则遍历图中所有顶点所需要的时间为 $O(n^2)$。

7.3.2　广度优先遍历

图的广度优先遍历基于广度优先搜索（breadth first search，BFS），广度优先搜索是指从图中的某一顶点 v 出发，在访问顶点 v 后接着访问 v 的各个未被访问过的邻接点 $w_1,w_2,\cdots,w_k$，再依次访问 $w_1,w_2,\cdots,w_k$ 的所有未被访问过的邻接点。然后继续从这些被访问过的顶点出发，访问它们的所有还未被访问过的邻接点……如此下去，直到图中所有和顶点 v 由路径连通的顶点都被访问到为止。

图 7-16（a）给出了一个从顶点 A 出发进行广度优先遍历的过程示例。图 7-16（b）给出了由广度优先遍历得到的广度优先生成树，它由遍历时访问过的 n 个顶点和遍历时经过的 $n-1$ 条边组成，各顶点旁边的数字标明了顶点被访问的顺序。

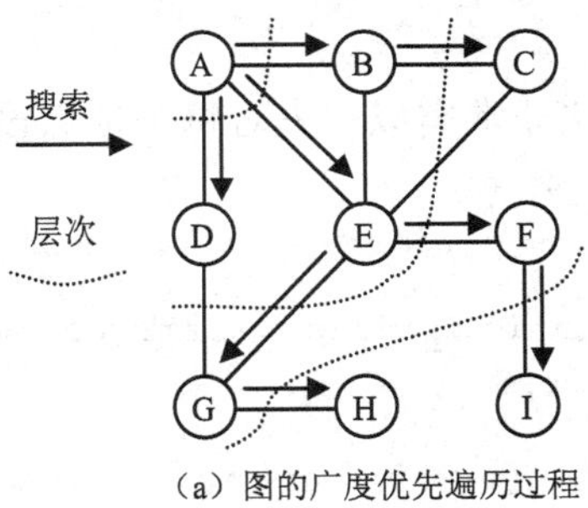

（a）图的广度优先遍历过程

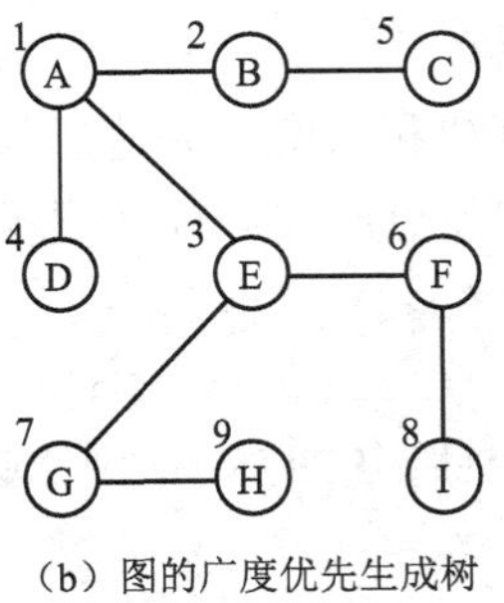

（b）图的广度优先生成树

图 7-16　图的广度优先遍历示例

广度优先搜索是一种分层的搜索过程，它类似于树的层次遍历。从图 7-16（a）中可以看出，搜索每向前走一步可能访问一批顶点，不像深度优先搜索那样有往回退的情况，因此，广度优先遍历不是一个递归的过程，其算法也不是递归的。为了实现逐层访问，算法中使用了一个队列，以记录刚才访问过的上一层和本层顶点，以便于向下一层访问。从指定的结点 v 开始进行广度优先搜索的算法思想如下。

1）访问结点 v，并标记 v 已被访问，同时顶点 v 入队列。

2）当队列空时算法结束，否则继续步骤 3)。

3）队头顶点出队列为 v。

4）取顶点 v 的第一个邻接点 w。

5）若顶点 w 不存在，转步骤 3)；否则继续步骤 6)。

6）若顶点 w 未被访问，则访问结点 w，并标记 w 已被访问，同时顶点 w 入队列；否则，继续步骤 7）。

7）使 w 为顶点 v 的在原来 w 之后的下一个邻接点，转到步骤 5）。

广度优先搜索函数的实现如下：

```
template <class ElemType>void BFS(const AdjMatrixUndirGraph<ElemType> &g,
    int v, void (*visit)(const ElemType &))
{
    LinkQueue<int> q;
    int u, w;
    ElemType e;
    g.SetTag(v, VISITED);                         //作访问标志
    g.GetElem(v, e);                              //取顶点 v 的数据元素值
    Visit(e);                                     //访问顶点 v
    q.EnQueue(v);                                 //顶点 v 入队
    while (!q.IsEmpty()) {
       q.DelQueue(u);
       for (w=g.FirstAdjVex(u); w!=-1; w=g.NextAdjVex(u, w))
          if (g.GetTag(w)==UNVISITED){  //对 u 的邻接点 w 进行访问
              g.SetTag(w, VISITED);
              g.GetElem(w, e);
                Visit(e);
                q.EnQueue(w);
          }
     }
}
```

广度优先遍历算法和深度优先遍历算法非常类似，先对每个顶点设置未访问标志，再从每一个未被访问的顶点出发进行广度优先搜索。

```
template <class ElemType>
void BFSTraverse(const AdjMatrixUndirGraph<ElemType> &g,
 void (*visit)(const ElemType &))
{
    int v;
    for (v=0; v<g.GetVexNum(); v++)
        g.SetTag(v, UNVISITED);    //对每个顶点作未访问标志
    for (v=0; v<g.GetVexNum(); v++)
        if (g.GetTag(v)==UNVISITED)
            BFS(g, v, Visit);        //从尚未访问的顶点 v 开始进行广度优先搜索
}
```

从上面的两个遍历算法可以看出，两个遍历算法的形式是一样的，只是调用的搜索算法不同而已。

在图的广度优先遍历算法中，图中每一个顶点需要进队列一次且仅进队列一次，而在遍历过程中是通过边来搜索邻接点的。所以，图的广度优先遍历算法的时间复杂度和图的深度优先遍历算法的时间复杂度类似。如果使用邻接表表示图，则其时间复杂度为 $O(n+e)$；如果使用邻接矩阵表示图，则其时间复杂度为 $O(n^2)$。

7.3.3　连通分量

对于连通图，从任一顶点出发，只需一次调用深度优先搜索算法或广度优先搜索算法即可访问图中的所有顶点；对于非连通图时，从图中某一顶点出发，一次调用深度优先搜索算法或广度优先搜索算法不可能访问图中的所有顶点，只能访问该顶点所在的极大连通子图（即连通分量）的所有顶点。非连通图有 k 个连通分量，就要 k 次调用 DFS 或 BFS 才能访问图中的所有顶点。若从图的每一个连通分量中的一个顶点出发进行搜索，就可以求得图中的所有连通分量。所谓连通分量，是指非连通图中的极大连通子图。

在实际的遍历算法中，需要检测图的每一个顶点：若顶点已被访问过，则该顶点一定是落在图中已求得的连通分量上；若顶点还未被访问，则从该顶点出发遍历图，可求得图的另一个连通分量。图 7-4 给出一个非连通无向图及其连通分量的示例。对此图进行深度优先遍历或广度优先遍历，将三次调用 DFS 或 BFS 过程：第一次从顶点 A 出发，第二次从顶点 F 出发，第三次从顶点 I 出发，最后得到原图的三个连通分量。

对于非连通图的每一个连通分量，其中的所有顶点和用某种遍历方式所经过的边的集合，构成了一棵生成树，这是一个极小连通子图。所有连通分量的生成树组成了非连通图的生成森林，如图7-17（a）和（b）分别是非连通图的深度优先生成森林和广度优先生成森林。

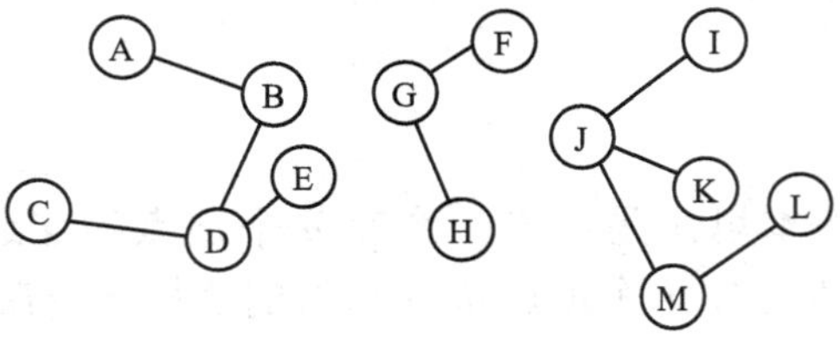

（a）深度优先生成森林

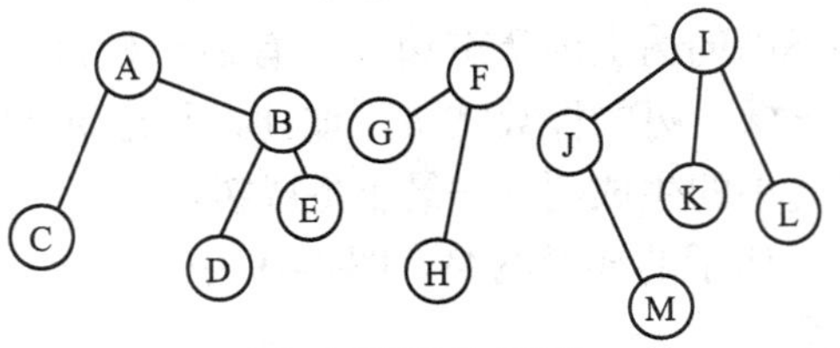

（b）广度优先生成森林

图 7-17　非连通图的生成森林

7.4　最小生成树

在 7.1 节已经介绍过，一个连通图的生成树是原图的极小连通子图，它包含原图中的所有 n 个顶点和使 n 个顶点连通的 n-1 条边。这意味着对于生成树来说，若删除它的一条边，就会使生成树变成非连通图；若给它增加一条边，就会形成图中的一个回路。此外，一个连通图的生成树不是唯一的，使用不同的方法遍历图，可以得到不同的生成树；从不同的顶点出发，也可能得到不同的生成树；而且生成树有时还和图的存储结构中具体的结点顺序有关。

对于一个带权的连通图（即网络），如何找出一棵生成树，使各边上的权值总和达到最小，这是一个有实际意义的问题。例如，在 n 个城市之间建立通信网络，至少要架设 $n-1$ 条线路，这时自然会考虑：如何做才能使总造价最少？在每两个城市之间都可以架设一条通信线路，并要花费一定的代价。若用图的顶点表示城市，用边表示两座城市之间架设的线路，用边上的权值表示架设该线路的造价，就可以建立一个通信网络。对于这样一个有 n 个顶点的网络，可以有不同的生成树，每一棵生成树都可以构成通信网络。希望能够根据各条边上的权值，选择一棵总造价最小的生成树，就是构造网络的最小（代价）生成树（minimum-cost spanning tree）问题。

有许多种方法可以构造最小生成树，比较典型的有两种：克鲁斯卡尔（Kruskal）算法和普里姆（Prim）算法，它们都采用了一种逐步求解的策略。图 7-18 给出了一个连通网络及其邻接矩阵和它的一棵最小生成树。

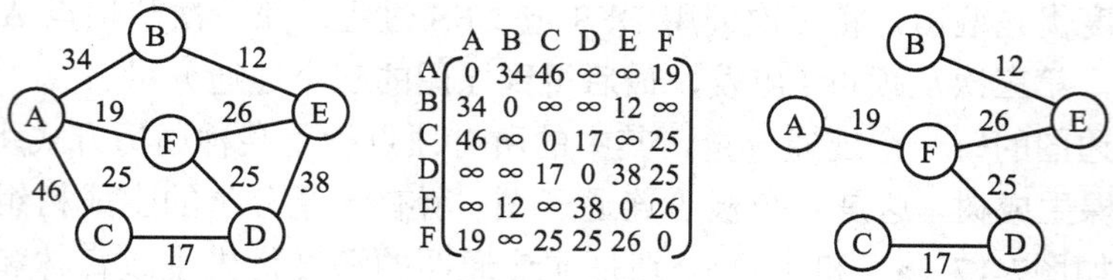

（a）网络　（b）邻接矩阵　（c）最小生成树

图 7-18　连通网络及其邻接矩阵和它的一棵最小生成树

7.4.1　克鲁斯卡尔算法

最小生成树——克鲁斯卡尔算法

克鲁斯卡尔算法的基本思想是：设一个有 n 个顶点的连通网络 $G=\{V,E\}$，先构造一个包括全部 n 个顶点和 0 条边的森林 $F=\{T_0,T_1,\cdots,T_{n-1}\}$，以后每一步向 F 中加入一条边（v,u），它应是所依附的两个顶点 v 和 u 分别在森林 F 的两棵不同的树上的所有边中具有最小权值的边。由于这条边的加入，使 F 中的某两棵树合并为一棵，树的棵数减一。如此，经过 $n-1$ 步，最终得到一棵有 $n-1$ 条边且各边权值总和达到最小的生成树——最小生成树。

例如，对于图 7-18（a）所示的连通网络，图 7-19 中（a）～（f）给出了按克鲁斯卡尔算法生成最小生成树的过程。

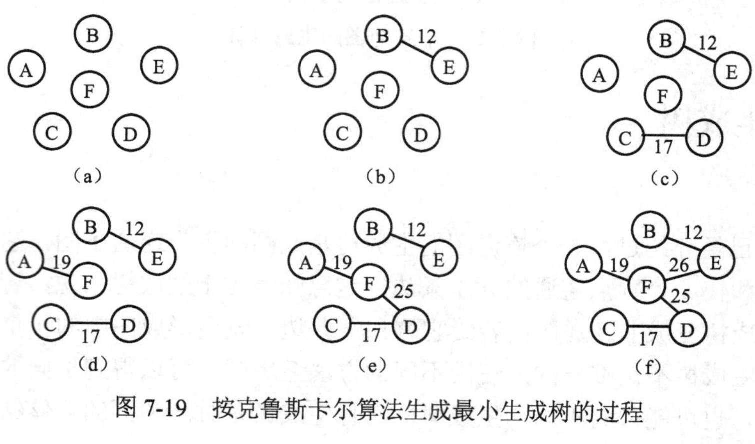

图 7-19　按克鲁斯卡尔算法生成最小生成树的过程

在克鲁斯卡尔算法中，利用最小堆来存放连通网络中的边，堆中的每个元素代表连通网络中的一条边，它由三个域组成：adjvex1、adjvex2 和 weight。其中，adjvex1 域和 adjvex2 域存储该边所依附的两个顶点的序号，weight 域存储边上的权值；再利用并查集存放所有的连通分量，同一个连通分量的顶点组成并查集的一个子集（等价类）。克鲁斯卡尔算法的步骤如下。

1）初始化，在并查集中，连通网络的每一个顶点独立成一个等价类，连通网络的所有的边建立最小堆，最小生成树 T 中没有任何边，T 中边的条数计数器 i 为 0。

2）如果 T 中边的条数计数器 i 等于顶点数减 1，则算法结束；否则继续步骤 3）。

3）选取堆顶元素代表的边（v,u），同时调整堆。

4）利用并查集的运算检查依附于边（v,u）的两个顶点 v 和 u 是否在同一个连通分量（即并查集的同一个子集合）上，如果是则转步骤 2）；否则，继续步骤 5）。

5）将边（v,u）加入最小生成树 T 中，同时将这两个顶点所在的连通分量合并成一个连通分量（即将并查集中的相应两个子集合并成一个子集），继续步骤 2）。

为了在堆中存放边的信息，并在堆调整时进行边上权值的比较，下面先给出克鲁斯卡尔算法中边类的声明和实现。在这个边类中定义了一条边依附的两个顶点 vertex1、vertex2，以及边的权 weight。另外，除了构造函数外，还重载了<=和>两个关系运算。

```
template <class ElemType, class WeightType> class KruskalEdge
{
public:
    ElemType vertex1, vertex2;     //边的顶点
    WeightType weight;             //边的权值
    KruskalEdge(ElemType v1, ElemType v2, WeightType w); //构造函数
    KruskalEdge(){};               //构造函数
    KruskalEdge<ElemType, WeightType> &operator =(
       const KruskalEdge<ElemType, WeightType> &Ed); //赋值语句重载
    bool operator<=(const KruskalEdge<ElemType, WeightType> &Ed);
       //重载<=关系运算
    bool operator>(const KruskalEdge<ElemType, WeightType> &Ed);
       //重载>关系运算
};

template <class ElemType, class WeightType>
KruskalEdge<ElemType, WeightType>::KruskalEdge(ElemType v1,
    ElemType v2, WeightType w)
{
    vertex1=v1;                   //顶点 vertex1
    vertex2=v2;                   //顶点 vertex2
    weight=w;                     //边的权 weight
}

template <class ElemType, class WeightType>bool KruskalEdge<ElemType,
    WeightType>::operator<=(const KruskalEdge<ElemType, WeightType> &Ed)
{
    return (weight<=Ed.weight);
```

```
}

template <class ElemType, class WeightType>bool KruskalEdge<ElemType,
   WeightType>::operator> (const KruskalEdge<ElemType, WeightType> &Ed)
{
   return (weight>Ed.weight);
}

template<class ElemType, class WeightType>KruskalEdge<ElemType,
      WeightType>
   &KruskalEdge<ElemType, WeightType>::operator=
         (const KruskalEdge<ElemType, WeightType> &Ed)
{
   if (&Ed!=this)   {
     vertex1=Ed.vertex1;                          //顶点 vertex1
     vertex2=Ed.vertex2;                          //顶点 vertex2
     weight=Ed.weight;                            //权 weight
   }
   return *this;
}
```

图 7-20 给出了图 7-18（a）所示的连通网络按照克鲁斯卡尔算法构造最小生成树时最小堆和并查集的变化过程。在初始建堆时，边的输入顺序为（A,B）、（A,C）、（A,F）、（B,E）、（C,D）、（C,F）、（D,E）、（D,F）、（E,F）。

初始堆和并查集

B	C	C	D	A	A	D	A	E
E	D	F	F	F	B	E	C	F
12	17	25	25	19	34	38	46	26

0	1	2	3	4	5
−1	−1	−1	−1	−1	−1
A	B	C	D	E	F

取边（B,E）
加入边（B,E）

C	A	C	D	E	A	D	A
D	F	F	F	F	B	E	C
17	19	25	25	26	34	38	46

0	1	2	3	4	5
−1	4	−1	−1	−2	−1
A	B	C	D	E	F

取边（C,D）
加入边（C,D）

A	D	C	A	E	A	D
F	F	F	C	F	B	E
19	25	25	46	26	34	38

0	1	2	3	4	5
−1	4	3	−2	−2	−1
A	B	C	D	E	F

取边（A,F）
加入边（A,F）

D	E	C	A	D	A
F	F	F	C	E	B
25	26	25	46	38	34

0	1	2	3	4	5
5	4	3	−2	−2	−2
A	B	C	D	E	F

取边（D,F）
加入边（D,F）

C	E	A	A	D
F	F	B	C	E
25	26	34	46	38

0	1	2	3	4	5
5	4	3	5	−2	−4
A	B	C	D	E	F

取边（C,F），由于 C 和 F 在同一个等价类中，
因此放弃边（C,F）

E	D	A	A
F	E	B	C
26	38	34	46

取边（E,F）
加入边（E,F）

A	D	A
B	E	C
34	38	46

0	1	2	3	4	5
5	4	3	5	5	−6
A	B	C	D	E	F

图 7-20　构造连通网络最小生成树时最小堆和并查集的变化过程

下面给出克鲁斯卡尔算法的 C++实现。

```
template <class ElemType, class WeightType> void MiniSpanTreeKruskal
  (const AdjMatrixUndirNetwork<ElemType, WeightType> &g)
{
   int count, VexNum=g.GetVexNum();
   KruskalEdge<ElemType, WeightType> KEdge;
   MinHeap<KruskalEdge<ElemType, WeightType>> ha(g.GetEdgeNum());
   ElemType  *kVex, v1, v2;
   kVex=new ElemType[VexNum];         //定义顶点数组，存储顶点信息
   for (int i=0; i<VexNum; i++)
      g.GetElem(i, kVex[i]);
   UFSets<ElemType> f(kVex, VexNum); //根据顶点数组构造并查集
   for (int v=0; v<g.GetVexNum(); v++)
      for (int u=g.FirstAdjVex(v); u>=0; u=g.NextAdjVex(v, u))
         if (v<u) { //将 v<u 的边插入最小堆
            g.GetElem(v, v1);
            g.GetElem(u, v2);
            KEdge.vertex1=v1;
            KEdge.vertex2=v2;
            KEdge.weight=g.GetWeight(v, u);
            ha.Insert(KEdge);
         }
   count=0;                                //表示已经挑选的边数
   while (count<VexNum-1) {
      ha.DeleteTop(KEdge);                 //从堆顶取一条边
      v1=KEdge.vertex1;
      v2=KEdge.vertex2;
      if (f.Differ(v1, v2)) {              //边所依附的两顶点不在同一棵树上
         cout<< "边:( " << v1 << ", " << v2 << " ) 权:"
            << KEdge.weight << endl ;     //输出边及权值
         f.Union(v1, v2);                  //将两个顶点所在的树合并成一棵树
         count++;
      }
   }
}
```

设连通网络由 n 个顶点和 e 条边组成，则克鲁斯卡尔算法在初始建立最小堆时需要 e 次调用堆的插入操作，因此初始建堆的时间复杂度为 $O(e\log_2 e)$。在构造最小生成树时，最多调用 e 次堆的删除操作、$2e$ 次并查集的查找操作和 n-1 次并查集的合并操作，计算时间分别为 $O(e\log_2 e)$、$O(e\log_2 e)$和 $O(n)$。因为 $n<e$，所以总的时间复杂度为 $O(e\log_2 e)$。由此可见，克鲁斯卡尔算法适用于稀疏的（顶点个数较多而边数较少）连通网络。

7.4.2　普里姆算法

最小生成树——普里姆算法

普里姆算法的基本思想是：假设连通网络 N=(V,E)；TE 为 N 的最小生成树上边的集合，开始时 TE= ϕ；U 为算法在构造最小生成树过程中

已得到的顶点集，开始时 $U=\{u_0\}$（$u_0\in V$）。算法从 N 中的某一顶点 u_0 出发，选择与 u_0 关联的具有最小权值的边(u_0,v_i)，将顶点 v_i 加入生成树的顶点集合 U 中，(u_0,v_i)加入集合 TE 中，以后每一步从一个顶点在 U 中，而另一个顶点在 $V-U$ 中的各条边当中选择权值最小的边(u,v)（$u\in U$，$v\in V-U$），把顶点 v 加入集合 U 中，边(v,u)加入集合 TE 中。如此重复，直到网络中的所有顶点都加入生成树顶点集合 $U(U=V)$中为止。此时，TE 中刚好有 $n-1$ 条边，则 $T=(V,\mathrm{TE})$为 N 的最小生成树。

例如，对于图 7-18（a）所示的连通网络，图 7-21（a）～（f）给出了按普里姆算法构造最小生成树的过程。

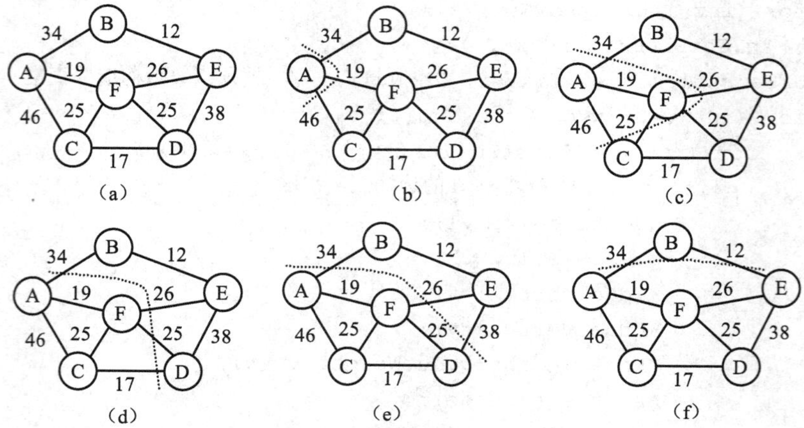

图 7-21 按普里姆算法构造最小生成树的过程

在利用普里姆算法构造最小生成树的过程中，需要设置一个辅助数组 closearc[]，以记录从 $V-U$ 中顶点到 U 中顶点具有最小权值的边。对每一个顶点 $v\in V-U$，在辅助数组中有一个分量 closearc[v]，它包括两个域：lowweight 和 nearvertex。其中，lowweight 域中存放顶点 v 到 U 中的各顶点的边上的当前最小权值（lowweight=0 表示 $v\in U$）；nearvertex 域记录顶点 v 到 U 中具有最小权值的那条边的另一个邻接点 u（nearvertex= −1 表示该顶点 v 为开始顶点）。在下面的普里姆算法描述中，连通网络采用邻接矩阵作为存储结构，并假设普里姆算法从顶点 A（设顶点 A 的序号为 0）出发（即 $u_0=0$）。普里姆算法的步骤如下。

1）初始化辅助数组 closearc[]。

2）重复下列步骤 3）和 4）$n-1$ 次。

3）在 closearc[]中选择 lowweight≠0 且 lowweight 最小的顶点 v，即选中的权值最小的边为(closearc[v].nearvertex, i)。将 closearc[v].lowweight 改为 0，表示顶点 i 已加入顶点集 U 中，并将边(closearc[v].nearvertex,v)加入生成树 T 的边集合。

4）对 $V-U$ 中的每一个顶点 j，如果依附于顶点 j 和刚加入 U 集合的新顶点 v 的边的权值 Arcs[v][j]小于原来依附于 j 和生成树顶点集合中顶点的边的最短距离 closearc[j].lowweight，则修改 closearc[j]，使其 lowweight=arcs[v][j]，nearvertex=v。

图 7-22 给出了图 7-18（a）所示的连通网络按照普里姆算法构造最小生成树时辅助数组 closearc[]的变化过程。

	A 0	B 1	C 2	D 3	E 4	F 5
lowweight	0	34	46	∞	∞	19
nearvex	-1	0	0	0	0	0

（a）

	0	1	2	3	4	5
lowweight	0	34	25	25	26	0
nearvex	-1	0	5	5	5	0

（b）

	0	1	2	3	4	5
lowweight	0	34	0	17	26	0
nearvex	-1	0	5	2	5	0

（c）

	0	1	2	3	4	5
lowweight	0	34	0	0	26	0
nearvex	-1	0	5	2	5	0

（d）

	0	1	2	3	4	5
lowweight	0	12	0	25	26	0
nearvex	-1	4	5	2	5	0

（e）

	0	1	2	3	4	5
lowweight	0	0	0	0	0	0
nearvex	-1	4	5	2	5	0

（f）

图 7-22　构造最小生成树时辅助数组 closearc[]的变化过程

普里姆算法的 C++实现如下：

```
template <class ElemType, class WeightType>
struct CloseArcType {
  WeightType lowweight;
  int nearvertex;
};
template <class ElemType, class WeightType>void MiniSpanTreePrim
  (const AdjMatrixUndirNetwork<ElemType, WeightType> &g, int u0)
{
  WeightType min;
  ElemType v1, v2;
  int vexnum=g.GetVexNum();
  CloseArcType<ElemType, WeightType>*closearc;
  if (u0<0||u0>=vexnum)
    throw Error("顶点 u0 不存在!");      //抛出异常
  int u, v, k;                          //表示顶点的临时变量
  closearc=new CloseArcType<ElemType, WeightType>[vexnum];
  for (v=0; v<vexnum; v++) {
    //初始化辅助数组 adjVex，并对顶点作标志，此时 U={v0}
    closearc[v].nearvertex=u0;
    closearc[v].lowweight=g.GetWeight(u0, v);
  }
  closearc[u0].nearvertex=-1;
  closearc[u0].lowweight=0;
  for (k=1; k<vexnum; k++) {//选择生成树的其余 g.GetVexNum()-1 个顶点
    min=g.GetInfinity();
    v=u0; //选择使得边<u, adjVex[u]>为连接 V-U 到 U 的具有最小权值的边
    for (u=0; u<vexnum; u++)
        if (closearc[u].lowweight!=0&&closearc[u].lowweight<min) {
          v=u;
          min=closearc[u].lowweight;
        }
    if (v!=u0) {
        g.GetElem(closearc[v].nearvertex, v1);
        g.GetElem(v, v2);
        cout<< "边:( "<< v1<< ", " <<  v2 << " ) 权:" << min << endl ;
        closearc[v].lowweight=0;          //将 w 并入 U
```

```
            for (u=g.FirstAdjVex(v); u!=-1 ; u=g.NextAdjVex(v, u))
              //新顶点并入U后重新选择最小边
              if (closearc[u].lowweight!=0&&
                (g.GetWeight(v, u)<closearc[u].lowweight)){
                closearc[u].lowweight=g.GetWeight(v, u);
                closearc[u].nearvertex=v;
              }
          }

      }
      delete []closearc;
  }
```

在普里姆算法中，主要有两个并列的 for 循环。设连通网络由 n 个顶点和 e 条边组成，则第一个 for 循环执行 $n-1$ 次对辅助数组 closearc[]进行初始化；第二个 for 循环是一个二重嵌套循环，外循环执行 $n-1$ 次把 $n-1$ 个顶点加入 U 中，对每加入一个顶点到 U，有两个并列的 for 循环分别实现查找具有最小权值的边和修改辅助数组 closearc[]，它们的时间复杂度均为 $O(n)$，所以整个算法的时间复杂度为 $O(n^2)$。由此可见，普里姆算法适用于边稠密的连通网络。

7.5 最短路径

利用带权的图也可以表示 n 个城市之间的交通运输网络。此时图中的每一个顶点表示一个城市，每一条边表示两个城市之间的直接交通运输路线，每条边上所附的权值表示该路线的长度或沿此路线运输所花费的时间或运费等。这种运输路线往往有方向性，例如，汽车的上山和下山，轮船的顺水和逆水，所花费的时间或费用就不相同。因此，交通运输网络往往是用带权的有向图来表示。从图中某一顶点（称为源点）到达另一顶点（称为终点）的路径可能不止一条（也就是说两个城市之间的通路可能有多条），但人们往往比较关心的是如何找到从一个城市到另一个城市花费最少的一条路径，也就是说，要寻找带权有向图中两个顶点之间路径长度最短的路径。这个问题就是所谓的最短路径问题。本节将讨论最常见的三种求解最短路径的方法。

7.5.1 弧上权值为非负情形的单源点最短路径问题

最短路径——迪杰斯特拉算法

在此先来讨论弧上权值为非负情形的单源点最短路径问题：对于给定一个带权有向图 G（G 中所有弧上的权均为非负值）与源点 v，求从 v 到 G 中其余各顶点的最短路径。

如图 7-23 所示的带权有向图。设源点为 A，则源点 A 到其余顶点的最短路径分别为（A,B）路径长度为 10、（A,D,C）路径长度为 50、（A,D）路径长度为 30、（A,D,C,E）路径长度为 60。

对于这个问题的求解，迪杰斯特拉（Dijkstra）提出了按路径长度的递增次序，逐条产生最短路径的方法。首先求出从源点 v_0 到其余各顶点中长度最短的一条路径，然后参照它求出长度次短的一条最短路径，依此类推，直到从源点 v_0 到其余各顶点的最短路径全部求出为止。具体做法是：设集合 S 存放已经求出的最短路径的终点，初始状态时，集合 S 中

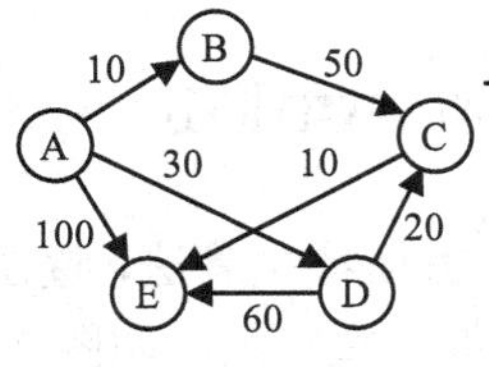

带权有向图

源点	终点	路径	路径长度
A	B	(A,B)	10
	C	(A,D,C)	50
	D	(A,D)	30
	E	(A,D,C,E)	60

图 7-23　弧上权值为非负情形的单源点最短路径示例

只有一个源点 v_0（$S=\{v_0\}$）。以后每求得一条最短路径（$v_0,v_1,\cdots,v_k$），就将 v_k 加入集合 S 中，直到全部顶点都加入集合 S 中，算法即可结束。图 7-24 给出了按照迪杰斯特拉算法对图 7-23 所示带权有向图逐步求最短路径的过程。

源点	终点	第一次	第二次	第三次	第四次
A	B	(A,B)　10			
	C	——　∞	(A,B,C)　60	(A,D,C)　50	
	D	(A,D)　30	(A,D)　30		
	E	(A,E)　100	(A,E)　100	(A,D,E)　90	(A,D,C,E)　60

图 7-24　迪杰斯特拉算法逐步求最短路径的过程

在迪杰斯特拉算法中，为了记录当前找到的从源点 v_0 到其余各顶点的最短路径长度，需引入一个辅助数组 dist[]。它的每一个分量 dist[i]表示当前找到的从源点 v_0 到终点 v_i 的相对最短路径的长度。它的初始状态是：若从源点 v_0 到顶点 v_i 有弧，则 dist[i]为该弧上的权值；否则 dist[i]为 ∞。同时，为了记录从源点 v_0 到其余各顶点的最短路径，还需要引入一个辅助数组 path[]。它的每一个分量 path[i]表示从源点 v_0 到顶点 v_i 的最短路径上的顶点 v_i 的直接前驱顶点。

设第一条最短路径为(v_0,v_i)，则有

$$\text{dist}[i]=\text{Min}\{\text{dist}[j]\mid v_j\in V-S\}$$

那么下一条最短路径是哪一条呢？假设下一条最短路径的终点是 v_k，则它或者是(v_0,v_k)或者是(v_0,v_i,v_k)，且其长度或者是弧$<v_0,v_k>$上的权值或者是 dist[i]与弧$<v_i,v_k>$上的权值之和。

一般情况下，假设 S 是已求得的最短路径的终点的集合，v_x（$v_x\in V-S$）为下一条最短路径的终点，则可以证明：这条最短路径必然是从 v_0 出发，或者直接到达顶点 v_x，或者中间只经过 S 中的顶点便可到达顶点 v_x 的路径中的一条。对此可以用反证法加以证明。

设在此路径上存在一个顶点 v_y（$v_y\in V-S$），则说明还存在一条从 v_0 到终点不在 S 的顶点 v_y 的边，其路径长度比从 v_0 到 v_x 的路径长度要短，如图 7-25 所示（因为 $a+b<c$ 且 a、b、c 都大于 0，所以 $a<c$）。显然这是不可能的。因为迪杰斯特拉是按照最短路径长度递增的次序逐次产生各条最短路径的，因此，长度比从 v_0 到 v_x 的路径长度短的所有路径均已产生，即它们的终点已在集合 S 中，故与假设矛盾。因此，一般情况下，下一条长度次短的最短路径的长度必须是

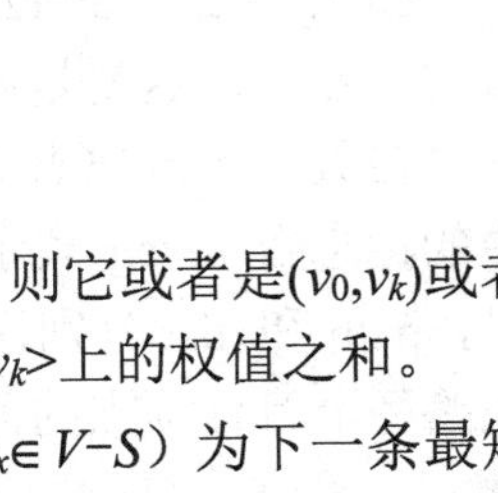

图 7-25　$a+b<c$ 的情况

$$\text{dist}[x]=\text{Min}\{\text{dist}[y]\mid vy\in V-S\}$$

在每一次求得一条最短路径之后，就将其终点 v_x 加入顶点集合 S 中，然后对其余各顶

点 v_y（$v_y \in V-S$）修改其 dist[y]：

$$\text{dist}[y]=\text{Min}\{\text{dist}[y], \text{dist}[x]+\text{arcs}[x][y]\}$$

其中，arcs[x][y]是弧<x, y>上的权值。

下面以图 7-23 所示的带权有向图为例，利用迪杰斯特拉算法，逐次记录从源点 v_0 到其余各顶点的最短路径的过程中辅助数组 dist、path 和 S 的变化，如图 7-26 所示。

初始值

	0	1	2	3	4
S	1	0	0	0	0
dist	0	10	∞	30	100
path	−1	0	−1	0	0

（a）

	0	1	2	3	4
S	1	0	0	0	0
dist	0	10	∞	30	100
path	−1	0	−1	0	0

（b）

	0	1	2	3	4
S	1	1	0	0	0
dist	0	10	60	30	100
path	−1	0	1	0	0

（c）

	0	1	2	3	4
S	1	1	0	1	0
dist	0	10	50	30	90
path	−1	0	3	0	3

（d）

	0	1	2	3	4
S	1	1	1	1	0
dist	0	10	50	30	60
path	−1	0	3	0	2

（e）

	0	1	2	3	4
S	1	1	1	1	1
dist	0	10	50	30	60
path	−1	0	3	0	2

图 7-26　迪杰斯特拉算法求最短路径的过程中辅助数组的变化

现在还有一个问题是：如何从辅助数组中读取源点到终点的最短路径呢？下面以图 7-26 中序号为 4 的顶点为例进行说明。

path[4]=2，path[2]=3，path[3]=0，path[0]=−1，把这个顶点序列反过来排列，得到路径 0、3、2、4，这就是源点 0 到终点 4 的最短路径，其长度为 dist[4]=60。

在具体实现迪杰斯特拉算法计算最短路径时，可以利用图相应存储结构的类模板定义中的标志数组 tag 表示集合 S。在算法中参数 net 表示带权有向图，参数 v_0 表示源点的序号，path 和 dist 分别返回从顶点 v_0 到其余顶点 v 的最短路径和路径长度，其中 path 存储最短路径上目标顶点的前一顶点的顶点号。

```
template <class ElemType, class WeightType>
void ShortestPathDij(const AdjListDirNetwork<ElemType, WeightType> &g,
  int v0, int *path, WeightType *dist)
{
  WeightType minVal, infinity=g.GetInfinity();
  int v, u;
  for (v=0; v<g.GetVexNum(); v++){          //初始化path和dist及顶点标志
    dist[v]=g.GetWeight(v0, v);
    if (dist[v]==infinity)
       path[v]=-1;
    else
       path[v]=v0;
    g.SetTag(v, UNVISITED);                 //置顶点标志
  }
  g.SetTag(v0, VISITED);                    //U={v0}
```

```
    for (int i=1; i<g.GetVexNum(); i++){
      minVal=infinity;
      u=v0;
      for (v=0; v<g.GetVexNum(); v++)  //查找长度最短的最短路径
        if (g.GetTag(v)==UNVISITED && dist[v]<minVal) {
            //g.GetTag(v)==UNVISITED表示v∈V-U
            u=v;
            minVal=dist[v];
        }
      g.SetTag(u, VISITED);            //将u并入U
      for (v=g.FirstAdjVex(u); v!=-1; v=g.NextAdjVex(u, v))
        if (g.GetTag(v)==UNVISITED &&
            minVal+g.GetWeight(u, v)<dist[v])    {
            dist[v]=minVal+g.GetWeight(u, v);
            path[v]=u;
        }
    }
}
```

前面所述的迪杰斯特拉算法中包括两个并列的 for 循环。第一个 for 循环做辅助数组的初始化工作，其时间复杂度为 $O(n)$，其中的 n 是图中顶点的个数。第二个 for 循环是二重嵌套循环，进行最短路径的求解工作，包括在辅助数组 dist[]中查找最小值和对辅助数组 dist[]、path[]进行修改，其运算时间复杂度为 $O(n^2)$。因此，算法总的时间复杂度为 $O(n^2)$。

7.5.2　弧上权值为任意值的单源点最短路径问题

7.5.1 节中讨论了弧上权值为非负值的情况，接下来讨论更一般的情况，假设带权有向图 G 上弧的权值可能为负值。例如，对于图 7-27（a）所示的带权有向图来说，利用上节给出的迪杰斯特拉算法，不一定能得到正确的结果。若设源点 v_0=A，使用迪杰斯特拉算法，所得到的结果如图 7-27（c）所示。显然，结果是不对的。因为源点 A 到终点 C 的最短路径应是（A,B,C），其长度为 5，它小于算法中计算出来的 dist[2]的值。

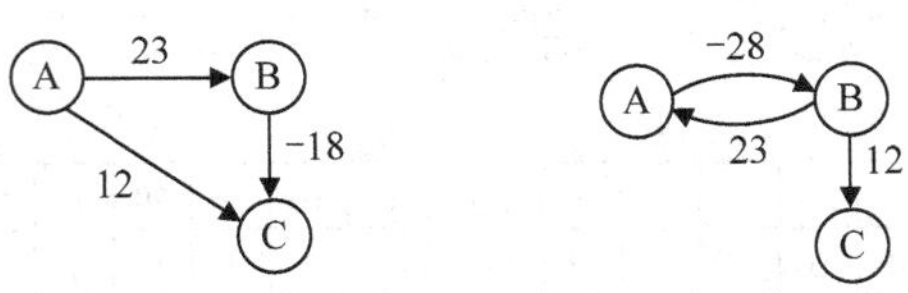

（a）　　　　（b）

	A 0	B 1	C 2
S	1	0	0
dist	0	23	12
path	-1	0	0

	0	1	2
S	1	0	1
dist	0	23	12
path	-1	0	0

	0	1	2
S	1	1	1
dist	0	23	12
path	-1	0	0

（c）

图 7-27　弧上带有负权值的有向图

为了能够求解弧上带有负权值的单源最短路径问题，贝尔曼（Bellnam）和福特（Ford）提出了从源点逐次经过其他顶点，以缩短到达终点的最短路径长度的方法。该方法有一个限制条件，即要求图中不能有路径长度为负值的回路。例如，图 7-27（b）所示的图中有一个回路（A,B,A)，其路径长度为−5，当路径为（A,B,A,B,⋯,A,B,C）时，路径长度会越来越小，顶点 A 到顶点 C 的最短路径长度可达负无穷大。为了能够用有限条弧构成最短路径，必须把这种情况避开，所以在贝尔曼-福特算法中不考虑这种情况。

当图中没有路径长度为负值的回路时，有 n 个顶点的图中任意两个顶点之间如果存在最短路径，此路径最多有 $n-1$ 条弧。这是因为如果路径上的弧数超过了 $n-1$ 条，必然会重复经过某个顶点，形成路径长度为负值的回路。这就违反了先前的限制。下面将以此为依据考虑计算从源点 v_0 到其他顶点 u 的最短路径的长度 dist[u]。

在贝尔曼-福特算法中，构造一个最短路径长度的数组序列：dist^1[],dist^2[],⋯,dist^{n-1}[]。其中，$\text{dist}^1[u]$表示从源点 v_0 直接到终点 u 的最短路径的长度，即 $\text{dist}^1[u]=\text{arcs}[v_0][u]$；而 $\text{dist}^2[u]$表示从源点 v_0 出发最多经过两条弧（一个中间顶点）到达终点 u 的最短路径的长度……$\text{dist}^k[u]$是从源点 v_0 出发最多经过不构成带负长度回路的 k 条弧（$k-1$ 个中间顶点）到达终点 u 的最短路径的长度。算法的结果就是计算出 $\text{dist}^{n-1}[u]$。

可以用递推方式计算 dist^{n-1}[]。设已经求出 $\text{dist}^{k-1}[i]$，($i=0,1,\cdots,n-1$)，此即从源点 v_0 出发最多经过不构成带负长度回路的 $k-1$ 条到达终点 i 的最短路径的长度。从图的邻接矩阵中可以找到从任一顶点 i 直接到达另一顶点 u 的距离 Arcs[i][u]，计算 $\min\{\text{dist}^{k-1}[i]+\text{arcs}[i][u]\}$，用它与 $\text{dist}^{k-1}[u]$比较，取小者作为 $\text{dist}^k[u]$的值，就可得到从源点 v_0 出发最多经过 k 条弧（$k-1$ 个中间顶点）构成不带负长度回路而到达终点 u 的最短路径的长度。因此，可得以下递推公式：

$$\text{dist}^1[u]=\text{arcs}[v_0][u]$$
$$\text{dist}^k[u]=\min\{\text{dist}^{k-1}[u],\min\{\text{dist}^{k-1}[i]+\text{arcs}[i][u]\}\}$$

图 7-28 所示为一个有七个顶点的带权有向图，其中给出了求最短路径长度时利用上述递推公式计算出的相应的 dist[]数组序列。

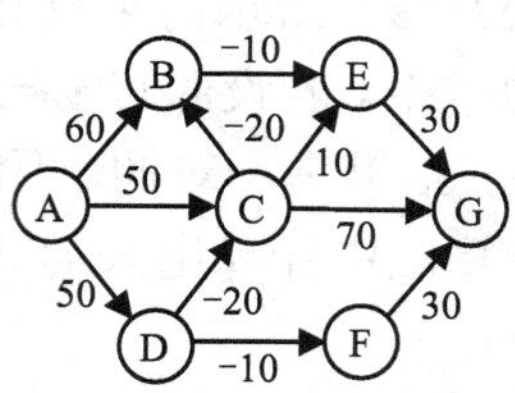

	0	1	2	3	4	5	6
(A)0	0	60	50	50	∞	∞	∞
(B)1	∞	0	∞	∞	−10	∞	∞
(C)2	∞	−20	0	∞	10	∞	70
(D)3	∞	∞	−20	0	∞	−10	∞
(E)4	∞	∞	∞	∞	0	∞	30
(F)5	∞	∞	∞	∞	∞	0	30
(G)6	∞	∞	∞	∞	∞	∞	0

	0	1	2	3	4	5	6
dist^1	0	60	50	50	∞	∞	∞
path^1	−1	0	0	0	−1	−1	−1
dist^2	0	30	30	50	50	40	120
path^2	−1	2	3	0	1	3	2
dist^3	0	10	30	50	20	40	70
path^3	−1	2	3	0	1	3	5

	0	1	2	3	4	5	6
dist^4	0	10	30	50	0	40	50
path^4	−1	2	3	0	1	3	4
dist^5	0	10	30	50	0	40	30
path^5	−1	2	3	0	1	3	4
dist^6	0	10	30	50	0	40	30
path^6	−1	2	3	0	1	3	4

图 7-28 利用贝尔曼-福特算法求最短路径过程中的 dist[]数组序列

下面给出计算带权有向图的最短路径长度的贝尔曼-福特算法。算法中为了迭代地求 dist^k[]，使用了一个辅助数组 distTemp[]来存放一次迭代过程中 dist[]的中间结果。一次迭代开始时先把 dist[]复制到 distTemp[]，迭代过程中把中间结果存放在 distTemp[]中（中间结果不能放在 dist[]中），一次迭代结束后再把 distTemp[]中存放的中间结果复制回 dist[]。算法结束时 dist[]中存放的值等于 dist^{n-1}[]。

```
template <class ElemType, class WeightType>
void ShortestPathBellmanFord(const AdjListDirNetwork<ElemType, WeightType> &g,
    int v0, int *path, WeightType *dist)
{
    WeightType *distTemp, minVal, infinity=g.GetInfinity();
    int v, u, vexNum=g.GetVexNum();
    distTemp=new WeightType[vexNum];
    for (v=0; v<vexNum; v++){ //初始化 path 和 dist
        dist[v]=(v0!=v)?g.GetWeight(v0, v):0;
        if (dist[v]==infinity)
            path[v]=-1;
        else
            path[v]=v0;
    }
    for (int k=2; k<vexNum; k++) {
        for (v=0; v<vexNum; v++)
            distTemp[v]=dist[v];
        for (u=0; u<vexNum; u++)
            if (u!=v0)
                for (v=0; v<vexNum; v++)
                    if (v!=v0 && distTemp[u]>dist[v]+g.GetWeight(v, u)) {
                        distTemp[u]=dist[v]+g.GetWeight(v, u);
                        path[u]=v;
                    }
        for (v=0; v<vexNum; v++)
            dist[v]=distTemp[v];
    }
}
```

对于有 n 个顶点和 e 条边的有向网络，在上述算法中，有两个并列的 for 循环。第一个 for 循环进行数组 dist[]的初始化，其时间复杂度为 $O(n)$。第二个 for 循环是三重嵌套循环，如果使用邻接矩阵作为图的存储表示，其时间复杂度为 $O(n^3)$；如果使用逆邻接表表示，最内层的 for 循环改为 while 循环，可使算法的时间复杂度降为 $O(n^2+n\times e)$。还可以有一些其他的方法改进算法的时间复杂度，例如，考虑在三重嵌套循环执行过程中监视 dist[]数组的变化。假设在一次循环中 dist[]数组没有发生改变，那么在以后的循环中它也不会改变，此时可以结束算法。

7.5.3　所有顶点之间的最短路径

最短路径——弗洛伊德算法

7.5.1 节和 7.5.2 节都是考虑单源点的情况，接下来讨论求一个带权有向图中每一对顶点 v_i 和 v_j 之间的最短路径和最短路径长度的问题。

求解此问题的一个办法是：如果图中各条弧上的权值均大于 0，则分别以每一个顶点为源点，重复执行迪杰斯特拉算法 n 次，就可求得每一对顶点之间的最短路径及最短路径长度，总的执行时间是 $O(n^3)$。

本节中将介绍另一种更直接的算法：弗洛伊德（Floyd）算法。弗洛伊德算法仍然使用前面定义的图的邻接矩阵来存储带权有向图。该算法的基本思想是：设置一个 $n\times n$ 的方阵序列 $A^{(k)}$（$k=0,1,\cdots,n-1$）。其中除对角线的矩阵元素都等于 0 外，其他元素 $A^{(k)}[i][j]$表示从顶点 i 到顶点 j 经过的中间顶点序号不超过 k 的最短有向路径长度。初始时设置 $A^{(-1)}$，它以任意两个顶点之间的直接有向弧的权值作为两个顶点的路径长度，即对于任意两个顶点 i 和 j，如果它们之间存在弧，则以此弧上的权值作为它们之间的最短路径长度；如果它们之间不存在弧，则以 MaxNum（机器可表示的、在问题中不会遇到的最大数）作为它们之间的最短路径长度。因此，$A^{(-1)}$[][]=arcs[][]。以后逐步尝试在原路径中依次加入其他顶点作为中间顶点。如果增加中间顶点后，得到的路径长度比原来的路径长度减少了，则以此新路径代替原路径，并修改相应的矩阵元素，代入新的更短的路径长度。

如图 7-29 所示，从顶点 C 到顶点 B 没有直接的路径。当加入中间顶点 A 后，弧<C,A>和<A,B>上的权值之和为 69，小于无穷大，则以此新路径<C,A,B>作为从顶点 C 到顶点 B 的当前最短路径，并修改相应的矩阵元素。

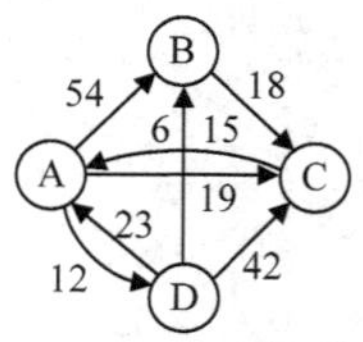

$A^{(-1)}$	0	1	2	3
(A)0	0	54	19	12
(B)1	∞	0	18	∞
(C)2	15	∞	0	∞
(D)3	23	6	42	0

$A^{(0)}$	0	1	2	3
(A)0	0	54	19	12
(B)1	∞	0	18	∞
(C)2	15	**69**	0	**27**
(D)3	23	6	42	0

$A^{(1)}$	0	1	2	3
(A)0	0	54	19	12
(B)1	∞	0	18	∞
(C)2	15	69	0	27
(D)3	23	6	**24**	0

$A^{(2)}$	0	1	2	3
(A)0	0	54	19	12
(B)1	**33**	0	18	**45**
(C)2	15	69	0	27
(D)3	23	6	24	0

$A^{(3)}$	0	1	2	3
(A)0	0	**18**	19	12
(B)1	33	0	18	45
(C)2	15	**33**	0	27
(D)3	23	6	24	0

图 7-29 弗洛伊德算法求最短路径

一般地，若 $A^{(k-1)}$已求出，再增加顶点 k 作为中间顶点，对于图中的每一条从顶点 i 到顶点 j 的有向路径进行测试，如果从 i 到 k 的当前最短路径长度加上从 k 到 j 的当前最短路径长度小于原来从 i 到 j 的当前最短路径长度（即 $a[i][k]+a[k][j]<a[i][j]$），则需要用此新值 $a[i][k]+a[k][j]$代替原值 $a[i][j]$。依此递推，直到求出 $A^{(n-1)}$。

下面给出计算每一对顶点之间最短路径及最短路径长度的弗洛伊德算法。在算法中，带权有向图用邻接矩阵存储。disk[v][u]表示顶点 v 和 u 之间的当前最短路径长度，path[v][u]是相应路径上顶点 u 的直接前驱的序号。

```
template <class ElemType, class WeightType>
void ShortestPathFloyd(const AdjListDirNetwork<ElemType, WeightType> &g,
  int **path, WeightType **dist)
```

```
  {
    for (int u=0; u<g.GetVexNum(); u++)
      for (int v=0; v<g.GetVexNum(); v++)
      { //初始化 path 和 dist
        dist[u][v]=(u!=v)?g.GetWeight(u, v):0;
        if (u!=v&&dist[u][v]<g.GetInfinity())
           path[u][v]=u;           //存在边<u, v>
        else
           path[u][v]=-1;          //不存在边<u, v>
      }

    for (int k=0; k<g.GetVexNum(); k++)
      for (int i=0; i<g.GetVexNum(); i++)
        for (int j=0; j<g.GetVexNum(); j++)
          if (dist[i][k]+dist[k][j]<dist[i][j]) {
             //从 i 到 k 再到 j 的路径长度更短
             dist[i][j]=dist[i][k]+dist[k][j];
             path[i][j]=path[k][j];
          }
  }
```

弗洛伊德算法允许图中有带负权值的弧，但不允许有路径长度为负值的回路，证明从略。最后说明一点，本节给出的求解最短路径的算法不仅适用于带权有向图，对带权无向图也适用，因为带权无向图可以看作是有往返二重弧的有向图，只要在顶点 i、j 之间存在无向边(i, j)，就可以看成是在这两个顶点之间存在权值相同的两条有向边$<i, j>$和$<j,i>$。显然，弗洛伊德算法的时间复杂度为 $O(n^3)$。

7.6 活动网络

拓扑排序

7.6.1 用顶点表示活动的网络

通常，计划、施工过程、生产流程、程序流程等都可以当作一个工程。除了很小的工程外，一般都把工程分为若干个子工程，这些子工程被称为“活动”。完成了这些活动，整个工程就完成了。例如，计算机专业学生的学习就是一个工程，每一门课程的学习就是整个工程中的一个活动。图 7-30（a）给出了若干门必修的课程，其中有些课程要求有先修课程，有些则不要求，这样一些课程之间有领先关系，一些课程则可以并行学习。

对于这样的一个课程先修关系，可以利用如图 7-30（b）所示的有向图来表示。在这个有向图中，顶点表示课程学习活动，有向边表示课程学习活动之间的先修关系。

一般可以用有向图表示一个工程。在这种有向图中，用顶点表示活动，用弧$<i,j>$表示活动 i 必须在活动 j 开始之前完成。这种有向图叫作用顶点表示活动的网络，记作 AOV（activity on vertex）网络。

在 AOV 网络中不能出现有向回路，即有向环。如果在 AOV 网络中出现了有向环，则意味着某项活动的开始要以自己的完成作为先决条件，显然这是不可能的事情。因此，对于给定的 AOV 网络，必须先判断它是否存在有向环。

课程代号	课程名称	先修课程
C_1	高等数学	
C_2	程序设计基础	
C_3	离散数学	C_1 C_2
C_4	数据结构	C_2 C_3
C_5	高级语言程序设计	C_2
C_6	编译原理	C_4 C_5
C_7	操作系统	C_4 C_9
C_8	普通物理	C_1
C_9	计算机原理	C_8

（a）

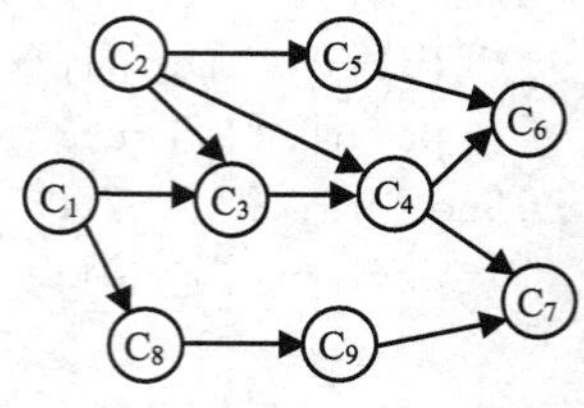

（b）

图 7-30　学生的课程关系图

检测 AOV 网络中是否存在有向环的一种方法是构造 AOV 网络的拓扑有序序列。即将 AOV 网络中的各个顶点排列成一个线性有序的序列，使 AOV 网络中所有的前驱和后继关系都能得到满足。这种构造 AOV 网络全部顶点的拓扑有序序列的运算就叫作拓扑排序。如果通过拓扑排序能够将 AOV 网络的所有顶点都排入一个拓扑有序的序列中，则该 AOV 网络中必定不会出现有向环；相反，如果得不到满足要求的拓扑有序序列，则说明 AOV 网络中存在有向环，此 AOV 网络所代表的工程是不可行的。例如，对学生课程先修关系图进行拓扑排序，得到的拓扑有序序列为

$$C_1，C_2，C_3，C_4，C_5，C_6，C_8，C_9，C_7$$

或

$$C_1，C_8，C_9，C_2，C_5，C_3，C_4，C_7，C_6$$

从上述例子可以看出，一个 AOV 网络的拓扑有序序列并不是唯一的。那么如何对 AOV 网络进行拓扑排序呢？一种简单的方法如下。

1）在 AOV 网络中选一个没有直接前驱的顶点 v 并输出。

2）从图中删去该顶点，同时删去所有从顶点 v 发出的弧。

3）重复以上步骤 1）和步骤 2），直到没有直接前驱的顶点全部输出。如果图中所有顶点已全部输出，则拓扑有序序列形成，拓扑排序完成；否则，说明图中还剩下一些顶点，它们都有直接前驱，再也找不到没有前驱的顶点了，这时 AOV 网络中必定存在有向环。

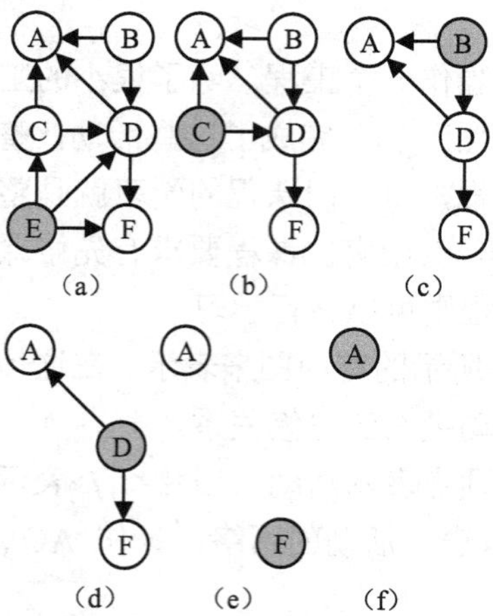

图 7-31　拓扑排序示例

图 7-31 给出了一个拓扑排序的过程，最后得到的拓扑有序序列为 E、C、B、D、F、A，它满足了图中给出的所有前驱和后继关系。在拓扑排序中对于本来没有这种关系的顶点，如 B 和 E 也人为地排出了先后关系。

在拓扑排序算法中，AOV 网络可以用邻接表存储。为了方便查找入度为 0 的顶点，在算法中设置了一个顶点入度数组 InDegree[]，以记录各个顶点的入度。入度数组

InDegree[]的初始化由图的构造函数完成，在输入弧数据之前，先令 InDegree[i]=0（$i=0,1,\cdots,n-1$）。以后每输入一条弧$<i,j>$，就建立一个弧结点，并将它插入相应的弧链表中，同时顶点 j 的入度数增加 1。如图 7-32 所示为 AOV 网络的邻接表表示的例子。

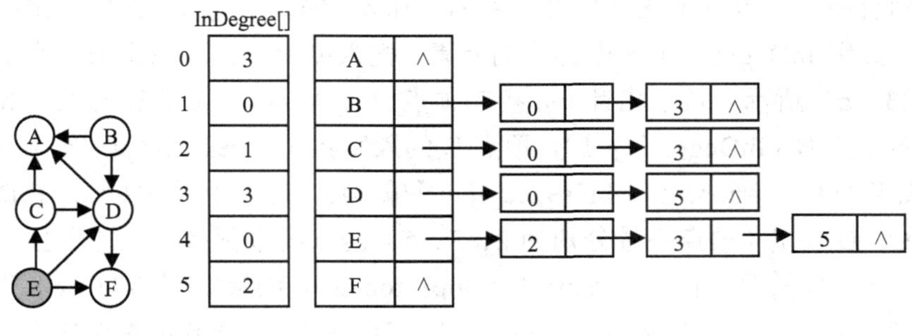

（a）AOV 网络　　（b）邻接表

图 7-32　AOV 网络的邻接表表示

下面算法是对给定的有向图 G，求各顶点入度的函数实现，各顶点的入度存放在 InDegree[]数组中返回。

```
template <class ElemType>
void StatInDegree(const AdjListDirGraph<ElemType> &g, int *InDegree)
{
   for (int v=0; v<g.GetVexNum(); v++)          //初始化入度为 0
      InDegree[v]=0;
   for (int v=0; v<g.GetVexNum(); v++)          //遍历图的顶点
      for (int u=g.FirstAdjVex(v); u!=-1; u=g.NextAdjVex(v, u))
         InDegree[u]++;
}
```

在拓扑排序算法中，可以使用一个栈（也可以用队列）存放入度为零的顶点，以便选择和输出入度为零的顶点。在拓扑排序过程中，一旦一个顶点的直接前驱全部输出，就将该顶点加入栈中。这种使用栈的拓扑排序算法可以描述如下。

1）建立入度为零的顶点栈。

2）当入度为零的顶点栈为空时算法转步骤 6），否则继续步骤 3）。

3）入度为零的顶点栈中栈顶元素 v 出栈，并输出顶点 v。

4）从 AOV 网络中删去顶点 v 和所有从顶点 v 发出的弧$<v,j>$，并将顶点 j 的入度减 1。

5）如果顶点 j 入度减至 0，则将该顶点进入入度为零的顶点栈；转步骤 2）。

6）如果输出顶点个数少于 AOV 网络的顶点个数，则输出网络中存在有向环的信息，算法结束。

在算法实现时，为了建立入度为零的顶点栈，可以不另外分配存储空间，直接利用顶点的入度数组 InDegree[]中入度为零的元素，建立入度为零的顶点的静态链栈。在此设立了一个栈顶指针 top，指示当前栈顶的位置，即某一个入度为零的顶点位置。栈初始化时置 top=−1，表示空栈。将顶点 v 进栈时，可执行以下的操作：

```
InDegree[v]=top;top=v;
```

出栈时可执行以下操作：

```
v=top;top=InDegree[v];
```

对图 7-32 所示的 AOV 网络进行拓扑排序时，入度为零的顶点栈栈顶指针的变化如图 7-33 所示。在 AOV 网络的邻接表存储结构刚建立时，顶的入度数组 InDegree[]的状态如图 7-33（a）所示，每一个数组元素 InDegree[*i*]记录了顶点序号为 *i* 的顶点的入度，其中可以看到有两个顶点 B 和 E（序号分别为 1 和 4）的入度为 0。在拓扑排序开始时，首先利用入度数组 InDegree[]中入度为零的元素，把入度为 0 的顶点组成一个静态链栈，结果如图 7-33（b）所示。栈顶指针 top 指向顶点 E（top=4），顶点 E 的入度数成为静态链的指针指向顶点 B（InDegree[4]=1），顶点 B 的入度数（InDegree[1]=−1）表示它是栈底元素。当顶点 E 出栈（*j*=top；top=InDegree[4]）并输出后，删除了弧<E,C>、<E,D>和<E,F>，因此顶点 C、D 和 F（顶点序号分别为 2、3、5）的入度数都减 1。这时由于顶点 C 的入度减为 0，顶点 C 需要入栈（InDegree[2]=top；top=2），结果如图 7-33（c）所示。依此类推，图 7-33（d）～（h）分别表示顶点 C、B、D、F 和 A 输出并调整有关顶点入度数以及入度为 0 的顶点的静态链栈的状态。

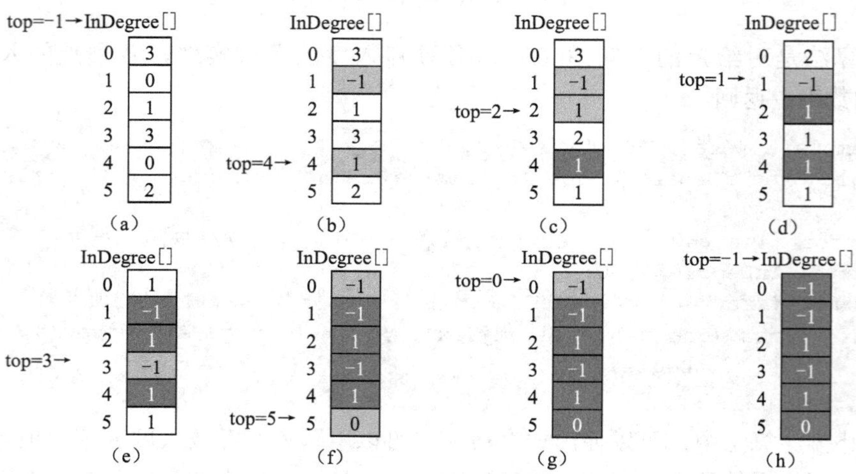

图 7-33 拓扑排序过程中顶点入度数组 InDegree[ ]的变化

下面给出拓扑排序算法的 C++实现，如果有向图 G 无回路，则输出其顶点的一个拓扑序列，并返回 SUCCESS；否则，返回 FAIL。

```
template <class ElemType>
Status TopSort(const AdjListDirGraph<ElemType> &g)
{
   int *InDegree=new int[g.GetVexNum()];      //定义顶点入度数组
   int v, u, count=0, top=-1;
   ElemType e;
   StatInDegree(g, InDegree);                 //统计顶点的入度
   for (v=0; v<g.GetVexNum(); v++)
     if (InDegree[v]==0) {                    //入度为 0 的顶点入栈
        InDegree[v]=top;
        top=v;
     }
   while (top!=-1)   {                        //栈非空
     v=top;
```

```
        top=InDegree[v];
        g.GetElem(v, e);
        cout<< e << "  ";
        count++;                                      //对输出顶点进行记数
        for (u=g.FirstAdjVex(v); u!=-1; u=g.NextAdjVex(v, u))
          //对 v 的每个邻接点 u 入度减 1
          if (--InDegree[u]==0){                      //u 入度为 0，将 u 入栈
              InDegree[u]=top;
              top=u;
          }
      }
      delete[] InDegree;                              //释放 InDegree 所占用的存储空间
      if (count<g.GetVexNum()) return FAIL;           //图 G 有回路
      else return SUCCESS;                            //拓扑排序成功
  }
```

从上述拓扑排序算法可知，设 AOV 网络中有 n 个顶点和 e 条边，算法的第一个 for 循环是搜索入度为零的顶点建立链栈，其所需要的时间是 $O(n)$。在拓扑排序的过程中，如果网络中没有回路，则网络中所有顶点都需要进一次栈，出一次栈，所需要的时间也是 $O(n)$。顶点入度减 1 的运算共执行了 e 次。所以拓扑排序算法的时间复杂度为 $O(n+e)$。

7.6.2　用边表示活动的网络

与 AOV 网络类似的另一种网络就是 AOE（activity on edges，用边表示活动）网络。在一个带权有向无环图中，用弧表示一个工程中的各项活动（activity），用弧上的权值表示相应活动的持续时间（duration），用顶点表示事件（event），则这样的有向图叫作用边表示活动的网络，记作 AOE 网络。

关键路径

例如，图 7-34（a）所示是一个有七个事件和 10 个活动的 AOE 网络。其中，事件 A 发生表示整个工程的开始，事件 G 发生表示整个工程的结束。其他每一个事件的发生表示以

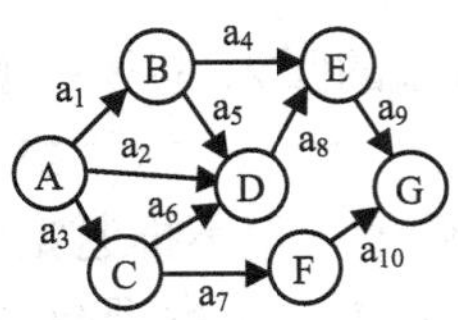

活动	持续时间
a_6	3
a_2	6
a_3	2
a_4	4
a_5	2

活动	持续时间
a_6	1
a_7	3
a_8	1
a_9	3
a_{10}	4

（a）

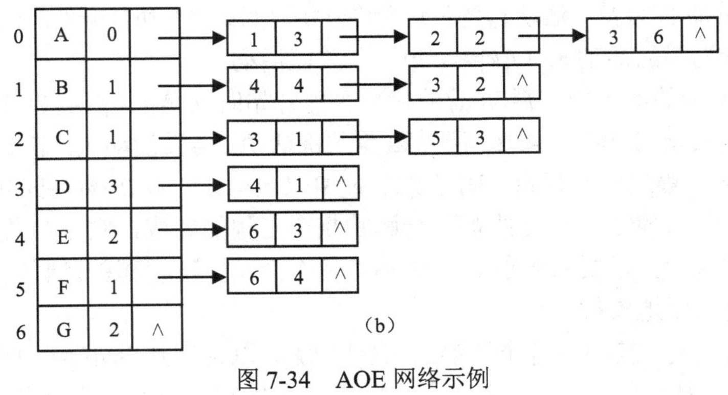

（b）

图 7-34　AOE 网络示例

该事件相应的顶点为弧头的弧所代表的活动都已完成，以该事件相应的顶点为弧尾的弧所代表的活动可以开始。例如，事件 B 发生表示活动 a_1 已经完成，活动 a_4 和 a_5 可以开始。与活动相对应的弧上的权值可以表示完成该活动所需要的时间。例如，完成活动 a_1 需要 3 天时间、完成活动 a_2 需要 6 天时间等。

AOE 网络在某些工程估算方面是非常有用的。例如，人们通过 AOE 网络可以了解到以下几个方面。

1）完成整个工程至少需要多少时间？

2）为缩短完成工程所需要的时间，应当加快哪些活动进度？或者说哪些活动是影响整个工程进度的关键所在？

由于整个工程只有一个工程开始事件和工程完成事件，因此在 AOE 网络中也只有一个入度为 0 的顶点（称为源点）用于表示这个开始事件，只有一个出度为 0 的顶点（称为汇点）用于表示这个完成事件。

在 AOE 网络中，有些活动是必须按照先后顺序进行的，如活动 a_1 和 a_4；而有些活动是可以并行进行的，如活动 a_4 和 a_5。因此，从源点到汇点的路径可能不止一条，这些路径的长度（即相应路径上所有活动的持续时间之和）可能是不同的，但只有当各条路径上的所有活动都完成了，整个工程才算完成。因此，整个工程完成所需的最短时间取决于从源点到汇点的最长路径长度。这条路径长度最长的路径就叫作关键路径（critical path），关键路径上的所有活动都是关键活动（即不按期完成就会影响整个工程完成的活动）。例如，图 7-34（a）所示的 AOE 网络，其关键路径有（A,B,E,G）和（A,D,E,G），关键活动包括 a_1、a_2、a_4、a_8 和 a_9。这两条路径的长度都为 10，因此这个工程至少需要 10 天才能完成。

在 AOE 网络中要找出关键路径，就必须先找出关键活动。为了求关键活动，在此先定义以下几个有关的量。

1）事件 v_i 的最早可能发生时间：从源点 v_0 到顶点 v_i 的最长路径长度，用 $ve[i]$表示。$ve[i]$决定了以顶点 v_i 为弧尾的弧所代表的活动可以开始的最早时间。

2）事件 v_i 的最迟允许发生时间：在保证整个工程不推迟完成的前提下，顶点 v_i 所对应的事件的最迟允许发生时间，用 $vl[i]$表示。

3）活动 a_k 的最早可能开始时间 $e[k]$：设活动 a_k 对应的弧为$<v_i,v_j>$，则 $e[k]$是从源点 v_0 到顶点 v_i 的最长路径长度。因此，$e[k]=ve[i]$。

4）活动 a_k 的最迟允许开始时间 $l[k]$：$l[k]$是在保证整个工程不推迟完成的前提下，活动 a_k 的最迟允许开始时间。显然，$l[k]=vl[j]-dur(<i,j>)$。其中，$dur(<i,j>)$是完成 a_k 所需的时间。

5）活动 a_k 的时间余量：活动 a_k 的最迟允许开始时间和最早可能开始时间之差（$l[k]-e[k]$）。显然，时间余量为零的活动 a_k（$l[k]==e[k]$）是关键活动。

在图 7-34 所示的例子中，活动 a_4 的最早可能开始时间是 $e[4]=ve[1]=3$，最迟允许开始时间是 $l[4]=vl[4]-dur(<1,4>)=7-4=3$，所以 a_4 是关键活动。再看活动 a_5，它的最早可能开始时间是 $e[5]=ve[1]=3$，最迟允许开始时间是 $l[5]=vl[3]-dur(<1,3>)=6-2=4$，它的时间余量是 $l[5]-e[5]=1$，所以活动 a_5 推迟一天完成都不会影响整个工程的完成，它不是关键活动。因此，分析关键路径的目的，是要从源点 v_0 开始估算各个活动，辨明哪些是影响整个工程进度的关键活动，以便科学地安排工作。

为找出关键活动，需要求各个活动的 $e[k]$与 $l[k]$，以判别是否 $l[k]==e[k]$。为了求得 $e[k]$与 $l[k]$，需要先求得各个顶点 v_i 的 $ve[i]$和 $vl[i]$。求 $ve[i]$和 $vl[i]$可以分两步进行。

（1）第一步：求 $ve[i]$的递推公式

从 $ve[0]=0$ 开始，向前递推。

$$ve[j]=\mathrm{Max}\{ve[i]+\mathrm{dur}(<i,j>)|<v_i,v_j>\in T\} \qquad j=1,2,\cdots,n-1$$

其中，T 是所有以顶点 v_j 为弧头的弧$<v_i,v_j>$的集合。

（2）第二步：求 $vl[i]$的递推公式

从 $vl[n-1]=ve[n-1]$开始，反向递推。

$$vl[i]=\mathrm{Min}\{vl[j]-\mathrm{dur}(<i,j>)|<v_i,v_j>\in T\} \qquad i=0,1,2,\cdots,n-2$$

其中，T 是所有以顶点 v_i 为弧尾的弧$<v_i,v_j>$的集合。

显而易见，在计算 $ve[j]$时，所有以顶点 v_j 为弧头的弧$<v_i,v_j>$的弧尾顶点 v_i（v_j 的所有前驱顶点）的 $ve[i]$都已求出。反之，在计算 $vl[i]$时，所有以顶点 v_i 为弧尾的弧$<v_i,v_j>$的弧头顶点 v_j（v_i 的所有后继顶点）的 $vl[j]$都已求出。也就是说，计算 $ve[j]$必须以拓扑有序的次序进行；计算 $vl[i]$必须以逆拓扑有序的次序进行。所以，可以以拓扑排序的算法为基础，在对各个顶点排出拓扑有序序列的同时，计算 $ve[j]$；再以逆拓扑有序的顺序计算 $vl[i]$。

当求出 AOE 网络中每个顶点 v_i 的 $ve[i]$和 $vl[i]$，就可以再计算每一个活动 a_k 的最早可能开始时间 $e[k]$和最晚允许开始时间 $l[k]$。

设活动 a_k（$k=1,2,\cdots,e$）对应带权有向边$<v_i,v_j>$，它的持续时间用 $\mathrm{dur}(<v_i,v_j>)$表示，则有

$$e[k]=ve[i];$$

$$l[k]=vl[j]-\mathrm{dur}(<v_i,v_j>) \qquad k=1,2,\cdots,e$$

然后再通过判断是否 $e[k]==l[k]$，就可以找出关键活动，从而求得关键路径。

由此可见，计算关键路径的算法步骤如下。

1）输入 n 个顶点和 e 条带权的有向边，建立邻接表结构。

2）从源点 v_0 出发，令 $ve[0]=0$，按拓扑有序的顺序计算每个顶点的 $ve[j]$（$j=1,2,\cdots,n-1$）。若拓扑排序中遍历的顶点数小于 n，则说明网络中存在有向环，不能继续求关键路径。

3）从汇点 v_{n-1} 出发，令 $vl[n-1]=ve[n-1]$，按逆拓扑有序顺序求各顶点的 $vl[i]$（$i=0,1,\cdots,n-2$）。

4）根据各顶点 v_i 的 $ve[i]$和 $vl[i]$值，求各条弧 a_k 的 $e[k]$和 $l[k]$。

5）输出关键活动 a_k（$e[k]==l[k]$即为关键活动）。

例如，对图 7-34（a）所示的 AOE 网络的计算结果如图 7-35 所示。由此可求得关键活动为 a_1、a_2、a_4、a_8 和 a_9。因此，关键路径有（A,B,E,G）和（A,D,E,G）两条。

事件 v_i	A	B	C	D	E	F	G
最早发生时间 $ve[v_i]$	0	3	2	6	7	5	10
最晚发生时间 $vl[v_i]$	0	3	3	6	7	6	10

活动 a_k	a_1	a_2	a_3	a_4	a_5	a_6	a_7	a_8	a_9	a_{10}
最早开始时间 $e[a_k]$	0	0	0	3	3	2	2	6	7	5
最晚开始时间 $l[a_k]$	0	0	1	3	4	5	3	6	7	6
活动时间余量	0	0	1	0	1	3	1	0	0	1

图 7-35　AOE 网络中各事件的 $ve[]$和 $vl[]$及各活动的 $e[]$和 $l[]$

在计算关键路径时，可以借用 7.6.1 节的拓扑排序算法。在进行拓扑排序时计算各顶点

v_i 的 *ve*[*i*]，由于逆拓扑有序序列是拓扑有序序列的逆序，因此可以在算法中增设一个栈。在拓扑排序时，可以把拓扑有序序列中每一个顶点依次入栈，在拓扑排序完成后（计算完 *ve*[]），栈中的顶点再依次出栈并计算其 *vl*[]。

为了简化算法，不保存各活动的 *e*[]和 *l*[]。在求关键路径之前先统计各顶点的入度，并把入度为 0 的顶点放在一个队列中；然后通过队列按拓扑有序的顺序求顶点 *v* 的 *ve*[*v*]（*v*=0,1,⋯,*n*−1），并将 *v* 入栈，形成顶点的逆拓扑有序序列；再通过栈按拓扑有序的顺序计算各顶点 *v* 的 *vl*[*v*]；最后对 AOE 中的每一条弧计算其最早可能开始时间 *ee* 和最晚允许开始时间 *ll*，并根据 *ee* 和 *ll* 求出关键路径上的每一条弧。如果有向网 net 无回路，则输出 net 的关键活动，并返回 SUCCESS；否则，返回 FAIL。

```
template <class ElemType, class WeightType>
Status CriticalPath(const AdjListDirNetwork<ElemType, WeightType> &g)
{
   int *InDegree=new int[g.GetVexNum()];         //顶点入度数组
   WeightType *ve=new int[g.GetVexNum()];        //事件最早发生时刻数组
   WeightType *vl=new int[g.GetVexNum()];        //事件最迟发生时刻数组
   LinkQueue<int> q;                             //用于存储入度为 0 的顶点
   LinkStack<int> s;                             //用于实现逆拓扑序列的栈
   int ee, el, u, v, count=0;
   ElemType e1, e2;
   for (v=0; v<g.GetVexNum(); v++)               //初始化事件最早发生的时刻
        ve[v]=0;
   StatInDegree(g, InDegree);                    //统计顶点的入度
   for (v=0; v<g.GetVexNum(); v++)
        if (InDegree[v]==0)                      //建立入度为 0 的顶点队列
           q.EnQueue(v);
   while (!q.IsEmpty())  {                   //队列非空
        q.DelQueue(u);                       //取出一个入度为 0 的顶点
        s.Push(u);                           //顶点 u 入栈，以便得到逆拓扑序列
        count++;                             //对顶点进行记数
        for (v=g.FirstAdjVex(u); v!=-1; v=g.NextAdjVex(u, v)) {
           //v 为弧<u,v>的弧头顶点，对 u 的每个邻接点入度减 1
           if (--InDegree[v]==0)             //v 入度为 0，将 v 入队
              q.EnQueue(v);
           if (ve[u]+g.GetWeight(u, v)>ve[v])     //修改 ve[v]
              ve[v]=ve[u]+g.GetWeight(u, v);
        }
   }
   delete[] InDegree;                        //释放 InDegree 所占用的存储空间
   if (count<g.GetVexNum()) {
        delete []ve;                         //释放 ve 所占用的存储空间
        delete []vl;                         //释放 vl 所占用的存储空间
        return FAIL;                         //网 g 有回路
   }
   s.Top(u);                                 //取出栈顶，栈顶为汇点
   for (v=0; v<g.GetVexNum(); v++)           //初始化事件最迟发生时刻
        vl[v]=ve[u];
```

```
    while (!s.IsEmpty()) {                                  //s 非空
          s.Pop(u);
          for (v=g.FirstAdjVex(u); v!=-1; v=g.NextAdjVex(u, v))
             if (vl[v]-g.GetWeight(u, v)<vl[u])
                  vl[u]=vl[v]-g.GetWeight(u, v);
    }
    for (u=0; u<g.GetVexNum(); u++)    {
        for (v=g.FirstAdjVex(u); v!=-1; v=g.NextAdjVex(u, v)) {
            ee=ve[u]; el=vl[v]-g.GetWeight(u, v);
            if (ee==el)   {                                 //<u, v>为关键活动
                 g.GetElem(u, e1);
                 g.GetElem(v, e2);
                 cout<< "<" << e1 << ", " << e2 << "> ";
            }
        }
    }
    delete []ve;                                            //释放 ve 所占用的存储空间
    delete []vl;                                            //释放 vl 所占用的存储空间
    return SUCCESS;                                         //操作成功
}
```

从上述算法可知：求各顶点的 $ve[i]$和 $vl[i]$所需要的时间为 $O(n+e)$，求各个活动的 $e[k]$和 $l[k]$所需要的时间也是 $O(n+e)$，因此，整个算法的时间复杂度为 $O(n+e)$。

值得指出的是：不是任一关键活动加速就一定能使整个工程提前完成。在存在多条关键路径的情况下，只有加快那些处在所有关键路径上的公共关键活动的进度，才能提前完成整个工程。而且这些关键活动的加速是有限度的，即不能改变关键路径。关于 AOE 网络，还有一点需要说明的是 AOE 网络除了不能有有向回路外，还不能有多个入度为 0 的顶点。

习　题　7

一、选择题

1．有 n 个顶点的连通无向图，其边的个数至少为（　　）。

A．$n-1$　　B．n　　C．$n+1$　　D．$n\log_2 n$

2．用 DFS 遍历一个有向无环图，并在 DFS 算法退栈返回时打印相应的顶点，则输出的顶点序列是（　　）序列。

A．逆拓扑有序　　B．拓扑有序　　C．无序　　D．递增有序

3．下列这几种图中，（　　）的邻接矩阵一定是对称矩阵。

A．有向图　　B．无向图　　C．AOV 网络　　D．AOE 网络

4．关键路径是 AOE 网络中（　　）。

A．从源点到汇点的最长带权路径　　B．从源点到汇点的最短带权路径

C．最长回路　　D．最短回路

5．无向图 G=(V,E)，其中 V={a,b,c,d,e,f}，E={(a,b),(a,e),(a,c),(b,e),(c,f),(f,d),(e,d)}，对该

图进行深度优先遍历，得到的顶点序列正确的是（　　）。

A．a,b,e,c,d,f　　B．a,c,f,e,b,d

C．a,e,b,c,f,d　　D．a,e,d,f,c,b

6．对于有 n 个顶点 e 条边的无向网，采用邻接表存储时，构造最小生成树的普里姆算法的时间复杂度为（　　）。

A．$O(n)$　　B．$O(n+e)$　　C．$O(n^2)$　　D．$O(n^3)$

7．对于有 n 个顶点 e 条边的有向网，求解最短路径的弗洛伊德算法的时间复杂度为（　　）。

A．$O(n)$　　B．$O(n+e)$　　C．$O(n^2)$　　D．$O(n^3)$

8．在有向图 G 的拓扑序列中，若顶点 v_i 在顶点 v_j 之前，则下列情形不可能出现的是（　　）。

A．G 中有弧$<v_i,v_j>$　　B．G 中有一条从 v_i 到 v_j 的路径

C．G 中没有弧$<v_i,v_j>$　　D．G 中有一条从 v_j 到 v_i 的路径

9．用邻接表表示图，对于有 n 个顶点 e 条边的有向网，拓扑排序算法的时间复杂度为（　　）。

A．$O(n)$　　B．$O(n+e)$　　C．$O(n^2)$　　D．$O(n^3)$

10．下列关于 AOE 网络的叙述中，不正确的是（　　）。

A．关键活动推迟完成，就一定会影响整个工程的完成时间

B．任何一个关键活动提前完成，那么整个工程将会提前完成

C．所有的关键活动提前完成，那么整个工程将会提前完成

D．某些关键活动提前完成，那么整个工程将会提前完成

二、判断题

1．在有 n 个结点的无向图中，若边数大于 $n-1$，则该图必是连通图。（　　）

2．有 e 条边的无向图，在邻接表中有 $2e$ 个边结点。（　　）

3．有向图中顶点 v 的度等于其邻接矩阵中第 v 行中 1 的个数。（　　）

4．有 n 个顶点的无向图，采用邻接矩阵表示，图中的边数等于邻接矩阵中非零元素之和的一半。（　　）

5．用邻接矩阵存储一个图时，在不考虑压缩存储的情况下，所占用的存储空间大小与图中结点个数有关，而与图的边数无关。（　　）

6．一个有向图的邻接表和逆邻接表中弧结点的个数可能不相等。（　　）

7．用不同的求最小生成树的算法，最后得到的生成树一定是相同的。（　　）

8．任何有向图的结点都可以排成拓扑序列，但拓扑序列不唯一。（　　）

9．若一个有向图的邻接矩阵对角线以下的元素均为零，则该图的拓扑序列必定存在。（　　）

10．在 AOE 图中，关键路径上某活动的时间延长 w，则整个工程的完成时间也就随之延长 w。（　　）

三、填空题

1．设无向图 G 有 n 个顶点和 e 条边，每个顶点 v_i 的度为 d_i（$1\leqslant i\leqslant n$），则 e=______。

2. G 是一个非连通无向图，共有 28 条边，则该图至少有_____个顶点。

3. 在有 n 个顶点的有向图中，如果要使任意两点间可以互相到达，则至少需要_____条弧。

4. 在有 n 个顶点的有向图中，每个顶点的度最大可达_____。

5. 有 n 个顶点的连通无向图的邻接矩阵至少有_____个非零元素。

6. 已知一个无向图 $G=(V,E)$，其中 $V=\{a,b,c,d,e\}$，$E=\{(a,b),(a,d),(a,c),(d,c),(b,e)\}$。现采用某种图的遍历方法从顶点 a 开始遍历图，若得到的遍历序列为 abecd，则采用的是_____遍历方法。

7. 为了实现图的广度优先搜索，除了一个标志数组标志已访问的图的结点外，还需要_____存放被访问的结点以实现遍历。

8. 求图的最小生成树有两种算法，_____算法适合于求稀疏图的最小生成树。

9. 求从某源点到其余各顶点的迪杰斯特拉算法，在图的顶点数为 10 时，用邻接矩阵表示图的计算时间约为 10ms，则在图的顶点数为 40 时，其计算时间约为_____ms。

10. 设有向图有 n 个顶点和 e 条边，进行拓扑排序时，其时间复杂度为_____。

四、应用题

1. 画出图 7-36 所示的无向图的邻接多重表，使其中每个无向边结点中第一个顶点的序号小于第二个顶点的序号，且每个顶点的各邻接边的链接顺序为其所邻接的顶点序号由小到大的排序。列出深度优先和广度优先遍历该图所得顶点序列和边的序列。

2. 如图 7-37 所示的有向图，请给出该图的

1）每个顶点的入度、出度。

2）邻接矩阵。

3）邻接表。

4）逆邻接表。

5）十字链表。

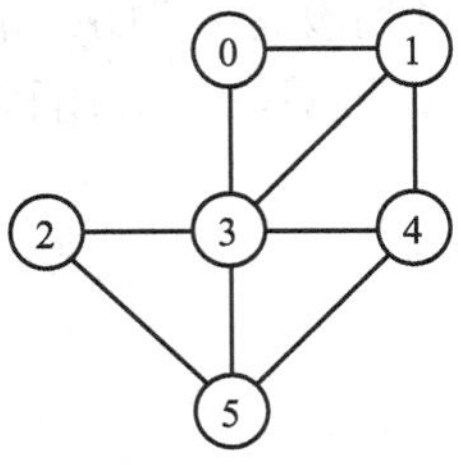

图 7-36　无向图的邻接多重表

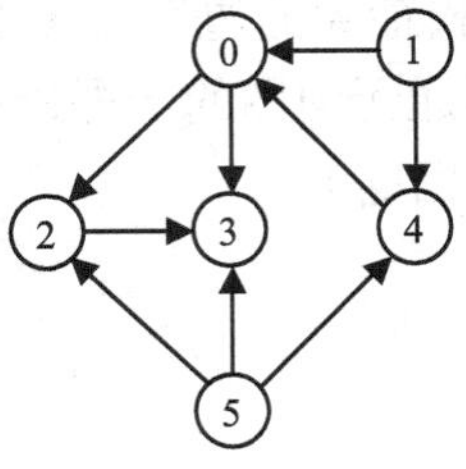

图 7-37　有向图

3. 请对图 7-38 所示的无向带权图：

1）写出它的邻接矩阵，并按普里姆算法求其最小生成树。

2）写出它的邻接表，并按克鲁斯卡尔算法求其最小生成树。

4. 试利用迪杰斯特拉算法，对图 7-39 中的 Ga，求从顶点 0 到其他各顶点之间的最短路径，要求写出执行算法过程中辅助数组的每一步变化。

5. 试利用贝尔曼-福特算法，对图 7-39 中 Gb，求从顶点 0 到其他各顶点之间的最短路径，要求写出执行算法过程中辅助数组的每一步变化。

6. 试利用弗洛伊德算法，对图 7-39 中的 Ga 和 Gb 分别求各对顶点之间的最短路径。

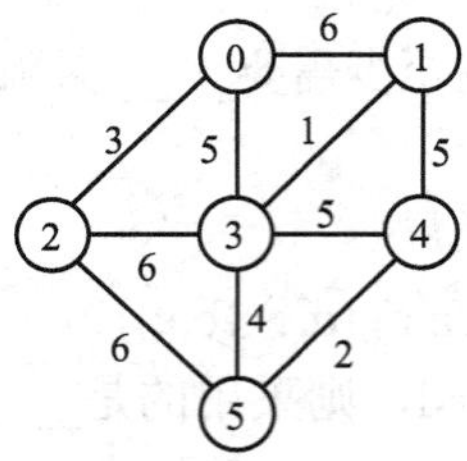

图 7-38 无向带权图

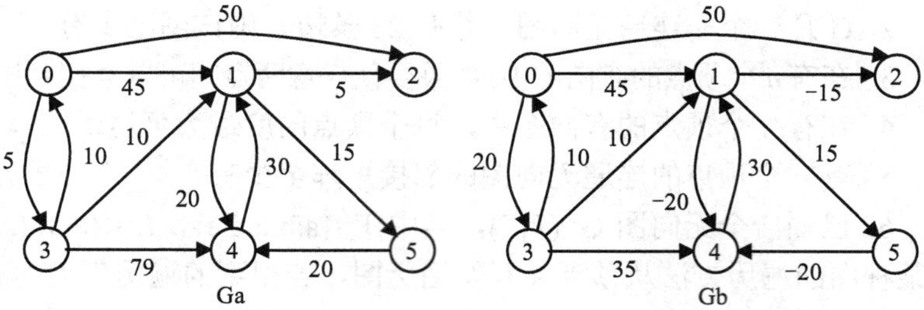

图 7-39 有向图

7．试对第 2 题中的有向图列出所有可能的拓扑有序序列，并指出应用 7.6.1 节中的拓扑排序算法求得的是哪一个序列（注意，应先确定其存储结构）。

8．对图 7-40 所示的 AOE 网络，计算各活动（弧）的 $e[a_i]$和 $l[a_i]$函数值、各事件（顶点）的 $ve[v_i]$和 $vl[v_i]$函数值；并列出各条关键路径。

9．如图 7-41 所示，其顶点 A、B、C、D、E、F 表示一个乡的六个村庄，弧上的权值表示两个村庄之间的距离。

1）求每个村庄到其他村庄的最短距离。

2）乡内要建一所医院，问医院设在哪个村庄才能使各村去医院的路程之和最短。

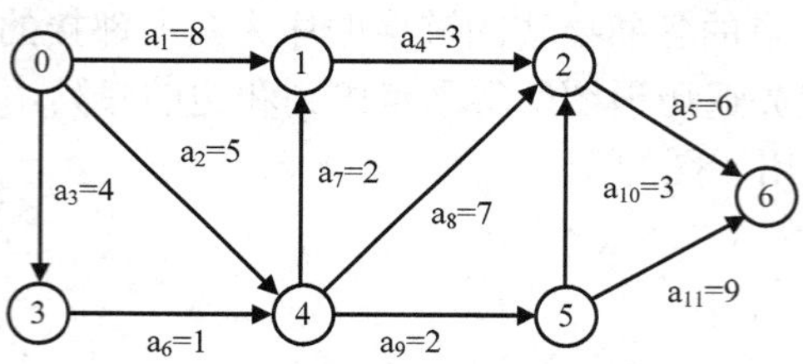

图 7-40 AOE 网络

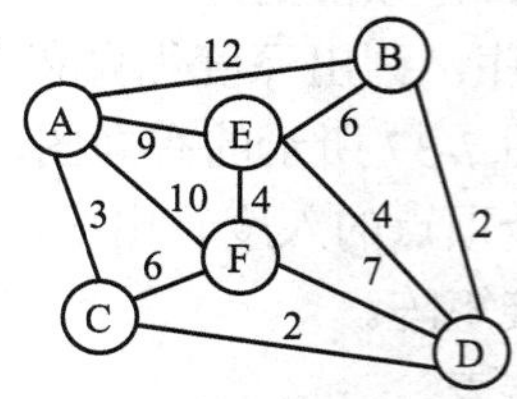

图 7-41 村庄距离图

10．对于带权连通无向图可用“破圈法”构造其最小生成树。所谓“破圈法”，就是“任取一圈，去掉圈上权最大的边”，反复执行这一步骤，直到没有圈为止。请给出用“破圈法”求解给定的带权连通无向图的一棵最小代价生成树的详细算法，并用程序实现所给出的算法（注意，圈就是回路）。

第8章　查　找

在前面的章节中主要介绍了线性数据结构、树形数据结构和网状（图）数据结构。本章和第 9 章分别介绍两种重要的操作：查找（search）和排序（sorting）。所谓查找又称检索，就是在一个数据元素集合中寻找满足某种条件的数据元素。查找在计算机数据处理中是经常使用的操作。查找算法的效率直接关系到应用系统的性能。本章主要介绍一些常用的查找算法，主要有顺序表查找、树表查找和散列表查找，并对有关的算法进行性能分析和对比。

8.1 基本概念

在具体讨论各种查找算法之前，先介绍有关查找的一些概念。

1）数据表：就是指数据元素的有限集合。例如，为统计职工业绩，建立一个包括职工编号、职工姓名、业绩等信息的表格。这个表格中的每一个职工的信息就是一个数据元素。对此表格可以根据职工编号或职工姓名查找职工的业绩等信息。

2）关键字（key）：数据表中的数据元素一般有多个属性域（字段），即由多个数据成员组成。其中某些属性域可用来区分不同的元素，它们可以作为查找或排序的依据，这些属性域即为关键字，如职工业绩表中的职工编号、职工姓名等就是关键字。每个数据表用哪个属性域作为关键字，要视具体的应用需要而定。即使是同一个表，在解决不同问题的场合也可能取不同的域作为关键字。如果在数据表中各个数据元素的关键字互不相同，则称这种关键字为主关键字。

3）查找：查找是数据处理中常用的一种运算。最常见的一种方式是事先给定一个值，在数据表中查找其关键字等于给定值的数据元素。查找的结果通常有两种可能：一种是查找成功，即找到关键字等于给定值的数据元素，这时作为查找结果，可报告该数据元素在数据表中的位置，还可进一步给出该数据元素的具体信息，后者在数据库技术中叫作检索；另一种是查找不成功（查找失败），即数据表中找不到其关键字等于给定值的数据元素，此时查找的结果可给出一个“空”记录或“空”指针。

4）静态查找表和动态查找表：数据表的组织有两种方式。一种称为静态查找表，表中元素固定不变，当查找失败时，作为查找结果只报告一些信息，如失败标志、失败位置等；另一种称为动态查找表，表中元素在插入或删除数据元素过程中会得到调整，当查找失败时，则把给定值的数据元素插入数据表中。相比较而言，静态查找表的结构较为简单，操作较为方便，但查找表的内容相对固定，不易扩展。

5）查找的效率：查找是经常使用的一种运算，因此，查找的时间复杂度是人们关心的一个重要因素。查找的时间复杂度一般用平均查找长度（average search length，ASL）来衡量。平均查找长度是指在数据表中查找各数据元素所需进行的关键字比较次数的期

望值，其数学定义为

$$ASL=\sum_{i=1}^{n}P_i \times C_i$$

其中，P_i表示第i个数据元素被查找的概率；C_i表示查找第i个数据元素需要进行的关键字比较次数。

6）装载因子：它代表了数据表中数据元素的装载情况。设数据表的长度为m，表中数据元素个数为n，则数据表的装载因子$\alpha = n/m$。

8.2 顺序表

采用顺序存储结构的数据表称为顺序表。顺序表适合进行静态查找。

8.2.1 顺序表的查找

顺序表查找的基本思想是：设有n个数据元素的顺序表，从表的一端（前端或后端）开始，用给定的值依次和表中各数据元素的关键字进行比较，若在表中找到某个数据元素的关键字与给定值相等，则查找成功，给出该数据元素在表中的位置；若查遍整个表，不存在关键字等于给定值的数据元素，则查找失败，给出失败信息。

顺序存储结构下顺序查找算法的实现如下：

```
template <class ElemType>
int SqSearch(ElemType elem[], int n, ElemType key)
{
    int i;              //循环控制变量
    for (i=0; i<n&&elem[i]!=key; i++);
    if (i<n)
        return i;       //查找成功，返回序号
    else
        return-1;       //查找失败，返回-1
}
```

该函数在顺序表elem[]中查找关键字的值等于key的记录，如果查找成功，则返回此元素在顺序表中的序号（0～n-1）；否则，返回-1。其中，n是顺序表中元素的数目。如果数据元素的数据类型是一个结构体，则需要在结构体中重载不等于（!=）关系运算。

在等概率（P_i=1/n）情形下，查找成功的平均查找长度为

$$ASL=\sum_{i=1}^{n}P_i \times C_i=\sum_{i=1}^{n}\frac{1}{n}\times i=\frac{n+1}{2}$$

顺序表查找失败的平均查找长度为n+1。

在许多情形下，数据表中各个数据元素的查找概率是不相等的。这时，可以按查找概率的高低，把查找概率高的数据元素存放在开始查找的一端，把查找概率低的数据元素存放在另一端，从而提高顺序查找的效率。顺序查找的方法比较简单，但查找成功的平均查找长度较长，特别是当n较大时查找效率较低。

当然，数据表也可以用链表存储。单链表上的顺序查找算法读者可以自己思考。

如果顺序表中各个数据元素按关键字从小到大或从大到小有序排列，即为有序表，对有序表进行顺序查找，则查找失败的平均查找长度可减少，因为不需要查遍整个表就能确定表中不存在要找的数据元素。

8.2.2　有序表的折半查找

对有序表通常可用折半查找的方法进行查找。设有 n 个数据元素按其关键字从小到大的顺序存放在一个顺序表中（开始时，查找区间的下限 low=0，上限 high=n−1），折半查找的算法思想如下。

有序表折半查找

1）如果查找区间长度小于 1（low>high），则表示查找失败，返回−1；否则，继续以下步骤。

2）求出查找区间中间位置的数据元素下标 mid（mid=(low+high)/2）。

3）用区间中间位置的数据元素的关键字 elem[mid]与给定值 key 进行比较，比较的结果有以下三种可能。

① 若 elem[mid]==key，则查找成功，报告成功信息并返回其下标 mid。

② 若 elem[mid]<key，则说明如果数据表中存在要找的数据元素，该数据元素一定在 mid 的右侧，可把查找区间缩小到数据表的后半部分（low=mid+1），再继续进行折半查找［转步骤 1)］。

③ 若 elem[mid]>key，则说明如果数据表中存在要找的数据元素，该数据元素一定在 mid 的左侧。可把查找区间缩小到数据表的前半部分（high=mid−1），再继续进行折半查找［转步骤 1)］。

在折半查找过程中，每比较一次，如果数据元素的关键字与给定值不相等，则查找区间缩小一半。直到查找区间已缩小到只有一个数据元素，如果仍未找到想要找的数据元素，则表示查找失败。

例如，设有序表为{8,11,23,34,46,68,71,86}，图 8-1（a）给出了查找关键字为 23 的数据元素时的查找过程，找到所查数据元素一共做了三次关键字比较。第一次 mid=(0+8)/2=4，因为 elem[mid]为 39>23，所以可把查找区间缩小到数据表的前半部分（high=mid−1=3），再

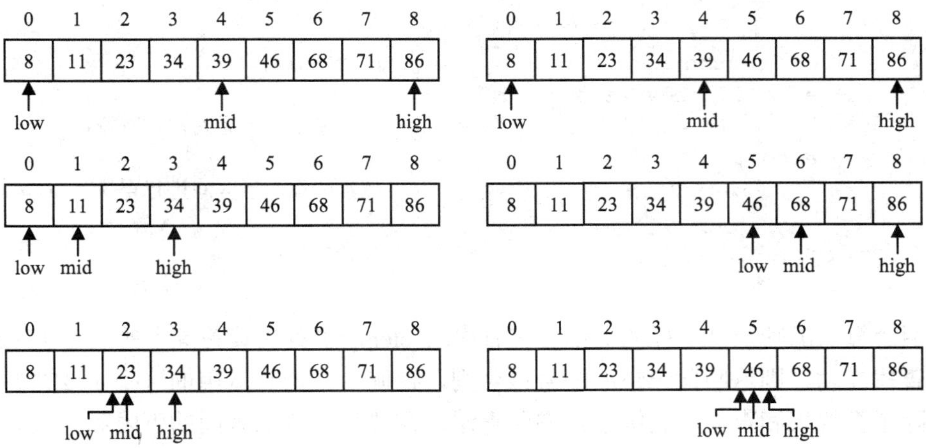

（a）查找关键字为 23　　（b）查找关键字为 52

图 8-1　折半查找的示例

继续进行折半查找；第二次 mid=(0+3)/2=1，elem[mid]为 11<23，所以可把查找区间缩小到原区间的后半部分（low=mid+1=2），再继续进行折半查找；第三次 mid=(2+3)/2=2，elem[mid]等于 23，查找成功。图 8-1（b）给出了查找关键字为 52 的数据元素时的查找过程，直到确认查找失败也执行了三次关键字比较。

折半查找算法可以用递归的形式和迭代的形式实现。下面分别给出这两个算法 C++实现的描述。

（1）折半查找递归算法的 C++实现

```
template <class ElemType>
int BinSearch(ElemType elem[], int low, int high, ElemType key)
{
    int mid;
    if (low>high)
        mid=-1;                             //查找失败
    else {
        mid=(low+high)/2;                   //计算区间中间位置
        if (key<elem[mid])
            mid=BinSearch(elem, low, mid-1, key);
                                            //继续在左半区间进行查找
        else if (key>elem[mid])
            mid=BinSearch(elem, mid+1, high, key);
                                            //继续在右半区间进行查找
    }
    return mid;
}
```

（2）折半查找迭代算法的 C++实现

```
template <class ElemType>
int BinSearch(ElemType elem[], int n, ElemType key)
{
    int low=0, high=n-1;                    //设置查找区间的左右边界
    int mid;
    while (low<=high) {
        mid=(low+high)/2;                   //计算区间中间位置
        if (key==elem[mid])
            return mid;                     //查找成功
        else if (key<=elem[mid])
            high=mid-1;                     //继续在左半区间进行查找
        else
            low=mid+1;                      //继续在右半区间进行查找
    }
    return -1;                              //查找失败
}
```

这两个算法的功能是一样的，都是在有序表 elem[]中查找其关键字的值等于 key 的记录，如查找成功，则返回此记录的序号；否则，返回-1。两者调用的区别主要在参数的形式上，除了查找表和查找的关键字，递归算法还需要指出查找区间的下限和上限，迭代算法只需要给出查找表中数据元素的数目。

下面借用二叉查找树（binary search tree）来分析折半查找的查找性能。在二叉查找树上，

每个结点表示有序表中的一个数据元素。设二叉查找树有 n 个结点，可用如下方法来构造它。

1）当 $n=0$ 时，二叉查找树为空树。

2）当 $n<0$ 或 $n>0$ 时，二叉查找树的根结点是有序表中序号为 mid=($n-1$)/2 的数据元素，根结点的左子树是与有序表 elem[0]～elem[mid−1]相对应的二叉查找树，根结点的右子树是与有序表 elem[mid+1]～elem[$n-1$]相对应的二叉查找树。

这是一个递归的构造方法。对于图 8-1 所示的例子，有序顺序表中共有九个元素，第一次取 mid=(0+8)/2=4，把 elem[4]作为整个二叉查找树的根结点，其左子树是 elem[0]～elem[3]，右子树是 elem[5]～elem[8]。再把这两棵子树当作二叉查找树来构造，就得到如图 8-2 所示的二叉查找树。

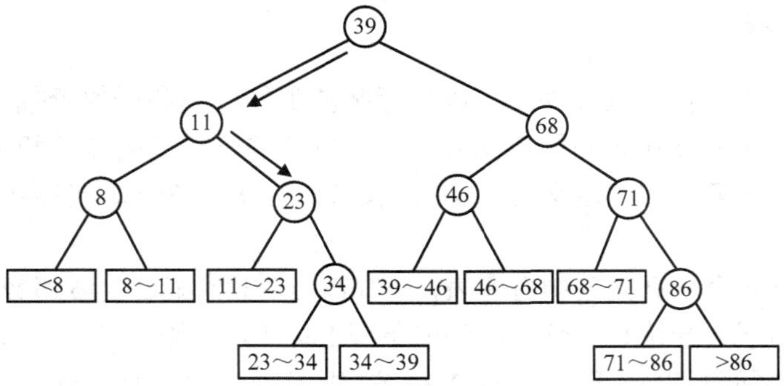

（a）查找23的过程

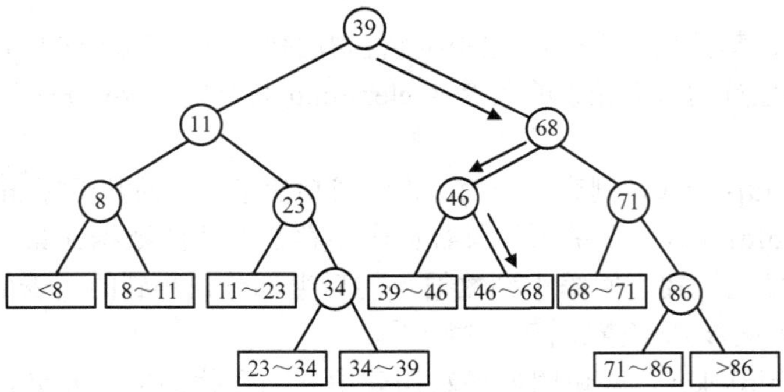

（b）查找52的过程

图 8-2　折半查找对应的二叉查找树

从图 8-2（a）可以看出，在查找 23 成功时，正好走了一条从根结点到关键字等于 23 的相应结点的路径，所进行的关键字与给定值的比较次数正好等于该结点所在的层次号。因此，折半查找成功时所进行的关键字与给定值的比较次数最多为这棵二叉查找树的高度。

对上面的二叉查找树进行扩充，让树中所有结点的空指针都指向一个外部结点（用方框表示，相应原来的数据元素结点称为内结点），它们代表了那些进行关键字比较不成功的结点。在此称这样的二叉查找树为扩充二叉树。在扩充二叉树上查找不成功的过程恰好是走了一条从根结点到某个外部结点的路径，而与给定值进行比较的次数则等于该路径上内部结点的个数。例如，如图 8-2（b）所示，在查找 52 时，所需要的关键字比较次数为 3。一般地，对于有 n 个数据元素的有序表，折半查找所进行的给定值与关键字的比较次数最多为$\lfloor \log_2(n+1) \rfloor$。那么，折半查找的平均查找长度是多少？

若设 $n=2^h-1$，则描述折半查找的扩充二叉树是高度为 h 的满二叉树，$h=\lfloor \log_2(n+1) \rfloor$。

第一层结点有一个，查找第一层结点要比较一次；第二层结点有两个，查找第二层结点要比较两次……第 i（$1\leqslant i\leqslant h$）层结点有 2^{i-1} 个，查找第 i 层结点要比较 i 次……假定每个元素的查找概率相等，即 $P_i=1/n$，则查找成功的平均查找长度为

$$\text{ASL}=\sum_{i=1}^{n}P_i\times C_i=\sum_{i=1}^{n}\frac{1}{n}\times C_i=\frac{1}{n}(1\times1+2\times2+3\times4+\cdots+h\times2^h)\approx\log_2(n+1)-1$$

因此，用折半查找方法查找成功时的平均查找长度为$O(\log_2 n)$。另外，折半查找算法只能在顺序存储结构上实现。

8.2.3 有序表的其他查找

1. 斐波那契查找

对于有序表，除了折半查找外还可以进行斐波那契查找和插值查找。斐波那契查找也是一种逐步缩小有序表查找区间的查找方法。该方法的查找区间端点和中间点都与斐波那契数列有关。斐波那契数列的定义为 1、1、2、3、5、8、13…即 $f(1)=1$、$f(2)=1$、$f(i)=f(i-1)+f(i-2)$（$i>2$）。

若有一个具有 n 个数据元素的有序表，$n=f(k)-1$，即比某个斐波那契数少 1。斐波那契查找的算法思想如下（开始时，查找区间的下限 low=0，上限 high= $n-1$）。

1）如果查找区间长度小于 1（low>high），则表示查找失败，返回−1；否则，继续以下步骤。

2）根据斐波那契数列求出查找区间中某位置的数据元素下标 mid= $f(k-1)-1$。

3）区间中间位置的数据元素的关键字 elem[mid]与给定值 key 进行比较，比较的结果有以下三种可能。

① 若 elem[mid]==key，则查找成功，报告成功信息并返回其下标 mid。

② 若 elem[mid]<key，则说明如果数据表中存在要找的数据元素，该数据元素一定在 mid 的右侧，可把查找区间缩小到数据表的后半部分，得到的子表的长度正好为 $f(k-2)-1$，再继续进行斐波那契查找[转步骤 1)]。

③ 若 elem[mid]>key，则说明如果数据表中存在要找的数据元素，该数据元素一定在 mid 的左侧，可把查找区间缩小到数据表的前半部分，得到的子表的长度正好为 $f(k-1)-1$，再继续进行斐波那契查找[转步骤 1)]。

当 n 很大时，这种查找方法叫作黄金分割法，其平均性能比折半查找方法好。但最坏情况时，性能比折半查找方法差。查找成功的平均查找长度也是 $O(\log_2 n)$。

2. 插值查找

插值查找的算法思想同折半查找类似，区别在于求中间位置的公式，其求中间点的公式为

$$\text{mid}=\text{low}+1+\frac{k-\text{elem[low]}}{\text{elem[high]}-\text{elem[low]}}(\text{high}-\text{low}-1)$$

式中，k为给定值，elem[low]和elem[high]分别为查找区间中具有最小关键字和最大关键字的数据元素，它们分别在查找区间的两端。插值查找的查找方法类似于折半查找，它的查找性能在关键字分布比较均匀的情况下优于折半查找。读者可以自己完成该算法的实现。

8.3　索引顺序表和倒排索引表

索引表与倒排表

当数据表中的数据元素的个数 n 很大时，如果用顺序查找，则查找效率极低。如果采用有序表存储形式的折半查找，则为了维持数据表的有序性，时间开销很大；而且，当数据表很大时，计算机内存的容量可能不够。这时可采用索引的方法来实现存储和查找。

8.3.1　索引顺序表

索引顺序表一般由主表和索引表两部分组成，两者均采用顺序存储结构。主表中存放数据元素的全部信息，索引表中存放数据元素的主关键字和索引信息。图 8-3 所示为学生信息表。假设计算机内存工作区仅能容纳 1MB 的数据，主表中每一个学生的信息有近 1KB，则某一时刻内存最多可容纳 1024 个学生信息以供查找。如果总数有 10000 个学生的信息，就不可能把所有学生的信息一次都读入内存。无论是顺序查找还是折半查找，都需要多次读取外存中的学生信息。假设在索引表中每一个索引项占 4B，每个索引项索引一个学生数据元素，则 10000 个索引项需要 40000B。因此，在内存中可以容纳所有数据元素的索引项。这样只需要从外存中把索引表读入内存，经过查找索引后确定学生数据元素的存储地址，再经过一次读取数据元素操作即可完成查找。

索引表

关键字	地址
1001	4
1002	2
2001	3
2002	7
3001	8
3002	5
4001	1
4002	6

主表

	学号	姓名	性别	专业	籍贯	其他
1	4001	张三	女	计算机	上海市	
2	1002	李四	男	通信	上海市	
3	2001	王五	女	外语	江苏	
4	1001	赵六	女	外语	浙江	
5	3002	刘七	男	通信	浙江	
6	4002	岳八	男	通信	福建	
7	2002	周九	男	计算机	江苏	
8	3001	曾十	女	外语	上海市	

图 8-3　学生信息表

在图 8-3 所示的学生信息表的例子中，一个索引项对应数据表中的一个数据元素，这时的索引结构叫作稠密索引也称为完全索引。稠密索引结构适用于当数据元素在外存中按加入次序存放而不是按关键字有序存放的情形。

当完全索引表中关键字分块有序存放[即把所有 n 个索引项分为 m 个块（子表），并且后一个子表中所有的关键字均大于前一个子表中所有的关键字，而在同一子表中所有关键字的次序任意]时，可以为完全索引表建立一个二级索引表。在二级索引表中一个索引项对应完全索引表中的一个子表，它记录了相应子表中最大关键字以及该子表在数据区中的起始位置，这种索引被称为二级索引结构，如图 8-4 所示。

二级索引表

关键字	地址
1100	1
2100	5
3100	9
4100	12

完全索引表

	关键字	地址
1	1010	12
2	1003	2
3	1050	5
4	1028	9
5	2071	3
6	2016	4
7	2034	11
8	2029	15
9	3017	6
10	3060	7
11	3046	14
12	4078	1
13	4005	13
14	4031	10
15	4024	8

主表

	关键字	其他信息
1	4078	
2	1003	
3	2071	
4	2016	
5	1050	
6	3017	
7	3060	
8	4024	
9	1028	
10	4031	
11	2034	
12	1010	
13	4005	
14	3046	
15	2029	

图 8-4　二级索引结构

对二级索引结构进行查找时，一般分为二次查找。先在二级索引表中按给定值 k 进行查找，以确定待查子表的序号 i，使序号为 i-1 的子表中的最大关键字$<k\leq$序号为 i 的子表中的最大关键字。然后再在第 i 个子表中按给定值查找关键字等于 k 的索引项。如果找到关键字等于 k 的索引项，则可以根据索引项中的地址直接从外存中读取相应的数据元素；否则，表示查找失败。二级索引表是按关键字有序的，且长度一般不太大，可以用折半查找，也可以顺序查找。在完全索引表中，各子表内索引项如果也按关键字有序，则也可以采用折半查找或顺序查找；如果不是按关键字有序，则只能顺序查找。

二级索引查找成功时的平均查找长度为

$$\mathrm{ASL}_{\mathrm{IndexSeq}}=\mathrm{ASL}_{\mathrm{Index}}+\mathrm{ASL}_{\mathrm{SubList}}$$

其中，$\mathrm{ASL}_{\mathrm{Index}}$是在二级索引表中查找成功的平均查找长度；$\mathrm{ASL}_{\mathrm{SubList}}$是在子表内查找成功的平均查找长度。

设完全索引表的长度为 n，分成均等的 m 个子表，每个子表中有 k 个对象，则 $m=\lceil n/k\rceil$。在等概率的情况下，每个子表的查找概率为 $1/m$，子表内各对象的查找概率为 $1/k$。

若二级索引表和子表都用顺序查找，则二级索引查找成功时的平均查找长度为

$$\begin{aligned}\mathrm{ASL}_{\mathrm{IndexSeq}}&=(m+1)/2+(k+1)/2\\&=(m+k)/2+1\\&=(n/k+k)/2+1\\&=(n+k^2)/(2k)+1\end{aligned}$$

由此可见，二级索引查找的平均查找长度不仅与完全表索引表的长度 n 有关，而且与每个子表中所含的索引项个数 k 有关。那么，在给定 n 的情况下，k 应选择多大？利用数学方法可以求出，当 $k=n^{1/2}$ 时，$\mathrm{ASL}_{\mathrm{IndexSeq}}$ 取极小值 $n^{1/2}+1$。

若对二级索引表采用折半查找；对子表采用顺序查找，则二级索引查找成功时的平均

查找长度为

$$
\begin{aligned}
ASL_{IndexSeq} &= ASL_{Index} + ASL_{SubList} \\
&\approx \log_2(m+1)-1+(k+1)/2 \\
&\approx \log_2(1+n/k)+k/2
\end{aligned}
$$

8.3.2　倒排索引表

对包含大量数据元素的数据表或文件进行查找时，最常用的方法是针对数据元素的主关键字建立索引表，用主关键字建立的索引叫作主索引。主索引表的每个索引项给出数据元素的关键字及其在数据表或文件中的存放地址。但在实际应用中有时需要针对其他属性进行查找。例如，在学生信息表中查询所有上海籍通信专业的男生信息。查找信息包括：籍贯、专业和性别，这些信息在数据表或文件中都存在，但都不是主关键字，为了完成这个查询，只能到数据表或文件中去顺序查找，查找效率极低。因此，除主关键字外，可以把一些在查找时经常用到的属性设定为次关键字，并以每一个属性作为次关键字建立次索引表，称为倒排索引表。

倒排索引表有链式和单元式两种结构。在链式倒排索引表中，列出了作为次关键字属性的所有取值，并对每一个取值建立有序链表，把所有具有相同属性值的主关键字按其递增的顺序或按其在主索引表中的存储地址递增的顺序链接在一起。因此，链式倒排索引表包括三个部分：次关键字、链表长度和有序链表。例如，对于学生信息表，以性别为次关键字的链式倒排索引结构如图 8-5 所示。其中，图右边的是以学号为主关键字的完全索引表，左边是以“性别”为次关键字的链式倒排索引表，中间是静态链表。在这个链式倒排索引表中，链表长度给出了性别分别取男、女值时对应数据元素的数目，静态链表由主关

“性别”倒排索引表

次关键字	长度	地址
男	8	1
女	7	9

静态链表

关键字
1010
1028
2034
2071
3017
3046
4031
4078
1003
1050
2016
2029
3060
4005
4024

完全索引表

	关键字	地址
1	1010	12
2	1003	2
3	1050	5
4	1028	9
5	2071	3
6	2016	4
7	2034	11
8	2029	15
9	3017	6
10	3060	7
11	3046	14
12	4078	1
13	4005	13
14	4031	10
15	4024	8

图 8-5　链式倒排索引结构

键字（学生号）组成。由于主关键字按大小依次有序存放，且表的长度确定，因此在静态链表中可省去指针域。

有了上述的倒排索引表，就可方便地查找所有性别为男或女的学生。例如，查找所有的男同学，可以先根据倒排索引表找到相应的男同学的静态链表，再根据静态链表中的学号到完全索引表中查找相应的数据元素的存储地址。

为了查找所有上海籍通信专业的男生信息，可以分别建立“性别”、“籍贯”和“专业”的倒排索引表。通过对“性别”、“籍贯”和“专业”倒排索引表中的“男”链、“通信”链和“上海市”链进行求“交”运算，就能够找到所有上海籍通信专业的男生学号，再由完全索引表即可查找到所有满足条件的学生信息。

在链式倒排索引表中各个属性链表的长度大小不一，管理起来比较困难。为此引入单元式倒排索引表。在单元式倒排索引表的各个索引项中存放表示各外存区域是否存有相应数据元素的标识（以 0 或 1 表示）。于是，整个单元式倒排索引表将形成一个（二进制数的）位矩阵。例如，在学生信息表中，有关“性别”、“籍贯”和“专业”属性的单元式倒排索引表如图 8-6 所示。其中，二进位的值为 1 的外存区域表示包含具有该次关键字值的数据元素。例如，从图 8-6（a）所示的“性别”倒排索引表中可知，男生的信息存储在区号为 0、1、3、126 等外存区域，女生的信息存储在区号为 1、2、4、125、127 等外存区域。

外存区域号		0	1	2	3	4	…	125	126	127
次关键字“性别”	男	1	1	0	1	0	…	0	1	0
	女	0	1	1	0	1	…	1	0	1

（a）“性别”倒排索引表

外存区域号		0	1	2	3	4	…	125	126	127
次关键字“籍贯”	上海	1	0	1	1	0	…	1	1	0
	江苏	0	1	1	0		…	1	0	1
	浙江	1	0	0	1	1	…	0	1	0

（b）“籍贯”倒排索引表

外存区域号		0	1	2	3	4	…	125	126	127
次关键字“专业”	计算机	0	0	1	0	1	…	0	1	1
	通信	1	0	0	1	1	…	1	0	1
	外语	1	1	1	0	0	…	0	0	1

（c）“专业”倒排索引表

图 8-6　单元式倒排索引表

若要查找上海籍通信专业的男生，可以对“男”、“上海”和“通信”三个二进制位串进行按位“与”运算，求得所查数据元素在外存区域的区号。

```
     1 1 0 1 0 … 0 1 0
     1 0 1 1 0 … 1 1 0
AND  1 0 0 1 1 … 1 0 1
     1 0 0 1 0 … 0 0 0
```

根据上述运算结果可以知道：上海籍通信专业男生的数据元素在 0 号、3 号等外存区域，此时可以把相应外存区域的数据元素读入内存，再进行查找即可得到所需要的结果。

8.4 二叉排序树

二叉排序树

为了适应动态查找，宜将数据表组织成树表。本节讨论的二叉排序树（binary sorting tree）是一种基于二叉树的动态查找结构。

8.4.1 二叉排序树定义

二叉排序树或者是一棵空树，或者是具有下列性质的二叉树：

1）左子树（如果存在）上所有结点的关键字都小于根结点的关键字。

2）右子树（如果存在）上所有结点的关键字都大于根结点的关键字。

3）左子树和右子树也是二叉排序树。

图 8-7 给出了一棵二叉排序树的例子。从这棵树中可以看到，任一结点的关键字大于它的左子树上所有结点的关键字，同时小于它的右子树上所有结点的关键字。如果对一棵二叉排序树进行中序遍历，所得到的结点序列是按照关键字从小到大的顺序排列的。这就是二叉排序树名称的由来。下面给出二叉排序树类模板的声明与实现。

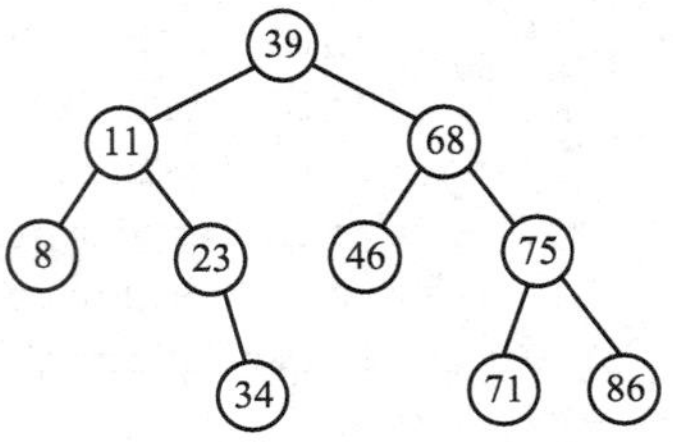

图 8-7 二叉排序树的示例

二叉排序树类模板的声明如下：

```
template <class ElemType>
class BinarySortTree
{
protected:
//二叉排序树的数据成员
    BinTreeNode<ElemType> *root;

//辅助函数
    BinTreeNode<ElemType> *CopyTree(BinTreeNode<ElemType> *r);
    //复制以 r 为根的二叉排序树
    void Destroy(BinTreeNode<ElemType> * &r);
    //销毁以 r 为根的二叉排序树
    void PreOrder(BinTreeNode<ElemType> *r, void (*visit)(const ElemType &)) ;
    //先序遍历以 r 为根的二叉排序树
    void InOrder(BinTreeNode<ElemType> *r, void (*visit)(const ElemType &)) ;
    //中序遍历以 r 为根的二叉排序树
    void PostOrder(BinTreeNode<ElemType> *r, void (*visit)(const ElemType &)) ;
    //后序遍历以 r 为根的二叉排序树
    int Height(const BinTreeNode<ElemType> *r) const;
    //求以 r 为根的二叉排序树的高
    int NodeCount(const BinTreeNode<ElemType> *r) const;
    //求以 r 为根的二叉排序树的结点数
    BinTreeNode<ElemType> *Parent(BinTreeNode<ElemType> *r,
       const BinTreeNode<ElemType> *p) const;
    //在以 r 为根的二叉排序树中求 p 的双亲
```

```
    BinTreeNode<ElemType> *Find(const ElemType &key,
        BinTreeNode<ElemType> *&f) const;
    //查找关键字为 key 的数据元素，f 指向其双亲结点
    void Delete(BinTreeNode<ElemType> *&p);
    //删除 p 指向的结点
public:
    BinarySortTree();                                 //无参数的构造函数
    virtual ~BinarySortTree();                        //析构函数
    BinTreeNode<ElemType> *GetRoot() const;           //求二叉排序树的根
    bool IsEmpty() const;                             //判断二叉排序树是否为空
    Status GetElem(BinTreeNode<ElemType> *p, ElemType &e) const;
                                              //取结点 p 的数据元素值，用 e 返回
    Status SetElem(BinTreeNode<ElemType> *p, const ElemType &e);
                                                      //将结点 p 的值置为 e
    void InOrder(void (*visit)(const ElemType &)) ; //二叉排序树的中序遍历
    void PreOrder(void (*visit)(const ElemType &)); //二叉排序树的先序遍历
    void PostOrder(void (*visit)(const ElemType &)); //二叉排序树的后序遍历
    void LevelOrder(void (*visit)(const ElemType &)); //二叉排序树的层次遍历
    int NodeCount();                                  //求二叉排序树的结点个数
    BinTreeNode<ElemType> *Find(const ElemType &key) const;
                                                  //查找关键字为 key 的数据元素
    bool Insert(const ElemType &e);                   //插入数据元素 e
    bool Delete(const ElemType &key);                 //删除关键字为 key 的数据元素
    BinTreeNode<ElemType> *LeftChild(const BinTreeNode<ElemType> *p) const;
                                                  //求二叉排序树结点 p 的左孩子
    BinTreeNode<ElemType>*RightChild(const BinTreeNode<ElemType> *p) const;
                                                  //求二叉排序树结点 p 的右孩子
    BinTreeNode<ElemType> *Parent(const BinTreeNode<ElemType> *p) const;
                                                  //求二叉排序树结点 p 的双亲
    int Height() const;                               //求二叉排序树的高
    BinarySortTree(const ElemType &e);                //建立以 e 为根的二叉排序树
    BinarySortTree(const BinarySortTree<ElemType> &copy); //复制构造函数
    BinarySortTree(BinTreeNode<ElemType> *r);         //建立以 r 为根的二叉排序树
    BinarySortTree<ElemType> &operator=
      (const BinarySortTree<ElemType>& copy);              //赋值语句重载
};
```

在二叉排序树的类模板中，用二叉链表作为二叉排序树的存储表示，其中的结点和二叉树的二叉链表一样，在此不再重复介绍。下面将重点讨论在二叉排序树上的查找、插入和删除操作。

8.4.2 二叉排序树的查找

在二叉排序树上进行查找的过程，是从根结点开始，沿某一个分支逐层向下进行比较判等的过程。设要在二叉排序树中查找关键字为key的结点，查找过程从根结点开始。如果根指针为NULL，则查找不成功；否则，用给定值key与根结点的关键字进行比较。如果给定值等于根结点的关键字，则查找成功，返回查找成功信息，并报告查找到的结点地址；如果给定值key小于根结点的关键字，则在根结点的左子树上递归查找；否则，在根结点的右子树上递归查找。为了便于在二叉排序树上插入结点，算法在实现时还返回了相应的双亲结点的指针。下面给出二叉排序树查找的迭代算法的C++实现。

```
template <class ElemType>
BinTreeNode<ElemType>  *BinarySortTree<ElemType>::Find(const  ElemType
    &key, BinTreeNode<ElemType> *&f) const
{
    BinTreeNode<ElemType> *p=GetRoot();          //指向当前结点
    f=NULL;                                      //指向 p 的双亲
    while (p!=NULL && p->data!=key)  {           //查找关键字为 key 的结点
       if (key<p->data)    {    //key 比 p 的值小，则在 p 的左子树上进行查找
           f=p;
           p=p->leftChild;
       }
       else {                   //key 比 p 的值大，则在 p 的右子树上进行查找
           f=p;
           p=p->rightChild;
        }
    }
    return p;
}
```

如果查找成功将返回指向关键字为 key 的数据元素的指针，并用 f 返回其双亲结点的指针；否则，函数将返回 NULL，并且 f 会返回查找失败时双亲结点的指针，也就是插入位置。

例如，如图 8-8 所示，在所给出的二叉排序树中查找关键字等于给定值 71 的结点。首先给定值 71 与根结点中的关键字 39 比较，因为给定值 71 大于 39，所以向根结点的右子树查找；71 再与根结点右孩子中的关键字 68 比较，71 比 68 大，转向 68 的右子树；如此下去，直到找到关键字为 71 的结点，一共进行了 4 次比较，此时函数返回 71 的指针，f 指向 75。又如，查找给定值 17，走了一条从根到查找失败的路径，比较次数为 3 次，此时函数返回 NULL，f 指向结点 23。设二叉排序树的高度为 h，则比较次数最多不超过 h 次。

8.4.3　二叉排序树的插入

为了向二叉排序树中插入一个新元素，必须先检查这个元素在二叉排序树中是否已经存在。因此，在插入之前，首先在二叉排序树中检查待插入的数据元素，如果查找成功，说明树中已经存在这个数据元素，则不再插入；如果查找不成功，说明树中不存在关键字等于给定值的数据元素，则把新元素插到查找操作失败的地方。例如，向图 8-8 所示的二叉排序树中插入关键字为 17 的新元素。首先在二叉排序树中查找关键字等于给定值 17 的数据元素是否存在，查找操作返回值为 NULL，查找失败，可以插入。由于是从关键字为 23 的结点中又向左子树方向查找时查找指针变空的，因此把新元素作为关键字为 23 的结点的左孩子插入二叉排序树中，插入结果如图 8-9 所示。

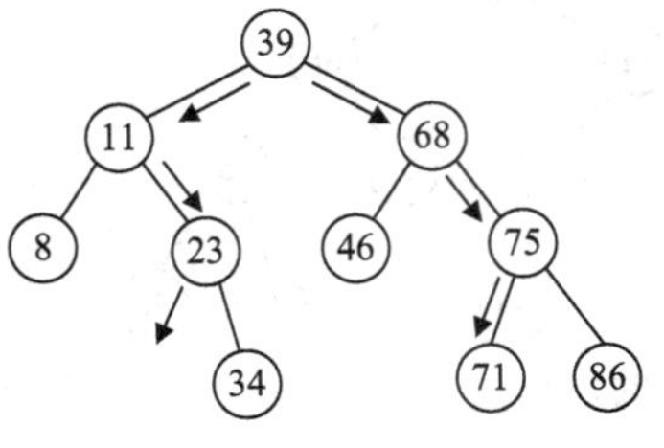

图 8-8　二叉排序树的查找过程

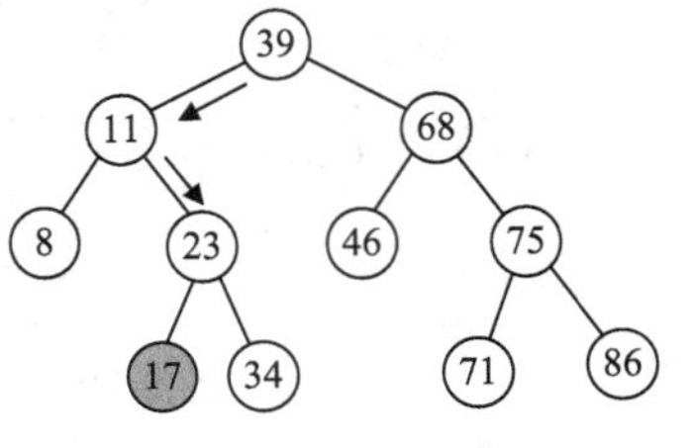

图 8-9　在二叉排序树中插入结点

下面给出在二叉排序树中插入一个新元素 e 的算法实现。

```
template <class ElemType>
bool BinarySortTree<ElemType>::Insert(const ElemType &e)
{
    BinTreeNode<ElemType> *f;            //指向被查找结点的双亲
    if (Find(e, f)==NULL) {              //查找失败，插入成功
        BinTreeNode<ElemType> *p;        //插入的新结点
        p=new BinTreeNode<ElemType>(e);
        if (IsEmpty())                   //空二叉树，新结点为根结点
            root=p;
        else if (e<f->data)              //e 小于其双亲，插入结点为 f 的左孩子
            f->leftChild=p;
        else                             //e 大于其双亲，插入结点为 f 的右孩子
            f->rightChild=p;
        return true;
    }
    else                                 //查找成功，插入失败
        return false;
}
```

利用二叉排序树的插入算法，可以很方便地建立二叉排序树。例如，有一个关键字的输入序列为{39,11,68,46,75,23,71,8,86,34}的数据元素序列。从空的二叉排序树开始，逐一插入这些结点，从而建立起最终的二叉排序树，建立过程如图 8-10 所示。显然，每次插入一个数据元素，都要从根结点出发查找插入位置，然后把新元素作为叶子插入二叉排序树中，因此，无须移动数据元素，只要修改相应结点中的一个空指针即可。

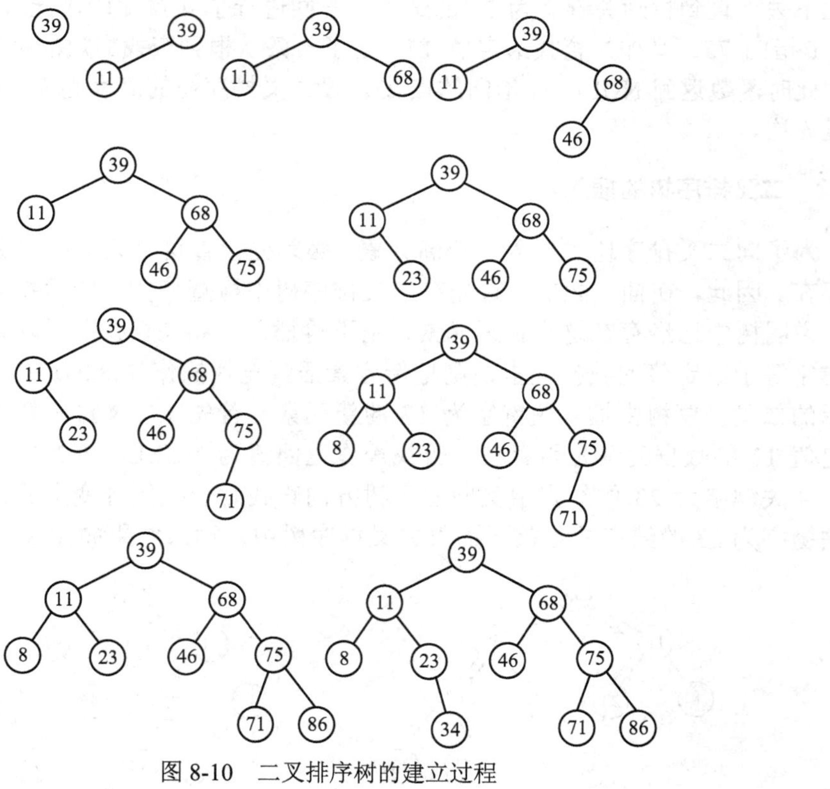

图 8-10　二叉排序树的建立过程

对于同样一组数据元素，由于输入顺序不同，建立起来的二叉排序树的形态也不同。例如，有三个数据元素{39,11,68}，图 8-11 中的二叉排序树（a）～（e）分别是由输入

序列{68,11,39}、{68,39,11}、{39,11,68}、{11,68,39}、{11,39,68}得到的。显然，这些二叉排序树的查找性能是不一样的。由此可见，如果输入序列选得不好，会建立起一棵单支树，使二叉排序树的查找性能和顺序查找一样。

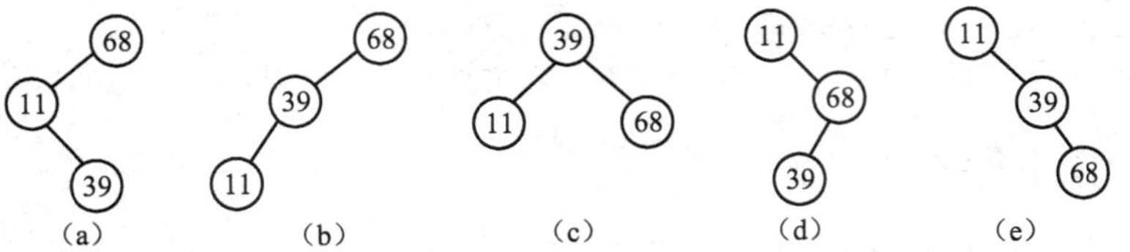

图 8-11　不同形态的二叉排序树

8.4.4　二叉排序树的删除

在二叉排序树中删除一个数据元素时，必须将因删除元素而断开的二叉链表重新链接起来，同时确保不会失去二叉排序树的性质。此外，为了保证在执行删除后二叉排序树的查找性能不降低，还需要做到重新链接后二叉排序树的高度不增加。所有这些因素都应当在删除算法中得到体现。

在二叉排序树中删除一个数据元素的算法思想如下。如果被删除的数据元素是叶子，则只需将其双亲指向它的指针置空，再释放该数据元素的存储空间即可。如果被删除的数据元素只有左子树而没有右子树，则可以用它的左孩子顶替它的位置，再释放该数据元素的存储空间即可。如果被删除的数据元素只有右子树而没有左子树，则可以用它的右孩子顶替它的位置，再释放该数据元素的存储空间即可。如果被删除的数据元素左、右子树都存在，则有四种处理方法。其一，可以在它的左子树中寻找关键字值最大的数据元素（其左子树中序遍历中最后一个被访问的数据元素）x，用 x 的值代替被删除数据元素的值，再删除数据元素 x（x 一定没有右子树）。例如，在图 8-12 中想要删除关键字为 39 的数据元素，它有左、右子树，在它的左子树中找中序遍历时第一个被访问的数据元素为关键字等于34，用它的值代替被删除数据元素的值，接下来再删除关键字为 34 的数据元素，该数据元素没有左、右子树，可直接删除。其二，可以在它的右子树中寻找关键字值最小的数据元素（其右子树中序遍历中第一个被访问的数据元素）x，用 x 的值代替被删除数据元素的值，再删除数据元素 x（x 没有左子树）。例如，在图 8-12 中想要删除关键字为 68 的数据元素，它有左、右子树，在它的右子树中，中序遍历时第一个被访问的数据元素的关键字为 71，用它的值代替被删除数据元素的值，接下来再删除关键字为 71 的数据元素，数据元素 71 没有左、右子树，可直接删除。其三，可以先把它的右子树作为左子树中关键字值最大的数据元素 x 的右子树，然后再删除结点。其四，可以先把它的左子树作为右子树中关键字值最小的数据元素 x 的左子树，然后再删除结点。后两种方法可能会增加二叉排序树的高度，在此不做详细介绍。第二种方法和第一种方法类似。

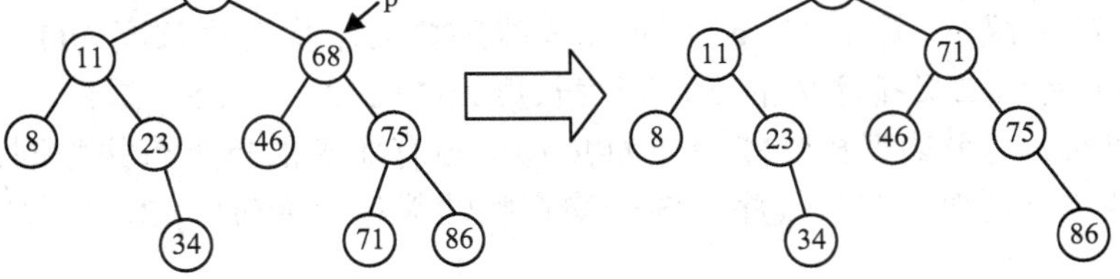

图 8-12　二叉排序树中删除元素 71

下面利用第一种方法介绍在二叉排序树删除结点算法的C++实现。

```
template <class ElemType>
void BinarySortTree<ElemType>::Delete(BinTreeNode<ElemType> *&p)
{
    BinTreeNode<ElemType> *tmpPtr, *tmpF;
    if (p->leftChild==NULL && p->rightChild==NULL) {    //p 为叶结点
        delete p;
        p=NULL;
    }
    else if (p->leftChild==NULL){ //p 的左子树为空
        tmpPtr=p;
        p=p->rightChild;
        delete tmpPtr;
    }
    else if (p->rightChild==NULL){ //p 的右子树为空
        tmpPtr=p;
        p=p->leftChild;
        delete tmpPtr;
    }
    else  {                          //p 的左右子树都存在
        tmpF=p;
        tmpPtr=p->leftChild;
        while (tmpPtr->rightChild!=NULL){
            //查找 p 在中序序列中的直接前驱 tmpPtr 及其双亲 tmpF
            tmpF=tmpPtr;
            tmpPtr=tmpPtr->rightChild;
        }
        p->data=tmpPtr->data;
            //将 tmpPtr 指向结点的数据元素值赋值给被删除的结点
        if (tmpF->rightChild==tmpPtr) //删除 tmpPtr 的结点
            Delete(tmpF->rightChild);
        else
            Delete(tmpF->leftChild);
    }
}
```

8.4.5 二叉排序树查找的性能分析

二叉排序树上的查找过程实际上走了一条从根结点到所查结点的路径，所需要的比较次数为该结点所在的层次数。因此，查找成功时，关键字的比较次数不超过树的高度。但是含有 n 个结点的二叉排序树不是唯一的，所以树的高度也不一定相同。例如，图 8-13（a）和（b）是由一组相同的数据元素组成的二叉排序树，但一棵树的高度为 3，而另一棵树的高度为 5。在图 8-13（a）中查找 75 需要比较三次，而在图 8-13（b）中查找 75 则需比较五次。

在等概率的情况下，图 8-13（a）所示二叉排序树的平均查找长度为(1+2+2+3+3)/5；而图 8-13（b）所示二叉排序树的平均查找长度为(1+2+3+4+5)/5。显然，当二叉排序树是完全二叉树时，其平均查找性能最佳为 $\log_2 n$，与有序表的折半查找相同。当二叉排序树退化为一棵单支树时，二叉排序树的平均查找性能最差为$(n+1)/2$，与顺序表的平均查找长度相同。

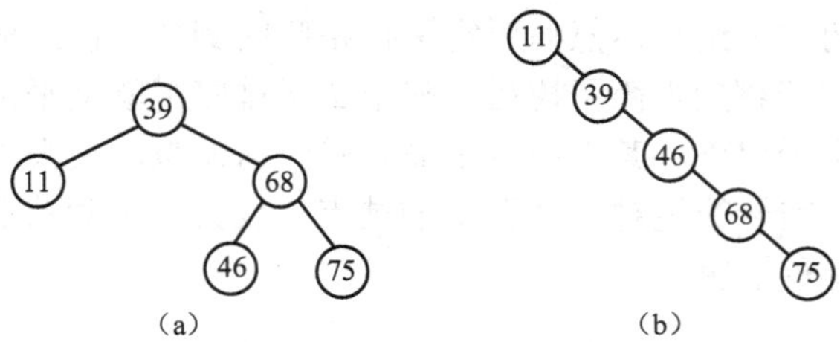

图 8-13　两棵二叉排序树

8.5　平衡二叉树

上述分析已经说明，在二叉排序树上实现查找的时间复杂度与从根结点到所查数据元素的结点的路径长度成正比，在最坏的情况下，这个长度等于树的高度。在构造二叉排序树时，如果输入的数据元素序列恰巧按其关键字大小有序，则将产生如图 8-13（b）所示的二叉排序树。它虽然还是一棵二叉排序树，但是它在形式上已经退化成一个单链表了。在这样的树上查找操作所需要的时间就是 $O(n)$，或者说与结点个数呈线性关系。因此需要有一种方法来避免使二叉排序树变得过于窄而高这种情况的发生。如果能够保证树的高度与树中结点的数目 n 之间成 $\log_2 n$ 关系，就能提高查找效率。

8.5.1　平衡二叉树的定义

一棵平衡二叉树或者是空树，或者是具有下列性质的二叉排序树：它的左子树和右子树都是平衡二叉树，且左子树和右子树的高度之差的绝对值不超过 1。在图 8-14（a）所示的二叉排序树中，没有一个结点的左子树和右子树高度之差的绝对值超过 1，因此它是一棵平衡二叉树。在图 8-14（b）所示的二叉排序树中，根的右子树的高度为 2，而左子树的高度为 4，两者高度之差的绝对值为 2，因此它不是一棵平衡二叉树。在图 8-14 中每个结点旁边所注的数字给出该结点右子树的高度减去左子树的高度所得的高度差，在此称这个数字为结点的平衡因子（balance factor，BF）。根据平衡二叉树的定义，任一结点的平衡因子只能是-1、0 和 1。如果有结点的平衡因子的绝对值大于 1，则这棵二叉排序树就失去了平衡，就不是平衡二叉树了。一棵具有 n 个结点的平衡二叉树，其平均查找长度为 $O(\log_2 n)$。

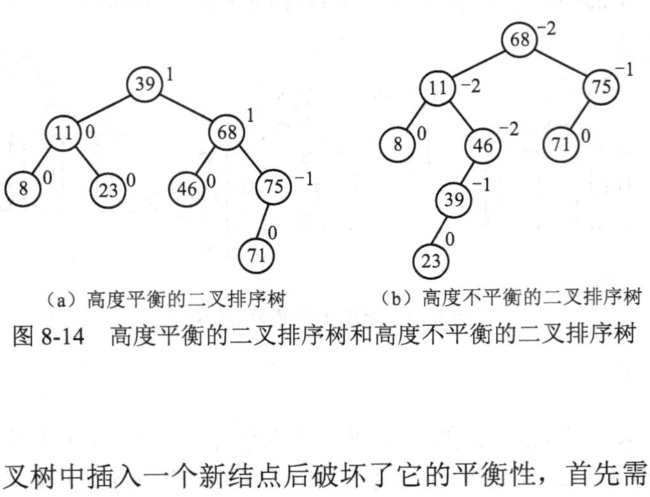

图 8-14　高度平衡的二叉排序树和高度不平衡的二叉排序树

8.5.2　平衡旋转

假定向平衡二叉树中插入一个新结点后破坏了它的平衡性，首先需要找到插入新结点后失去平衡的最小子树的根结点，然后对它进行相应的旋转，使之成为新的平衡子树。当失去平衡的最小子树被调整为平衡子树后，整个二叉排序树就又平衡了。在平衡调整过程中除了失去平衡的最小子树外，其他结点不需要做任何调整。失去平衡的最小子树的根是离插入点最近，且平衡因子的绝对值大于 1 的结点。设失去平衡的最小子树的根为 A，则平衡调整可以有以下四种情况。

1. LL 平衡旋转

如果因为在 A 的左孩子 B 的左子树上插入新结点，使 A 的平衡因子由−1 变为−2，则需要进行 LL 平衡旋转。图 8-15 是 LL 平衡旋转的例子，图中大写字母用来指明结点，矩形框表示结点的子树，字母 h 给出了子树的高度。其中，图 8-15（a）为原始的平衡状态，图 8-15（b）为插入结点 X 后不平衡的状态。为使二叉排序树恢复平衡，从 A 沿刚才的插入路径连续取两个结点 A 和 B，以结点 B 为旋转轴，将结点 A 顺时针向下旋转成为 B 的右孩子，结点 B 代替原来结点 A 的位置，结点 B 原来的右孩子作为结点 A 的左孩子，从而使二叉排序树又达到平衡。结果如图 8-15（c）所示。

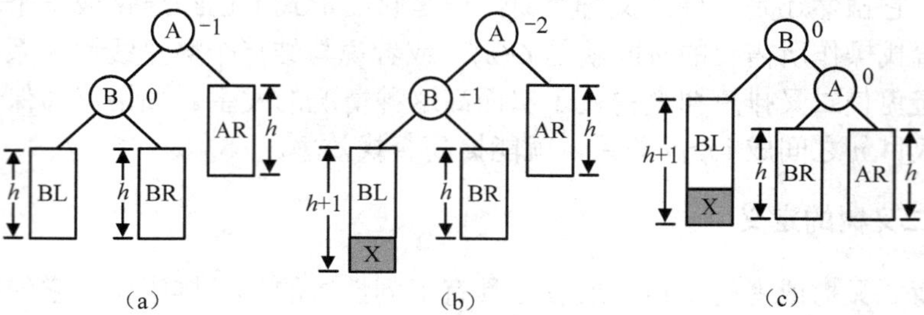

图 8-15　LL 平衡旋转的示例

2. RR 平衡旋转

RR 旋转和 LL 旋转对称。如果因为在 A 的右孩子 B 的右子树上插入新结点，使 A 的平衡因子由 1 变为 2，则需要进行 RR 平衡旋转。图 8-16 是 RR 平衡旋转的例子。为使二叉排序树恢复平衡，从 A 沿刚才的插入路径连续取两个结点 A 和 B，以结点 B 为旋转轴，将结点 A 逆时针向下旋转成为 B 的左孩子，结点 B 代替原来结点 A 的位置，结点 B 原来的左孩子成为结点 A 的右孩子，从而使二叉排序树又达到平衡。

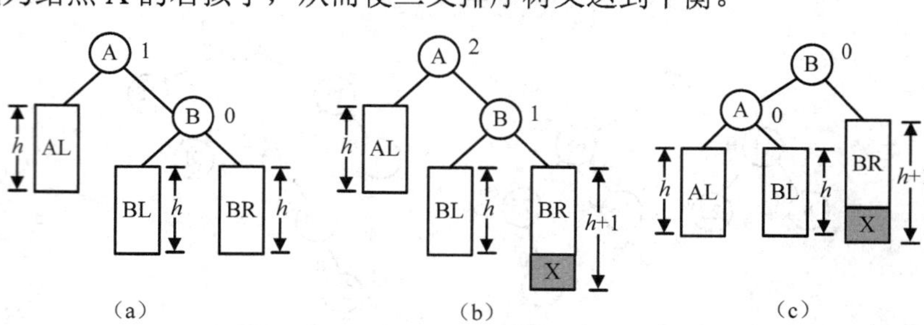

图 8-16　RR 平衡旋转的示例

3. LR 平衡旋转

如果是因为在 A 的左孩子 B 的右子树上插入新结点，使 A 的平衡因子由−1 变为−2，则需要进行 LR 平衡旋转。图 8-17 是 LR 平衡旋转的例子。为使二叉排序树恢复平衡，则需要进行先逆时针后顺时针的平衡旋转，即先将 A 的左孩子 B 的右孩子 C 向逆时针方向旋转代替 B 的位置，再以结点 C 为旋转轴，将结点 A 向顺时针方向旋转成为 C 的右孩子，结点 C 代替原来结点 A 的位置，结点 C 原来的左孩子转为结点 B 的右孩子，结点 C 原来的右孩子转为结点 A 的左孩子，从而使二叉排序树又达到平衡。

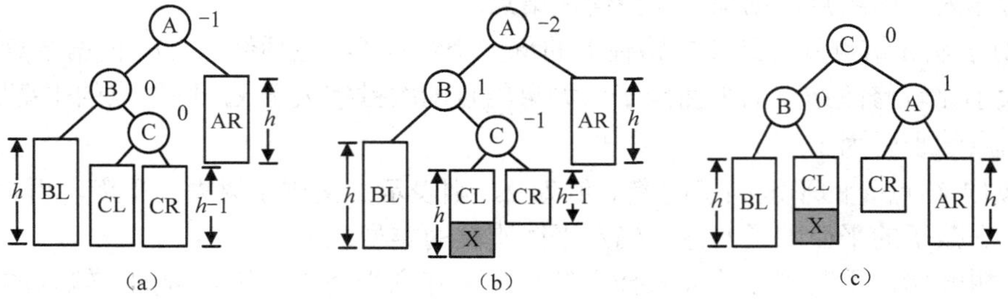

图 8-17　LR 平衡旋转的示例

4. RL 平衡旋转

如果因为在 A 的右孩子 B 的左子树上插入新结点，使 A 的平衡因子由 1 变为 2，则需要进行 RL 平衡旋转。图 8-18 是 RL 平衡旋转的例子。为使二叉排序树恢复平衡，则需要进行先顺时针后逆时针的平衡旋转，即先将 A 的右孩子 B 的左孩子 C 向顺时针方向旋转代替 B 的位置，再以结点 C 为旋转轴，将结点 A 向逆时针方向旋转成为 C 的左孩子，结点 C 代替原来结点 A 的位置，结点 C 原来的左孩子转为结点 A 的右孩子，结点 C 原来的右孩子转为结点 B 的左孩子，从而使二叉排序树又达到平衡。

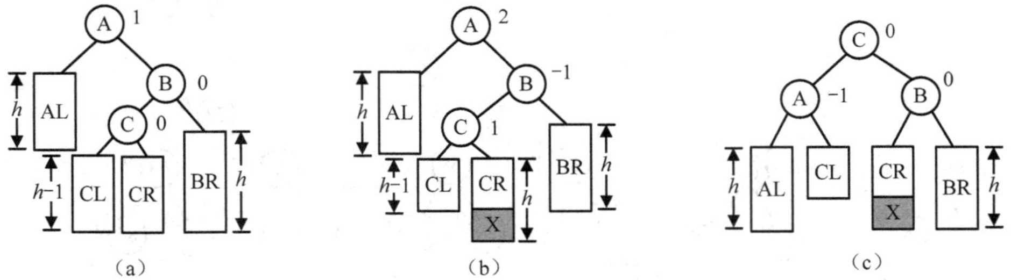

图 8-18　RL 平衡旋转的示例

8.5.3 平衡二叉树中插入结点

在平衡二叉树中插入一个新结点后，如果二叉排序树中某个结点的平衡因子的绝对值|bf|>1，则出现了不平衡，这时需要根据平衡旋转的类型立即进行平衡化处理，使二叉排序树中各结点重新平衡。平衡二叉树插入结点的算法思想如下。

1）按二叉排序树的性质插入结点。

2）如果插入结点之后出现不平衡的结点，则转步骤 3）；否则，插入完成。

3）找到失去平衡的最小子树。

4）判断平衡旋转的类型做相应平衡化处理。

在此算法中，步骤 1）是比较简单的。但如何发现插入后出现不平衡的结点呢？如何确定失去平衡的最小子树呢？又如何判断平衡旋转的类型呢？由平衡二叉树的定义可知，在插入之后如果树上出现平衡因子绝对值大于 1 的结点，则说明二叉排序树已经不平衡。这时失去平衡的最小子树的根结点必为离插入结点最近，而且插入之前平衡因子绝对值为 1 的结点。为此，要解决上述三个问题可以做如下处理。

1）在查找结点 x 的插入位置的过程中，记下从根结点到插入位置的路径上离插入位置最近的且平衡因子绝对值为 1 的结点，并令指针 a 指向该结点；如果此路径上不存在平衡因子绝对值为 1 的结点，则指针 a 指向根结点。

2）对于从 a 结点到 x 结点的路径上的每一个结点（不包括结点 x），根据结点中关键字和 x 的大小比较修改结点的平衡因子。如果结点的关键字大于 x，则结点的平衡因子减 1；否则，结点的平衡因子加 1。

3）如果结点 a 的平衡因子的绝对值为 2，则表示二叉排序树失去平衡，再根据结点 a 及其左、右孩子的平衡因子的值来确定平衡旋转的类型。

从空树开始，不断用上述算法插入结点即可建立平衡二叉树。例如，输入的关键字序列为{11,39,23,68,85,8,3,46,27,50}，图 8-19 给出了从空树开始按此顺序插入结点并进行调整的过程。

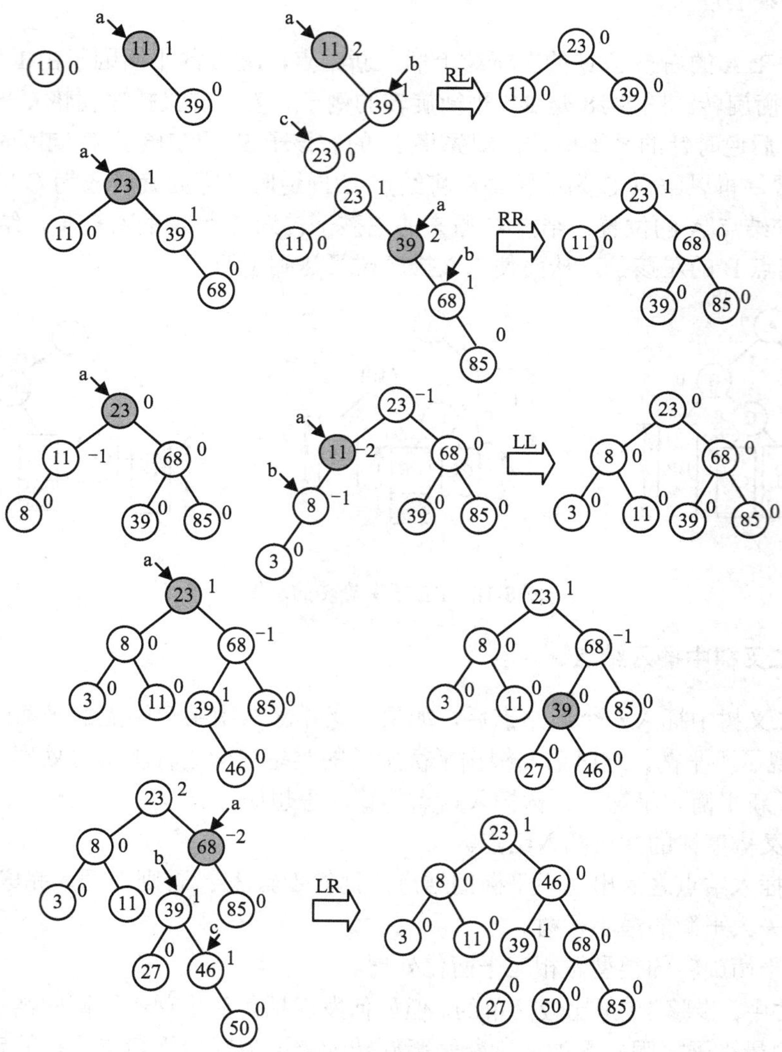

图 8-19　二叉排序树的建立过程

为了实现在平衡二叉树中插入结点的算法，需要对平衡二叉树的查找算法进行改写，它在查找关键字为 key 的数据元素时，除返回指向关键字为 key 的结点指针，并用 f 返回其双亲外，还用 a 指向离插入结点最近的平衡因子不等于 0 的结点（如果没有平衡因子不等于 0 的结点，则 a 指向根结点），af 是 a 的双亲。修改后的查找算法如下：

```
#define  LH  -1
#define  EH   0
#define  RH   1
template <class ElemType>
BinAVLTreeNode<ElemType> *BinaryAVLTree<ElemType>::Find(
   const ElemType &key, BinAVLTreeNode<ElemType> *&f,
   BinAVLTreeNode<ElemType> *&a, BinAVLTreeNode<ElemType> *&af)
{
   BinAVLTreeNode<ElemType> *p=GetRoot();          //p 为搜索指针
   a=af=f=NULL;                                    //初始化 a、af、f
   while (p!=NULL&&p->data!=key) {                 //查找关键字为 key 的结点
      if (p->bf!=EH) {
         af=f;
         a=p;
      }
      if (key<p->data)    {                  //key 比 p 小，在左子树上进行查找
         f=p;
         p=p->leftChild;
      }
      else {                                 //key 比 p 大，在右子树上进行查找
         f=p;
         p=p->rightChild;
      }
   }
   if (a==NULL)
      a=GetRoot();
   return p;
}
```

有了这个查找算法，下面就可以讨论在平衡二叉树中插入元素的算法。算法先利用上面的 Find()函数查找插入位置，再根据 a 结点的平衡因子以及插入元素值与 a 结点元素值比较关系确定平衡旋转的方式。

结点 a 的平衡因子有以下三种情况。

1）结点 a 的平衡因子为-1：此时，如果被插入元素的值小于 a 的值，就会使结点 a 的平衡因子从-1 变为-2，因此需要进行 LL 旋转或 LR 旋转；否则，被插入元素的值大于 a 的值，就会使结点 a 的平衡因子从-1 变为 0，所以不需要进行平衡旋转，但需要修改从结点 a 到结点 p 这条路径上各结点的平衡因子。要区分是 LL 旋转还是 LR 旋转，就要比较被插入元素 p 的值和 a 的左孩子结点 b 的值，如果 p 的值小于 b 的值，就要进行 LL 旋转；否则，进行 LR 旋转。

2）结点 a 的平衡因子为 0：此时，插入元素后 a 的平衡因子会变为-1（被插入元素的值小于 a 的值）或 1（被插入元素的值大于 a 的值），所以不需要进行平衡旋转，但需要修改从结点 a 到结点 p 这条路径上各结点的平衡因子。

3）结点 a 的平衡因子为 1：此时，如果被插入元素的值大于 a 的值，就会使结点 a 的平衡因子从 1 变为 2，因此需要进行 RR 旋转或 RL 旋转；否则，被插入元素的值小于 a 的

值，就会使结点 a 的平衡因子从 1 变为 0，所以不需要进行平衡旋转，但需要修改从结点 a 到结点 p 这条路径上各结点的平衡因子。要区分是 RR 旋转还是 RL 旋转，就要比较被插入元素 p 的值和 a 的右孩子结点 b 的值，如果 p 的值大于 b 的值，就要进行 RR 旋转；否则，进行 RL 旋转。

当然，如果在调用 Find()函数进行查找时，在平衡二叉树中找到了相应的数据元素，就不需要进行插入操作。算法的具体实现可查阅文件 BinaryAvlTree.h。

8.5.4 平衡二叉树中删除结点

在平衡二叉树上进行删除操作时，同样也需要考虑平衡旋转问题。当删除结点 x 后，还需要考虑结点 x 到根结点路径上的结点的子树的变化是否影响其平衡因子的值，一旦结点平衡因子的绝对值大于 1，就需要进行相应的平衡化处理。为此需要在算法中定义一个布尔变量 isShorter 来指明子树的高度是否被缩短。布尔变量 isShorter 的初始化值为 true。在每个结点上要做的平衡化操作取决于 isShorter 的值和结点平衡因子的值，有时还要依赖其孩子的平衡因子。下面给出删除算法的思想。

1）如果被删结点 x 有左、右孩子，首先查找 x 在中序次序下的直接前驱 y（同样也可以找直接后继），然后把结点 y 的内容传送给结点 x，再删除结点 y（结点 y 最多有一个孩子）。

2）对于删除最多有一个孩子的结点 x，可以简单地把 x 的双亲结点中原来指向 x 的指针改为指向 x 的孩子结点。如果结点 x 没有孩子，则其双亲结点的相应指针置为空。

3）对于从结点 x 的双亲到根结点的路径上的每一个结点 p，当布尔变量 isShorter 的值为 true 时，根据以下三种不同的情况继续进行，直到布尔变量 isShorter 的值为 false 时，整个删除算法结束。

① 情况一，结点 p 的平衡因子为 0，如果它的左子树或右子树被缩短（isShorter 的值为 true），则它的平衡因子改为 1 或-1，由于此时以结点 p 为根的子树高度没有缩短，所以置 isShorter 的值为 false。如图 8-20（a）所示，由于 p 的左子树被缩短，因此 p 的平衡因子改为 1。

② 情况二，结点 p 的平衡因子不为 0，且其较高的子树被缩短，则 p 的平衡因子改为 0。由于此时以结点 p 为根的子树高度被缩短，因此 isShorter 的值仍为 true。如图 8-20（b）所示，开始时 p 的平衡因子为-1，由于 p 的左子树高度缩短 1，因此最后 p 的平衡因子为 0。

③ 情况三，结点 p 的平衡因子不为 0，且较矮的子树又被缩短，则在结点 p 发生不平衡。此时，将进行平衡旋转来恢复平衡。令结点 p 的较高子树的根结点为 q，则根据结点 p 和 q 的平衡因子值，有如下三种平衡化操作。

- 如果 q 的平衡因子为 0，则只要执行一个单旋转就可恢复结点 p 的平衡，由于旋转后被处理子树的高度没有缩短，因此置 isShorter 的值为 false。图 8-20（c）给出了相应的例子。
- 如果 q 的平衡因子与 p 的平衡因子的符号相同，则只要执行一个单旋转就可恢复结点 p 的平衡。由于此时被处理子树的高度被缩短，因此 isShorter 的值仍为 true。最后，结点 p 和 q 的平衡因子均改为 0。图 8-20（d）给出了相应的例子。
- 如果 p 与 q 的平衡因子的符号相反，则需要执行一个双旋转来恢复平衡，先围绕

q 转、再围绕 p 转。由于此时被处理子树的高度被缩短，因此 isShorter 的值仍为 true，新的根结点的平衡因子置为 0，其他结点的平衡因子做相应处理。图 8-20（d）给出了相应的例子。

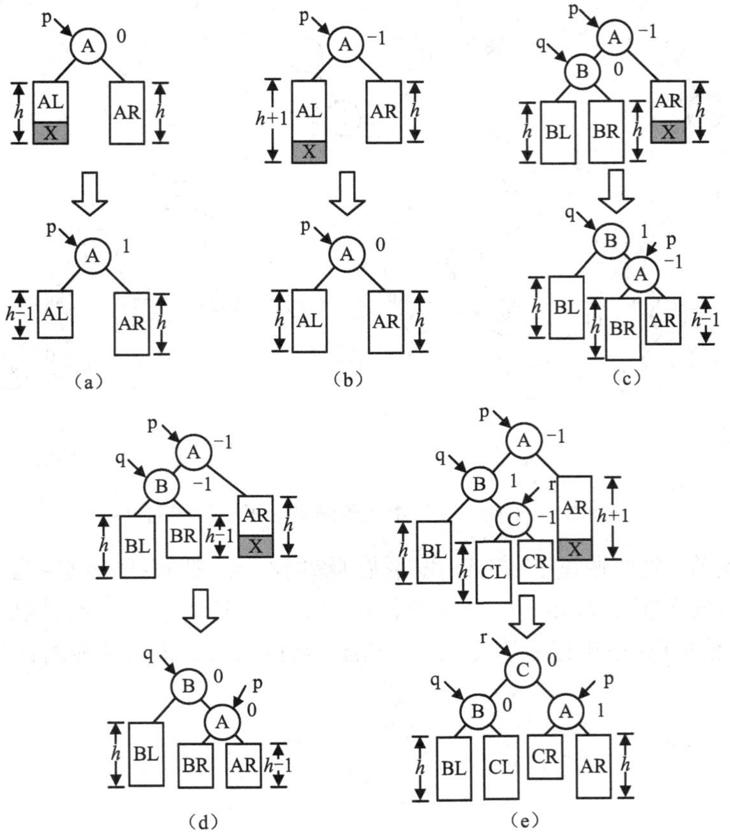

图 8-20 平衡二叉树中删除结点后平衡旋转的示例

在上述三种情形中，旋转的方向取决于是结点 p 的哪一棵子树被缩短，在图 8-20 中只是给出了某些可能情况。图 8-21 给出了删除结点 50 后平衡旋转的过程。

在图 8-21（a）所示的平衡二叉树中删除关键字为 50 的结点时，由于该结点的左、右子树都存在，因此可以考虑先用其左子树上关键字最大的结点 46 替换结点 50，再删除结点 46，结果如图 8-21（b）。接下来要考虑对从原 46 结点的双亲（新 46 结点）到根结点路径上的结点进行平衡旋转处理。先设布尔变量 isShorter 的值为 true，指针 p 指向结点 46，指针 q 指向结点 85（结点 85 为结点 p 的较高子树的根结点）；由于结点 p 较矮的子树被缩短，且结点 p 与结点 q 的平衡因子符号相反，因此需要执行一个双旋转来恢复平衡；由于此时被处理子树的高度被缩短，因此布尔变量 isShorter 的值仍然为 true，结果如图 8-21（c）所示。再令指针 p 沿着路径后退指向根结点 23，令指针 q 指向结点 15（结点 15 为结点 p 的较高子树的根结点）；由于结点 p 较矮的子树又被缩短，且结点 p 与结点 q 的平衡因子的值相同，因此需要执行一个单旋转来恢复平衡；由于此时被处理子树的高度被缩短，所以布尔变量 isShorter 的值仍然为 true，结果如图 8-21（d）。此时从原 46 结点的双亲到跟结点路径上的每一个结点都进行了平衡旋转处理（虽然布尔变量 isShorter 的值仍为 true），整个删除操作结束。

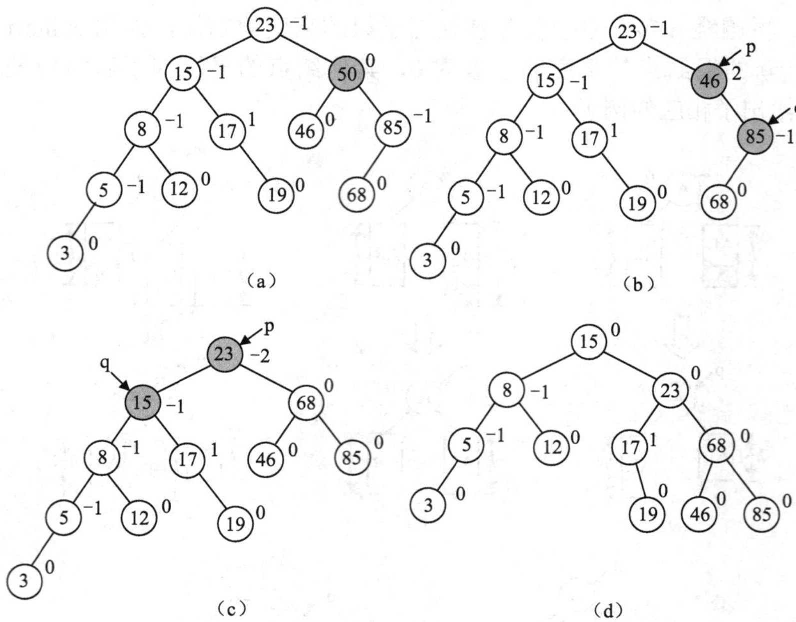

图 8-21　平衡二叉树中删除结点后平衡旋转的过程

在删除结点前，先要通过 Find()查找要被删除的结点。在查找关键字为 key 的数据元素时，除了返回指向关键字为 key 的结点指针并用 f 返回其双亲外，还要用栈 s 存储查找路径。完整的删除结点算法请读者查看文件 BinaryAvlTree.h。该算法相对比较复杂，需要读者仔细分析。

8.6　B–树

B–树

二叉排序树比较适合在内存中组织较小的索引。对于存放在外存中的较大的文件系统，用二叉排序树来组织索引就不太合适了。若以结点作为内外存交换的单位，则在查找过程中需要对外存进行 $\log_2 n$ 次访问，显然很费时。因此，在文件检索系统中大量使用 B–树或 B+树做文件索引。

8.6.1　动态的 *m* 路查找树

在讨论 B–树或 B+树之前，先介绍 *m* 路查找树的定义，一棵 *m* 路查找树，它或者是一棵空树，或者是满足如下性质的树。

1）根结点最多有 *m* 棵子树，并具有如下的结构：

$$(n, p_0, k_1, p_1, k_2, p_2, \cdots, k_n, p_n)$$

其中，p_i 是指向子树的指针；k_i 是数据元素的关键字；$1 \leqslant i \leqslant n < m$。

2）$k_i < k_{i+1}$，$1 \leqslant i < n$。

3）在 p_i 所指的子树中所有的数据元素的关键字都小于 k_{i+1}，且大于 k_i，$0 < i < n$。

4）在 p_n 所指的子树中所有数据元素的关键字都大于 k_n，而子树 p_0 中的所有数据元素的关键字都小于 k_1。

5）p_i所指的子树也是m路查找树，$0 \leqslant i \leqslant n$。

例如，图8-22所示的是一棵三路查找树，它有九个数据元素。每个结点最多有三棵子树，因而最多有两个数据元素，最少有一个数据元素（有0棵子树）。在这棵三路查找树中，结点a的格式为(2,b,35,c,60,d)；结点b中所有数据元素的关键字均小于35；结点c中所有数据元素的关键字都介于35～60；结点d中所有数据元素的关键字都大于60；结点e中所有数据元素的关键字均大于49，但要小于60。

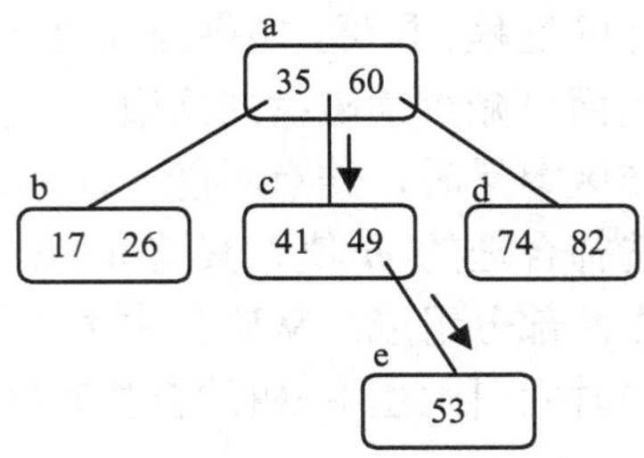

图8-22 三路查找树

对于图8-22所示的例子，如果想查找关键字为53的数据元素，需要从根结点开始查找。首先从磁盘中读入结点a，沿35与60之间的子树指针找到结点c；再读入结点c，沿30右侧子树指针找到结点e，最后读入结点e，在结点e中找到关键字为53的数据元素。

对于一棵m路查找树，适当提高查找树的路数m，可以改善m路查找树的查找性能。如果查找树是平衡的，可以使m路查找树的查找性能接近最佳。下面将讨论的B-树就一种平衡的m路查找树。在B-树中可以引入"失败"结点，一个失败结点是指当所查找的关键字不在树中时才能到达的结点。

8.6.2 B-树的定义

一棵m阶B-树是一棵平衡的m路查找树，它具有如下的特性。

1）根结点至少有两个孩子。

2）除根结点以外的所有结点（不包括失败结点）至少有$\lceil m/2 \rceil$个孩子。

3）所有的失败结点都位于同一层。事实上，这些结点都是作为外部结点存在，不是B树上的结点，可以视为查找失败时才能到达的结点，指向它们的指针都为空值。

例如，图8-23（a）是一棵三阶B-树，灰色结点为失败结点，实现时用空指针表示。它的所有失败结点都在同一层上；而图8-23（b）就不是B-树。

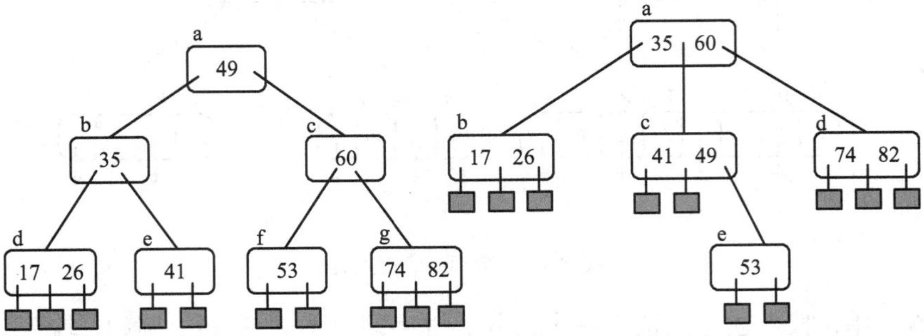

（a）B-树　　（b）非B-树

图8-23 B-树和非B-树

在图8-23（a）所示的B-树中查找关键字为53的数据元素，首先通过根指针找到根结点a，进行关键字的比较：53>49，因此按49的右侧指针找到下一层结点c；在结点c中进行关键字比较：53<60，沿60的左侧指针找到下一层结点f；最后在结点f中进行关键字比较：53=53，查找成功，报告结点地址及在结点中的关键字序号。但如果想查找的是关键字为58的数据元素，前面的过程和查找关键字为53的数据元素一样，在结点f中做关键字比较：58>

53，沿 53 的右侧指针向下一层查找，结果到达失败结点，所以查找失败。

由此可见，B−树的查找过程是一个在结点内查找和按某一条路径向下一层查找交替进行的过程。显然，如果提高 B−树的阶数 m，可以减少树的高度，从而减少读入结点的次数，因而可减少读磁盘的次数。事实上，m 受到内存可使用空间的限制。当 m 很大超出内存工作区容量时，结点不能一次读入内存，增加了读盘次数，也增加了结点查找的难度。如何选择合理的 m 值？其前提应是使在 B−树中找到关键字 k 的时间总量达到最小。这个时间由两部分组成：从磁盘中读入结点所用的时间；在结点中查找关键字为 k 的数据元素所用的时间。因此，B−树的查找时间与 B−树的阶数 m 和 B−树的高度直接有关，必须加以权衡。

8.6.3 B−树的插入

B−树的插入是在查找失败时进行的，因而总是插在某个叶结点（即最底层的非失败结点）内。在一棵 m 阶 B−树中，每个非失败结点的关键字个数都在（$\lceil m/2\rceil-1$）～（$m-1$）之间。如果在关键字插入后结点中的关键字个数未超出上述范围的上界 $m-1$，则可以直接插入；否则，结点需要“分裂”。实现结点“分裂”的原则是：设结点 p 中已经有 $m-1$ 个关键字，当再插入一个关键字后结点中的状态为（$m,P_0,K_1,P_1,K_2,P_2,\cdots,K_m,P_m$），其中 $K_i<K_{i+1}$，$1\leqslant i<m$。

这时必须把结点 p 分裂成两个结点 p 和 p′，它们包含的信息分别如下。

结点 p：（$\lceil m/2\rceil-1,P_0,K_1,P_1,\cdots,K_{\lceil m/2\rceil-1},P_{\lceil m/2\rceil-1}$）

结点 p′：（$m-\lceil m/2\rceil,P_{\lceil m/2\rceil},K_{\lceil m/2\rceil+1},P_{\lceil m/2\rceil+1},\cdots,K_m,P_m$）

位于中间的关键字 $K_{\lceil m/2\rceil}$ 与指向新结点 p′的指针形成一个二元组($K_{\lceil m/2\rceil}$，p′)，并插入这两个结点的双亲结点中去。例如，当 m=3 时，所有结点最多有两个关键字。若当结点中已经有两个关键字时，结点已满，如图 8-24（a）所示。如果再插入一个关键字 74，则结点中的关键字个数为 3，超出了 $m-1$，如图 8-24（b）所示。此时必须进行结点分裂，分裂的结果如图 8-24（c）所示。

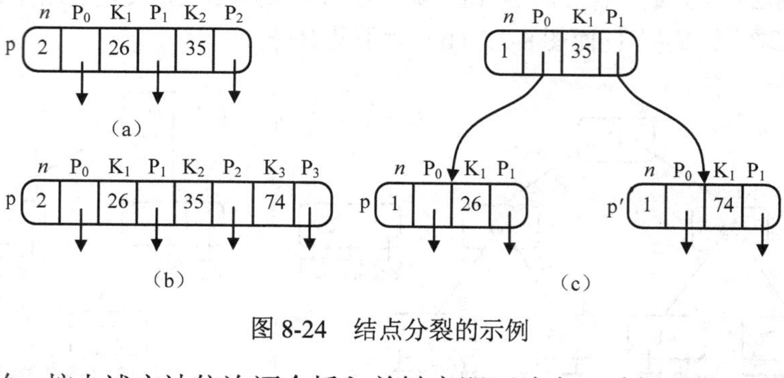

图 8-24 结点分裂的示例

从空树开始，按上述方法依次逐个插入关键字即可建立 B−树。例如，输入关键字序列为{35,26,74,60,49,17,41,53}，图 8-25 给出了从空树开始通过逐个插入关键字建立三阶 B−树的示例。

当 n=1 时，树的高度为 1。再加入关键字 26，因根结点中关键字个数没有超出 $m-1$，26 可直接插入，树的高度不变。当再在根结点中插入 74 后，根结点中关键字个数为 3，已超过结点中关键字个数的上限 2，必须按结点“分裂”的原则进行处理，树的高度加到 2。一般地，若在三阶 B−树中总的关键字个数为 N，则树的高度为 $h\leqslant\log_2((N+1)/2)+1$。当 N=7 时，$h\leqslant\log_2((N+1)/2)+1=3$。

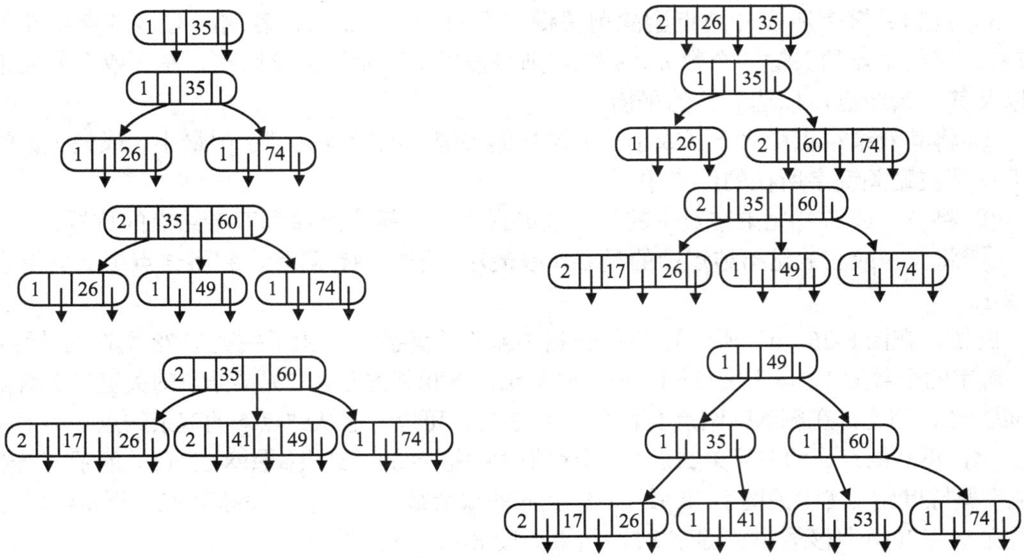

图 8-25　三阶 B-树的建立示例

设 B-树的高度为 h，那么在自顶向下查找叶结点的过程中需要经过 h 个结点。在最坏的情况下需要自底向上分裂结点，从被插关键字所在叶结点到根结点的路径上的所有结点都要分裂。因此，完成一次插入操作时，最多需要读写磁盘的次数=（查找插入结点而进行的读盘次数）+（分裂结点而进行的写盘次数）$=2h$。

8.6.4　B-树的删除

如果想要在 B-树上删除一个关键字，首先需要找到这个关键字所在的结点，从中删去这个关键字。若该结点不是叶结点，且被删关键字为 K_i（$1\leqslant i\leqslant n$），则在删去该关键字之后，可以用该结点的 P_i 所指子树中的最小关键字 k（或 P_{i-1} 所指子树中的最大关键字 k）来代替被删关键字 K_i，然后在 k 所在的叶结点中删除 k。现在的问题是如何在叶结点中删除关键字。

在叶结点中删除关键字有以下四种情况需要分别讨论。

1）若被删关键字所在叶结点同时又是根结点且删除前该结点中关键字个数 $n\geqslant 2$，则直接删去该关键字并将修改后的结点写回磁盘，删除结束。

2）若被删关键字所在叶结点不是根结点，且删除前该结点中关键字个数 $n\geqslant\lceil m/2\rceil$，则可直接从该叶结点中删除该关键字。

例如，在图 8-26（a）所示的三阶 B-树中删除关键字 53，由于关键字 53 所在的叶结点 f 中关键字的个数为 2，等于$\lceil m/2\rceil$，因此可以直接删除叶结点 f 中的关键字 53，结果如图 8-26（b）所示。

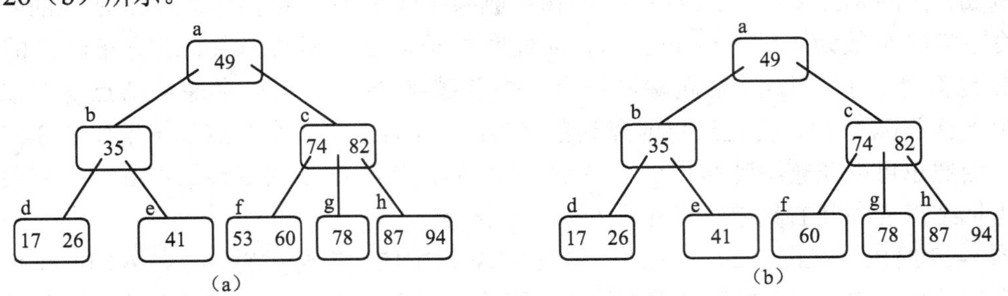

图 8-26　在叶结点中直接删除关键字的示例

3）被删关键字所在叶结点删除前关键字个数 $n=\lceil m/2\rceil-1$，若这时与该结点相邻的左（或右）兄弟结点的关键字个数 $n\geqslant\lceil m/2\rceil$，则可按以下步骤调整该结点、左（或右）兄弟结点以及其双亲结点，以达到新的平衡。

① 将其双亲结点中大于（或小于）该被删关键字的所有关键字中最小（或最大）的一个下移到被删关键字所在的结点中。

② 将左（或右）兄弟结点中的最大（或最小）关键字上移到双亲结点的位置。

③ 将左（或右）兄弟结点中的最右（或最左）子树指针删除，并将结点中的关键字个数减 1。

例如，在图 8-26（a）所示的三阶 B-树中删除关键字 78，由于关键字 78 所在的叶结点 g 中关键字的个数为 1，等于$\lceil m/2\rceil-1$，而此时与结点 g 相邻的左、右兄弟结点的关键字个数都等于$\lceil m/2\rceil=2$，因此，在删除叶结点 f 中关键字 78 后，可以考虑从结点 g 的双亲结点 c 中下移关键字 74，再从结点 g 的左兄弟结点 f 中上移最大关键字 60，结果如图 8-27（a）所示。当然也可以在删除叶结点 f 中关键字 78 后，从结点 g 的双亲结点 c 中下移关键字 82，再从结点 g 的右兄弟结点 h 中上移最小关键字 87，结果如图 8-27（b）所示。

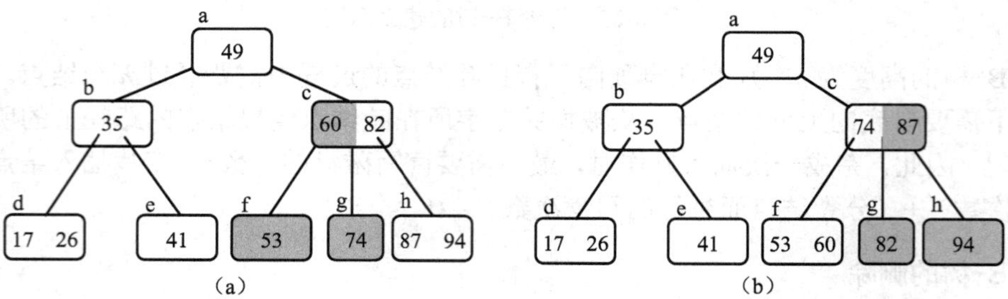

图 8-27 删除关键字后从双亲结点和左、右兄弟结点中调整关键字的示例

4）被删关键字所在叶结点 p 删除前关键字个数 $n=\lceil m/2\rceil-1$，若这时与该结点相邻的左、右兄弟结点中的关键字个数也都为$\lceil m/2\rceil-1$，则必须按以下步骤合并这两个结点。

① 将双亲结点中大于（或小于）该被删关键字的所有关键字中最小（或最大）的一个关键字 K_i 下移到 p 结点中，将 p 和 p 的右（或左）兄弟结点合并。

② 修改 p 结点和其双亲结点关键字个数。

③ 在合并结点的过程中，双亲结点中的关键字个数减少了 1 个。若 p 的双亲结点是根结点且结点关键字个数减到 0，则该双亲结点应从树上删去，合并后保留的 p 结点成为新的根结点；若双亲结点 f 不是根结点，且关键字个数减到$\lceil m/2\rceil-2$，则结点 f 又要与它自己的兄弟结点合并。重复上面的合并步骤，最坏情况下这种结点合并处理要自下向上直到根结点。

例如，在图 8-28（a）所示的三阶 B-树中删除关键字 78，由于关键字 78 所在的叶结点 g 中关键字的个数为 1，等于$\lceil m/2\rceil-1$，而此时与结点 g 的相邻的左、右兄弟结点的关键字个数也都等于 1，因此，在删除叶结点 g 中关键字 78 后，可以考虑从结点 g 的双亲结点 c 中下移关键字 74，再把结点 g 和其左兄弟结点 f 合并为一个结点，结果如图 8-28（b）所示。当然也可以在删除叶结点 g 中关键字 78 后，从结点 g 的双亲结点 c 中下移关键字 82，再把结点 g 和其右兄弟结点 h 合并为一个结点。

图 8-29 给出了在图 8-29（a）所示的三阶 B-树中依次删除关键字 78、60 和 41 后进行关键字的替代、结点的合并和调整的过程。删除关键字 78 时，将其双亲结点 c 中的关键字

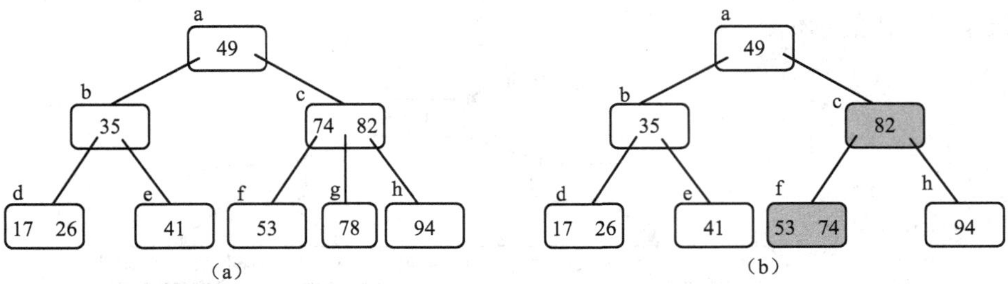

图 8-28　删除关键字后进行结点合并的示例

74 下移，再将其左兄弟结点 f 中的关键字 60 上移，结果如图 8-29（b）所示。删除关键字 60 时，先用其左子树中的最大关键字 53 替代关键字 60，然后再删除关键字 53，并进行结点的合并，结果如图 8-29（c）所示。删除关键字 41 时，先用其左子树中的最大关键字 35 替代关键字 41，然后再删除关键字 35，这时是需要进行两次结点的合并：先将结点 d、结点 e 及其双亲结点中关键字 26 合并成一个结点，再将结点 b（此时结点 b 已经没有关键字）、结点 c 及其双亲结点中关键字 35 合并成一个结点，结果如图 8-29（d）所示。

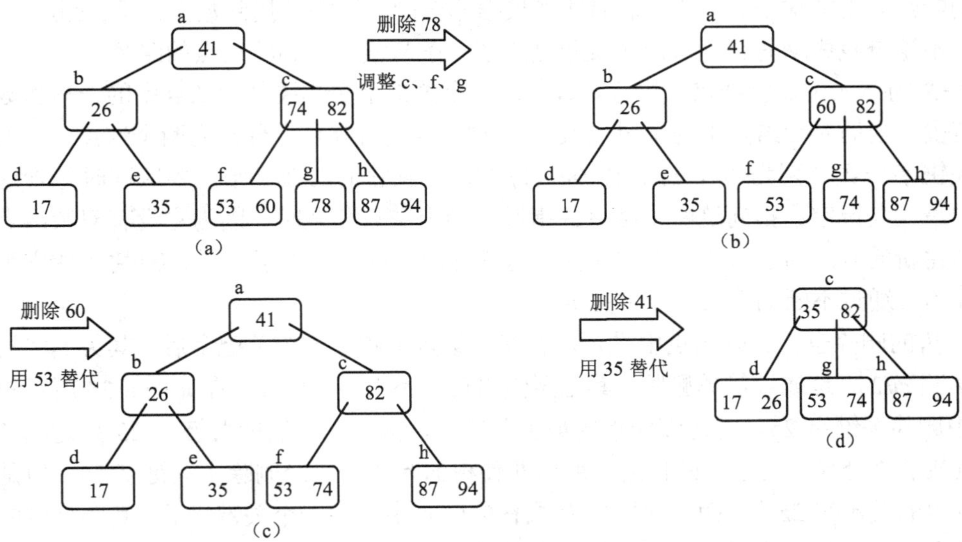

图 8-29　B-树删除结点的过程

8.6.5　B+树

B+树可以看作是 B-树的一种变形，在实现文件索引结构方面比 B-树的使用更为普遍。一棵 m 阶 B+树可以定义如下。

1）树中每个非叶结点最多有 m 棵子树。

2）根结点至少有两棵子树。除根结点外，其他的非叶结点至少有$\lceil m/2 \rceil$棵子树；有 n 棵子树的非叶结点中含有 n 个关键字，且按由小到大的顺序排列。

3）所有的叶结点都处于同一层次上，包含了全部关键字及指向相应数据元素的指针，且叶结点本身按照关键字从小到大顺序链接。

4）所有的非叶结点可以看成是索引部分，结点中关键字 K_i 与指向子树的指针 P_i 构成一个索引项（K_i,P_i）。其中 K_i 是 P_i 所指向的子树中最大（或最小）的关键字。图 8-30 给出一棵四阶 B+树的示例。

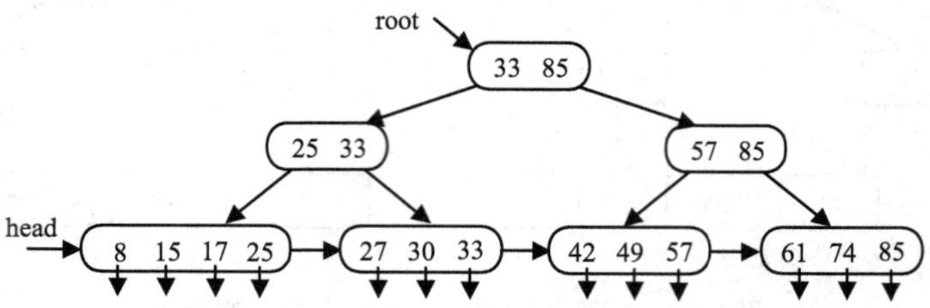

图 8-30　一棵四阶 B+树的示例

通常在 B+树中有两个头指针：一个指向 B+树的根结点，一个指向关键字最小的叶结点。因此，可以对 B+树进行两种查找操作：一种是对叶结点之间的链表进行顺序查找；另一种是从根结点开始，进行自顶向下，直至叶结点的随机查找。

在 B+树上进行随机查找、插入和删除的过程基本与 B−树类似。只是在查找过程中，如果非叶结点中的某个关键字等于给定值，查找并不停止，而是继续沿相应指针向下，一直查到叶结点上的这个关键字，然后才能根据相应的地址指针找到数据元素。因此，在 B+树中，不论查找成功与否，每次查找都是走了一条从根结点到叶结点的路径。

B+树的插入仅在叶结点上进行。每插入一个关键字后都要判断结点中的子树棵数是否超出范围。当插入后结点中的子树棵数 $n>m$ 时，需要将叶结点分裂为两个结点，它们所包含的关键字个数分别为$\lceil (m_1+1)/2 \rceil$和$\lfloor (m_1+1)/2 \rfloor$，并且它们的双亲结点中应同时包含这两个结点的最大关键字和指向这两个结点的指针。当根结点分裂时，因为它没有双亲结点，就必须创建新的双亲结点，作为树的新根。这样树的高度就增加了一层。B+树的建立可以从空树开始，通过不断插入关键字来完成。

B+树的删除也仅在叶结点中进行。若在叶结点中删除一个关键字后，其关键字的个数仍不少于$\lceil m/2 \rceil$，这属于简单删除，其上层索引可以不改变。例如，在如图 8-30 所示的四阶 B+树中删除关键字 25，它是该结点的最大关键字，因为其上层的关键字 25 只是起了一个引导查找的“分界关键字”的作用，所以即使树的叶子中已经删除了关键字 25，但是其上层结点中的关键字 25 仍然可以保留。如果在叶结点中删除一个关键字后，其关键字的个数小于结点关键字个数的下限$\lceil m/2 \rceil$，则必须做结点的调整或合并工作。例如，在如图 8-30 所示的四阶 B+树中从叶结点中删除关键字 42 和 49 后，该结点中的关键字个数为 1，小于结点关键字个数的下限 2，这时看它的右兄弟结点，发现右兄弟结点中的关键字个数为 3，大于结点关键字个数的下限 2，因此可将其右兄弟结点中的最左关键字移到这个被删关键字所在的结点中，使两个结点中关键字的个数都符合要求。由于将其右兄弟结点中最左关键字移到这个被删关键字所在的结点后，该关键字成为该结点中的最大关键字，因此其上层结点中的“分界关键字”必须用此最大关键字替换原来的“分界关键字”。如果右兄弟结点的子树棵数也已达到下限$\lceil m/2 \rceil$，即没有多余的关键字可以移入被删关键字所在的结点，在这种情况下，必须进行两个结点的合并。将右兄弟结点中的所有关键字和指针索引移入被删关键字所在的结点中，再将右兄弟结点删去。这种结点合并将导致双亲结点中的“分界关键字”减少，有可能引起非叶结点的调整或合并。如果根结点仅有的两个孩子结点需要合并，则树的层数就会减少一层。

8.7 散 列 表

8.7.1 散列表的基本概念

所谓查找，实际上就是要确定关键字（Key）等于给定值（k）的数据元素的存储地址（Addr）。故查找问题本质上是确定关键字集合 K 到地址空间 A 的映射（即函数）：

$$H:K\to A$$

因而，任何查找算法，都是计算函数 H(k)的值的过程。

在已经介绍的查找算法中，由于 k 与 H(k)之间没有简单直接的对应关系，函数 H()完全是一个隐式函数，故无论是顺序表查找、索引查找还是树表查找都是通过给定值与数据原始的关键字的比较来确定要查找的数据元素的存储地址。因此，求 H(k)值的时间不仅与数据表的存储结构有关，而且与数据表的大小 n 有关。

如果能够把函数 H 定义成简单的代数式，那么在查找时，只需要计算 H(k)的值，设 H(k)=h，通过测试 A[h].key 是否等于 k（假定数组 A 表示存储空间）便可确定关键字为 k 的数据元素是否存在。这就能不经查找，在“一步”之内完成查找工作。

例如，某职工信息表（工号从 6000 到 6572 连续）按照工号从小到大的顺序存储在数组 A[0..572]中，那么通过地址函数 H(k)=k+c（这里 c= −6000，是常数）即可确定关键字等于给定值的数据元素在数据表中的存储地址。

函数 H 把关键字转换成一个地址，因此这种存储技术称为键变换。然而，并非所有集合的关键字都是连续的。例如，统计女职工健康情况的统计表，若仍以工号为关键字，上述简单的变换函数就不可取。因为女职工人数可能很少，且她们的工号混杂在所有职工工号之中。如果仍用上述变换函数，将有众多的存储单元被浪费。

实际上，函数 H 的构造往往与关键字的分布有关。大多采用拼凑的方式，只要函数值计算不过于复杂，并且尽量均匀地把数据表中的数据元素散布在某个存储空间内，因此键变换技术又称哈希（Hash）技术或散列技术。相应地，存储空间称为散列表，函数 H 称为哈希（散列）函数。数据表的这种存储方式叫作散列存储。

通过散列函数建立了从数据元素的关键字集合到散列表地址集合的一个映射。有了散列函数，就可以根据关键字确定数据元素在散列表中唯一的存放地址。由于使用这种方法进行查找不必进行多次关键字的比较，因此查找速度比较快。在某些操作系统或大型软件中进行文件管理时经常使用这种方法。

一般来说，散列函数是一个压缩映象函数。通常关键字集合比散列表地址集合大得多。因此，有可能经过散列函数的计算，把不同的关键字映射到同一个散列地址上，这就产生了冲突。例如，有一组数据元素，其关键字分别是 59、26、81，在此采用的散列函数是 Hash(k)=k%11。其中，“%”是除法取余操作，则有 Hash(59)=Hash(26)=Hash(81)=4。也就是说，对于不同的关键字，通过散列函数的计算，得到了同一散列地址，这种现象被称为冲突。散列地址相同的不同关键字被称为同义词。

如果数据元素按散列函数计算出的地址加入散列表时产生了冲突，就必须另外再找一个地方来存放它，这就产生了如何解决冲突的问题。冲突太多会降低查找效率，因此，希望能找到一个不容易产生冲突的函数，即构造一个地址分布比较均匀的散列函数，使关键字集合中的任何一个关键字经过这个散列函数的计算，映射到地址集合中所有地址的概率相等，以减少冲突。但实际上，由于关键字集合比地址集合大得多，冲突很难避免，因此对于散列方法，需要讨论以下两个问题。

1）对于给定的一个关键字集合，选择一个计算简单且地址分布比较均匀的散列函数，避免或尽量减少冲突。

2）制定解决冲突的方案。

8.7.2 散列函数

散列函数

在构造散列函数时以下几点需要加以注意：其一，散列函数的定义域必须包括需要存储的全部数据元素的关键字，而如果散列表允许有 m 个地址时，其值域必须在 0～m-1；其二，散列函数计算出来的地址应能均匀分布在整个地址空间中，若 key 是从关键字集合中随机抽取的一个关键字，散列函数应能以同等概率取 0～m-1 中的每一个值；其三，散列函数应是简单的，能在较短的时间内计算出结果。下面介绍几个散列函数。

1. 直接定址法

散列函数取关键字的某个线性函数值作为散列地址：

$$\text{Hash(key)}=a\times \text{key}+c \quad （a、c\text{ 是整常数}）$$

这类散列函数是一对一的映射，一般不会产生冲突，但是，它要求散列地址空间的大小与关键字集合的大小相同，这种要求是很苛刻的。特别是当关键字集合很大而且又不连续时，这种方法就不太适宜。

2. 数字分析法

设数据表的长度为 n，数据元素的关键字是一个 d 位数，关键字上每一位可能有 r 种不同的符号。这 r 种不同的符号在各位上出现的概率不一定相同，可能在某些位上分布均匀，出现的机会均等；而在另一些位上分布不均匀，只有某几种符号经常出现。数字分析法就是根据散列表的大小，在关键字中选取某些分布均匀的若干位作为散列地址。

计算各位的符号分布均匀度的公式为

$$\lambda_k=\sum_{i=1}^{r}\left(a_k^i-\frac{n}{r}\right)^2 \quad (k=1,2,\cdots,d)$$

其中，a_k^i 表示在第 k 位上第 i 个符号出现的次数；n/r 表示各个符号在所有关键字中均匀出现的期望值。计算出的 λ_k 值越小，表明在该位（第 k 位）上各种符号分布得越均匀。

例如，有一组关键字：6732598、6723708、6716388、6727418、6729168、6726698、6731588、6711128，其各位的符号分布均匀度计算如下。

从左到右第一位，仅 6 出现八次：

$$\lambda_1=(8-8/10)^2+(0-8/10)^2\times 9=57.6$$

从左到右第二位，仅 7 出现八次：

$$\lambda_2=(8-8/10)^2+(0-8/10)^2\times 9=57.6$$

从左到右第三位，1 和 3 各出现两次，2 出现四次：

$$\lambda_3=(2-8/10)^2\times 2+(4-8/10)^2\times 1+(0-8/10)^2\times 7=17.6$$

从左到右第四位，1 和 6 各出现两次，2、3、7、9 各出现一次：

$$\lambda_4=(2-8/10)^2\times2+(1-8/10)^2\times4+(0-8/10)^2\times4=15.6$$

从左到右第五位，1 和 5 各出现两次，3、4、6、7 各出现一次：

$$\lambda_5=(2-8/10)^2\times2+(1-8/10)^2\times4+(0-8/10)^2\times4=15.6$$

从左到右第六位，8 和 9 各出现两次，0、1、2、6 各出现一次：

$$\lambda_6=(2-8/10)^2\times2+(1-8/10)^2\times4+(0-8/10)^2\times4=15.6$$

从左到右第七位，仅 8 出现八次：

$$\lambda_7=(8-8/10)^2+(0-8/10)^2\times9=57.6$$

如果散列地址由三位数字组成，则可取各关键字的四、五、六位作为数据元素的散列地址；也可以把第一、二、三、四和第七位相加，舍去进位位，变成一位数，与第五、六位合起来作为散列地址。还有其他方法，显然，数字分析法仅适用于事先明确知道数据表中所有关键字每一位上数值符号的分布情况，它完全依赖于关键字集合。如果换一个关键字集合，选择哪几位要重新决定。

3. 除留余数法

设散列表地址空间大小为 m，取一个不大于 m，但最接近或等于 m 的质数 p，或者选取一个不含有小于 20 的质因数的合数作为除数。除留余数法的散列函数为

$$\text{Hash(key)}=\text{key}\%\,p \qquad (p\leq m)$$

其中，“%”是整数除法取余运算，且 p 应避免取 2 的幂。

如果选 p 为 2 的幂，就有 $p=2^i$。那么由散列函数 Hash(key)计算出来的地址就是 key 的最低的 i 位二进位数字。如果 key 是十进制数字，那么 p 也应避免取 10 的幂。因为这样得到的地址分布太集中，会导致冲突增多。

例如，设散列表的大小 $m=25$，取质数 $p=23$，散列函数为 Hash(key)=key%23，则对于关键字为 key=7463，有 Hash(7463)=7463%23=11。可以按此计算出的“地址”存放数据元素。需要注意的是，使用上面的散列函数计算出来的地址范围是 0～22，而 23、24 这两个散列地址实际上在一开始是不可能用散列函数计算出来的，只可能在处理冲突时用到这些地址。

4. 乘余取整法

使用此方法时，先让关键字 key 乘上一个常数 a（$0<a<1$），提取乘积的小数部分，然后再用整数 n 乘以这个值，对结果向下取整，把它作为散列地址。乘余取整法的散列函数为

$$\text{Hash(key)}=\lfloor n\times(a\times\text{key}\%1)\rfloor$$

其中，$a\times$key%1 表示取 $a\times$key 的小数部分。

例如，设散列表的大小 $n=10000$，取常数 $a=0.6180339$，则对于关键字为 key=7463 的数据元素，其散列地址为

$$\text{Hash}(7463)=\lfloor 10000\times(0.6180339\times7463\%1)\rfloor=3869$$

此方法的优点是对 n 的选择不很关键。通常，若地址空间为 p 位，就选 $n=2^p$。克努特对常数 a 的取法做了仔细的研究，他认为，虽然 a 取任何值都可以，但取某些值效果更好，最佳的选择与待散列的数据表的特征有关。一般取 $a=0.6180339$ 比较好。

8.7.3 处理冲突的闭散列方法——开地址方法

由于任一种散列函数一般都不能避免产生冲突，因此选择好的解决冲突的方法十分重要，解决冲突的方法又称为溢出处理技术，下面着重讨论这个问题。

为了解决冲突问题，需要对散列表加以改造。设散列表有 m 个地址，将其改为 m 个桶，其桶号与散列地址一一对应，第 i（$0 \leqslant i < m$）个桶的桶号即为第 i 个散列地址。每个桶可以存放 d 个数据元素，这些数据元素的关键字应互为同义词。通常桶的大小 d 取得比较小，因此在桶内大多采用顺序查找。

处理冲突常用的一种方法就是闭散列（closed Hashing）方法，也称为开地址（open addressing）方法。在这种方法中，所有的桶都直接放在散列表数组中，因此每个桶只存放一个数据元素（d=1）。设散列表中各桶的编号为 0～m−1，当要加入一个数据元素 R 时，通过散列函数 Hash(R.key)的计算，得到它的存放桶号 i，但在存放时若发现这个桶已经被另一个数据元素占据了，这就发生了冲突，必须处理冲突，为此，必须把 R 存放到散列表的“下一个”空桶中。如果散列表未被装满，则在允许的范围内必定还有空桶。找“下一个”空桶的方法很多，下面讨论其中常用的三种。

1. 线性探测法

设有一组数据元素，它们的关键字为 Burke、Ekers、Broad、Blum、Attlee、Alton、Hecht、Ederly。采用的散列函数为

Hash(key)=ord(x)−ord('A')

其中，x是key的第一个字符；ord(x)是求字符x的内码（ASCII码）的函数。这样就可以得到：

Hash(Burke)=1，Hash(Ekers)=4，Hash(Broad)=1，Hash(Blum)=1，

Hash(Attlee)=0，Hash(Alton)=0，Hash(Hecht)=7，Hash(Ederly)=4

又设散列表为 A[31]，m=31。采用线性探测法处理冲突，则上述关键字在表中散列位置如图 8-31 所示。括号内的数字表示查找成功时的比较次数。

0	1	2	3	4	5	6	7	…	30
Attlee	Burke	Broad	Blum	Ekers	Alton	Ederly	Hecht	…	
(1)	(1)	(2)	(3)	(1)	(6)	(3)	(1)		

图 8-31 线性探测法处理冲突

当需要查找或加入一个数据元素时，使用散列函数进行计算以确定数据元素的桶号：h=Hash(key)。

在上面的例子中，首先计算出 Burke 的桶号为 1，1 号桶为空桶，将关键字为 Burke 的数据元素直接存入，比较为次数为 1。再计算出 Ekers 的桶号为 4，4 号桶也为空桶，将关键字为 Ekers 的数据元素直接存入，比较次数为 1。然后再计算出 Broad 的桶号为 l，发生冲突，1 号桶不空且不是要找的数据元素，这时查看紧随其后的 2 号桶，发现是空桶，将关键字为 Broad 的数据元素存入该桶，比较次数为 2。接下来再计算 Blum 的桶号，结果还是 1，1 号桶发生冲突；再看 2 号桶，也发生冲突；再看 3 号桶，是一个空桶，将关键字为 Blum 的数据元素存入 3 号桶，查找时关键字的比较次数为 3。其他数据元素的查找或加入可照

此处理。

由此可知，一旦发生冲突，则依次向后寻找“下一个”空桶 H_i 的公式为

$$H_i=(H_{i-1}+1)\%m \qquad (i=1,2,\cdots,m-1)$$

即用线性探测序列 $H_0+1,H_0+2,\cdots,m-1,0,1,2,\cdots,H_0-1$ 在表中寻找下一个空桶的桶号。它亦可写为

$$H_i=(H_0+i)\%m \qquad (i=1,2,\cdots,m-1)$$

每当发生冲突后，就探测下一个桶。当循环 $m-1$ 次后就会回到开始探测时的位置，说明待查数据元素不在表内，而且表已满，不能再进行插入。

为了衡量线性探测方法的查找性能，引入查找成功的平均查找长度 ASL_{succ} 和查找不成功的平均查找长度 ASL_{unsucc}。查找成功的平均查找长度 ASL_{succ} 是指查找到表中已有数据元素的平均探测次数，它是找到表中各已有数据元素的探测次数的平均值。查找不成功的平均查找长度 ASL_{unsucc} 是指在表中查找不到待查的数据元素，但找到插入位置的平均探测次数，它是表中所有可能散列到的位置上要插入新元素时为找到空桶的探测次数的平均值。

在使用线性探测法对图 8-31 所示的例子进行查找时，在等概率前提下，查找成功的平均查找长度为

$$ASL_{succ}= (1+1+2+3+1+6+3+1)/8=18/8$$

对关键字首字母 A～Z 这 26 种情况分别讨论，查找不成功的平均查找长度为

$$ASL_{unsucc}= (9+8+7+6+5+4+3+2+18)/26=62/26$$

特别要注意的是，在闭散列的情形下不能随便物理地删除表中已有的数据元素，因为若删除数据元素会影响其他数据元素的查找。例如，在图 8-31 所示的例子中，若把关键字为 Broad 的数据元素真正删除，那么以后在查找关键字为 Blum 和 Alton 的数据元素时就会因为查找中断而会错误地判断表中没有关键字为 Blum 和 Alton 的数据元素，所以当删除一个数据元素时，只能给它做一个删除标记，进行逻辑删除。但是这样做的副作用是：在执行多次删除后，表面上看起来散列表很满，实际上有许多位置没有利用。因此，当散列表经常变动时，最好不用闭散列方法处理冲突，而改用开散列方法来处理冲突。

线性探测方法容易产生“堆积（clusters）”的问题，即数据元素集中占据了数据表的某一区域，使寻找某一数据元素需要的查找时间增加。在图 8-31 中寻找关键字为 Alton 的数据元素一共探测了六次，降低了查找效率。为此，可利用二次探测法来改善上述的“堆积”问题，减少为完成查找所需的平均探测次数。

2. 二次探测法

使用二次探测法处理冲突时，在散列表中寻找“下一个”空桶的公式为

$$H_i=(H_0+d_i+m)\%m$$

式中，$d_i=1^2,-1^2,2^2,-2^2,\cdots$（$i=1,2,\cdots,(m-1)/2$）；$H_0$=Hash(key)，它是通过某一个散列函数 Hash() 对数据元素的关键字 key 进行计算得到的桶号，是一个非负整数；m 是表的大小。

还是以刚才的例子为例，采用二次探测法处理冲突，则上述关键字在散列表中的位置如图 8-32 所示（图中省略了 A[10]～A[20]这部分空间）。括号内的数字表示查找成功时的比较次数。

0	1	2	3	4	5	6	7	8	9
Blum	Burke	Broad		Ekers	Ederly		Hecht		
（3）	（1）	（2）		（1）	（2）		（1）		

21	22	23	24	25	26	27	28	29	30
						Alton			Attlee
						（5）			（3）

图 8-32 采用二次探测法处理冲突

使用二次探测法处理冲突时的查找成功的平均查找长度为

$$ASL_{succ}=(3+1+2+1+2+1+5+3)/8=18/8$$

查找不成功的平均查找长度为（首字母 A、B、C、E、F、H 分别需要 6、5、2、3、2、2 次比较确定查找失败，另 20 个字母只需一次比较就确定查找失败）：

$$ASL_{unsucc}=(6+5+2+3+2+2+20)/26=40/26$$

可以证明，当表的长度为质数且表的装载因子不超过 0.5 时，新的数据元素一定能够插入散列表中，而且任何一个位置不会被探测两次。因此，只要表中至少有一半是空的，就不会有表满问题。在查找时可以不考虑表装满的情况，但在插入时必须确保表的装载因子不超过 0.5，如果超过，必须将表的长度扩充一倍，进行表的分裂。

3. 双散列法

使用双散列法处理冲突时，需要两个散列函数。第一个散列函数 Hash()按数据元素的关键字 key 计算出数据元素存放的桶号 H_0＝Hash(key)。一旦发生冲突，利用第二个散列函数 ReHash()计算出数据元素到达“下一个”桶的位移量，它的取值与 key 的值有关，应小于地址空间的大小 TableSize，且与 TableSize 互质。

若设散列表的长度为 m，则在散列表中寻找“下一个”桶的公式为

$$H_i=(H_0+i\times ReHash(key))\%\ m \qquad (i=1,2,\cdots,m-1)$$

例如，有一组数据元素，其关键字序列为{22,41,53,46,30,13,1,67}，散列表为 A[11]；选取的散列函数 Hash()为

$$Hash(key)=(3\times key)\%11$$

第二个散列函数 ReHash()为

$$ReHash(key)=7\times key\%10+1$$

则上述数据元素按关键字在散列表中的位置如图 8-33 所示。括号内的数字表示查找成功时的比较次数。

$H_0(22)=0$；

$H_0(41)=2$；

$H_0(53)=5$；

$H_0(46)=6$；

$H_0(30)=2$，冲突，$H_1=(2+1)=3$；

$H_0(13)=6$，冲突，$H_1=(6+2)=8$；

$H_0(1)=3$，冲突，$H_1=(3+8)\%11=0$，再冲突，$H_2=(3+16)\%11=8$，再冲突，$H_3=(3+24)\%11=5$，再冲突，$H_4=(3+32)\%11=2$，再冲突，$H_5=(3+40)\%11=10$；

$H_0(67)=3$，冲突，$H_1=(3+10)\%11=2$，再冲突，$H_2=(3+20)\%11=1$。

0	1	2	3	4	5	6	7	8	9	10
22	67	41	30		53	46		13		1
(1)	(3)	(1)	(2)		(1)	(1)		(2)		(6)

图 8-33 双散列方法处理冲突

对于上述例子，查找成功的平均查找长度为

$$ASL_{succ}=(1+3+1+2+1+1+2+6)/8=17/8$$

查找不成功的平均查找长度可以这样计算：每一散列位置的位移量有 10 种：1,2,…,10。先计算每一散列位置各种移位量情形下找到下一个空位的比较次数，求出平均值；再计算各个位置的平均比较次数的总平均值。

利用双散列法，按照一定的距离，跳跃式地寻找"下一个"桶，减少"堆积"的机会，最多经过 $m-1$ 次探测，就会遍历散列表中的所有位置，并回到 H_0 位置。

ReHash()的取法很多。例如，当 m 是质数时，可定义：

$$\text{ReHash(key)} = \text{key} \ \% \ (m-2)+1$$

或

$$\text{ReHash(key)} = \lfloor \text{key}/m \rfloor \%(m-2)+1$$

当 m 是 2 的幂时，ReHash(key)可取 0～m 中的任意一个奇数。还有一种处理冲突的闭散列方法叫作随机探测法，它的思路与双散列法类似。

8.7.4 闭散列方法的实现

有了散列函数和处理冲突的方法，就可以构造散列表。在下面介绍的散列表实现中，以除留取余法作为散列函数，以线性探测作为处理冲突的方法。在散列表的类模板中定义了四个数据成员：数组 ht，用于存放散列表中的数据元素；标识数组 tag，用于标识数组 ht 中每一个位置的状态，如果 ht[*i*]中有元素，则 tag[*i*]为 USE（用 1 表示），如果 ht[*i*]中没有元素，则 tag[*i*]为 EMPTY（用 0 表示），如果 ht[*i*]中的元素被删除，则 tag[*i*]为 DELETE（用−1 表示）；散列表的最大容量（数组所允许的最多元素的个数）maxSize 和除留取余的除数 *p*，它们被封装在类模板的保护域中。除了这四个数据成员，在散列表的类模板中还包括构造函数、析构函数、查找元素、插入元素、删除元素等函数成员，这些函数成员在公共域中被声明，作为对外的接口。散列表的具体定义在 closed_hash_table.h 文件中，其主要内容如下：

闭散列方法

```
#define DELETE -1                       //删除标记
#define EMPTY 0                         //空标记
#define USE 1                           //有元素标记

//散列表类模板
template <class ElemType, class KeyType>
class ClosedHashTable
{
protected:
```

```
//散列表的数据成员
    ElemType *ht;                              //散列表
    int *tag;                                  //标志数组
    int maxSize                                //散列表容量
    int p;                                     //除留余数法的除数

//辅助函数
    int H(KeyType key) const;                  //散列函数
    int Collision(KeyType key, int i) const; //处理冲突的函数
public:
//散列表的函数成员
     ClosedHashTable(int size, int divisor); //构造函数
     ~ClosedHashTable();                       //析构函数
     void Traverse(void (*visit)(const ElemType &)) const;    //遍历散列表
     int Search(const KeyType &key) const ;  //查找关键字为 key 的元素的下标
     Status Insert(const ElemType &e);         //插入元素 e
     bool Delete(const KeyType &key);          //删除关键字为 key 的元素
     ClosedHashTable(const ClosedHashTable<ElemType, KeyType> &t);
                                              //复制构造函数
     ClosedHashTable<ElemType, KeyType> &operator=
     (const ClosedHashTable<ElemType, KeyType> &t);    //赋值语句重载
};
```

散列表中的构造函数、析构函数、散列函数和处理冲突的函数等相对比较简单，这里就不做介绍，读者可以查看相应文件。下面主要介绍其中查找、插入和删除三个函数的实现。

（1）查找函数

在这个查找算法中需要设置一个记录冲突次数的变量 c，并从 key 的散列函数值 i=H(key)开始搜索。在搜索过程中，当冲突次数小于散列表的长度（maxSize）且查找位置有元素但不等于 key 或查找位置的状态为 DELETE 时，探测下一个位置，且冲突次数 c 加 1。如果冲突次数大于等于散列表的长度或查找位置的状态为 EMPTY 时，表示查找失败，返回-1；否则，表示查找成功，返回查找到的位置 i。算法的具体实现如下：

```
template <class ElemType, class KeyType>
int ClosedHashTable<ElemType, KeyType>::Search(const KeyType &key) const
{
   int c=0;                                    //冲突次数
   int i=H(key);                               //取元素的散列函数值
   while (c<maxSize&&((tag[i]==USE&&ht[i]!=key)||tag[i]==DELETE))
      //突次数应于 maxSize 且元素 ht[i]非空且关键字值不等，则继续搜索
      i=Collision(key, ++c);                   //求下一个探查地址
   if (c>=maxSize||tag[i]==EMPTY)
      return -1;                               //查找失败，返回-1
   else
      return i;                                //查找成功，返回元素在数组中的下标
}
```

（2）插入函数

该函数从 key 的散列函数值 i 开始搜索插入位置。在搜索过程中，当冲突次数小于散列表的长度（maxSize）且查找位置有元素但不等于 key 或查找位置的状态为 DELETE 时，探测下一个位置，且冲突次数 c 加 1，并且在搜索过程中用 k 记录第一个标记为 DELETE 的

位置。搜索结束时，如果冲突次数大于等于散列表长度且没有 DELETE 标记，说明散列表已经放满元素，返回 OVER_FLOW；如果搜索到要插入的元素，则返回状态信息 ENTRY_FOUND；如果搜索到标记为 DELETE 的位置，就把元素插入第一个 DELETE 位置，并返回状态信息 SUCCESS。算法的实现如下：

```
template <class ElemType, class KeyType>
Status ClosedHashTable<ElemType, KeyType>::Insert(const ElemType &e)
{
   int c=0;                          //冲突次数
   int i=H(e);                       //元素的散列函数值
   int k=-1;                         //插入位置
   while (c<maxSize&&((tag[i]==USE&&ht[i]!=e)||tag[i]==DELETE)) {
      //冲突次数应小于 maxSize，元素 ht[i]非空且与插入值不等
      if (k==-1&&tag[i]==DELETE)
         k=i;                        //记录搜索到的第一个标记为 DELETE 的位置
      i=Collision(e, ++c);           //求得下一个探查地址
   }
   if (c>=maxSize&&k==-1)
      return OVER_FLOW;              //散列表已经放满
   else  if (tag[i]==USE&&ht[i]==e)
      return ENTRY_FOUND;            //散列表已经有要插入的元素
   else  {
      if (k==-1)                     //k 为-1 说明搜索到空位置，且前面没有删除元素
        k=i;
      ht[k]=e;
      tag[k]=USE;
        return SUCCESS;
  }
}
```

（3）删除函数

首先查找关键字为 key 的元素位置 *i*，如果 *i* 等于-1，说明散列表中没有要删除的元素，返回 false；否则把相应位置的标记设为 DELETE，并返回 true。算法的具体实现如下：

```
template <class ElemType, class KeyType>
bool ClosedHashTable<ElemType, KeyType>::Delete(const KeyType &key)
{
   int i=Search(key);
   if (i==-1)
        return false;                //查找失败，说明元素不存在
   else {
        tag[i]=DELETE;               //设置删除标记
        return true;                 //删除成功
    }
}
```

在上述算法中要通过搜索整个散列表才能确定散列表是否已经放满元素，因此效率比较差。对此，一种改进的方法是设置一个数据成员 num，记录当前的元素数目。读者可以

自己修改相应的实现。

8.7.5　处理冲突的开散列方法——链地址法

解决冲突的另一种方法称为开散列（open Hashing）方法，也称为链地址法（separate chaining），在这种方法中，首先按数据元素的关键字用某一个散列函数计算出数据元素的存放位置。通过散列函数计算出来的具有相同地址的数据元素归于同一子集合。每一个子集合也称为一个桶。通常各个桶中的数据元素通过一个单链表链接起来，亦称为同义词子表，所有链表的表头结点组成一个向量。因此，向量的元素个数与可能的桶数相等。桶号为 i 的同义词子表的表头结点是向量中的第 i 个元素。

例如，给出一组数据元素，它们的关键字为 Burke、Ekers、Broad、Blum、Attlee、Alton、Hecht、Ederly。采用的散列函数是

$$\text{Hash(key)} = \text{ord}(x) - \text{ord('A')}$$

其中，x 是 key 的第一个字符；ord(x)是求字符 x 内码的函数。

又设散列表为 A[26]，m=26。采用开散列方法解决冲突，则上述关键字在散列表中的散列位置如图 8-34 所示。

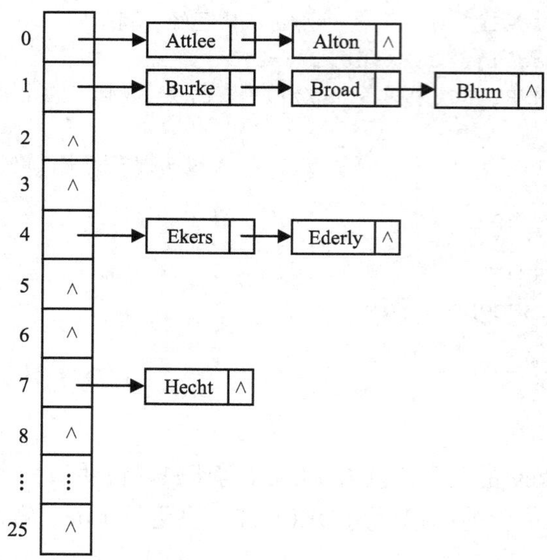

图 8-34　开散列方法处理冲突

通常，每个桶中的同义词子表都很短，设有 n 个数据元素通过某一个散列函数，存放到散列表中的 m 个桶中，那么每一个桶中的同义词子表的平均长度为 n/m。这样，对长度为 n 的数据表的查找归为对平均长度为 n/m 的同义词子表的查找，查找速度快得多。数据元素的插入、删除操作可参照单链表的插入、删除等算法来实现。开散列方法类的定义和具体实现请读者自己完成。

应用链地址法处理冲突，需要增设链接指针，增加了存储开销。但事实上，由于开地址法必须保持大量的空闲空间以确保查找效率，如二次探测法要求装载因子不超过 0.5，而数据元素所占空间又比指针大得多，因此使用链地址法反而比开地址法更节省存储空间。

8.7.6　散列表分析

散列表方法是一种直接计算数据元素存放地址的方法，它在关键字与存储位置之间直接建立了映象。当选择的散列函数能够得到均匀的地址分布时，则在查找过程中无须多次探测，查找效率较高，但是由于很难避免冲突，因此增加了查找时间。

冲突的出现，与散列函数的选取（地址分布是否均匀）、处理冲突的方法（是否产生堆积）有关。从理论上可以认为，各种均匀的散列函数对于同样一组从关键字集合中随机选取的关键字造成冲突的程度是相同的，所以散列表的性能主要取决于处理冲突的方法。但是在实际应用中，情况并非如此。在使用关键字进行散列时，许多用作关键字的标识符或者具有相同的前缀或后缀，或者是相同字符的不同排列的场合，不同的散列函数往往导致散列表具有不同的查找性能。表 8-1 给出一些实验结果，列出在采用不同的散列函数和采用不同的处理冲突的方法时，查找关键字所需的对桶访问的平均次数。从图中可以看出，开散列法优于闭散列法。在散列函数中，用除留余数法作散列函数比较接近理论值。当装载因子较高时，由于选择的散列函数不同，散列表的查找性能差别很大。因此，在一般情况下多选用除留余数法，其中的除数在实用上应选择不含有 20 以下的质因数的质数。

表 8-1　不同情况下查找时对桶访问的平均次数

装载因子	0.5		0.75		0.9		0.95	
散列函数	开散列法	闭散列法	开散列法	闭散列法	开散列法	闭散列法	开散列法	闭散列法
数字分析法	1.35	4.55	1.49	30.62	1.52	89.20	1.52	125.6
除留余数法	1.19	4.52	1.31	10.20	1.38	22.42	1.41	25.79
理论值	1.25	1.50	1.37	2.50	1.45	5.50	1.48	10.50

对散列表技术进行的实验评估表明，它具有较好的平均查找性能，要优于一些传统的技术，如平衡二叉树。但是，散列表在最坏情况下性能很不好。对于一个具有 n 个关键字的散列表执行一次查找或插入操作，最坏情况下需要 $O(n)$的时间。

克努特在他的“The Art of Computer Programming：Sorting and Searching”中对不同的冲突处理方法进行了概率分析，其分析结果如下。

若设 α 是散列表的装载因子（α=n/m），并采用地址分布均匀的散列函数计算桶号。又设 S_n 是查找一个随机选择的关键字为 k_i（$1\leqslant i\leqslant n$）的数据元素所需的关键字比较次数的期望值，U_n 是在长度为 m 的散列表中 n 个桶已装入数据元素的情况下，再装入第 n+1 个数据元素所需执行的关键字比较次数的期望值，前者称为在α=n/m 时散列表查找成功的平均查找长度，后者称为在α=n/m 时散列表查找不成功的平均查找长度。那么，用不同的方法溢出处理冲突时散列表的平均查找长度如表 8-2 所示。

表 8-2　各种方法解决冲突时散列表的平均查找长度

解决冲突的方法	查找成功的平均查找长度 S_n	查找不成功的平均查找长度 U_n
线性探测法	$\frac{1}{2}\left(1+\frac{1}{(1-\alpha)^2}\right)$	$\frac{1}{2}\left(1+\frac{1}{1-\alpha}\right)$
二次探测法	$\frac{1}{2}\left(1+\frac{1}{1-\alpha}\right)$	$\frac{1}{2}\left(1+\frac{1}{1-\alpha}\right)$

续表

解决冲突的方法	查找成功的平均查找长度 S_n	查找不成功的平均查找长度 U_n
双散列法	$-\frac{1}{2}\ln(1-\alpha)$	$\frac{1}{1-\alpha}$
链地址法	$1+\frac{\alpha}{2}$	$\alpha+e^{-\alpha}$

通常，散列表的装填因子α表明了表中的装满程度。α越大，说明表越满，再插入新元素时发生冲突的可能性就越大。散列表的查找性能，即平均查找长度依赖于散列表的装填因子，不直接依赖于 n 和 m。不论表的长度有多大，总能选择一个合适的装填因子，以把平均查找长度限制在一定范围内。

习　题　8

一、选择题

1．下面关于折半查找的叙述正确的是（　　）。

A．表中元素必须有序，但表可以按照顺序方式存储，也可以按照链表方式存储

B．表中元素必须有序，而且表中元素只能按照从小到大的顺序排列

C．表中元素必须有序且必须是整型、实型或字符型

D．表中元素必须有序，且表只能以顺序方式存储

2．对于查找某个特定元素来说，折半查找与顺序查找相比，查找速度（　　）。

A．前者快　　B．前者慢　　C．一样快　　D．不能确定

3．具有 12 个元素的有序表，在等概率查找情况下，折半查找的平均查找长度为（　　）。

A．3.1　　B．4　　C．2.5　　D．5

4．当采用分块查找时，数据的组织方式为（　　）。

A．数据分成若干块，每块内数据有序

B．数据分成若干块，每块内数据不必有序，但块间必须有序，每块内最大（或最小）的数据组成索引块

C．数据分成若干块，每块内数据有序，按每块内最大（或最小）的数据组成索引块

D．数据分成若干块，每块（除最后一块外）中数据个数须相同

5．二叉排序树的查找效率与该树的（　　）有关。

A．高度　　B．结点的多少　　C．树型　　D．结点的位置

6．根据下列序列构造二叉排序树，构造结果不同的是（　　）。

A．(100,80,90,60,120,110,130)　　B．(100,120,110,130,80,60,90)

C．(100,60,80,90,120,110,130)　　D．(100,80,60,90,120,130,110)

7．在平衡二叉树中插入一个结点后造成不平衡，设最低的不平衡结点为 A，已知插入后 A 的左孩子的平衡因子为 0，右孩子的平衡因子为 1，则应作（　　）型调整以使其平衡。

A．LL　　B．LR　　C．RL　　D．RR

8．下列关于 m 阶 B-树的说法错误的是（　　）。

A．根结点至多有 m 棵子树

B．所有叶结点都在同一层上

C．非叶结点至少有 $m/2$（m 为偶数）或 $m/2+1$（m 为奇数）棵子树

D．根结点中的数据是有序的

9．设有一组记录的关键字为{19,14,23,1,68,20,84,27,55,11,10,79}，散列函数为H(key)=key % 13，用链地址法处理冲突，则散列地址为1的链中有（　　）个记录。

A．1　　B．2　　C．3　　D．4

10．设散列表长为14，散列函数是H(key)=key % 11，用二次探测再散列法处理冲突，表中已有四个数据的关键字为15、38、61、84。现要将关键字为49的数据插入表中，则它存放的位置为（　　）。

A．8　　B．3　　C．5　　D．9

二、判断题

1．负载因子（装填因子）是散列表的一个重要参数，它反映散列表的装满程度。（　　）

2．在有序表中，对于查找同一元素来说，折半查找的效率总比顺序查找高。（　　）

3. 在索引顺序表中实现分块查找，在等概率查找情况下，其平均查找长度不仅与表中元素个数有关，而且与每块中元素个数有关。（　　）

4. 在等概率情况下，二叉排序树查找成功的平均查找时间总是小于用顺序查找的平均查找时间。（　　）

5．在二叉排序树中插入一个新结点，它总是插到叶结点的下面。（　　）

6．一棵二叉排序树的先序序列一定是有序序列。（　　）

7．在任意一棵非空二叉排序树中，删除某结点后又将其插入，则所得二叉排序树与原二叉排序树一定相同。（　　）

8．在B-树的插入算法中，通过结点的向上“分裂”来代替专门的平衡调整。（　　）

9．B+树既能进行索引查找又能进行顺序查找。（　　）

10．散列表的地址区间为0～17，散列函数为H(K)=K mod 17。采用线性探测法处理冲突，并将关键字序列26、25、72、38、8、18、59依次存储到散列表中，元素59存放在散列表中的地址为8。（　　）

三、填空题

1．顺序查找有 n 个元素的顺序表，若查找成功，则比较关键字的次数最多为______次；当使用监视哨时，若查找失败，则比较关键字的次数为______。

2．在有序表（8,11,15,19,25,26,30,33,42,48,50）中，折半查找关键字为20的元素，需进行的关键字比较次数为_______。

3．在高度为4（不包括失败结点）的三阶B-树中，最多有_______个数据元素。

4．在一棵 m 阶B-树中，若在某结点中插入一个新关键字而引起该结点分裂，则此结点中原有的关键字的个数是_______；若在某结点中删除一个关键字而导致结点合并，则该

结点中原有的关键字的个数是_______。

5．散列表是通过将关键字按选定的_______和_______，把元素按关键字转换为地址进行存储的查找表。

6．假定有 k 个关键字互为同义词，若用线性探测处理冲突，把这 k 个关键字存放到散列表中，至少要进行_______次探测。

7．具有 n 个关键字的三阶 B-树的查找路径长度不会大于_______。

8．在一棵有 n 个结点的二叉排序树中进行查找，平均时间复杂度的上限（即最坏情况平均时间复杂度）为_______。

9．有 144 个数据元素，若采用分块查找法，且每块长度为 8，则平均查找长度为_______。

10．高度为 8 的平衡二叉树的结点数至少有_______个。

四、应用题

1．在有序表（3,11,26,32,45,59,67）中进行折半查找，试分别画出查找关键字等于 45、26 和 59 的过程。

2．已知长度为 12 的数据表（Jan,Feb,Mar,Apr,May,June,July,Aug,Sep,Oct,Nov,Dec），按字典顺序比较单词大小构造查找表。

1）试按数据表中元素的顺序依次插入一棵初始为空的二叉排序树，画出插入完成后的二叉排序树，并求其在等概率的情况下查找成功的平均查找长度。

2）若对数据表中的元素进行排序，构成有序表。求在等概率的情况下，对此有序表进行折半查找时查找成功的平均查找长度。

3）按表中元素顺序构造一棵平衡二叉树，并求其在等概率情况下，查找成功的平均查找长度。

3．设有一组关键字序列为{9,1,23,14,55,20,84,27}，散列函数为 H(key)=key mod，用开放地址法的二次探测再散列方法 H_i=(H(key)+d_i) mod 10（$d_i=1^2,2^2,3^2,\cdots$）解决冲突。要求：对该关键字序列构造散列表，散列表长为 10，并计算在等概率情况下，查找成功的平均查找长度。

4．散列表的地址空间为［0..12］，散列函数为 H(k)=3×k mod 13，并用线性探测处理冲突，则对关键字序列 22、41、53、46、30、13、1、67、51：

1）构造散列表，画示意图；

2）计算装填因子；

3）计算在等概率情况下查找成功的平均查找长度；

4）计算在等概率情况下查找不成功的平均查找长度。

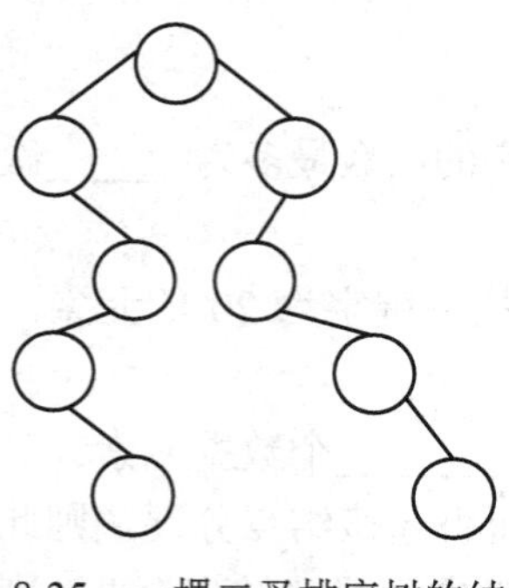

图 8-35　一棵二叉排序树的结构

5．试从空树开始，画出按关键字序列 25、11、57、32、48、63、50、74、69 建立三阶 B-树的过程（每插入一个关键字画出一棵树形），然后删除 57 和 25，请画出每一步执行后三阶 B-树的状态。

6．一棵二叉排序树的结构如图 8-35 所示，各结点的值从小到大依次为 1～9，请在图中标出该二叉排序树各结点的值。

7．请编写一个判别给定二叉树是否为二叉排序树的算法，设二叉树用二叉链表存储。

8．编写递归算法，从大到小输出二叉排序树中所有关键字不小于 x 的数据元素。要求算法的时间复杂度为 $O(\log_2 n+m)$，其中 n 为二叉排序树中所含的结点数，m 为输出的数据元素个数。

9．在平衡二叉排序树的每个结点中增设一个 lsize 域，其值为该结点左子树中的结点数加 1。试写一个时间复杂度为 $O(\log_2 n)$的算法，确定树中第 k 个结点的位置。

10．已知二叉树 T 的结点形式为（lchild,data,count,rchild），其中 count 为查找次数计数。在树中查找值为 X 的结点，若找到则该结点的 count 加 1；否则，作为一个新结点插入树中，插入后仍为二叉排序树，写出其非递归算法。

11．假设平衡二叉树中，每个结点都标明了该结点的平衡因子，请试设计一个算法，利用平衡因子求平衡二叉树的高度。

12．在二叉排序树的结构中，有些数据元素的值可能是相同的，设计一个算法实现按递增有序打印结点的数据域，要求相同的数据元素仅输出一次，且算法最后还能报出因被滤掉而未输出的数据元素的个数。

13．将上题的存储结构改为双向循环链表，且另设一个指针 sp，其初始位置指向关键字最小的结点，在每次查找之后指向刚查到的结点。查找算法的策略是：首先将给定值 K 和 sp→key 进行比较，若相等，则查找成功；若 K 小于 sp→key 继续从 sp 起向其前驱方向查找；若 K 大于 sp→key 继续从 sp 起向其后继方向查找。请编写查找算法并分析等概率查找时查找成功的平均查找长度。

14．假设散列表长为 m，散列函数为 H(x)，用链地址法处理冲突。试编写输入一组关键字并建造散列表的算法。

15．假设有一个 1000×1000 的稀疏矩阵，其中 1%的元素为非零元素，现要求用散列表作为存储结构。试设计一个散列表并编写相应算法，对给定的行值和列值确定矩阵元素在散列表上的位置。请将该算法与在稀疏矩阵的三元组表存储结构上存取元素的算法（不必写出）进行时间复杂度的比较。

第 9 章　排　　序

所谓排序，就是对数据元素集合建立某种有序排列的过程。排序在计算机软件系统设计中占有相当重要的地位，特别是在事务处理系统中，需要经常对有关的数据排序，以便提高检索等操作的效率。本章将介绍一些常用的排序算法，包括交换排序、插入排序、选择排序、归并排序和基数排序，并对有关的算法进行性能分析和对比。

9.1 基础知识

基本概念

在具体讨论各种排序算法之前，先介绍有关排序的一些概念。

1）排序：设含有 n 个数据元素的数据表为

$$\{R[0],R[1],\cdots,R[n-1]\}$$

其相应的关键字序列为

$$\{K[0],K[1],\cdots,K[n-1]\}$$

所谓排序，是确定 $0,1,\cdots,n-1$ 的一种排列 $p_0,p_1,\cdots,p_{n-1}$，使各关键字满足如下的递增（或递减）关系：

$$K[p_0]\leqslant K[p_1]\leqslant\cdots\leqslant K[p_{n-1}] \text{或} K[p_0]\geqslant K[p_1]\geqslant\cdots\geqslant K[p_{n-1}]$$

也就是说，排序是根据关键字递增或递减的顺序，把数据元素依次排列起来，使任意次序排列的数据表变成按其关键字有序排列的数据表。

2）排序的稳定性：如果数据表中任意两个数据元素 $R[i]$和 $R[j]$（$i\neq j$）的关键字相等（$K[i]=K[j]$），且在排序之前，数据元素 $R[i]$在 $R[j]$的前面，如果在排序之后，数据元素 $R[i]$一定在数据元素 $R[j]$的前面，即不改变关键字相同的数据元素在排序前、后的相对位置，则称这种排序方法是稳定的；否则，称这种排序方法是不稳定的。例如，某业绩表中有两位职工张三和李四，排序之前张三对应的数据元素位于李四之前，两个人的业绩都是 85 分。按照业绩排序，采用稳定的排序方法，张三应排在李四的前面；而采用不稳定的排序方法，李四有可能会排在张三的前面。虽然稳定的排序方法和不稳定的排序方法排序结果有差别，但不能说不稳定的排序方法就不好，它们各有各的适应场合。一般情况下，不稳定的排序方法效率比较高，稳定的排序方法效率比较低。

3）内排序与外排序：根据排序过程中数据元素是否全部在内存中进行，可将排序分为两大类：内排序和外排序。内排序是指在排序过程中数据元素全部存放在内存中进行的排序；外排序是指由于数据元素太多，在排序期间全部数据元素不能同时存放在内存中，必须在排序过程中不断地在内存和外存之间交换数据元素的排序。适用于内排序的排序方法叫作内排序方法，适用于外排序的排序方法叫作外排序方法。由于内排序是外排序的基础，因此本章仅介绍内排序的各种方法。

4）排序的效率：排序是经常使用的一种运算，因此，排序效率的高低最为人们所注意，排序算法的效率可以从时间复杂度和空间复杂度两个方面来分析。排序算法的时间复杂度可用排序过程中的数据元素之关键字的比较次数与数据元素的移动次数来衡量。本章在讨论算法的时间复杂度时一般都按照平均时间复杂度进行估算。对于那些受数据表中数据元素的初始排列及数据元素数目影响较大的算法，按最好情况和最坏情况进行分别讨论。算法的空间复杂度是指算法执行时需要的附加存储空间。

排序的方法很多，如果按时间复杂度来区分，一般可分为三类：简单排序，其时间复杂度为$O(n^2)$；快速排序，其时间复杂度为$O(n\log_2 n)$；基数排序，其时间复杂度为$O(d\times n)$。如果按排序过程中数据元素的位置是否改变可将排序方法分为两类：静态排序和动态排序。静态排序方法在排序过程中对数据元素位置进行物理重排，经过比较和判断，将数据元素移到合适的位置，这时数据元素一般都存放在一个顺序表中；动态排序方法在排序过程中数据元素的物理位置不变，每个元素增加一个链接指针，在排序的过程中仅通过修改链接指针来改变元素之间的逻辑顺序，从而达到排序的目的，这时通过链表组织待排序的数据元素。在众多排序方法中，简单地断言哪种方法最好是很困难的，要根据具体应用的需求综合考虑选择排序方法。

9.2 交换排序

交换排序的基本思想是对数据表中两个数据元素的关键字进行比较，如果发生逆序（即排列顺序与排序后的次序正好相反），则两者交换位置，直到所有数据元素都排好序为止。在本节中，将介绍两种交换排序的方法：冒泡排序（bubble sort）和快速排序（quick sort）。

9.2.1 冒泡排序

冒泡排序的基本思想是：设数据表 elem 中有 n 个数据元素，首先对数据表中第一、二个数据元素(elem[0]和 elem[1])进行比较，如果 elem[0]>elem[1]，则交换 elem[0]和 elem[1]；然后对第二、三个数据元素做同样的处理；重复此过程直到处理完最后两个相邻的数据元素。称此过程为一趟冒泡，它将关键字最大的数据元素移到数据表的最后一个位置，其他数据元素一般也都向排序的最终位置移动。然后进行第二趟冒泡，对数据表中前 $n-1$ 个数据元素进行上述操作，其结果使整个数据表中关键字次大的数据元素被移到 elem[$n-2$]的位置。如此最多进行 $n-1$ 趟冒泡就能把所有数据元素排好序。

图 9-1 所示为一个冒泡排序过程的示例。在数据表中有六个数据元素{46,31,6,19,23,31*}，其中有两个关键字相同的数据元素 31，为有所区别，前一个直接写为 31，后一个写为 31*。在排序过程中，因为每一趟冒泡总是把一个当前关键字最大的数据元素后移到它最后应在的位置，关键字小的数据元素逐步前移，好像气泡一样往上冒，所以把这种排序方法称为冒泡排序。当然在个别情形下，数据元素有可能在排序过程向相反的方向移动，如图 9-1（a）所示的第一趟冒泡过程中的 31，但数据元素移动的总趋势是向最终位置移动的。

0	1	2	3	4	6	finish
[46	31	6	19	23	31*]	true
[31	46	6	19	23	31*]	false
[31	6	46	19	23	31*]	false
[31	6	19	46	23	31*]	false
[31	6	19	23	46	31*]	false
[31	6	19	23	31*	46]	false

（a）第一趟冒泡排序过程

排序趟数	0	1	2	3	4	5	finish
初始序列	[46	31	6	19	23	31*]	false
1	[31	6	19	23	31*]	46	false
2	[6	19	23	31]	31*	46	false
3	[6	19	23]	31	31*	46	true

（b）各趟冒泡后的结果

图 9-1　冒泡排序过程

对有 n 个数据元素的数据表进行冒泡排序，最多需要 $n-1$ 趟冒泡，但具体到某一个特定的数据表时，可能不需要进行 $n-1$ 趟冒泡就能完成排序，如图 9-1（a）所示的例子中有六个数据元素，执行了三趟冒泡就已排好序。为此，在算法中增加了一个标志 finish，用以标识本趟冒泡过程中是否发生了逆序而进行过交换。如果进行过交换，则 finish 为 false，表示数据元素可能还没有全部排好序，需要进行下一趟冒泡；如果没有进行过交换，则 finish 为 true，表示全部数据元素已经排好序，可以结束排序过程。下面给出冒泡排序的算法的 C++实现。

```
template <class ElemType>
void BubbleSort(ElemType elem[], int n)
{
    bool finish=false;
    int i=1;
    while (i<n&&!finish) {
        finish=true;
        for (int j=0; j<n-i; j++)
            if (elem[j]>elem[j+1]) {
                Swap(elem[j], elem[j+1]);
                finish=false;
            }
        i++;
    }
}
```

上述的冒泡排序是在顺序表上实现的，当然也可以在链表上实现冒泡排序。请读者自己完成在双向链表上实现冒泡排序的算法。

对于冒泡排序，当数据元素的初始排列已经按照关键字从小到大排好序时，此算法只执行一趟冒泡，进行了 $n-1$ 次关键字比较，不移动数据元素，这是最好的情形；最坏的情形是数据元素的初始排列按关键字从大到小排列（逆序），此时算法执行 $n-1$ 趟冒泡，第 i 趟（$1\leqslant i<n$）做了 $n-i$ 次关键字比较，执行了 $n-i$ 次数据元素交换。这样在最坏的情形下总的关键字比较次数和数据元素移动次数分别为

$$比较次数=\sum_{i=1}^{n-1}(n-i)=\frac{n(n-1)}{2}$$

$$移动次数=3\sum_{i=1}^{n-1}(n-i)=\frac{3n(n-1)}{2}$$

因此在最坏的情况下，冒泡排序的时间复杂度为$O(n^2)$。冒泡排序需要一个附加存储空间以实现数据元素的交换。显然，冒泡排序算法是一种稳定的排序方法。

9.2.2　快速排序

快速排序又被称为分区交换排序，这是一种平均性能非常好的排序方法。快速排序的基本思想是：任取数据表中的某个数据元素（如取第一个数据元素）作为基准，按照该数据元素的关键字大小，将整个数据表划分为左、右两个子表。其中，左侧子表中所有数据元素的关键字都小于或等于基准数据元素的关键字，右侧子表中所有数据元素的关键字都大于基准数据元素的关键字，基准数据元素则排在这两个子表中间（这也是该数据元素最终应存放的位置），然后分别对这两个子表重复施行上述方法的快速排序，直到所有的子表长度为 1，则排序结束。显然快速排序算法过程是一个递归的过程。

快速排序

例如，图 9-2（a）给出的数据表有六个数据元素{23,31,49,31^*,6,19}，第一趟快速排序以第一个数据元素 23 作为基准，对整个数据表进行划分，一趟下来得到左、右两个子表{19,6}和{31^*,49,31}。其中，左侧子表所有数据元素的关键字均小于等于 23，右侧子表所有数据元素的关键字均大于 23。对左侧子表以 19 为基准，对右侧子表以 31^*为基准进行同样的划分，可得到最终排序的结果。

初始序列	23	31	49	31^*	6	19
	i					j
	□	31	49	31^*	6	19
	i					j
	19	31	49	31^*	6	□
		i				j
	19	□	49	31^*	6	31
		i			j	
	19	6	49	31^*	□	31
			i		j	
	19	6	□	31^*	49	31
			i	j		
	19	6	23	31^*	49	31
			ij			

（a）第一趟快速排序过程

排序趟数	0	1	2	3	4	5
初始序列	[23	31	49	31^*	6	[19]
1	[19	6]	23	[31^*	49	[31]
2	[6]	19	23	[31]	31^*	[49]
3	6	19	23	31	31^*	[49[

（b）各趟快速排序后的结果

图 9-2　快速排序过程

下面给出快速排序算法的 C++实现。

```
template <class ElemType>
void QuickSort(ElemType elem[], int low, int high)
```

```
{
    ElemType e=elem[low];
    int i=low, j=high;
   while (i<j)    {
       while (i<j&&elem[j]>=e)  j--;
       if (i<j)  elem[i++]=elem[j];
       while (i<j&&elem[i]<=e)  i++;
       if (i<j)  elem[j--]=elem[i];
    }
    elem[i]=e;
    if (low<i-1)  QuickSort(elem, low, i-1);
    if (i+1<high) QuickSort(elem, i+1, high);
}
```

从图 9-2（b）给出的快速排序算法执行的结果可知，快速排序的趟数取决于递归的深度。如果每次划分对一个数据元素定位后，该数据元素的左侧子表与右侧子表的长度相同，则下一步将是对两个长度减半的子表进行排序，这是最理想的情况。在一个有 n 个元素的序列中，对一个数据元素定位所需的时间为 $O(n)$。设 $T(n)$是对 n 个元素的序列进行排序所需的时间，而且每次对一个数据元素正确定位后，正好把数据表划分为长度相等的两个子表。此时，总的计算时间为

$$
\begin{aligned}
T(n) &\leqslant cn+2T(n/2) \qquad \text{其中，}c\text{是一个常数}\\
&\leqslant cn+2\left(cn/2+2T(n/4)\right)=2cn+4T(n/4)\\
&\leqslant 2cn+4\left(cn/4+2T(n/8)\right)=3cn+8T(n/8)\\
&\quad\cdots\\
&\leqslant cn\log_2 n+nT(1)\ =O(n\log_2 n)
\end{aligned}
$$

在一般情况下，设选为基准的数据元素是关键字第 k 小的，且等概率地取 $1,2,\cdots,n$，则有

$$T(n)=cn+\frac{1}{n}\sum_{k=1}^{n}(T(n-k)+T(k-1))=cn+\frac{2}{n}\sum_{i=0}^{n-1}T(i)$$

这就是快速排序的平均计算时间，可以用归纳法证明，这个时间数量级也为 $O(n\log_2 n)$。此外，实验结果也表明：就平均计算时间而言，快速排序是所讨论的内排序方法中最好的一个。

由于快速排序是递归的，因此需要有一个栈存放每层递归调用时的指针和参数，其最大递归调用层次数与递归树的深度一致，理想情况为 $\log_2(n+1)$。因此，要求的存储开销为 $O(\log_2 n)$。还有算法每次都选用序列的第一个数据元素作为比较的基准数据元素，这样的方法简单但不理想。在最坏的情况下，即数据表已经按其关键字从小到大排好序的情况下，每次划分只得到一个比上一次少一个数据元素的子表（另一个子表为空），这样，必须经过 $n-1$ 趟才能把所有数据元素定位，而且第一趟需要经过 $n-1$ 次关键字比较才能找到第一个数据元素的存放位置，第二趟需要经过 $n-2$ 次关键字比较才能找到第二个数据元素的存放位置……因此，总的关键字比较次数将达到：

$$\sum_{i=1}^{n-1}(n-i)=\frac{1}{2}n(n-1)$$

此时其排序速度将退化到冒泡排序的水平，占用的附加存储（即栈）将达到$O(n)$。

若能更合理地选择基准数据元素，使每次划分所得的两个子表中数据元素的个数尽可能地接近，则可以加速排序速度，但是由于数据元素的初始排列次序是随机的，这个要求很难办到。有一种改进办法：每次选取数据表中第一个数据元素、最后一个数据元素和位置接近正中的第三个数据元素，取三者中关键字居中者作为基准数据元素。这样相应的快速排序算法要做适当的修改，请读者自行设计。实际上，基准数据元素不一定要在数据表中选取。

上述的快速排序是在顺序表上实现的，当然也可以在链表上实现快速排序。请读者自己完成在双向链表上实现快速排序的算法。

对于关键字相同的数据元素，排序后可能会改变相对位置，所以快速排序是一种不稳定的排序方法。值得指出的是，对于较大的n，就平均情况而言，快速排序是最“快速”的。

9.3 插 入 排 序

插入排序的基本思想是：每一次设法把一个数据元素插入已经排序的部分序列的合适位置，使插入后的序列仍然是有序的。开始时建立一个初始的有序序列，它只包含一个数据元素。然后，从这个的初始序列开始不断插入数据元素，直到最后一个数据元素插入有序序列后，整个排序工作就完成了。在有序数据表中寻找插入位置有许多不同的方法。依据寻找插入位置方法的不同，有多种不同的插入排序方法。下面将介绍几种比较典型的方法。

9.3.1 直接插入排序

直接插入排序

直接插入排序的基本思想是：开始时把第一个数据元素作为初始的有序序列，然后从第二个数据元素开始依次把数据元素按照关键字大小插入已排序的部分数据表的适当位置。当插入第 i（$1<i\leq n$）个数据元素时，前面的 $i-1$ 个数据元素已经排好序，这时，用第 i 个数据元素的关键字与前面的 $i-1$ 个数据元素的关键字进行比较，找到插入位置后就将第 i 个数据元素插入，原来位置及其以后的数据元素都向后顺移一个位置。如此进行 $n-1$ 次插入，就完成了排序。直接插入排序可以在顺序表上实现，也可以在链表上实现。

1. 顺序表上的直接插入排序

在顺序表上进行直接插入排序时，当插入第 i（$0<i<n$）个数据元素时，前面的 elem[0], elem[1],…,elem[$i-1$]已经排好序，这时，用 elem[i]依次和 elem[$i-1$],elem[$i-2$],…进行比较，如果这些数据元素都大于 elem[$i-1$]，则它们都向后顺移一个位置，直到找到插入位置后就将 elem[i]插入。如此进行 $n-1$ 次插入，就完成了 elem[0],elem[1],…,elem[$n-1$]的排序。

图 9-3（a）给出了在顺序表上进行直接插入排序的各趟排序结果。假定 elem[0], elem[1],…,elem[$i-1$]已经排好序， elem[i],elem[$i+1$],…,elem[$n-1$]是一组待插入的数据元素。排序过程从 i=1 起，把第 i 个数据元素插入前面有序的数据元素序列中去，使插入后数据元素序列 elem[0],elem[1],…,elem[i]仍保持有序。执行完一趟插入后，i 增加 1，直到 $i=n-1$。

图 9-3（b）是第四趟插入排序过程的示例。此时，从 elem[0]到 elem[3]已经排好序，先

把 elem[4]移到一个临时工作单元 e 中暂存，以防前面数据元素后移时把它覆盖掉；然后从后向前依次比较寻找插入位置。设循环变量为 j，如果 elem[j]的关键字大于 e 的关键字，就将 elem[j]后移，直到某一个 elem[j]的关键字小于或等于 e 的关键字或数据元素序列比较完为止，最后把暂存于 e 中的数据元素（原 elem[4]）反填到第 j+1 位置，一趟排序就结束了。

排序趟数	0	1	2	3	4	5
初始序列	[46]	31	6	19	23	31*
1	[31	46]	6	19	23	31*
2	[6	31	46]	19	23	31*
3	[6	19	31	46]	23	31*
4	[6	19	23	31	46]	31*
5	[6	19	23	31	31*	46]

（a）各趟插入排序后的结果

0	1	2	3	4	5
[6	19	31	46]	23	31*
[6	19	31	46	46]	31*
[6	19	31	31	46]	31*
[6	19	23	31	46]	31*

（b）第四趟插入排序过程

图 9-3 在顺序表上进行直接插入排序过程

下面给出在顺序表上实现直接插入排序算法的 C++实现。

```
template <class ElemType>
void StraightInsertSort(ElemType elem[], int n)
{
    int i, j;
    for (i=1; i<n; i++){                    //第 i 趟直接插入排序
        ElemType e=elem[i];                 //暂存 elem[i]
        for (j=i-1; j>=0&&e<elem[j]; j--)
            elem[j+1]=elem[j];              //将比 e 大的记录都后移
        elem[j+1]=e;                        //j+1 为插入位置
    }
}
```

在顺序表上直接插入排序算法的时间复杂度分析，可以分最好和最坏两种情况分别讨论。在最好的情况下，即在排序前数据元素已经按照关键字大小从小到大排好序了，每趟只需要与前面的有序数据元素序列的最后一个数据元素的关键字比较一次，移动两次数据元素，则总的关键字比较次数为 $n-1$，数据移动次数为 $2(n-1)$，因此最好情况下的时间复杂度为 $O(n)$；而在最坏的情况下，即第 i 趟插入时，数据元素 elem[i]必须与前面 i 个数据元素都做关键字的比较，并且每做一次比较就要做一次数据元素移动，则总的关键字比较次数和数据移动次数分别为

$$比较次数=\sum_{i=1}^{n-1} i = n(n-1)/2 \approx n^2/2$$

$$移动次数=\sum_{i=1}^{n-1}(i+2) = (n+4)(n-1)/2 \approx n^2/2$$

因此最坏情况下的时间复杂度为 $O(n^2)$。若数据表中出现各种可能排列的概率相同，则可取上述最好情况和最坏情况的平均值，可得平均情况下的关键字比较次数和数据元素移动次数约为 $n^2/4$。因此，直接插入排序的平均时间复杂度为 $O(n^2)$。

根据上述分析可知：初始数据表越接近有序，直接插入排序的效率越高。这个结论是

后面讨论希尔排序的基础。显然，在顺序表上的直接插入排序是一种稳定的排序方法。

2. 链表上的直接插入排序

在链表上进行直接插入排序的基本思想是：数据表采用链表存储结构，在每个数据元素的结点中增加一个链域 next 用于指向后继数据元素。从初始的空链表（带头结点 elem[0]）开始，把 elem[1]插入链表中，得到只有一个数据元素的链表，再把 elem[2]按关键字大小插入刚才的链表中。如此不断插入，若 elem[1],elem[2],…,elem[i−1]已经通过链接指针 next 按照关键字的大小从小到大链接起来，现在要插入 elem[i]（i=1,2,…,n），则必须在前面 i−1 个链接起来的数据元素中按链顺序检测比较，找到 elem[i]应插入的位置，把 elem[i]插入。这样就得到一个由数据元素 elem[1],elem[2],…,elem[i]组成的有序链表。如此重复 n 次插入，即可完成排序。

图 9-4 给出了在链表上实现直接插入排序过程的示例。本例用静态链表存储数据表，并把 elem[0]作为链表的表头结点。初始时，数据表中的数据元素形成一个单链表。在排序开始时，先把表头结点 elem[0]的 next 设为−1，表示有序链表为空表，p 指向数据表的第一个数据元素。然后，从 p 开始，依次将数据表中的数据元素插入有序链表中，最终形成一个由所有数据元素组成的有序链表。

排序趟数		0	1	2	3	4	5	6
初始序列	key		46	31	6	19	23	31*
p=1	next	−1	2	3	4	5	6	−1
1	key		46	31	6	19	23	31*
p=2	next	1	−1	3	4	5	6	−1
2	key		46	31	6	19	23	31*
p=3	next	2	−1	1	4	5	6	−1
3	key		46	31	6	19	23	31*
p=4	next	3	−1	1	2	5	6	−1
4	key		46	31	6	19	23	31*
p=5	next	3	−1	1	4	2	6	−1
5	key		46	31	6	19	23	31*
p=6	next	3	−1	1	4	5	2	−1
6	key		46	31	6	19	23	31*
p=−1	next	3	−1	6	4	5	2	1

图 9-4 直接插入排序过程

下面给出在静态链表上实现直接插入排序的算法。先给出静态链表中结点的定义，它包括两个域：数据域 data 和指针域 next。因为是静态链表，所以指针用一个整型数表示数组的下标。

```
template <class ElemType>
struct Node
{
   ElemType data;
   int next;
};
```

下面是在静态链表进行插入排序算法的 C++实现，其中 elem[]是待排序的静态链表。

```
template <class ElemType>
void LinkInsertSort(Node<ElemType> elem[])
{
    int p, q, pre, r;
    p=elem[0].next;
    elem[0].next=-1;
    while (p!=-1) {
        q=elem[0].next;
        pre=0;
        while (q!=-1&&elem[q].data<=elem[p].data) {
            pre=q;
            q=elem[q].next;
        }
        r=elem[p].next;
        elem[p].next=q;
        elem[pre].next=p;
        p=r;
    }
}
```

使用链表插入排序，无须移动数据元素的位置，代之以指针的修改，共 $2n$ 次。在插入第 i 个数据元素时，关键字比较次数最多为 i 次，最少为 1 次。因此，总的关键字比较次数最少为 n 次，最多为

$$\sum_{i=1}^{n} i = \frac{n(n+1)}{2}$$

为了实现链表插入，在每个结点中增加了一个指针域 next，并使用了 elem[0]作为链表的表头结点。所以，总共用了 n 个附加指针域和一个附加结点，因此其空间复杂度为 $O(n)$。

算法从第一个数据元素开始直到最后一个数据元素结束，每次总是从有序链表的表头开始根据指针寻找插入位置。当数据表中存在两个数据元素的关键字相等时，总是把后一个数据元素插在前一个数据元素的后面。这样就确保了关键字相同的数据元素在排序前后的相对位置不变。所以，链表插入排序方法是稳定的。

9.3.2 折半插入排序

折半插入排序的基本思想是：设在数据表中有 n 个数据元素 elem[0],elem[1],…,elem[$n-1$]，其中 elem[0],elem[1],…,elem[$i-1$]是已经排好序的部分数据元素序列，在插入 elem[i]时，先利用折半查找方法寻找 elem[i]的插入位置，然后把插入位置后面的元素依次后移一个位置，最后把 elem[i]插入相应位置。折半插入排序算法只能在顺序表存储结构下实现。

就平均性能而言，因为折半查找优于顺序查找，所以折半插入排序也优于直接插入排序。它所需要的关键字比较次数与数据表的初始排列有关，在插入第 i 个数据元素时，最多需要经过$\lfloor \log_2 i \rfloor+1$ 次关键字比较，才能确定它应该插入的位置。因此，将 n 个数据元素（为推导方便，设为 $n=2^k$）用折半插入排序所进行的关键字比较次数最多为 $n\log_2 n$。当 n 较大时，总的关键字比较次数比直接插入排序的最坏情况要少得多，但比其最好情况要多。在数据元素的初始排列已经按照关键字排好序或接近有序时，直接插入排序比折半插入排序执行的关键字比较次数要少。折半插入排序的数据元素移动次数与直接插入排序相同，

也依赖于数据元素的初始排列，其不同点仅是变分散移动为集中移动。折半插入排序是一个稳定的排序方法。

9.3.3 希尔排序

希尔排序（Shell sort）又称为缩小增量排序，它的基本思想是：设数据表中有 n 个数据元素，首先取一个整数 $d<n$ 作为间隔，将全部数据元素分为 d 个子表，所有相距为 d 的数据元素放在同一个子表中，在每一个子表中分别进行直接插入排序，然后缩小间隔 d（如取 $d=\lceil d/2\rceil$），重复上述的子表划分和排序工作。如此循环，直到最后 $d=1$，将所有数据元素放在同一个序列中进行直接插入排序。由于开始时 d 的取值较大，每个子表中的数据元素较少（每个子表元素数为 n/d）。因此，在子表中的直接插入排序速度较快；到排序的后期，d 的取值逐渐变小，子表中的数据元素个数逐渐变多，但由于前面工作的基础，大多数数据元素已基本有序，所以直接插入排序速度仍然比较快。

图 9-5 给出了有六个数据元素的数据表进行希尔排序的过程。第一趟取间隔 $d=3$，将整个数据表划分为间隔为 3 的三个子表，分别对它们进行直接插入排序；第二趟将间隔缩小为 $d=\lceil d/2\rceil=2$，将整个数据表划分为间隔为 2 的两个子表，分别对它们进行直接插入排序；第三趟把间隔缩小为 $d=\lceil d/2\rceil=1$，对整个序列进行直接插入排序，因为此时整个数据表已经达到基本有序，所以直接插入排序的效率比较高。希尔排序的算法也只能在顺序表存储结构下实现。

排序趟数	0	1	2	3	4	5	d
初始序列	46	31	6	19	23	31*	
i=1	46			19			3
		31			23		
			6			31*	
结果	19	23	6	46	31	31*	
i=2	19		6		31		2
		23		46		31*	
结果	6	23	19	31*	31	46	
i=3	6	23	19	31*	31	46	1
结果	6	19	23	31*	31	46	

图 9-5 希尔排序的过程

下面给出希尔排序算法的 C++实现，算法中取步长为 $n/2, n/4, n/8, \cdots, 1$。

```
template <class ElemType>
void ShellSort(ElemType elem[], int n)
{
   int i, j, d=n/2;                        //初始步长取 n/2
   ElemType e;
   while (d>0) {
      for (i=d ; i<n; i++)    {            //步长为 d 时的插入排序
         e=elem[i];                        //取下标为 i 的元素
         j=i-d;
         while (j>=0&&e<elem[j]) {         //将子序列中比 e 大的元素后移
```

```
                elem[j+d]=elem[j];
                j-=d;
            }
            elem[j+d]=e;                    //将下标为 i 的元素插入子序列的适当位置
        }
        d=d/2;                              //缩短步长
    }
}
```

在希尔排序中 d 的取法有多种。最初希尔提出取 $d=\lfloor n/2 \rfloor$、$d=\lfloor d/4 \rfloor$直到 $d=1$。后来克努特提出取 $d=\lfloor d/3 \rfloor+1$。还有人提出都取奇数，也有人提出各个 d 的值要互为质数。但是，无论哪一种主张都没有得到证明。总的来说，d 的取值是一个递减的序列，并最终取 1，使最后一趟排序是对已经基本有序的整个数据表的数据元素进行直接插入排序。

在希尔排序过程中，逆序的数据元素不是一步一步地移动，而是跳跃式地（按间隔 d）向正序方向移动。这就意味着数据元素的移动次数和关键字的比较次数将会减少，所以希尔排序的效率应该是比较高的。对希尔排序的时间复杂度的分析是很困难的。虽然，在特定情况下可以准确地估算出关键字的比较次数和数据元素的移动次数，但是目前还没有人能够弄清关键字的比较次数和数据元素的移动次数与间隔选择之间的依赖关系，并给出完整的数学分析。在克努特所著的《计算机程序设计技巧》第三卷中，利用大量的实验统计资料得出，当 n 很大时，关键字的平均比较次数和数据元素的平均移动次数约为 $n^{1.25}$～$1.6n^{1.25}$，这是在利用直接插入排序作为子表排序方法的情况下得到的。

在希尔排序中，由于数据元素是跳跃式移动的，因此希尔排序是不稳定的排序方法。

9.4 选择排序

选择排序的基本思想是：第一趟在有 n 个数据元素的数据表中选出关键字最小的数据元素，然后在剩下的 n-1 个数据元素中再选取关键字最小（整个数据表中次小）的数据元素，如此重复，每一趟（如第 i 趟，i=1,2,…,n−1）总是在当前剩下的 n−i+1 个待排序的数据元素中选出关键字最小的数据元素，作为有序数据元素序列的第 i 个数据元素。等到第 n-1 趟选择结束，待排序数据元素只剩下一个时就不用再选了，按选择的先后次序得到的数据元素序列即为有序序列，排序完成。本节将介绍三种典型的选择排序方法。

9.4.1 简单选择排序

简单选择排序是一种简单的排序方法，它可以在顺序表存储结构下实现，也可以在链表存储结构下实现。

简单选择排序

1. 顺序表上的简单选择排序

在顺序表存储结构下（设 n 个数据元素存储在向量 elem[0]～elem[n−1]中），简单选择排序的算法基本思想如下。

1）开始时设 i 的初始值为 0。

2）如果 i<n−1，在数据元素序列 elem[i]～elem[n−1]中，选出具有最小关键字的数据元

素 elem[k]；否则，算法结束。

3）若 elem[k]不是这组数据元素中的第一个数据元素（即 $i \neq K$），则交换 elem[k]与 elem[i]这两个数据元素的位置。

4）令 $i=i+1$，转步骤 2）。

图 9-6 给出一个在顺序表上实现简单选择排序过程的例子。数据表有六个数据元素{46,31,6,19,23,31*}。第一趟选择时，先在整个数据表中选出最小值 6，它和数据表中第一个数据元素交换位置，得到第一趟选择排序的结果。第二趟选择时，在数据表后面的五个数据元素中选出最小值 19，它和数据表中第二个数据元素交换位置，得到第二趟选择排序的结果。如此进行五趟选择排序后，就得到最终的排序结果。

排序趟数	0	1	2	3	4	5
初始序列	[46	31	6	19	23	31*]
1	6	[31	46	19	23	31*]
2	6	19	[46	31	23	31*]
3	6	19	23	[31	46	31*]
4	6	19	23	31	[46	31*]
5	6	19	23	31	31*	[46]

图 9-6　在顺序表上实现简单选择排序的过程

在顺序表上进行简单选择排序算法的 C++实现如下：

```
template <class ElemType>
void SimpleSelectionSort(ElemType elem[], int n)
{
    int k;
    for (int i=0; i<n-1; i++)    {    //第 i 趟简单选择排序
        k=i;                          //k 记录 elem[i..n-1]中最小元素的下标
        for (int j=i+1; j<n; j++)
            if (elem[j]<elem[k])
                k=j;
        if (k!=i)
            Swap(elem[i], elem[k]); //交换 elem[i], elem[k]
    }
}
```

在简单选择排序中，关键字比较次数与数据元素的初始排列无关。假定整个数据表有 n 个数据元素，总共需要 $n-1$ 趟的选择，第 i（$i=0,1,\cdots,n-2$）趟选择具有最小关键字数据元素所需的比较次数总是 $n-i-1$ 次。因此，整个排序过程中总的关键字比较次数为

$$\text{比较次数}=(n-1)+(n-2)+\cdots+1=n(n-1)/2$$

数据元素的移动次数与数据表中数据元素的初始排列有关。当这组数据元素的初始状态是按其关键字从小到大有序时，每一趟选择后都不需要进行交换，数据元素的移动次数为 0，达到最小值；而最坏情况是每一趟选择后都要进行元素交换，一趟交换需要移动数据元素三次，总的数据元素移动次数为 $3(n-1)$。可见简单选择排序总的时间复杂度为 $O(n^2)$。由于在简单选择排序过程中，交换数据元素一般不是在相邻位置的数据元素之间进行，因此它不是一种稳定的排序方法。

2. 链表上的简单选择排序

在链表存储结构下简单选择排序的算法基本和在顺序存储结构下的算法类似，仅仅当在待排序数据元素序列中选出具有最小关键字的数据元素后一个要进行链表的插入，一个是进行位置对调。

1）开始时设 h 指向数据表的第一个数据元素结点，设置搜索指针 p 指向 h，elem[0].next 设为−1，表示有序链表为空表。

2）如果 p!=−1，表示数据表中还有数据元素没有被选出，继续步骤 3)；否则，数据表中所有数据元素都已经被选出，并插入有序链表中，算法结束。

3）在数据表中选出具有最大关键字的数据元素结点，并由 q 指向，pq 指向 q 的前驱结点（如果存在）。

4）将 q 所指结点插入有序链表的第一个数据元素之前。

5）令 p=h，转步骤 2)，准备下一次选择。

图 9-7 给出一个在链表上实现简单选择排序过程的例子。数据表中有六个数据元素 $\{46,31,6,19,23,31^*\}$。第一趟选择时，先在整个数据表中选出最大值 46，把它插入有序链表的最前面，得到第一趟选择排序的结果。第二趟选择时，在数据表后面的五个元素中选出最大值 31^*（注意，先选了后面的 31），再把它插入有序链表的最前面，得到第二趟选择排序的结果。如此进行五趟选择排序后，就得到最终的排序结果。

排序趟数		0	1	2	3	4	5	6
初始序列	key		46	31	6	19	23	31^*
h=1	next	−1	2	3	4	5	6	−1
1	key		46	31	6	19	23	31^*
h=2	next	1	−1	3	4	5	6	−1
2	key		46	31	6	19	23	31^*
h=2	next	6	−1	3	4	5	−1	1
3	key		46	31	6	19	23	31^*
h=3	next	2	−1	6	4	5	−1	1
4	key		46	31	6	19	23	31^*
h=3	next	5	−1	6	4	−1	2	1
5	key		46	31	6	19	23	31^*
h=3	next	4	−1	6	−1	5	2	1
6	key		46	31	6	19	23	31^*
h=−1	next	3	−1	6	4	5	2	1

图 9-7　在链表上实现简单选择排序的过程

在链表上进行简单选择排序算法的 C++实现如下：

```
template <class ElemType>
void LinkSelectionSort(Node<ElemType> elem[])
{
```

```
        int p, q, pp, pq, h;
        h=p=elem[0].next;
        elem[0].next=-1;          //形成初始有序链表
        while (p!=-1) {
            q=pq=pp=p;            //设置初始搜索指针
            p=elem[p].next;
            while (p!=-1) {       //选出当前具有最大关键字的数据元素，并由 q 指向
                if (elem[p].data>=elem[q].data) {
                    q=p;
                    pq=pp;
                }
                pp=p;
                p=elem[p].next;
            }
            if (h==q) {           //将最大关键字的数据元素插入有序链表的表首
                h=elem[q].next;
                elem[q].next=elem[0].next;
                elem[0].next=q;
            }
            else  {
                elem[pq].next=elem[q].next;
                elem[q].next=elem[0].next;
                elem[0].next=q;
            }
            p=h;                  //准备下一次选择
        }
    }
```

与在顺序表上的直接插入排序一样。在链表上进行简单选择排序，关键字比较次数与数据元素的初始排列无关，总的关键字比较次数为

$$比较次数=(n-1)+(n-2)+\cdots+1=n(n-1)/2$$

在链表上进行简单选择排序不需要进行数据元素的移动，每一趟选出数据元素后只需将其插入有序表的第一个数据元素之前。可见在链表上进行简单选择排序总的时间复杂度也为 $O(n^2)$。由于在链表上的简单选择排序过程中，不进行数据元素位置的交换，且对于关键字相同的数据元素，原来在后面的元素先选出插入链表，使排序前后两个关键字相同的数据元素的相对位置不变，因此它是一种稳定的排序方法。

9.4.2 锦标赛排序

简单选择排序要执行 $n-1$ 趟选择，总的关键字比较次数为 $n(n-1)/2$。当 n 较大时，其比较次数相当大。这是因为它没有把前一趟比较的结果保留下来，在后一趟选择时，把前一趟已做过的比较又重复做了一遍。锦标赛排序克服了这一缺点，它的思想与体育比赛类似。首先将 n 个数据元素两两分组，分别按关键字进行比较，得到 $n/2$ 个比较的优胜者（关键字小者），作为第一步比较的结果保留下来，然后对这 $n/2$ 个数据元素再两两分组，分别按关键字进行比较……如此重复，直到选出一个关键字最小的数据元素为止。

在图 9-8（a）所示的例子中，最下面是数据元素排列的初始状态，相当于一棵完全二叉树的叶结点，它存放的是所有参加排序的数据元素。叶结点上面一层的非叶结点是按叶结点关键字进行两两比较的结果。最顶层是树的根，表示最后选择出来的具有最小关键字

的数据元素。由于每次两两比较的结果总是把关键字小者作为优胜者上升到双亲结点，所以称这种比赛树为优胜者树。位于最底层的叶结点叫作优胜者树的外结点，非叶结点称为优胜者树的内结点。

在图 9-8（a）所示的优胜者树中 n=4，外结点有四个。选出具有最小关键字的数据元素做了三次比较。在输出具有最小关键字的数据元素后，为选出具有次小关键字的数据元素，需要将外结点中具有最小关键字的数据元素的关键字改为机器的最大值，并重新进行比较。但这时的比较只限于从根到刚刚选出的外结点这一条路径上的比较，其他结点保持不变。例如，在图 9-8（b）中，数据元素 6 输出后，相应外结点的关键字改为机器的最大值，其对手（兄弟）27 上升到双亲结点；27 再与新的对手 18 比较，18 是优胜者，上升到根结点。此时，具有次小关键字的数据元素上升到根结点，总共只做了两次比较。后面的处理过程类似。每次选出一个数据元素的关键字比较次数不超过 2。直到全部数据元素选出，排序完成。最后选出的是具有最大关键字的数据元素，后面的处理过程参看图 9-8（c）和（d）。

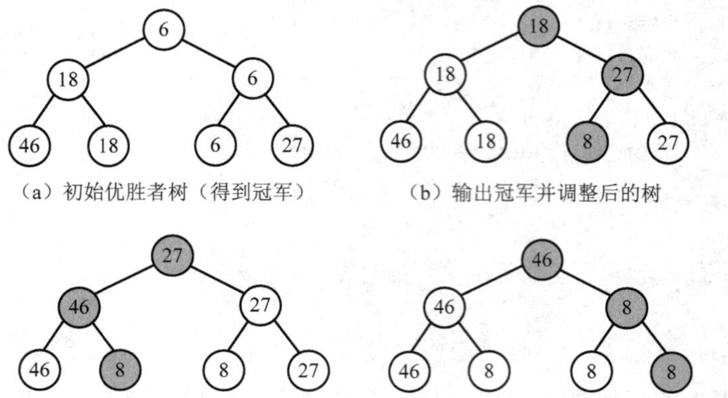

（a）初始优胜者树（得到冠军）　（b）输出冠军并调整后的树

（c）输出亚军并调整后的树　（d）输出季军并调整后的树

图 9-8　锦标赛排序示例

锦标赛排序构成的树是完全二叉树，其高度为$\lceil \log_2 n \rceil+1$，其中 n 为数据表中数据元素的个数。因此，除第一次选出具有最小关键字的数据元素需要进行 $n-1$ 次关键字比较外，重构优胜者树，选出具有次小、再次小……关键字的数据元素所需的关键字比较次数均不超过 $O(\log_2 n)$。所以，总的关键字比较次数为 $O(n\log_2 n)$。数据元素的移动次数与关键字的比较次数相当，所以锦标赛排序总的时间复杂度为 $O(n\log_2 n)$。这种排序方法虽然减少了许多排序时间，但是使用了较多的附加存储。如果有 n 个数据元素，必须使用至少 $2n-1$ 个结点来存放优胜者树。如果约定当关键字相同的两个数据元素比较时，相对位置在前面的数据元素"胜出"，则可维持数据表的稳定性。锦标赛排序算法的实现请读者自己完成。

9.4.3 堆排序

在第 6 章中，已经介绍了有关堆的定义和构造堆的算法。由于堆顶元素是堆中关键字最小（最小堆）或关键字最大（最大堆）的数据元素，因此，利用堆及其运算可以很容易地实现堆排序的算法。堆排序的算法基本思想如下。

1）对数据表中的数据元素，利用堆的调整算法形成初始堆。

2）输出堆顶元素。

3）对剩余元素重新调整形成堆。

4）重复执行步骤2）、步骤3），直到所有数据元素被输出。

在第6章中介绍的是最小堆。在此，为了实现数据元素按关键字从小到大排序，所以要求建立最大堆。建立最大堆的方法与建立最小堆的方法相同，只不过在堆的调整算法中稍加改变，修改后的堆调整算法的实现如下：

```
template <class ElemType>
void FilterDown(ElemType elem[], int low, int high)
{
    int f=low, i=2*low+1;
    ElemType e=elem[low];
    while (i<=high) {                        //f为被调整结点，i为f的最大孩子
        if (i<high&&elem[i]<elem[i+1])       //i取f有左右孩子中值大的孩子
            i++;
        if (e<elem[i]){                      //孩子的值大于其双亲，则进行向下调整
            elem[f]=elem[i];
            f=i;
            i=2*f+1;
        }
        else
            break;
    }
    elem[f]=e;
}
```

如果建立的堆满足最大堆的条件，则堆的第一个数据元素elem[0]具有最大关键字，将elem[0]与 elem[n−1]对调，把具有最大关键字的数据元素交换到最后，再对数据表前面的n−1个数据元素使用堆的调整算法，重新建立最大堆。结果把具有次最大关键字的数据元素上浮到堆顶（即elem[0]位置），再交换elem[0]和elem[n−2]……如此反复执行n−1次，最后得到全部排序好的数据元素序列。

图9-9所示的是一个堆排序的示例。初始关键字序列如图9-9（a）所示；利用堆的调整算法将其调整为最大堆，相当于选出了数据表中的最大元素46，如图9-9（b）所示；将堆顶元素（46）与数据表最后一个元素（6）对调，完成第一趟选择，如图9-9（c）所示；再将数据表前面的n−1个元素进行一次调整，得到数据表前面n−1个元素的最大堆，相当于选出了数据表中的次大元素31，如图9-9（d）所示；将堆顶元素（31）与数据表中第n−1个元素（6）对调，完成第二趟选择，如图9-9（e）所示；如此进行第n−1趟选择，就完成了堆排序。

堆排序算法的C++实现如下：

```
template <class ElemType>
void HeapSort(ElemType elem[], int n)
{
    int i;
    for (i=(n-2)/2; i>=0; --i) //初始建堆，将elem[0..n-1]调整成最大堆
        FilterDown(elem, i, n-1);
```

```
        for (i=n-1; i>0; --i) {  //第 i 趟堆排序
            Swap(elem[0], elem[i]);
            //将堆顶元素和当前未经排序的子序列 elem[0..i]中的最后一个元素交换
            FilterDown(elem, 0, i-1); //将elem[0..i-1]重新调整为最大堆
        }
    }
```

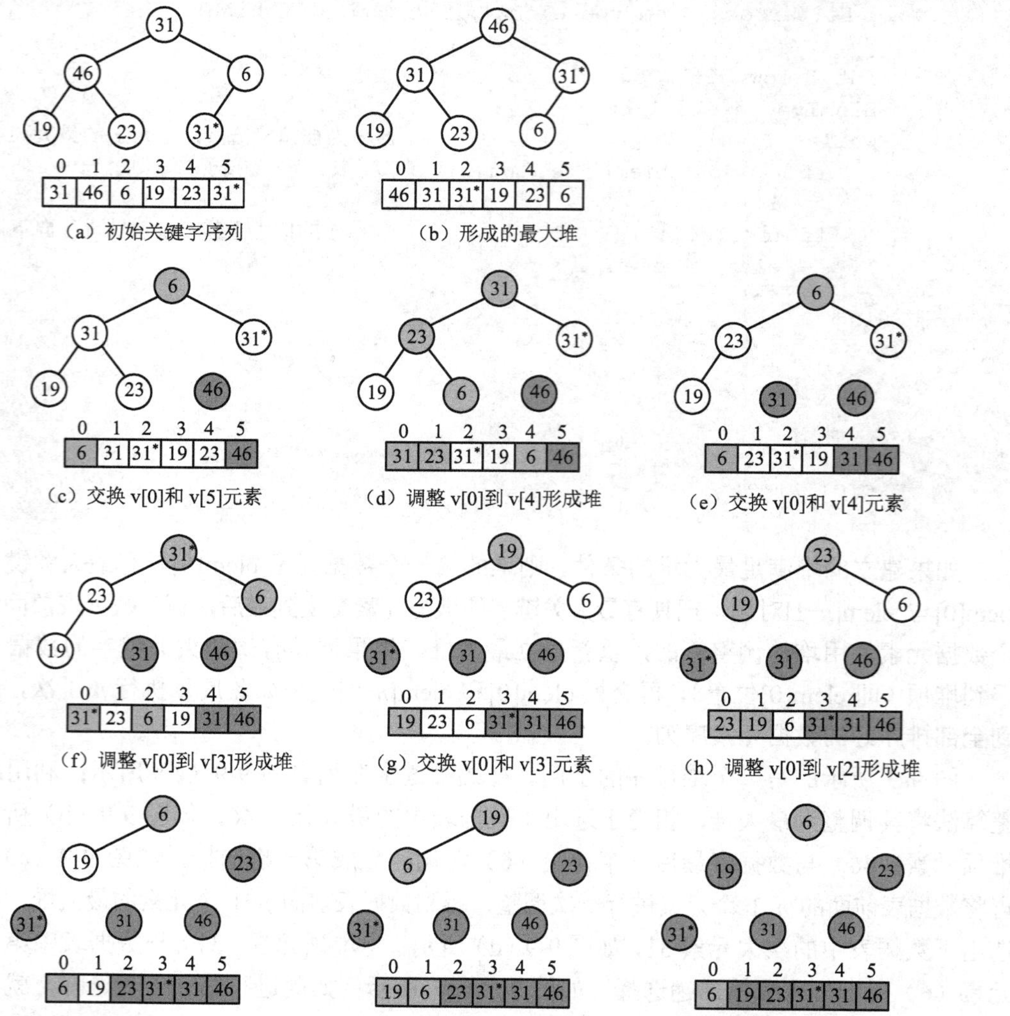

图 9-9　堆排序的示例

堆排序算法的时间复杂度可用关键字的比较次数来测度。若设堆中有 n 个结点，且 $2^{k-1}\leqslant n<2^k$，则对应的完全二叉树的高度为 k。在第 i 层上的结点数不超过 2^{i-1}（i=1,2,⋯,k）。在第一个形成初始堆的 for 循环中对每一个非叶结点调用一次堆调整算法 FilterDown()，一个数据元素每下调一层需要进行两次关键字的比较，最多下调到最底层。因此，该循环所用的计算时间为

$$2\sum_{i=1}^{k-1}2^{i-1}(k-i-1)=2\sum_{j=1}^{k-1}2^{k-j-1}j=2\times 2^{k-1}\sum_{j=1}^{k-1}\frac{j}{2^j}\leqslant 2n\sum_{j=1}^{k-1}\frac{j}{2^j}<4n$$

其中，i 是层序号；2^{i-1} 是第 i 层最多的结点数；（$k-i-1$）是第 i 层结点下调到最底层（第 k 层）所需的调整次数。

在第二个for循环中，调用了$n-1$次FilterDown()算法，因为每次调用总是将位于根结点上的数据元素下调到当前堆的最底层，所以该循环的计算时间为$O(n\log_2 n)$。因此，堆排序的时间复杂度为$O(n\log_2 n)$。该算法的附加存储是用于建堆的工作变量和在第二个for循环中执行数据元素交换时需用的一个工作变量。因此，该算法的空间复杂度为$O(1)$。显然，堆排序是一种不稳定的排序方法。

9.5 归 并 排 序

归并排序

9.5.1 归并

在讨论归并排序算法之前，先介绍归并的概念。所谓归并，就是将两个或两个以上的有序表合并成一个新的有序表。如图 9-10 所示，有两个已经排好序的有序表 A[1]～A[n]和 B[1]～B[m]（在图中只给出了它们的关键字），通过归并把它们合并成一个有序表 C[1]～C[$m+n$]。这种归并方法称为两路归并，其基本思想是：设有两个有序表 A 和 B，其数据元素个数（表长）分别为 n 和 m，变量 i 和 j 分别是表 A 和表 B 的当前检测指针；设表 C 是归并后的新有序表，变量 k 是它的当前存放指针。开始时 i、j、k 都分别指向 A、B、C 三个表的起始位置；然后根据 A[i]与 B[j]的关键字的大小，把关键字小的数据元素放到新表 C[k]中；且相应的检测指针（i 或 j）和存放指针 k 增加 1。如此循环，当 i 与 j 中有一个已经超出表长时，将另一个表中的剩余部分照抄到新表的 C[k]～C[$m+n$]中。

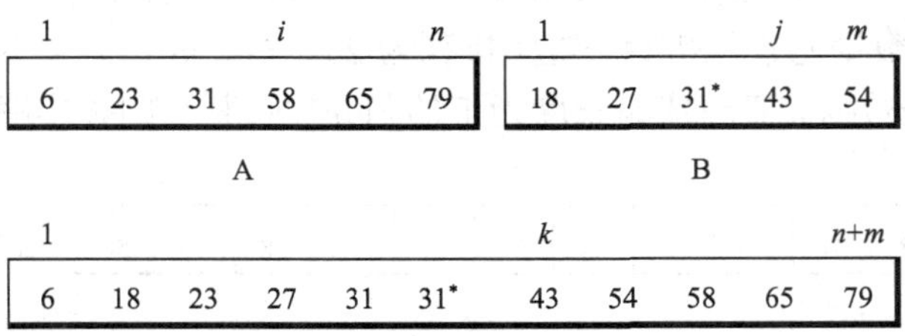

图 9-10　两路归并的示例

下面先给出两路归并算法的 C++实现。在这个算法中两个待归并的有序表首尾相接存放在数组 elem[]中，其中第一个表的下标范围从 low 到 mid，另一个表的下标范围从 mid+1 到 high。前一个表中有 mid-low+1 个数据元素，后一个表中有 high-mid 个数据元素。归并时新有序表先存放在一个辅助数组 tmpElem[]中，完成归并后再把 tmpElem[]中的数据元素放回数组 elem[]中。

```
template <class ElemType>
void Merge(ElemType elem[], int low, int mid, int high)
{
   ElemType *tmpElem=new ElemType[high+1]; //定义临时数组
```

```
    int i=low, j=mid+1, k=low;
   //i 为归并时前一表当前元素的下标，j 为归并时后一表当前元素的下标，
   //k 为 tmpElem 中当前元素的下标
   while (i<=mid&&j<=high)
      if (elem[i]<=elem[j])
         tmpElem[k++]=elem[i++];
      else
         tmpElem[k++]=elem[j++];
   while (i<=mid)       //归并 elem[low..mid]中剩余元素
      tmpElem[k++]=elem[i++];
   while (j<=high)      //归并 elem[mid+1..high]中剩余元素
      tmpElem[k++]=elem[j++];
   for (i=low; i<=high; i++)              //将 tmpElem 复制回 elem
      elem[i]=tmpElem[i];
   delete []tmpElem;                      //释放 tmpElem 所占用的空间
}
```

在上述算法中，所有的数据元素都将被移入辅助数组 tmpElem[]中。因此，总的数据元素的移动次数为(mid−low+1)+(high−mid)=high−low+1；在 while 循环中，每进行一次关键字的比较，就有一个数据元素被移入辅助数组 tmpElem[]，而在 while 循环后面数据元素不进行比较直接被移入辅助数组 tmpElem[]中。所以，在算法实现时关键字的比较次数不会超过数据元素的移动次数。

9.5.2 两路归并排序

两路归并排序就是利用两路归并算法进行排序，其基本思想是：假设初始数据表有 n 个数据元素，首先把它看成是长度为 1 的首尾相接的 n 个有序子表(以后称它们为归并项)，先做两两归并，得$\lceil n/2 \rceil$个长度为 2 的归并项（如果 n 为奇数，则最后一个归并项的长度为 1）；再做两两归并……如此重复，最后得到一个长度为 n 的有序序列。

例如，有 11 个数据元素，初始关键字排列为 23、31、46、31*、83、65、77、6、38、19、56。先把每一个数据元素看成是长度为 1 的归并项，整个归并排序过程如图 9-11 所示。

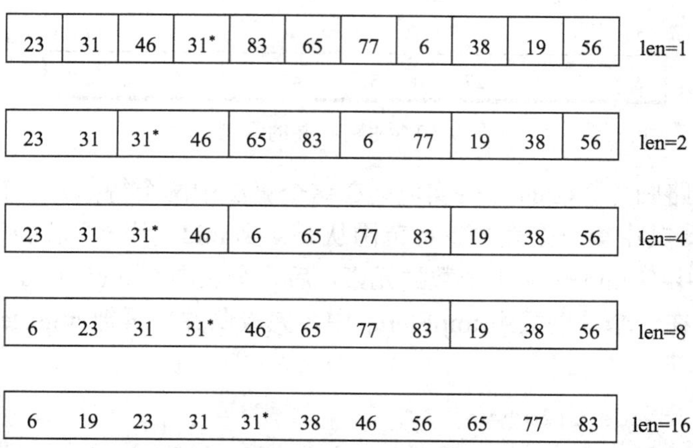

图 9-11 两路归并排序的过程

从上面的过程可以看到，两路归并排序由多趟归并过程实现。第一趟令归并项的长度为 len=1，以后每执行一趟后将 len 加倍。下面先讨论一趟归并的情形：设数组 elem[0]到 elem[n−1]中的 n 个数据元素已经分为一些长度为 len 的归并项，将这些归并项两两归并，归并成一些长度为 2len 的归并项。如果 n 不是 2×len 的整数倍，则一趟归并到最后，可能遇到以下两种情形。

1）剩下一个长度为 len 的归并项和另一个长度不足 len 的归并项，可用一次 merge 算法，将它们归并成一个长度小于 2×len 的归并项。

2）只剩下一个归并项，其长度小于或等于 len，此时就不需要进行归并了。

两路归并排序算法的 C++实现如下：

```
template <class ElemType>
void MergeSort(ElemType elem[], int n)
{
    int len=1, i;
    while (len<n) {
        i=0;
        while (i+2*len<=n) {
        //对从 i 开始的长度为 len 的两个相邻有序区间进行归并
            Merge(elem, i, i+len-1, i+2*len-1);
            i+=2*len;
        }
        if (i+len<n)  {    //对最后两个相邻有序区间进行归并
            Merge(elem, i, i+len-1, n-1);
        }
        len *= 2;
    }
}
```

下面对两路归并排序算法做简单的分析。在两路归并排序算法中要调用 Merge()函数 $\lceil n/(2\times len)\rceil$次，而每次 Merge()要执行的比较次数不超过 2×len−1，函数 MergeSort()调用 Merge()正好$\lceil \log_2 n\rceil$次，所以两路归并排序算法总的时间复杂度为 $O(n\log_2 n)$。两路归并排序占用附加存储较多，需要另外一个与原待排序数据元素数组同样大小的辅助数组，所以其空间复杂度为 $O(n)$。在两路归并排序算法中，每一趟归并都是相邻的归并项进行两路归并，因此对于两个关键字相同的数据元素，它能够保证原来在前面的数据元素在排序后仍然在前面。所以，两路归并排序是一个稳定的排序方法。

9.5.3 递归的归并排序

上述给出的两路归并排序采用了迭代的方法完成，也可以把两路归并排序设计成采用递归的方法实现。在递归的归并排序方法中，首先要把整个数据表划分为长度大致相等的左、右两部分，分别称为左子表和右子表，对这两个子表分别进行归并排序（递归），然后再把已排好序的两个子表进行两路归并，得到一个有序表。

图 9-12 给出了递归的归并排序示例。数据表中数据元素的关键字的初始序列为 27、31、52、31*、18、12。图的左边示意子表划分递归逐层进入的过程，等到子表中只有一个数据元素时递归即到底，转而反向实施归并；图的右边示意实施归并，逐层退出递归调用的过程。

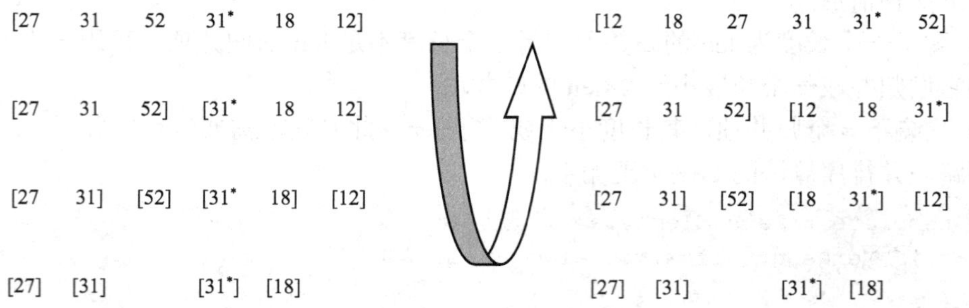

图 9-12 递归的归并排序示例

在递归的归并排序过程中，可以使用前面给出的两路归并算法完成，下面是该算法的 C++实现。

```
template <class ElemType>
void RecursionMergeSort(ElemType elem[], int low, int high, int n)
{
    if (low<high) {
        int mid=(low+high)/2;
         //将 elem[low..high]平分为elem[low..mid]和elem[mid+1..high]
        RecursionMergeSort(elem, low, mid, n);
         //对 elem[low..mid]进行归并排序
        RecursionMergeSort(elem, mid+1, high, n);
         //对 elem[mid+1..high]进行归并排序
        Merge(elem, low, mid, high);
         //对 elem[low..mid]和 elem[mid+1..high]进行归并
    }
}
```

当然此算法也可以在链表上实现。此时数据表以静态链表存储，设待排序的数据元素存放在静态链表 elem 中。初始时，置所有的 elem[*i*].next=−1（$1 \leqslant i \leqslant n$，*n* 为表长），即每个链表结点都是一个独立的单链表。elem[0]用于表示结果链表的头结点。函数 linkListMerge()是将两个有序的单链表归并成一个有序单链表的算法，其中 p 和 q 分别是参加归并的两个单链表的头指针。需要注意的是，为了便于实现递归返回后的逐层归并，函数 linkListMerge()返回结果链表的第一个数据元素结点的指针（elem[0].next)，结果链表中数据元素按关键字递增顺序排列。

下面给出在静态链表上实现两路归并算法的 C++实现，它完成了以 p 和 q 为链表头指针的有序链表的归并。

```
template <class ElemType>
int LinkListMerge(Node<ElemType> elem[], int p, int q ) {
    int k=0;   //k 为结果链表的头结点指针
    while (p!=-1&&q!=-1)
        if (elem[p].data<=elem[q].data) {
```

```
            elem[k].next=p;
            k=p;
            p=elem[p].next;
         }
         else {
            elem[k].next=q;
            k=q;
            q=elem[q].next;
         }
      if (p==-1)
        elem[k].next=q;
      else
        elem[k].next=p;
      return elem[0].next;
   }
```

有了函数 LinkListMerge()，下面就可以介绍在静态链表上实现的递归归并排序算法，在算法中 low 和 high 分别表示待排序数据表的下界和上界，对 low～high 区间，以中点 mid 为界，分别对左半部分和右半部分进行表归并排序后，再进行两路归并。

```
   template <class ElemType>
   int LinkListMergeSort(Node<ElemType> elem[], int low, int high) {
      if (low>=high)
         return low;
      int mid=(low+high)/2, p, q;
      p=LinkListMergeSort(elem, low, mid);
      q=LinkListMergeSort(elem, mid+1, high);
      return LinkListMerge(elem, p, q);
   }
```

外部调用静态链表的递归归并排序函数的形式为 LinkListMergeSort (elem, 1, *n*)。图 9-13 给出了一个静态链表的递归归并排序示例。

	0	1	2	3	4	5	6	low	high	*i*	*j*
key		46	31	6	19	52	31*				
next	2	−1	1	−1	−1	−1	−1	1	2	1	2
key		46	31	6	19	52	31*				
next	3	−1	1	2	−1	−1	−1	1	3	2	3
key		46	31	6	19	52	31*				
next	4	−1	1	2	5	−1	−1	4	5	4	5
key		46	31	6	19	52	31*				
next	6	−1	1	2	6	−1	5	4	6	4	6
key		46	31	6	19	52	31*				
next	3	5	6	4	2	−1	1	1	6	3	4

图 9-13 静态链表的递归归并排序示例

在静态链表上实现的递归归并排序算法，通过链接指针的修改以实现数据元素结点的逻辑有序链接，因此不需要数据元素移动。计算时间可以用数据元素关键字的比较次数来测量。算法的递归深度为 $O(\log_2 n)$，所以总的时间复杂度为 $O(n\log_2 n)$，它也是一种稳定的排序方法。

9.6 基 数 排 序

基数排序

基数排序又被称为桶排序。与前面介绍的几种排序方法相比较，基数排序和它们有明显的不同。前面所介绍的排序方法都是建立在对数据元素关键字进行比较的基础上，所以可以称为基于比较的排序；而基数排序首先将待排序数据元素依次“分配”到不同的桶里，然后再把各桶中的数据元素“收集”到一起。通过使用对多关键字进行排序的这种“分配”和“收集”的方法，基数排序实现对单关键字进行排序。

9.6.1 多关键字排序

相信不少人玩过扑克牌，下面就以扑克牌排序为例，介绍多关键字排序的算法思想。大家知道每张扑克牌有两个“关键字”：花色和面值，其大小顺序为

花色：$\clubsuit < \diamondsuit < \heartsuit < \spadesuit$

面值：$2 < 3 < \cdots < K < A$

扑克牌的大小先根据花色比较，花色大的牌比花色小的牌大；花色一样的牌再根据面值比较大小。所以，将扑克牌按照从小到大的次序排列，可得到以下序列。

$$\clubsuit 2,\cdots,\clubsuit A,\diamondsuit 2,\cdots,\diamondsuit A,\heartsuit 2,\cdots,\heartsuit A,\spadesuit 2,\cdots,\spadesuit A$$

这种排序相当于有两个关键字的排序，一般有两种方法实现。其一，可以先按花色分成四堆（每一堆牌具有相同的花色），然后在每一堆牌里再按面值从小到大的次序排序，最后把已排好序的四堆牌按花色从小到大顺序叠放在一起就得到排序的结果。其二，可以先按面值排序分成十三堆（每一堆牌具有相同的面值），然后将这十三堆牌按面值从小到大的顺序叠放在一起，再把整副牌按顺序根据花色再分成四堆（每一堆牌已按面值从小到大的顺序有序），最后将这四堆牌按花色从小到大合在一起就得到了排序的结果。

一般情况下，假定数据表中有 n 个数据元素（elem[0],elem[1],…,elem[$n-1$]）。每个数据元素 elem[i]（$0\leqslant i\leqslant n-1$）都含有 d 个关键字（$k_i^1,k_i^2,\cdots,k_i^d$）。如果对于序列中任意两个数据元素 elem[j]和 elem[i]（$0\leqslant j<i\leqslant n-1$）都满足：

$$(k_j^1,k_j^2,\cdots,k_j^d)<(k_i^1,k_i^2,\cdots,k_i^d)$$

则称数据元素序列以关键字($k^1,k^2,\cdots,k^d$)有序。在此，k^1 称为最高位关键字，k^d 称为最低位关键字。

实现多关键字排序有两种常用的方法，一种方法被称为最高位优先法（most significant digit first，MSD），另一种方法被称为最低位优先法（last significant digit first，LSD）。最高位优先法通常是一个递归的过程：首先根据最高位关键字 k^1 进行排序，按 k^1 值的不同，将整个数据表分成若干个子表，每个子表中的数据元素具有相同的关键字 k^1。然后分别对每一个子表中的数据元素根据关键字（$k^2,\cdots,k^d$）用最高位优先法进行排序。如此递归，

直到对关键字 k^d 完成排序为止。最低位优先法是首先依据最低位关键字 k^d 对数据表中的所有数据元素进行一趟排序，然后依据次低位关键字 k^{d-1} 对上一趟排序的结果再排序。依次重复，直到按关键字 k^1 完成最后一趟排序。使用 LSD 排序方法时，每一趟排序都是对整个数据表操作，且需要采用稳定的排序方法。下面将介绍基于 LSD 方法的基数排序方法。

9.6.2　链式基数排序

LSD 排序方法是一种典型的基数排序，它利用“分配”和“收集”这两种运算实现多关键字排序。在这种方法中，把关键字 k 看成是一个 d 元组：

$$(k^1,k^2,\cdots,k^d)$$

其中的每一个分量可以看成是一个单关键字，假设分量 k^j（$1\leqslant j\leqslant d$）有 radix 种取值，则称 radix 为基数。例如，关键字 984 可以看成是一个三元组（9,8,4），位数 d=3，每一位可以取 0～9 这 10 个值，所以其基数 radix=10。用 LSD 方法对 d 元组中的每一个分量 k^j 排序，先把数据表中的所有数据元素按照 k^j 的取值“分配”到 radix 个队列（桶）中去，然后再按照各队列的顺序，依次把数据元素从队列中“收集”起来，这样所有数据元素按 k^j 取值排序完成。如果对数据表中所有数据元素按关键字 $k(k^1,k^2,\cdots,k^d)$ 依次对各分量 k^j（$j=d,d-1,\cdots,1$）分别用这种“分配”“收集”的运算逐趟进行排序，在最后一趟“分配”“收集”完成后，所有数据元素就按其关键字的值从小到大排好序了。

在上述基数排序中，各个队列可以考虑采用链表存储结构，分配到同一队列的关键字通过指针链接起来。一共有 radix 个队列，每一个队列设置两个队列指针：一个指示队头，记为 f[i]（$0\leqslant i<$radix）；另一个指向队尾，记为 e[i]（$0\leqslant i<$radix）。同时为了有效地存储和重排，数据以静态链表作为它的存储结构。图 9-14 所示给出了一个基数排序的示例。

在这个例子中，数据表中有 10 个数据元素，其关键字由三位十进制数组成，初始排列如图 9-14（a）所示。关键字中各位的取值范围为 0～9（radix=10），故各队列的编号为 0～9。基数排序的过程如图 9-14（b）～（g）所示，共进行了三趟“分配”与“收集”。第一趟按关键字的个位数的值进行“分配”与“收集”，完成该趟排序后所有数据元素按关键字的个位数值的非递减顺序链接起来，分配结果如图 9-14（b）所示，收集结果如图 9-14（c）所示。第二趟按关键字的十位数的值进行“分配”与“收集”，完成该趟排序后所有数据元素按关键字的最后两位值的非递减顺序链接起来，其分配结果如图 9-14（d）所示，收集结果如图 9-14（e）所示。第三趟按关键字的百位数的值“分配”与“收集”，该趟完成后，基数排序完成，其分配结果如图 9-14（f）所示，收集结果如图 9-14（g）所示。

下面给出基数排序算法的 C++实现。设在数据表的静态链表中，待排序的数据元素存放在 elem[1]～elem[n]中，这 n 个数据元素结点通过 next 域链接成一个单链表，elem[0]作为链表的头结点，其 next 域指向数据表中的第一个数据元素。每个数据元素的关键字域用一个数组 Key[d]表示，取值范围为 $0\leqslant$Key[i]<radix（$0\leqslant i<d$），其中的 radix 是基数。排序通过 d 趟“分配”和“收集”的方法完成，每一个队列有两个指针 f[i]和 e[i]，分别指示第 i 个队列的第一个数据元素和最后一个数据元素（$0\leqslant i<$radix）。

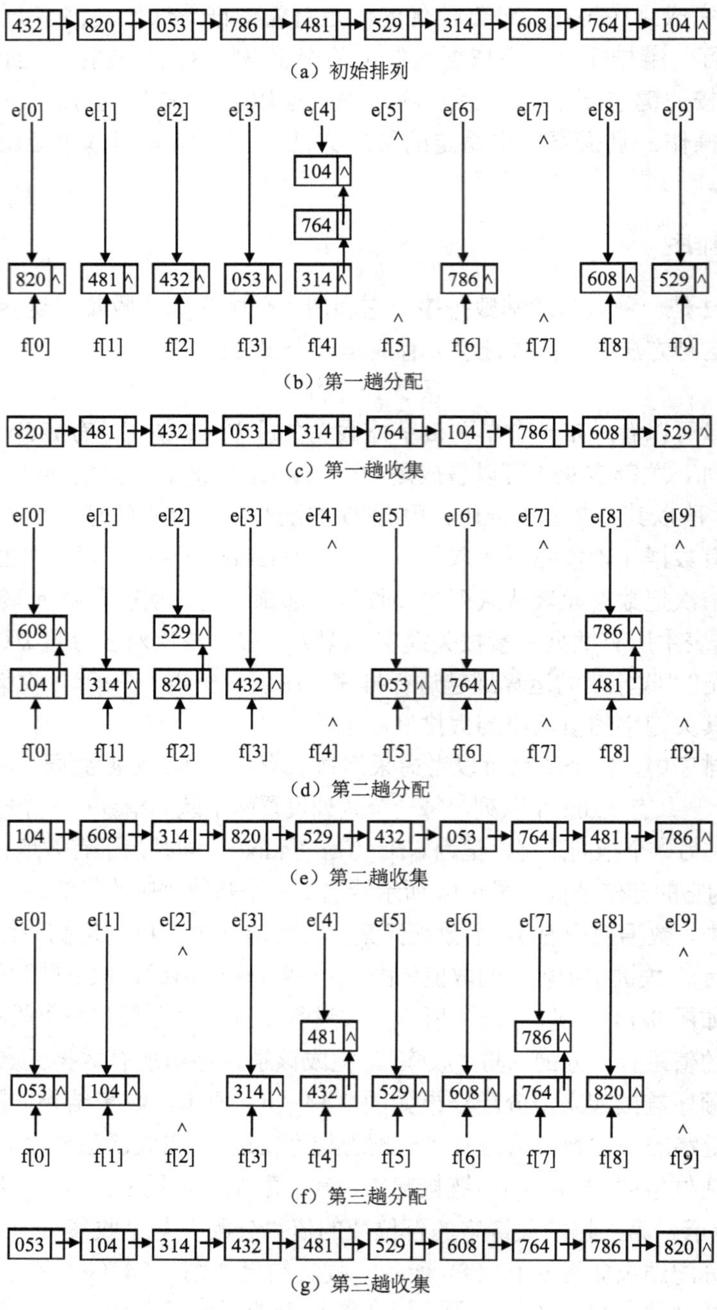

图 9-14　基数排序的示例

```
template <class ElemType>
void RadixSort (Node<ElemType> elem[], const int d, const int radix) {
    int e[radix], f[radix], p, i, j, k, power;
    for (i=0; i<d; i++) {              //做 d 趟分配、收集
        for (j=0; j<radix; j++)
            f[j]=0;                    //初始化各分配队列
        power=(int)pow((double)radix, i);
        p=elem[0].next;                //初始化链表搜索指针
```

```
            while (p!=-1) {                    //逐个分配数据元素
                k=(elem[p].data/power)%radix;   //取当前数据元素关键字的第 i 位
                if (f[k]==0)
                    f[k]=p;                    //原链表为空时，数据元素入队首
                else                           //原链表非空时，数据元素入队尾
                    elem[e[k]].next=p;
                e[k]=p;                        //修改链尾指针
                p=elem[p].next;                //取链表中下一个结点
            }
            j=0  ;                             //开始数据收集
            while (f[j]==0)                    //跳过空队列
                j++;
            elem[0].next=f[j];
            p=e[j];
            for (k=j+1; k<radix; k++)
                if (f[k]!=0) {                 //收集每个非空队列入链表
                    elem[p].next=f[k];
                    p=e[k];
                }
            elem[p].next=-1;
        }
    }
```

对于有 n 个数据元素的链表，若每个关键字有 d 位，算法需要重复执行 d 趟“分配”与“收集”。每趟进行“分配”的循环需要执行 n 次，把 n 个数据元素分配到 radix 个队列中去；进行“收集”的循环需要执行 radix 次，把 radix 个队列中的数据元素收集起来按顺序链接，因此总的时间复杂度为 $O(d(n+\text{radix}))$。算法所需要的附加存储空间是为每个数据元素结点增设的链接指针，以及为每一个队列设置的队头和队尾指针，总数为 $n+2\times\text{radix}$。在基数排序中不需要移动数据元素，并且它是一种稳定的排序方法。

9.7　各种排序方法的选择和使用

迄今为止，已有的排序方法远不止本章所讨论的这几种，在此所讨论的只是比较常用且具有代表性的一些排序方法。这些方法各有其优缺点，各有其适用的情况，无法笼统地说哪种方法最好，只能说在某种情况下哪种方法更适用。因此，在实际应用中，应根据不同的情况选择不同的方法。在选择排序方法时，主要需考虑以下因素。

1）数据表的大小，即待排序数据元素的个数。

2）关键字的分布情况。

3）对排序的稳定性要求。

考虑上述因素，在此提出下列建议供参考。

1）若数据表的长度较小（如 $n<50$）时，可采用简单的排序方法，如直接插入排序或选择排序。但要注意直接插入排序的数据元素移动次数比选择排序的次数多，因此，当数据元素个数较多时，用选择排序较好。

2）若数据表的长度较大时，应选用执行时间与 $n\log_2 n$ 成正比的排序方法，如快速排

序、希尔排序、堆排序和归并排序等。当数据表中数据元素的关键字分布随机时，快速排序的平均运行时间最少；堆排序只需要一个记录的辅助空间，并且不会出现快速排序可能出现的最坏情况；希尔排序由于也是一种插入排序，故排序过程中移动记录的次数较多，但当记录接近有序时，希尔排序较快。上述三种排序方法都是不稳定的。利用归并排序可满足对排序结果稳定性的要求。还可将归并排序与直接插入排序联合使用，即先用直接插入排序得到长度小于 50 的有序段，然后再两两归并。

3）若待排序记录已基本有序，可采用插入类排序方法或冒泡排序。

4）当 n 很大而关键字位数较小时，可考虑采用基数排序方法。

习　题　9

一、选择题

1．下面四种排序方法中，排序趟数与序列原始状态有关的是（　　）。

A．插入排序　　B．选择排序　　C．冒泡排序　　D．基数排序

2．下面四种排序方法中，排序过程中比较次数与排序方法无关的是（　　）。

A．选择排序　　B．插入排序　　C．快速排序　　D．堆排序

3．数据序列（2,1,4,9,8,10,6,20）只能是下列排序算法中（　　）的两趟排序后的结果。

A．快速排序　　B．冒泡排序　　C．选择排序　　D．插入排序

4．下列排序算法中，（　　）不能保证每趟排序至少能将一个元素放到其最终的位置上。

A．快速排序　　B．希尔排序　　C．堆排序　　D．冒泡排序

5．利用快速排序对数据序列（46,79,56,38,40,84）以第一个元素为基准得到的划分结果为（　　）。

A．（38,40,46,56,79,84）　　B．（40,38,46,79,56,84）

C．（40,38,46,56,79,84）　　D．（40,38,46,84,56,79）

6．在下列排序方法中，辅助空间为 $O(n)$的是（　　）。

A．希尔排序　　B．堆排序　　C．选择排序　　D．归并排序

7．下列排序中，在待排序数据已经有序时，花费时间反而最多的是（　　）。

A．冒泡排序　　B．希尔排序　　C．快速排序　　D．堆排序

8．就平均性能而言，目前最好的内排序方法是（　　）。

A．冒泡排序　　B．希尔排序　　C．交换排序　　D．快速排序

9．如果只想得到 10000 个元素组成的序列中第五个最小元素之前的部分排序的序列，用（　　）方法最快。

A．冒泡排序　　B．快速排列　　C．堆排序　　D．简单选择排序

10．下列排序方法中，（　　）可能会出现下面情况：在最后一趟开始之前，所有元素都不在其最终的位置上。

A．堆排序　　B．冒泡排序　　C．快速排序　　D．插入排序

二、判断题

1．内排序要求数据一定要以顺序方式存储。（　　）

2．排序稳定性是指排序算法中比较次数保持不变，且算法能够终止。（　　）

3．在执行某个排序算法的过程中，出现了元素朝着最终排序序列位置相反方向移动，则该算法是不稳定的。（　　）

4．对有 n 个数据元素的数据表，简单选择排序算法在最好情况下的时间复杂度为 $O(n)$。（　　）

5．对有 n 个数据元素的数据表，在初始数据表已经有序时，快速排序算法的时间复杂度为 $O(n\log_2 n)$。（　　）

6．数据序列（101,88,46,70,34,39,45,58,66,10）是堆。（　　）

7．在基数排序时，最高位优先分配法比最低位优先分配法简单。（　　）

8．在任何情况下，归并排序都比简单插入排序快。（　　）

9．对有 n 个数据元素的数据表进行排序，堆排序所需的附加存储空间为 $O(\log_2 n)$。（　　）

10．影响外排序的时间因素主要是内存与外设交换信息的次数。（　　）

三、填空题

1．若不考虑基数排序，则在排序过程中，主要进行的两种基本操作是关键字的______和数据元素的移动。

2．分别采用堆排序、快速排序、冒泡排序和归并排序，对初态为有序的表进行排序，则最省时间的是______算法，最费时间的是______算法。

3．用希尔排序对数据表{98,36,−9,0,47,23,1,8,10,7}进行排序，给出的增量序列是 4、2、1，写出第二趟结束后，数据表中数据元素的排列次序为__________。

4．有数据元素（98,36,−9,0,47,23,1,8,10,7），进行二路归并排序，则第一趟归并后数据元素的排列次序为__________。

5．在直接插入排序、冒泡排序、快速排序、简单选择排序四种排序算法中，时间复杂度与初始排序无关的是__________。

6．有一组数据元素（15,39,7,8,20,11,17,4），用快速排序（递增）以第一个元素为基准进行划分，进行一趟划分后第二个元素的值为__________。

7．在简单选择排序、折半插入排序、希尔排序和快速排序四种排序方法中，__________是稳定的排序方法。

8．堆排序的算法时间复杂度为__________。

9．基数排序的空间复杂度为__________。

10．在快速排序、堆排序、归并排序和直接插入排序四种排序方法中，若需要在 $O(n\log_2 n)$ 时间内完成排序，且要求排序是稳定的，则可选择的排序方法是__________。

四、应用题

1．对于给定的关键字序列（61,82,104,55,116,77,59,98,81,35,103）执行下列排序方法，写出排序过程的每一步。

1）简单选择排序　　2）堆排序　　3）直接插入排序　　4）希尔排序
5）冒泡排序　　6）快速排序　　7）归并排序　　8）基数排序

2．试问：对初始状态如下（长度为 n）的各序列进行直接插入排序时，至多需要进行多少次关键字的比较（要求排序后的序列按关键字自小至大顺序有序）？

1）关键字（自小至大）顺序有序：

$$(\text{key}_1<\text{key}_2<\cdots<\text{key}_n)$$

2）关键字（自大至小）逆序有序：

$$(\text{key}_1>\text{key}_2>\cdots>\text{key}_n)$$

3）序号为奇数的关键字顺序有序，序号为偶数的关键字顺序有序：

$$(\text{key}_1<\text{key}_3<\cdots,\text{key}_2<\text{key}_4\cdots)$$

4）前半个序列中的关键字顺序有序，后半个序列中的关键字逆序有序：

$$(\text{key}_1<\text{key}_2<\cdots<\text{key}_{\lfloor n/2\rfloor},\text{key}_{\lfloor n/2\rfloor+1}>\cdots\text{key}_n)$$

3．不难看出，对长度为 n 的数据元素序列进行快速排序时，需要进行的比较次数依赖于这 n 个元素的初始排列。

1）当 n=7 时，在最好的情况下需要进行多少次比较？请说明理由。

2）对 n=7 给出一个最好情况下的初始排列实例。

4．分别利用折半插入排序法和二路归并排序法对含有四个数据元素的序列进行排序，画出描述该排序过程的判定树，并比较它们所需进行的关键字的比较次数的最大值。

5．设计算法，在带头结点的双向链表上，实现冒泡排序。

6．双向冒泡排序是对冒泡排序算法的修改，它在正反两个方向交替进行扫描，即第一趟把关键字最大的元素放到序列的最后，第二趟把关键字最小的元素放到序列的最前面。如此反复进行。

7．设计一个算法，在带头结点的双向链表上实现快速排序。

8．有一种简单的排序算法，叫作计数排序。这种排序算法对一个待排序的顺序表进行排序，并将排序结果存放到另一个新的顺序表中。需要注意的是，表中所有数据元素的关键字互不相同，计数排序算法扫描一趟排序表，针对表中每个元素统计出表中有多少个元素的关键字比该元素的关键字小。假设针对某一个元素，统计出的计数值为 c。那么，这个记录在新的有序表中的合适的存放位置即为 c。

1）给出适用于计数排序的数据表定义。

2）编写实现计数排序的算法。

3）对于有 n 个元素的数据表，其关键字比较次数是多少？

4）与简单选择排序相比较，这种方法是否更好？为什么？

9．按下述原则编写快速排序的非递归算法。

1）一趟排序之后，若子表已有序（无交换），则不参加排序，否则先对长度较短的子表进行排序，且将另一子表的上、下界入栈保存。

2）若待排数据元素数≤3，则不再进行分割，而是直接进行比较排序。

10．二路插入排序是将待排数据元素序列 r[1..n]中的关键字分二路分别按序插入辅助数组 d[1..n]的前半部分和后半部分（注意，数组 d 可视为循环表），其原则为：先将 r[1]赋给 d[1]；再从 r[2]记录开始分二路插入 d 中，如果 r[2]大于 d[1]，则把它插入 d 的后半部分有序表中；否则，把它插入 d 的前半部分有序表中。编写实现二路插入排序算法。

参 考 文 献

埃利斯・霍罗维茨，萨尔塔・萨尼，狄尼斯・梅坦，1997．用 C++描述数据结构[M]．周维真，张海藩，译．北京：国防工业出版社．

李春葆，匡志强，蒋林，2021．数据结构教程：C++语言描述：微课视频版[M]．2 版．北京：清华大学出版社．

马克・艾伦・维斯，2022．数据结构与算法分析：C++语言描述（英文）[M]．4 版．北京：人民邮电出版社．

慕晨，安毅生，2022．数据结构与算法：C++实现：微课视频版[M]．北京：清华大学出版社．

任燕，2010．数据结构 C++语言描述[M]．北京：清华大学出版社．

严蔚敏，吴伟民，2008．数据结构[M]．2 版．北京：清华大学出版社．

叶核亚，2014．数据结构：C++版[M]．3 版．北京：电子工业出版社．

殷人昆，2021．数据结构：用面向对象方法与 C++语言描述[M]．3 版．北京：清华大学出版社．

游洪越，唐宁九，2020．数据结构与算法：C++版[M]．2 版．北京：清华大学出版社．

朱战立，2007．数据结构：使用 C++语言[M]．2 版．西安：西安电子科技大学出版社．

PREISS B R，2000．数据结构与算法：面向对象的 C++设计模式[M]．胡广斌，王崧，惠民，等译．北京：电子工业出版社．